结晶矿物学

陈平 主编

西安交通大学出版社
XI'AN JIAOTONG UNIVERSITY PRESS

内容提要

本书是根据普通高等院校材料类、地矿类专业对矿物学的需求，在传统结晶学与矿物学的基础上，以掌握矿物基本理论、基本原理，解决天然矿物与材料的设计及制备的复杂工程问题为目标，融合学科发展的现状及未来趋势编写而成的。全书分3篇（16章），第1篇为几何结晶学基础；第2篇为矿物学通论；第3篇为矿物学各论。由于书中篇幅有限，矿物资源、矿物的合成与利用及实习指导等内容以电子版的形式呈现。

本书可作为高等院校材料、轻工、建材、资源、冶金、物化、地质、矿物、物探、化探等专业的本科教材和教学参考书，也可供相关领域的研究生和科研人员参考。

图书在版编目(CIP)数据

结晶矿物学 / 陈平主编. —西安 ：西安交通大学
出版社，2022.12
ISBN 978 - 7 - 5693 - 2321 - 4

Ⅰ. ①结… Ⅱ. ①陈… Ⅲ. ①矿物晶体结构－高等
学校－教材 Ⅳ. ①O76

中国版本图书馆 CIP 数据核字(2021)第 207862 号

书 名	结晶矿物学	
	JIEJING - KUANGWUXUE	
主 编	陈 平	
策划编辑	郭鹏飞	
责任编辑	郭鹏飞 王 娜	
责任校对	李 佳	

出版发行	西安交通大学出版社	
	(西安市兴庆南路 1 号 邮政编码 710048)	
网 址	http：//www. xjtupress. com	
电 话	(029)82668357 82667874(市场营销中心)	
	(029)82668315(总编办)	
传 真	(029)82668280	
印 刷	西安日报社印务中心	

开 本	787mm×1092mm 1/16 **印张** 23.875 **字数** 559 千字
版次印次	2022 年 12 月第 1 版 2022 年 12 月第 1 次印刷
书 号	ISBN 978 - 7 - 5693 - 2321 - 4
定 价	59.80 元

如发现印装质量问题，请与本社市场营销中心联系。
订购热线：(029)82665248 (029)82667874
投稿热线：(029)82668818 QQ：465094271

前　言

结晶矿物学是一门研究矿物和晶体的自然科学，涉及矿物晶体的发生、发展、生长发育及其外部形态、内部结构、物理性质、化学性质和加工利用等诸多方面。

在矿物发展的过程中，首先引起人们注意的是矿物晶体瑰丽的色彩和特别的多面体外形。人们对晶体一般规律的探索也是从研究晶体外形开始的。1912年，德国人劳厄首次成功进行了晶体的X射线衍射实验。劳厄实验的成功对结晶矿物学而言起到了划时代的作用，它不仅揭示了晶体内部的周期性结构，证实了晶体构造的几何理论，而且也开拓了晶体结构学研究的新领域。此后，矿物晶体学研究完成了由表及里、由浅至深、由宏观到微观的过程，至今已经发展成为一门以矿物晶体为基础，具有高度理论性和严密逻辑性的现代科学。目前，矿物学的发展已进入了宽广、精细、微小、定量、综合利用的时代，研究的范围越来越宽泛、研究的程度越来越精细、研究区域的划分越来越微小、研究的精度越来越高、综合开发利用的目的越来越显著，正因如此，自然矿物形成的过程、条件及其结构、性质、性能等诸多方面引起了科研工作者浓厚的兴趣。

结晶学及矿物学是以无机化学、有机化学、分析化学、物理化学、现代物理学等有关课程为基础的重要的理论课程，也是材料类各专业的先行课程。课程的一些基本知识，如晶体化学、晶体结构及晶体的性质和应用等，是地学、固体物理学和材料学等相关学科所必需的基础知识。在知识和信息日益膨胀的今天，各个学科更广泛深入地交叉和融合已经势在必行。事实上，晶体学和矿物学已经和材料、化学、物理等相关基础和应用学科建立了密不可分的联系。本书比较重视知识的基础性、系统性和通用性，编者的初衷是让本书不仅可作为高等院校材料类、地矿类的本科教材，也可作为相关专业的教学参考书。

基于上述考虑，本书在编写过程中，从以下几方面做了重点改进。

（1）着重于对本学科基本概念、基本理论、基本知识和基本技能的阐述和训练，对叙述性的内容做了系统、全面、深刻的描述，保留了结晶学和矿物学完整的课程体系和内容。对一些基本概念及性质进行描述时，尽可能多使用通俗的专业术语，并辅以大量的矿物结构图，力求使概念的表达更加准确、详细。

（2）针对不同专业的特点，强化和突出了某些知识点，如矿物的结晶化学规律、晶体的典型结构、鉴定和研究方法的选择与应用、矿物材料学等内容；运用矿物晶体比较典型的结构学原理，分析其形成时的物理化学环境和必要的外部条件，为材料的设计、制备、合成和缺陷分析提供必要的参考和思路；而对于抽象的内容，制作了准确和立体感较强的图片，以便读者更好地理解和掌握；对矿物应用的叙述采取化整为零的原则，将应用融入具体的晶体表述之中。

（3）在不冲淡主题的前提下，适当引入了新的知识点和科研成果。将结晶学和矿物学研究所取得的新成果、新方法分散到具体的章节中，使读者充分领略到矿物学快速发展的现状和未来。

（5）由于篇幅所限，矿物资源、矿物的合成与利用及实习指导内容未在书中呈现，这些内容将以电子版的形式呈现给读者，读者可扫右侧二维码获取。实习指导中含有综合鉴定的设计与实验，可使读者在学习的同时，提高思考问题、解决问题及应用实践等方面的能力，在一定程度上起到了深化和拓宽结晶学、结构学、矿物学基础的作用。

本书由陕西科技大学陈平教授主编，在编写过程中始终遵循"基础性、实用性、参考性、科学性和发展性"的原则，内容取材上力求注重结晶学和矿物学的知识体系和理论体系，结构上"理论-原理-实践"合理并存，文字叙述上苛求确切严谨，突出教材的特点，以章节叙述为主，图文并茂。

本书的编写得到了陕西科技大学教务处及材料科学与工程学院的鼎力相助，同时西安交通大学出版社为本书的出版给予了大力支持，在此一并表示感谢！

由于编者水平所限，书中难免存在疏漏和错误，恳请专家和读者予以批评指正。

陈　平

2021 年 10 月

目　录

第 1 篇　几何结晶学基础

第2篇 矿物学通论

第3篇　矿物学各论

绪　　论

0.1　矿物和矿物学

0.1.1　矿物的概念

矿物是在一定的物理、化学条件下形成的具有特定化学成分的、一般为结晶态的天然化合物或单质。人们通常所说的矿物主要指的是地壳中作为构成岩石和黏土组成单位的那些天然物体。

地壳中的矿物是通过各种地质作用形成的。它们除少数呈液态（如自然汞、水等）和气态（如 CO_2 和 H_2S 等）外，绝大多数呈固态。固态矿物大多数具有比较固定的化学成分和内部结构。在适宜的条件下生长时，均能自发地形成规则几何多面体的外形。而常温常压下的液态和气态矿物，因不具有晶体结构，故没有一定的几何外形。

任何一种矿物都不是一成不变的。当其所处的地质条件改变到一定程度时，原有矿物就会发生变化，并改组成为在新条件下稳定的另一种矿物。因此，从这个意义上来说：矿物又可被看作是地壳在演化过程中元素运动和存在的一种形式。

0.1.2　矿物的经济意义

矿物和矿物原料是发展国民经济建设事业的物质基础。对于矿物的利用，一般包括两个方面：一是利用它的化学成分；二是利用它的某些物理或化学性质。随着现代科学技术的日益发展和人们的某些特殊需要，可以毫不夸张地预言，在未来将没有一种矿物是没有用处的。矿物工作者应急国家之所急，在扩大矿物原料基地的同时，更加积极地寻找更多新的矿产基地和发掘矿物在各种工程技术领域内的新用途，并作出应有的贡献。

0.1.3　矿物学在地质科学中的地位及与其他学科的关系

矿物学是地质学的一门分科，是研究地球物质成分的学科之一。它研究的主要对象是天然矿物。其研究内容除包括矿物的成分、结构、形态、性质、成因、产状和用途外，还包括矿物在时间和空间的分布规律及其形成和变化的过程，以此为地质学的其他分支学科在理论及应用上提供必要的基础与依据。因此，矿物学是地质学的一门重要的基础学科。20 世纪 70 年代，人们把信息、材料和新能源誉为当代文明的三大支柱。20 世纪 80 年代，以高技术群为代表的新技术革命，又把新材料、信息技术和生物技术并列为新技术革命的重要标志。许多新材料如结构材料、功能材料、非晶材料等合成的初始原料就是矿物，同时，这些材料的合成工艺及研究方法为矿物学的发展提供了广阔的前景。矿物学一方面为新技术的革命提供了必要的物质准备和发展平台，另一方面新技术也推动了矿物学的进一步发展，所以，矿物学是当今材料科学的基础。

此外，矿物学与结晶学、数学、物理和化学特别是与物理、化学等基础学科的关系也是十分密切的，这些学科为矿物学的发展提供了必要的理论基础和研究方法。近年来，由于基础学科的新理论和实验技术在矿物学中的普遍应用，使得矿物学的一些内容正在经历着一场深刻的变化。为了适应这种变化的前进步伐，应当倍加注重对基础学科的学习。

0.2　矿物学发展简史

矿物学是地球科学中一门很古老的基础学科。但在 19 世纪以前的漫长岁月里，它始终处于对矿物记载和矿物表面特征的描述方面。当然，这期间也为本学科的发展，准备了大量的不可缺少的基本资料。自 19 世纪中期以来，随着科学技术的突飞猛进，矿物学的内容经历了如下几次重大突破。

首先是 1857 年偏光显微镜的创制成功并应用于对矿物物理性质的鉴定和研究，对矿物学的发展起了很大的推动作用，从而使矿物学由纯表面现象的描述进入对矿物实质问题的研究阶段。其次是 20 世纪 20 年代，X 射线成功应用于矿物晶体结构的分析，在证实晶体结构几何理论的同时，又为统一矿物的化学成分和晶体结构之间的关系奠定了基础，从而促使矿物学在内容上有了第二次大突破。由此，结晶化学便开始成为矿物的系统研究和矿物晶体化学分类的重要基础。再次是 20 世纪 30 年代以来，对形成矿物的物理化学条件所进行的研究(包括矿物组成、晶体成长、相平衡、热力学计算、矿物共生组合和包裹体测温、测压等)，在深度和广度上都使矿物学显著地摆脱了以往那种纯表面现象的描述状态，进入现代矿物学的阶段。

尤其值得指出的是近些年来，矿物学受到现代核子科学、宇航技术、合成实验和电子计算机四大科技领域最新成就的促进和其他自然学科深入渗透的影响，内容上的再一次充实和完善将是无疑的。这一次的充实和完善必将由固体物理、量子物理和量子化学方面的理论应用于矿物的研究而引起，同时，它们也必将对整个地质科学带来深远的影响。

0.3　矿物学现状和任务

随着生产和现代科学技术的发展，现在的矿物学不仅在很大程度上摆脱了单纯描述矿物表面特征的阶段，而且有关矿物成因和晶体学问题的一般性研究，也已经不能满足当前的要求了。在过去的几十年，由于在运用晶体场理论、配位场理论、分子轨道理论和能带理论解决含过渡元素的硫化物、氧化物和硅酸盐等的一些矿物学问题上，已取得了很多有益的成果；由于固体物理学的理论和测试方法(如核磁共振谱、电子顺磁共振谱、红外吸收光谱、晶体场光谱、穆斯堡尔谱)引入了矿物学，通过研究矿物晶体中原子、原子核及电子的结构和精细结构来阐明矿物的形成条件、标型特征和物理性质等也已获得了良好的效果；由于运用了高分辨率透射电子显微镜对矿物晶胞大小和晶体进行了精细结构的观察，发现了很多新现象，对矿物的某些基本概念进行了充实和发展，其中尤其令人鼓舞的是它使得人们长期以来梦寐以求的渴望——直接观察晶体结构的愿望终于得到实现；由于电子探针和离子探针的问世，使鉴定和研究微粒、微量矿物、查明微区内元素的分布状态成为可能，从而为矿物学的研究跨入更新领域开拓了广阔的前景；另外，近年来对宇宙矿物特别是对月岩矿物的研究也都获得了不少新成果。因此，可以说今天的矿物学无论在深度和广度上都达到了一个前所未有的新阶段。

当前，矿物学的主要任务，就是要在不断总结上述成果的基础上，更加深入系统地认识矿物的化学成分、晶体结构、物理性质、形态和形成条件，以及这些方面的内在联系，进一步发掘矿物的新用途，揭示矿物在地壳中的分布规律及其形成变化的过程，并与地质学、材料学的其他分支学科相配合，为解决当前科研和生产中的一些带有关键性的理论和实际应用问题，提供必要的依据。

我国是世界上从事采矿实业最早的国家之一，对矿物的研究和利用具有悠久的历史。特别是中华人民共和国成立后，随着大规模经济建设的开展，地质普查和采矿实业的突飞猛进，我国矿物学的研究也开始跨入一个新的时期。在此期间，我国学者除先后发现了三十多种新矿物，新测定了近三十种矿物的晶体结构，组织编写出版了几个地区的区域矿物志和矿物学专著外，还在矿物学的十多个分支学科——宇宙矿物学、矿物物理学、矿物化学、实验矿物学、应用矿物学和成因矿物学等方面，取得了许多丰硕成果，为进一步丰富矿物学内容，作出了贡献。当前，一个从地壳到地幔，从陆地到海洋，从地球到宇宙，从无机矿物到有机矿物，从天然矿物到人造矿物，从自然矿物现象到新材料启发性制备，从矿物到新材料，从矿物的一次性应用到矿物固体废弃物、矿渣、废料二次资源的开发利用等方面的研究热潮，正在我国蓬勃兴起。

第1篇 几何结晶学基础

　　天然矿物绝大多数都是晶体。作为晶体，它们必然要体现结晶学特别是几何结晶学的所有规律。了解和掌握这些规律，是学习矿物学及其他与矿物有关的无机非金属材料学科必不可少的基础。因此，本篇将以若干章节介绍学习和研究矿物时，应当具备的一些有关几何结晶学的基本知识。

第1章 晶体和非晶质体

本章将针对什么是晶体，构成物质的原子、离子和分子等依从怎样的几何规律构成晶体，晶体具有什么样的特性，晶体和非晶质体的根本区别等一系列问题，作如下扼要的介绍。

1.1 晶体的定义

对于晶体，人们常见而又熟悉的实物有水晶（见图1-1）、石盐（NaCl）和蔗糖等。于是，有些人认为只要是晶体，必然都是一些像水晶那样具有规则几何多面体的固体。其实，稍事考察，就会发现作为晶体并不一定都具备规则几何多面体的形状。例如，盐湖中产出的石盐就是这样，有的呈规则立方体，有的却是形态任意的颗粒。观察证明，它们之所以有上述差别，归根结底，主要是后者在结晶时受外界条件影响的结果，绝非因本质有什么不同造成的。因此，什么是晶体，应当从它的本质上来回答。

图1-1 水晶的规则几何外形

有关晶体本质的探讨持续了好几个世纪，直到20世纪20年代用X射线对晶体的结构进行研究后，才把它真正弄清楚了。原来，在一切晶体中，组成它们的物质质点（原子、离子、离子团或分子等）在空间都是按格子构造的规律来分布的。例如，在石盐中就可以明显地看出这种规律性。

图1-2(a)为石盐的晶体结构图。图1-2(b)是从该结构中依一定条件取出的一个能代表整个结构规律的最小单位（晶胞）。图中大球代表氯离子（Cl^-），小球代表钠离子（Na^+）。

可以看出，这些离子在空间的不同方向上，各自都是按照一定的间距重复出现的。例如，沿着立方体的三条棱边方向，Cl^-与Na^+各自都是每隔0.5628 nm的距离重复一次，而沿着对角线方向，则各自都每隔0.3973 nm的距离重复一次，其他方向上的情况也都类似，只不过各自重复的间距大小不同而已。例如用大球和小球分别代表Cl^-与Na^+的中心点，并用直线将它们连接起来，这样，就可以得出一个如图1-2(c)所示的格子状图形。实验证明，所有石盐，不论外部形态是否规则，它们的内部质点都是按如图1-2(c)所示的立方格子排列的。石盐之所以能够成为立方体的规则外形，正是格子构造规律制约的结果。

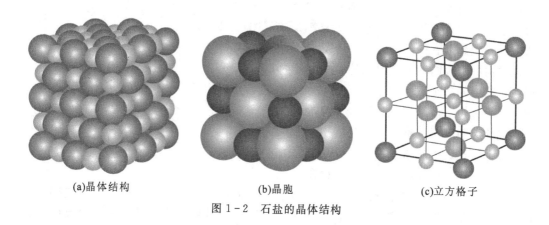

(a)晶体结构　　　　　　　　(b)晶胞　　　　　　　　(c)立方格子

图 1-2　石盐的晶体结构

经过大量工作，目前已经弄清了数以千计的不同种类的晶体结构，尽管这些晶体的结构互不相同，但都具有格子状构造这一点则是它们的共同属性。因此，在这里可以得出一个简明的结论。

晶体即是内部质点在三维空间呈周期性重复排列的固体。或者概括地说：晶体是具有格子状构造的固体。

在晶体的这一定义中，格子构造是一个重要的基本概念。至于说晶体是一类固体，这主要是相对液体和气体而言的。自然界中绝大多数固体物质均是晶体，如日常生活见到的食盐、冰糖，建筑用的岩石、沙子、水泥，以及金属器材等。实际上，不论是何种物质，只要是晶体，则它们都有共同的规律和基本特性，据此可以与气体、液体及非晶态固体(非晶质体)相区别。

1.2　晶体的空间格子构造规律

1.2.1　空间格子

既然一切晶体都具有格子状构造，那么，各种晶体的格子构造是否都一样呢？各种晶体的格子之间有没有共同规律可循呢？为了弄清这两个问题，现仍以石盐为例，对其结构中质点的排列作较详细的剖析。

在图1-2(a)所示的石盐晶体结构中，不难看出：每一个 Cl^- 中心点的上下、前后和左右都是 Na^+；每个 Na^+ 中心点的上下、前后和左右都是 Cl^-。这就是说，所有 Cl^- 中心点周围的物质环境(即周围质点的种类)和几何环境(即周围质点对该 Cl^- 中心点的分布方位和距离)都是相同的。所有 Na^+ 中心点的周围也是如此。晶体结构中物质环境和几何环境完全相同的点，称为等同点(或称相当点)。因此，石盐晶体结构中，所有 Cl^- 中心点为一类等同点，所有 Na^+ 中心点为另一类等同点(其实，等同点所在位置，并不只限于这些质点的中心。在结构中任何地方取定一点，也都同样能得出与它相应

的等同点）。如果对各类等同点在空间的分布规律进行
考察，不难得出，每类等同点都构成如图1-3所示的
图形。这也就是说，当 Cl^- 与 Na^+ 组合组成石盐晶体
时，不论是 Cl^- 还是 Na^+，它们各自都是按照图1-3
所限定的规律来进行排列的。由于图1-3只是从具体
晶体结构中按等同点抽象出来的一个纯粹的几何图形，
所以，其中的每个点也只是一个纯粹的几何点，这种
点，称为结点。由结点在三维空间作周期性重复排列
后形成的无限图形，称之为空间格子。

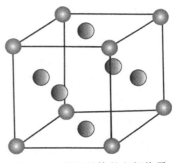

图1-3　石盐晶体的空间格子

综上所述，空间格子虽然是一个抽象的几何图形，
但却不能脱离具体晶体结构而单独存在。

晶体内部最基本的特征是具有格子构造，即晶体内部的质点（原子、离子或分子）
在三维空间呈周期性排列。为了便于研究，这种质点排列的周期性，可以抽象成只有
数学意义的周期性图形，称为点阵，也叫空间点阵。空间点阵中的每一个点称为阵点
或结点，阵点的环境和性质是完全相同的，它不同于质点，质点仅代表结构中具体的
原子、离子或分子。此概念是晶体结构分析中一个非常重要的数学工具。

对应于任何一种晶体结构，必定可以作出一个相应的空间点阵，而空间点阵中各
个阵点在空间分布的重复规律，也正好体现了相应结构中质点排列的重复规律。

需要强调指出，结点或阵点只是几何点，它并不等于实在的质点；空间格子也只
是一个几何图形，它并不等于晶体内部包含了具体质点的格子构造。但格子构造中具
体质点在空间排列的规律性，则可由空间格子中结点在空间分布的规律性予以表示。
对一些很复杂的晶体结构，只要确定了阵点而抽象出空间点阵来，那么复杂晶体结构
的重复规律等就变得比较清晰了。

1.2.2　空间格子的特点

由于空间格子能概括地表明晶体结构中
各类等同点的排列规律，因此，了解空间格
子所具有的特点，对于阐述晶体的共同性质
是非常必要的。空间格子的一般形式，如图
1-4所示。其特点可概括如下。

（1）结点：空间格子中的结点代表晶体结
构中的等同点。但就其本身而言，它们仅仅
是标志等同点位置的一些抽象的几何点，本
身并不等于实际的质点。

（2）行列：空间格子中由结点组成的直
线，称为行列（见图1-5）。显然，空间格子

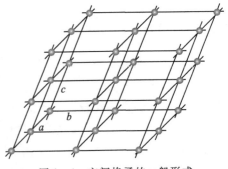

图1-4　空间格子的一般形式

中任意两个结点就能决定一条行列。每一行列各自都有一个最小的结点重复周期，它
等于行列上两个相邻结点间的距离，简称结点间距。在空间格子中，有无数不同方向

的行列。平行的各个行列上结点间距相等，不平行的行列，其上的结点间距一般不等。

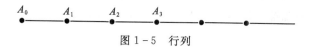

图 1-5　行列

　　(3)面网：连接空间格子中分布在同一平面内的结点，即构成一个面网。显然，任意两个行列相交，就可决定出一个面网(见图 1-6)。在空间格子中，可有无数不同方向的面网。相互平行的面网，其单位面积内的结点数——面网密度相等。在相互平行的众多面网中，任意两个相邻面网的垂直距离——面网间距都相等，不平行的面网，其面网密度和面网间距一般都不

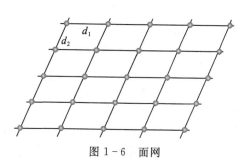

图 1-6　面网

相等。面网密度大的面网之间，其面网间距也大。反之，面网密度小的，其面网间距也小，如图1-6中的 d_1 和 $d_2(d_1 > d_2)$ 等。

　　(4)平行六面体：连接空间格子中不在同一平面上的四个紧邻结点，即可构成三条不共面的行列，与此三条行列相应的三组平行行列便将整个空间格子划分成一系列平行叠置的平行六面体(见图 1-7)。此时，每个平行六面体的三个棱长，恰好就是三条相应行列上的结点间距。这样的平行六面体即为空间格子的最小单位，所以也称为单位平行六面体。

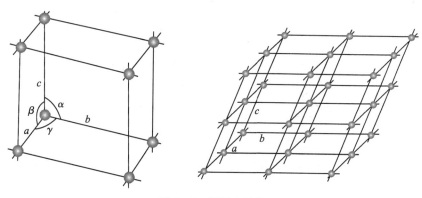

图 1-7　平行六面体

　　在晶体学中，平行六面体的选择原则如下：
　　(1)所选的平行六面体应能反映结点分布固有的对称性；
　　(2)在上述条件下，所选的平行六面体棱与棱之间的直角力求最多；
　　(3)在满足上述两原则的基础上，所选的平行六面体的体积应最小。
　　上述原则的实质就是尽量使 $a=b=c$，$\alpha=\beta=\gamma=90°$。按照以上原则选定的平行六面体称为单位平行六面体，其形状和大小可以由点阵参数(a、b、c 及 α、β、γ)来描述。

在实际晶体结构中按单位平行六面体划分出来的最小重复单位（单位平行六面体）称为单位晶胞。单位平行六面体的三个棱长及其间的夹角，分别与晶胞的三个棱长及其夹角对应。例如，在石盐晶体结构中，按图 1-2(b)所示的那样一种结构单位，即为石盐的晶胞。

单位晶胞有两个要素：一个是晶胞的大小和形状，由晶胞参数（格子参数，a、b、c 及 α、β、γ）来表征，在数值上与相应单位平行六面体的点阵参数一致；另一个是晶胞内部各个原子的坐标位置，由原子矢量坐标参数（$\mathbf{R} = x\mathbf{a} + y\mathbf{b} + z\mathbf{c}$）表示。显然，从一个晶胞出发，就能借助于平移而重复出整个晶体结构。所以，在描述晶体结构时，通常只需阐明单位晶胞特征就可以了。

单位平行六面体对称性符合空间点阵的对称性，选定了单位平行六面体，就意味着确定了空间格子的坐标系。各种空间格子之间的相互区别，是由它们的单位平行六面体的形状和结点的分布位置来决定的。而单位平行六面体的形状和大小，则由它的三个棱长 a、b、c 及其夹角 α、β、γ 来规定（见图 1-7）。在这里 a、b、c 和 α、β、γ 称为格子参数。如果仅仅考虑格子的对称性（而不涉及平行六面体中结点的分布特点），经数学推导，格子参数间的关系只有如下七种（图 1-8），它们分别与七个晶系相对应。

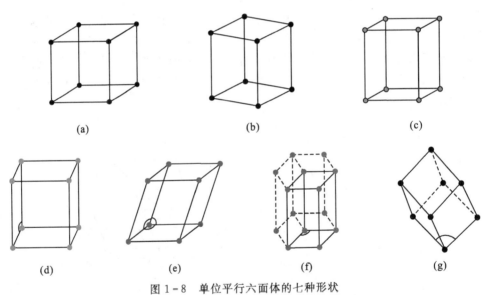

(a)   (b)   (c)

(d)   (e)   (f)   (g)

图 1-8 单位平行六面体的七种形状

立方格子（等轴晶系）：$a=b=c$，$\alpha=\beta=\gamma=90°$（图 1-8(a)）。

四方格子（四方晶系）：$a=b\neq c$，$\alpha=\beta=\gamma=90°$（图 1-8(b)）。

斜方格子（斜方晶系）：$a\neq b\neq c$，$\alpha=\beta=\gamma=90°$（图 1-8(c)，亦称正交格子）。

单斜格子（单斜晶系）：$a\neq b\neq c$，$\alpha=\gamma=90°$，$\beta\neq90°$（图 1-8(d)）。

三斜格子（三斜晶系）：$a\neq b\neq c$，$\alpha\neq\beta\neq\gamma\neq90°$（图 1-8(e)）。

六方格子（六方晶系）：$a=b\neq c$，$\alpha=\beta=90°$，$\gamma=120°$（图 1-8(f)）。

三方格子（三方晶系）：$a=b=c$，$\alpha=\beta=\gamma\neq90°$（图 1-8(g)）。

1.2.3　十四种空间格子

在图 1-8 的七种格子中，按结点分布位置的不同，可划分为如图 1-9 所示的四种类型，即 P、C、I、F。

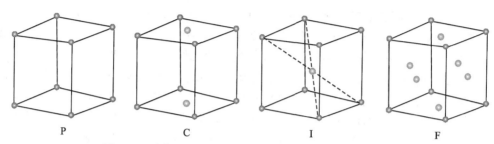

图 1-9　空间格子按结点分布位置的不同划分的四种类型

(1)原始格子(符号 P)。结点只分布在格子的每个角顶上。

(2)底心格子(符号 C)。除各角顶上的结点外，还在格子顶、底面的中心处，各有一个结点。

(3)体心格子(符号 I)。除各角顶上的结点外，还在格子的体中心处有一个结点。

(4)面心格子(符号 F)。除各角顶上的结点外，在格子的每个面中心处，还各有一个结点。

将空间格子的形状和结点分布位置一并考虑后，除去几何上重复及可相互转换的和不符合空间格子规律的及对称的外，只能得出如图 1-10 中的十四种型式的空间格子。这是由布拉维(Bravais)于 1855 年确定的，故称十四种布拉维格子。

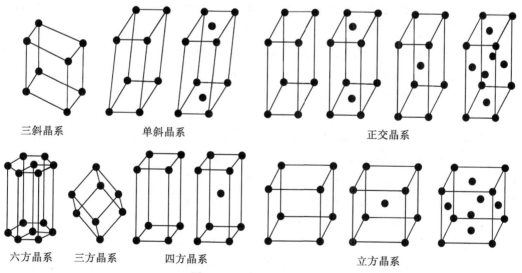

图 1-10　十四种空间格子

这就是说，不同种类的晶体，尽管由于各自结构中质点的种类和各类质点的重复周期各不相同，从而构成千千万万个互不相同的晶体结构，但就结构中代表各类等同点的结点在空间的排列方式来说，格子的种类只有上述的十四种。

1.3　晶体的基本性质

由于晶体结构都具有空间格子规律，因此，所有晶体都有以下的共同性质。

(1)内能最小。在相同热力学条件下，晶体与同种物质的非晶体相(非晶固体、液体、气体)相比较，其内能最小，因而，晶体的结构也最稳定。所谓内能，包括质点的动能与势能(位能)，即 $E_内 = E_动 + E_势$。由于动能与物体所处的热力学条件有关，因此它并不是可比较量。可用来比较内能大小的只有势能，势能取决于质点间的距离与排列。晶体是具有格子构造的固体，其内部质点规律性的排列是质点间的引力与斥力达到平衡的结果，在此情况下，无论质点间的距离增大或缩小，都将导致质点相对势能的增加。非晶固体、液体、气体都是内部质点排列不规律的物质，因而它们的势能比晶体大，也就是说，在相同的热力学条件下，它们的内能部分比晶体的大。

晶体的内能最小，是组成它的质点做规则的格子状排列后，相互间的引力和斥力完全达到平衡状态时而赋予晶体的一种必然性质。

(2)稳定性。化学成分相同的物质以不同的物理状态存在时，结晶状态最为稳定。晶体的这一性质与晶体的内能最小是密切相关的。在没有外加能量的情况下，晶体是不会自发地向其他物理状态转变的，这种性质即称为晶体的稳定性。

(3)对称性。对称性指晶体的相同部分(如外形上的相同晶面、晶棱，内部结构中的相同面网、行列或原子、离子等)或性质，能够在不同方向或位置上有规律地重复出现的特征。晶体内质点排列的周期重复本身就是一种对称，这种对称无疑是由晶体的内能最小所促成的一种属于微观范畴的对称，即微观对称。因此，从这个意义上来说，一切晶体都是具有对称性的。另外，晶体内质点排列的周期重复性是因方向而异的，但并不排斥质点在某些特定方向上出现相同的排列情况。晶体中这种相同排列情况的有规律出现及由此而导致的晶体在形态(如晶面、晶棱、角顶)及各项物理性质上相同部分的规律重复，即构成了晶体的对称性(晶体的宏观对称性)。

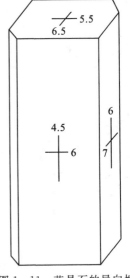

(4)异向性。异向性指晶体的性质因观测方向的不同而表现出差异的特性，即晶体的几何度量和物理性质与其方向性有关。晶体结构中不同方向上质点的种类和排列间距是互不相同的，从而反映在晶体的各种性质(化学的和物理的)上，也会因方向而异，这就是晶体的异向性。例如，蓝晶石的硬度在不同的方向上有不同的大小(见图 1-11)，其在(100)面上沿 z 方向的硬度为 5.5，但在垂直 z 的方向，硬度则为 6.5，故蓝晶石也称二硬石。蓝晶石的这种在不同方向上有不同硬度的现象，就是晶体异向性这一性质的典型表现。

图 1-11　蓝晶石的异向性

（5）均一性。均一性指晶体在其任一部位上都具有相同性质的特性，即晶体内部任意两个部分的化学组成和物理性质等是等同的。由于晶体结构中质点排列的周期重复性，使得晶体的任何一个部分在结构上都是相同的，因此，由结构所决定的一切物理性质，如密度、导热系数和膨胀系数等，无论晶体大小都无一例外地保持着它们各自的一致性，这就是晶体的均一性。

在此应当指出的是，非晶质体也具有均一性。例如，玻璃不同部分的导热系数、膨胀系数和折光率等都是相同的，这是因为组成玻璃的质点在空间呈无序分布，所以它的均一性是宏观统计的一种平均结果，特称为统计均一性以与晶体的均一性相区别。

（6）自限性。自限性或称为自范性，指晶体能自发地形成封闭的凸几何多面体外形的特性。凸几何多面体的晶面数（F）、晶棱数（E）和顶点数（V）之间，符合欧拉定律：

$$F+V=E+2$$

对于晶体而言，其理想的外形都是几何上规则的，这是因为晶体是由格子构造组成的，其内部质点排列的规律性必然会体现在每一个面网上，而晶体的外形实际上就是面网的外在体现，显然也必将是规则的。任何晶体在其生长过程中，只要有适宜的空间条件，它们都具有自发地长成规则几何多面体形态的一种能力，就是晶体的自限性。

晶体因自限性而导致的规则形态，是组成它们的质点按空间格子的周期重复性排列而产生的一种必然结果，绝非人们加工雕琢的产物。

此外，晶体还具有固定的熔点、对 X 射线能产生衍射等特征。晶体所有的这些基本性质或特征，无一例外源于其内部质点排列的周期性。

1.4　非晶体

非晶体与晶体在性质上是截然不同的两类物质。非晶体纵然也呈“固态”存在，但组成它的质点在空间的排列却是无序的，而晶体的质点排列是有规律可循的。因此，非晶体不具有像组成晶体的质点那样受空间格子规律支配形成的外形规则的几何多面体和为晶体所固有的那些基本性质。

从图 1-12 可以看出，α 石英具有规则的几何多面体外形，在其内部，1 个 Si^{4+}（大圆点）周围规则地排列 4 个 O^{2-}（小圆点），且这种排列具有严格的周期性，图中线条框出的菱形区域就是一个最小的重复单位。若 α 石英晶体的宽度为 1 cm，那么在其内部某一个方向上，这种最小的重复单位就有 $2×10^7$ 个之多，从这个角度讲，把这种大范围的周期性的规则排列叫作长程有序。

再来考察 SiO_2 玻璃的平面结构，如图 1-13 所示。玻璃虽然也是固体，但不是晶体，在其内部，Si^{4+} 和 O^{2-} 的排列并不像 α 石英那样是长程有序的，尽管 1 个 Si^{4+}（大圆点）周围也排列 4 个 O^{2-}（小圆点），但这只是局部范围的排列，且只在原子近邻具有周期性，这类现象称为短程有序。

至于液体和气体，前者只具有短程有序，而后者既无长程有序，也无短程有序。除此之外，液体和气体也没有一定的外表形态，这一点也与晶体有本质的差别。

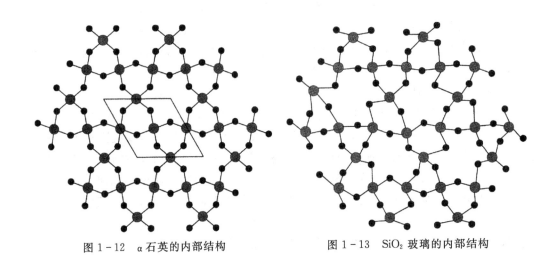

图 1-12   α石英的内部结构   图 1-13 SiO_2 玻璃的内部结构

非晶体与晶体在性质上是截然不同的两类物体，非晶体指的是内部质点在三维空间中的排列不具有周期性的固体。这里只是狭义地引入这个概念，即非晶体是一类固体，而不包括其他的液体、气体等物质。由于非晶体不具有空间格子构造，所以其基本性质也与晶体有显著的差别。1.3 节提到的晶体的一些基本性质都是非晶体没有的，如非晶体不具有规则的几何外形、没有对称性、没有异向性、对 X 射线不能产生衍射等。上面提到的石英玻璃便是一个典型的非晶体的例子。

由于非晶体是内能没有达到最小的一种不稳定物体，因此，它必然要向取得内能最小的结晶状态转变，最终成为稳定的晶体。由非晶体到晶体的这种转变是自发进行的，例如由岩石学的研究得知，在地球的各个地质时期曾存在过的玻璃质岩石，迄今大都已成为结晶质体。这种由玻璃质转变为结晶质的作用，称为晶化或脱玻化。与晶化作用相反，一些含放射性元素的晶体，由于受放射性元素发生蜕变时释放出来的能量的影响，原晶体的格子构造遭到破坏变为非晶体，这种作用称为变生非晶质化或玻璃化。变生非晶质化后的非晶体，在高于室温的某一温度下保持一段时间，还可恢复它原来的晶体结构。

总之，非晶体具有如下特点。

(1)不具有结晶结构，原子排列无规则；

(2)无固定的外表形态；

(3)无固定的熔点；

(4)不能用 X 射线衍射法测定其内部结构；

(5)各方向上的物理性质相同；

(6)具有晶质化趋势。

1.5   准晶体

物质的构成由其原子排列特点而定。原子呈周期性排列的固体物质叫作晶体，原子呈无序排列的固体物质叫作非晶体，介于这两者之间的固体物质叫作准晶体，亦称为"准晶"或"拟晶"。在准晶体的原子排列中，其结构是长程有序的，这一点和晶体相似；但是准晶体不具备平移对称性，这一点又和晶体不同。普通晶体具有的是二次、三次、四次或六次旋转对称性，但是准晶体的布拉格衍射图具有其他的对称性，例如五次对称性或者更高的六次以上的对称性。准晶体的发现，是 20 世纪 80 年代晶体学研究中的一次突破。1982 年 4 月 8 日，谢赫特曼首次在电子显微镜下观察到一种"反常"现象：铝锰合金的原子采用一种不重复、非周期性但对称有序的方式排列。而当时人们普遍认为，晶体内的原子都以周期性不断重复的对称模式排列，这种重复结构是形成晶体所必须的，自然界中不可能存在具有谢赫特曼发现的那种原子排列方式的晶体。随后，科学家们在实验室中制造出了越来越多的各种准晶体，并于 2009 年首次发现了纯天然准晶体。

这种准晶体也同斐波那契序列有关，在斐波那契序列(1，2，3，5，8，13，21，…)中，从第 3 个数字开始，每个数字都是前面两个数字之和。1753 年，格拉斯哥大学的数学家罗伯特·辛姆森发现，随着数字的增大，斐波那契序列两数间的比值越来越接近黄金分割数(一个与圆周率相类似的无限不循环小数，其值约为 0.618)。科学家们后来也证明了准晶体中原子间的距离也与黄金分割数相符。1982 年，谢赫特曼在进行"衍射光栅"实验时，让电子通过铝锰合金进行衍射，结果发现无数个同心圆各被 10 个光点包围，恰恰就是一个十次对称。谢赫特曼当时认为"这是不可能的"，还在笔记本上写道："十次？"然而，1987 年，法国和日本科学家成功地在实验室中制造出了准晶体结构；2009 年，科学家们在俄罗斯东部哈泰尔卡湖获取的矿物样本中发现了天然准晶体的"芳踪"，这种名为二十面石(icosahedrite，取自正二十面体)的新矿物质由铝、铜和铁组成；瑞典一家公司也在一种耐用性最强的钢中发现了准晶体，这种钢被用于剃须刀片和眼科手术用的手术针中。

经典晶体学中，无论是 14 种布拉维点阵还是 230 种空间群，均不允许有五次对称出现，因为五次对称会破坏空间点阵的平移对称性，既不可能用正五边形布满二维平面，也不可能用二十面体填满三维空间。而准晶体的发现颠覆了这种观念，准晶体的特点之一就是五次对称性。其实，矿石界的蛋白石、有机化学中的硼环化合物、生物学中的病毒，都显示出了五次对称特征，而数学家们早已为准晶体做好了理论铺垫。

五次对称性和周期性是不能共存的。如果坚持五次对称性，就必须考虑准周期性。沿与五次轴正交的一个轴看去，线段的长度并不是随意的，而仅有一长一短两种，它们的比值恰好是黄金分割数 $\tau = 0.618$，且所有夹角都是 $\pi/5$ 的整数倍。也就是说，虽然这种二维结构中不具有周期性，但也不是完全混乱无序的，无论是长度还是夹角都有定值。

在一维准周期点阵中，除了平移单位 1 外，还可继续平移。一个二维正方点阵，选取斜率为 τ 的条带，将其上的点投影到一维空间 $E_{/\!/}$ (水平空间)中，构成长度分别为 L 和 S 的一维准周期点阵：$LSLLSLSL\cdots$。这个一维准周期点阵的特点是 S 两旁无 S 近邻，L 两边最多只有一个 L 近邻。由于投影带斜率是无理数，其边线只能通过一个阵点，若其斜率改为有理数 2，则条带在平行空间中的投影则变为周期性的 $LLSLLS$ …。由此可知，一维周期的点阵和一维准周期点阵都可以由一个二维周期点阵投影获得，所不同的仅仅是选取的投影带的斜率，前者是有理数，后者是无理数。

许多年以来，凝聚态物理学家们仅仅关心晶态的固体物质。然而，在过去的几十年，他们逐渐把注意力转向"非晶"材料，如液体或非晶体，这些材料中的原子仅仅是短程有序的，被称为缺少"空间周期性"。

2009 年，矿物学上的一个发现为准晶体能在自然条件下形成提供了证据：研究人员在俄罗斯的一块铝锌铜矿上发现了组成为 $Al_{63}Cu_{24}Fe_{13}$ 的准晶颗粒，和实验室中合成的一样，这些颗粒的结晶程度都非常好。

有关结构问题，人们普遍认为，准晶体存在偏离了晶体的三维周期性结构，因为单调的周期性结构不可能出现五重轴，但准晶体的结构仍有规律，不像非晶态物质那样的近距无序，仍是某种近距有序结构。

尽管有关准晶体的组成与结构规律尚未完全清楚，但它的发现在理论上已对经典晶体学产生了很大冲击，以致国际晶体学联合会建议把晶体定义为衍射图谱呈现明确图案的固体以代替原先的微观空间呈现周期性结构的定义。实际上，准晶体已被开发为有用的材料。例如，人们发现组成为铝-铜-铁-铬的准晶体具有低摩擦系数、高硬度、低表面能及低传热性，正被应用为炒菜锅的镀层；$Al_{65}Cu_{23}Fe_{12}$ 十分耐磨，被应用为高温电弧喷嘴的镀层。

准晶体具有独特的属性，坚硬又有弹性、非常平滑，而且，与大多数金属不同的是，其导电、导热性很差，因此在日常生活中大有用武之地。科学家们正尝试将其应用于其他产品中，比如不粘锅和发光二极管等。另外，尽管其导热性很差，但因为其能将热能转化为电能，所以它可以用作理想的热电材料，将热量回收利用。

关于准晶体的结构，已经有许多学者提出了不同的模型。目前多数人认为，在准晶体内部，存在多级呈自相似的配位多面体，这些多面体在三维空间作长程定向有序分布。它们具有晶体所不能有的五次或六次以上的对称，如具有五次、八次、十次或十二次对称等，这突破了传统晶体的对称定律。

图 1-14 所示的是一个具有五次对称的三维结构，即著名的 C^{60} 结构。

准晶体的粒径很小，一般仅为微米级，天然产出的准晶体非常罕见。目前，已有学者对准晶体的点群、单形等进行了推导，对准晶物质的分类也进行了相关研究。准晶体的发现和研究，使晶体学的内

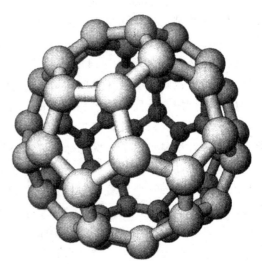

图 1-14　具有五次对称的 C^{60} 结构

容更加宽泛且丰富，也使得对非传统周期性晶体的研究成为晶体学中的一个新的成长点。此外，虽然目前对准晶体的实际应用还处于起步阶段，但其潜在的应用性及发展前景是难以估量的。

1.6　准矿物

准矿物也称似矿物,它是指在产出状态、成因和化学组成等方面均具有与矿物相同的特征,但不具有结晶构造的均匀固体。

准矿物数目很少,较常见的有 A 型蛋白石、水铝英石及呈变生非晶质的某些放射性矿物,如变生方钍矿、变生褐帘石等。天然非晶质的火山玻璃因无一定的化学成分,故不属准矿物之列,而属于岩石。

早先,研究人员曾把准矿物作为非晶质矿物的特例而均归属为矿物。由于当时认为的非晶质体实际上只是呈凝固态的过冷却液体,按此推论,有人就把水、火山喷气等液体乃至气体也都归属于矿物,这显然会导致概念的混乱,故现将矿物限定为晶体,同时又建立了准矿物的概念。但准矿物仍是矿物学研究的对象,因而在一般情况下往往并不把准矿物与矿物加以严格区分。

思考题

1-1　晶体和非晶体的根本区别是什么?各列举出若干种生活中常见的晶体和非晶体。

1-2　自范性(自限性)是晶体的基本性质。是否可以肯定,生长时能自发长成规则几何多面体外形的固体都是晶体?为什么?

1-3　均一性和异向性皆是晶体的基本性质,二者看起来似乎有点矛盾。如何理解这两个基本性质?

1-4　如何根据晶体内部的质点在三维空间呈周期性平移重复规则排列的特点,解释晶体能够对 X 射线产生衍射这一特性?

1-5　晶体和非晶体之间可以相互转变(如玻璃化和脱玻化)。那么能否说,晶体和非晶体之间的这种相互转变是可逆的?为什么?

1-6　从地下深处开采出来的含 Fe^{2+} 的水镁石晶体,当暴露于空气中数日后,随着其晶格内的 Fe^{2+} 氧化为 Fe^{3+},晶体转变成了非晶质体。根据这一事实能否得出结论,晶体也可以自发地转变为非晶质体?为什么?

第 2 章　晶体的形成

矿物晶体和其他物体一样，都有发生、成长和变化的过程，研究晶体发生和成长的规律是了解矿物个体发育史必不可少的基础，是理解晶体宏观性质的基础知识，同时，又是晶体学中的一个基本内容。因此，本章就晶体形成的方式和生长理论模型分别进行介绍。

2.1　晶核的形成

晶体的生长也是一个从小到大的过程。一般认为，在一个合适的介质条件下，晶体生长有 3 个阶段：首先是介质达到过饱和、过冷却阶段；其次是成核阶段，即晶核形成阶段；最后是晶体的生长阶段。晶核是晶体的萌芽状态。下面以晶体从液相中的生长情况为例来描述晶核的形成过程。

在某种介质体系中，过饱和、过冷却状态的出现，并不意味着整个体系同时结晶。体系内各处首先出现瞬时的微细结晶粒子，这是由于温度或浓度的局部变化、外部撞击、或一些杂质粒子的影响，导致体系中出现局部过饱和度、过冷却度较高的区域，使结晶粒子的大小达到临界值以上。这种形成结晶微粒子的作用称为成核作用。介质体系内的质点同时进入不稳定状态而形成新相，称为均匀成核作用；在体系内，只是某些局部的区域首先形成新相的核，称为不均匀成核作用。

均匀成核是指在一个体系内，各处的成核概率相等，这要克服相当大的表面能势垒，即需要相当大的过冷却度才能成核。非均匀成核过程是由于体系中已经存在某种不均匀性，例如悬浮的杂质微粒、容器壁上凹凸不平等，它们都有效地降低了表面能成核时的势垒，使其优先在这些具有不均匀性的地点形成晶核，因此在过冷却度很小时亦能局部地成核。

在单位时间内，单位体积中所形成的核的数目称成核速度，它取决于物质的过饱和度或过冷却度。过饱和度和过冷却度越高，成核速度越大。成核速度还与介质的黏度有关，大的黏度会阻碍物质的扩散，降低成核速度。

2.2　晶体形成的方式

晶体形成是物质相变的一种结果，其形成方式主要有以下三种。

2.2.1　由气相转变为晶体

由气相转变为晶体即一种气体处于它的过饱和蒸气压或过冷却温度条件下，直接由气相转变为晶体。如冬季玻璃窗上的冰花就是由空气中的水蒸气直接结晶的结果；又如火山口附近分布的自然硫、卤砂（NH_4Cl）和氯化铁（$FeCl_3$）的晶体，它们都是在火山喷发过程中，由火山喷出的气体受冷却或气体间相互发生反应而形成的。

2.2.2　由液相转变为晶体

由液相转变为晶体有自熔体直接结晶和自溶液直接结晶两种情况。前者系在过冷却条件下转变成晶体，如岩浆和工业上各式铸锭、钢锭的结晶等；后者为溶液中的溶质结晶，即溶液处于过饱和状态时的结晶，如各种热液矿床中的矿物结晶和内陆湖泊及潟湖中的石膏、岩盐等盐类矿物的形成等。由液相转变为晶体的具体结晶方式如下。

（1）由岩浆凝结。即岩浆在缓慢冷凝过程中析出各种结晶质。

（2）由溶液结晶。

①因溶液冷却而结晶。如将明矾尽量溶于热水中，再渐渐冷却，即可发生明矾的结晶。人造石英的过程也是如此。

②因溶液蒸发而结晶。如岩盐，即将氯化钠溶液蒸发即可结晶出来。

③因溶液之间相互反应而结晶。如含碳酸钠之水溶液与含氯化钙之水溶液相遇，即产生方解石结晶：

$$Na_2CO_3 + CaCl_2 \longrightarrow CaCO_3 \downarrow + 2NaCl$$

④溶液与气体或固体发生反应，以及物质对溶液的作用而引起结晶。如

$$Ca(OH)_2 + CO_2 \longrightarrow CaCO_3 \downarrow + H_2O$$

2.2.3　由固相转变为晶体

由固相转变为晶体也有以下两种方式。

（1）在同一温度、压力条件下，某物质的非晶质体与它的结晶相相比较，前者因具有较大的自由能，所以它可以自发地向自由能较小的后者转变。如火山玻璃脱玻璃化后形成细小长石和石英等。

（2）由一种结晶相转变为另一种结晶相。这种相变可分为下列类型：

①同质多象转变。如酸性和中酸性火山岩中的 β 石英（$\beta - SiO_2$）转变为 α 石英（$\alpha - SiO_2$）。

②因固体相互反应而结晶。将方解石与石英粉末置于电炉中加热，即生成硅灰石结晶：

$$CaCO_3 + SiO_2 \longrightarrow CaSiO_3 + CO_2 \uparrow$$

③因固体矿物再结晶而成。细粒方解石在一定热力条件下变成粗颗粒的过程，属于此类结晶方式。

④出溶作用：

$$(Zn，Fe)S \xrightarrow{\text{降温}} (Zn，Fe)S + FeS_{1-x}$$

$$\text{闪锌矿固溶体} \qquad \text{铁闪锌矿} \quad \text{磁黄铁矿}$$

2.3 晶体生长理论模型

据前所述，产生晶体的先决条件是液(熔)体或气体首先必须达到过饱和或过冷却状态，这样，才可使原来在液(熔)体或气体中做无序运动的质点按空间格子规律，自发地集结成体积须达到一定大小的，但实际上仍然是极其微小的微晶粒，即晶核。晶核形成后，晶体便以它为中心继续生长。如何生长？最终的生长形态取决于哪些条件？这就是晶体生长理论所要涉及的问题。晶体生长理论的主要模型有以下几种。

2.3.1 科塞尔-斯特兰斯基理论

科塞尔-斯特兰斯基理论的简要实质可用图 2-1 所示的情况来说明。

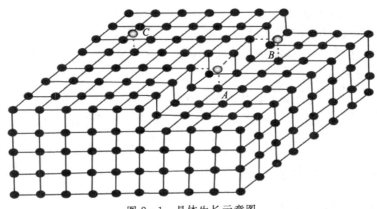

图 2-1   晶体生长示意图

设图 2-1 是一个具有简单立方晶格的晶核。当晶体围绕该晶核生长时，介质中质点黏附到晶核表面上的位置，在最简单的情况下，可以有三种，即三面凹角(A)、二面凹角(B)和一般位置(C)。由图 2-1 可以看出：A、B、C 三处的一个质点分别受着格子上的三个、两个和一个最邻近质点的吸引，即该质点在不同位置上所受引力的大小是互不相同的。因此，介质中的质点去占领上述位置(A、B、C)时，必须要释放出与该处引力相适应的能量，才能取得在该处"定居"下来的稳定能。显然，质点取得稳定能最大的地方是三面凹角(A)的位置，故质点优先进入这个位置。但质点进入这一位置后，三面凹角并不因此而消失，只不过是向前移动了一个位置。如此逐步前移，一直到沿 A 前进的整个质点列都被占据后，三面凹角开始消失。如果晶体继续生长，此时质点将进入一个二面凹角的位置(B)。质点一旦进入此位置后，便立即导致三面凹角再次出现。这样，必然重复上一生长程序，一直到该质点列又全部被占据后，三面凹角再次消失。如此，一个质点列一个质点列地反复生长，直到下一层的质点面网被新构成的质点面网完全覆盖为止。此时，如在其上再生长一个质点面网，则质点将只能进入一个任意的一般位置(C)。当质点一旦在这个位置上"定居"下来，立即就形成一个二面凹角，接着便是三面凹角，于是新的一层质点面网便又在前一个质点面网的基础上开始发育起来。由此，不难看出：晶体的生长是质点面网一层接一层地不断向外平行移动的结果。

　　近几十年来的研究表明,上述理论与从气相或过饱和度很低的溶液中人工晶体生长实验的事实相矛盾。实验证明,在低过饱和条件下,晶体的生长主要是通过晶核的螺旋位错,而不是只靠二维扩散的方式来进行的。

2.3.2　位错理论

　　在晶体生长的位错理论模式中,所指的位错是螺旋位错。螺旋位错的形成如图 2-2 所示,图中 ABCD 的右方比左方相对错动了一个行列间距,AD 为位错线或称轴线。由于晶核中螺旋位错的出现,从而在晶核表面呈现出一个永不消失的阶梯,在邻近位错线处,永远存在三面凹角。晶体生长时,质点首先将在位错线附近的三面凹角处填补(见图 2-3),从而使新的质点面网一层接续一层地螺旋式生长。在电子显微镜下实际观察到的金刚砂(SiC)晶体的晶面生长螺纹,就是这一理论无可辩驳的证据。

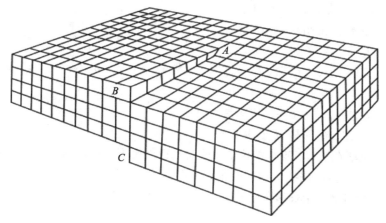

图 2-2　螺旋位错的形成

(图中的 D 点在过 A 的直线上且 AD∥BC,AD 与 CD 相交于 D 点)

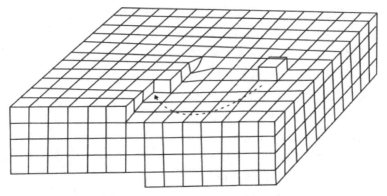

图 2-3　晶体借螺旋位错生长过程

2.3.3 布拉维法则

布拉维从空间格子的特征出发得出：晶体的最终形态是由那些具有面网密度最大的面网所决定的。换言之，实际晶体常常为面网密度最大的一些面网所包围，此即为布拉维法则，这一法则的图解可由图2-4来说明。

设图2-4表示一个正在生长中的某晶体的任意切面，与此切面垂直的三个面网和该切面相交的迹线分别为 AB、CD 和 BC，其相应的面网密度（D）：$D_{AB} > D_{CD} > D_{BC}$；相应的面网间距（d）：$d_{AB} > d_{CD} > d_{BC}$。按引力与距离的平方呈反比关系，由图可以看出：1处所受的引力最大，2处次之，3处最小。因此，当面网 AB、CD 和 BC 各自在它们的法线方向上再生长一层新面网时，质点将优先进入1的位置，其次是

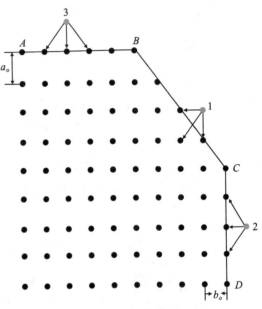

图2-4   布拉维法则图解（一）

2，最后才是3，即 BC 面网易于生长，CD 次之，AB 则落在最后。这个结论就意味着：面网密度小的晶面（即面网）生长速度大（即单位时间内晶面沿其法线方向向外推移的距离大），面网密度大的晶面生长速度小。如果将图2-4中各晶面生长的全过程按它们各自的生长速度作图，即构成如图2-5所示的图形。

从图2-5中可以看出：面网密度小的 BC 晶面，随着生长的继续，它的面积越来越小，最后被面网密度大、生长速度小的相邻晶面 AB 和 CD 所遮没，即面网密度小的晶面在生长过程中被淘汰，而面网密度大的晶面却保留了下来。这样，便导致晶体的最终形态将为那些面网密度大的晶面所构成。

运用这一法则来解释同一物质的各个晶体，为什么大晶体上的晶面种类少而且简单，小晶体上的晶面种类多而且复杂，是非常令人信服的。但也必须指出：这一法则不能解释为什么在不同的环境下，晶体结构相同的同一种物质的晶体常出现不同结晶形态的实际情况。纵然如此，布拉维法则就总的定性趋向而论，仍然是十分有意义的。

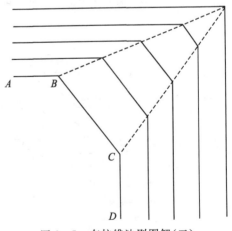

图2-5   布拉维法则图解（二）

2.3.4　居里-武尔夫原理

居里从晶体表面能的角度出发，认为晶体的表面能（即晶体表面上未被饱和的能量）与晶体的最终形态有着十分密切的关系。他分析了高斯对毛细管现象研究所得的原理后，认为毛细管现象做功的实质有两个方面：一为体积的变化；二为表面的变化。在结晶作用中，晶体不像液体那样可以发生体积变化，唯一可变化的只能是它的表面。据此，居里认为在平衡条件下，液相与固相之间发生变化时，为使整个体系的能量状态保持最小，在体积不发生变化的情况下，晶体只能由一种形态逐渐调整为另一种形态，最终的形态必具有最小的表面能，这就是著名的居里原理。

其后，武尔夫在研究不同晶面的生长速度时，推引出了各晶面的垂直生长速度与各晶面的表面张力之间的关系，发展了居里原理，从而构成了对晶体生长时应有形态的居里-武尔夫原理，即：

当晶体与溶液或熔体处于平衡状态时，它所具有的形态（平衡形态）应使其总表面能最小。

如图 2-6 所示，如果用 σ_1、σ_2、σ_3……代表各晶面的比表面能（单位面积上的表面能），用 S_1、S_2、S_3、……代表各晶面的面积，则居里-武尔夫原理可简单地用公式表达如下：

$$\sigma_1 S_1 + \sigma_2 S_2 + \sigma_3 S_3 + \cdots = 最小值$$

此时，晶体的体积 (V)＝常数。

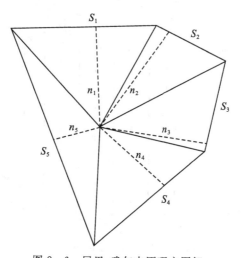

图 2-6　居里-武尔夫原理之图解

据上式，武尔夫指出：当晶体的体积一定时，要达到表面能最小，只有当晶体的各个晶面到晶体中心的距离 (n) 与各晶面的表面张力（比表面能）成正比时才有可能，即

$$n_1 : n_2 : n_3 : \cdots = \sigma_1 : \sigma_2 : \sigma_3 : \cdots$$

显然，晶面至晶体中心的距离与其生长速度成比例。因此，根据这一原理，人们可以得出一个非常重要的结论，即晶面的生长速度与其比表面能成正比关系。

由于居里-武尔夫原理把晶体的形态与其生长时所处的环境联系了起来，所以用它很容易说明同一物质的晶体在不同的介质里生长时，为什么会出现不同结晶形态的问题。（因为介质的性质改变了，晶体上各个晶面的比表面能相应地也一定有所变化，故而必然地要导致晶体在形态上出现差异。）

2.3.5　周期键链(PBC)理论

哈特曼和铂多克等认为，在晶体结构中存在一系列的周期性重复的强键链，其重复特征与晶体中质点的周期性重复相一致，这样的强键链称为周期键链(periodic bond chain，PBC)。PBC 理论从晶体结构的几何特定和质点能量两方面来讨论晶面的生长发育。晶体均平行键链生长，键力最强的方向生长最快。基于这种考虑，可将晶体生长过程中所能出现的晶面划分为三种类型，分别为 F、S 和 K。这三种晶面与 PBC 的关系如图2-7所示，图中箭头方向 A、B、C 表示强键方向，其中：F 面为(100)、(010)和(001)；S 面为(110)、(101)和(011)；K 面为(111)。

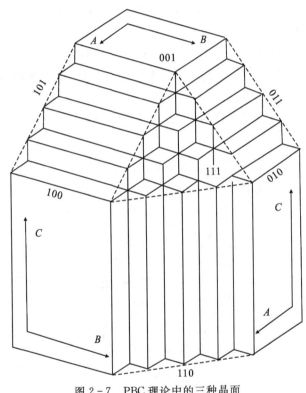

图 2-7　PBC 理论中的三种晶面

(1)F 面，或称平坦面，有两个以上的 PBC 与之平行，网面密度最大。质点结合到 F 面上时，只形成一个强键，晶面生长速度慢，易形成晶体的主要晶面。

(2)S 面，或称阶梯面，只有一个 PBC 与之平行，网面密度中等。质点结合到 S 面上时，形成的强键至少比 F 面多一个，晶面生长速度属于中等。

(3)K 面，或称折扭面，不平行于任何 PBC，网面密度小，扭折处的法线方向与 PBC 一致，质点极容易从扭折处进入晶格，晶面生长速度快，是易消失的晶面。因此，晶体上 F 面为最常见且为发育较大的面，K 面经常缺失或罕见。

　　尽管 PBC 理论从晶体结构、质点能量出发，对晶面的生长发育作出了许多解释，也解释了一些实际现象，但在其他晶体中晶面发育仍存在一些与上述结论不尽一致的实例，这表明晶体生长的过程是很复杂的。

2.4　面角恒等定律

　　晶体在某一特定的介质中生长时，分布在晶核表面的具有最小表面能（与介质的热力学条件相适应）的某一类质点面网，由于它们的生长速度相同，因而由它们构成的结晶多面体，必然是一个十分规则的几何多面体。可是，在自然界，使同一类的质点面网，各个都能保持相同生长速度的条件是不多的。这是因为在天然介质中由于杂质和伴随晶体生长而出现的涡流等的存在，常常造成同一类质点面网在生长速度方面出现差异，结果使本应是理想的几何多面体成了偏离理想形态的所谓歪晶。

　　歪晶在自然界是大量的和普遍的。同一种物质的各个歪晶与其相应的规则晶体之间，纵然在轮廓上是互不相同的，但相互对应的晶面之间的面角是恒等的。

　　所谓面角是指晶面法线之间的夹角，其数值等于相应晶面间的实际夹角之补角（见图 2-8）。在晶体测量和矿物学中，凡涉及晶面间的角度时，所列数值均系面角，这是因为：①面角是晶面实际夹角的补角；②在绘制晶体投影图（晶体的极射赤平投影图等）时，用面角作图比用晶面夹角作图在步骤上要简便得多，故习惯上都利用面角作图。

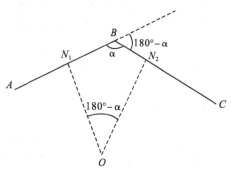

图 2-8　面角与晶面夹角的关系

　　所谓面角恒等是指：成分和结构均相同的所有晶体，不论它们的形状和大小如何，一个晶体上的晶面夹角与另一些晶体上相对应的晶面夹角恒等。夹角恒等，当然面角也恒等。例如图 2-9 所示的三个石英晶体，尽管它们的形态互异，但其上的晶面 m 与 m、r 与 m、r 与 z 之间的面角分别为 60°、38°13′ 和 45°16′，即 $m \wedge m = 60°$、$r \wedge m = 38°13′$、$r \wedge z = 45°16′$。

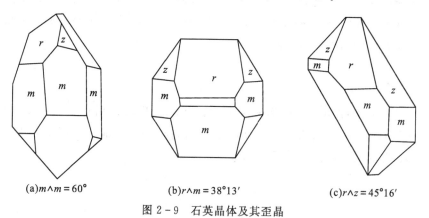

(a) $m \wedge m = 60°$　　　　(b) $r \wedge m = 38°13′$　　　　(c) $r \wedge z = 45°16′$

图 2-9　石英晶体及其歪晶

同种晶体间表现在面角上的这种关系，即为面角守恒定律。

面角守恒定律于 1669 年首先为丹麦学者斯泰诺(Steno)所发现。这一定律的发现，对当时结晶学的发展起了很大的作用。例如，晶体对称概念的形成及由此而导致的晶体结构的几何理论等，就是由这一定律直接或间接启迪的结果。

2.5 影响晶体生长的外部因素

决定晶体生长形态的因素中，内因是基本的，而生成时所处的外界环境对晶体形态的影响也很大。同一种晶体在不同的条件下生长时，晶体形态可能有所差别。现就影响晶体生长的几种主要的外部因素分述如下。

2.5.1 涡流

在生长着的晶体周围，溶液中的溶质向晶体黏附，其本身的浓度降低及晶体生长放出热量，使溶液密度减小。由于重力作用，轻溶液上升，远处的重溶液补充进来，从而形成了涡流，涡流使溶液物质供给不均匀，具有方向性，同时晶体所处的位置也可能有所不同，如悬浮在溶液中的晶体下部易得溶质的供应，而贴着基底的晶体底部得不到溶质，等等，因而生长形态特征不同。为了消除因重力而产生的涡流，现已在太空失重环境中试验晶体的生长。

2.5.2 温度

在不同的温度下，同种物质的晶体，其不同晶面的相对生长速度有所改变，影响晶体形态。如方解石($CaCO_3$)在较高温度下生成的晶体呈扁平状，而在地表水溶液中生成的晶体则往往是细长的。石英晶体亦有类似的情况。

2.5.3 杂质

溶液中杂质的存在可以改变晶体上不同面网的表面能，所以其相对生长速度也随之变化而影响晶体形态。例如，在纯净水中或有少量铅、镁离子混入时，结晶的石盐是立方体；而当溶液中有少量硼酸存在时则出现立方体与八面体的聚形；当溶液中混入大量的尿素时，则结晶成八面体的晶形。

2.5.4 浓度

在不同的溶液浓度中，同种物质的晶体，其不同晶面的相对生长速度有所不同，会影响晶体的形态。以明矾为例，当其他因素相同时，在强饱和溶液中，生成简单的八面体晶形，随着溶液浓度的降低，晶形变得复杂。

2.5.5 黏度

溶液的黏度也影响晶体的生长。黏度的加大，将妨碍涡流的产生，溶质的供给只能以扩散的方式进行，晶体则在物质供给十分困难的条件下生成。由于晶体的棱角部分比较容易接受溶质，生长得较快，晶面的中心生长得慢，甚至完全不长，从而形成骸晶。骸晶亦可在晶体快速生长的情况下生成，如雪花便是由于水的凝华而生成的。

2.5.6　pH 值

介质的 pH 值不同，原子所表现的性质会有所差异。如萤石在碱性介质中，晶芽中氟离子起主导作用，平行于立方体的面原子密度最大，进而吸引钙离子也组成立方体的面，最终形成立方体的晶形。在中性溶液中结晶时，钙、氟离子起着相同的作用，由二者组成的平行于立方体晶棱并与立方体晶面是 45°的原子面，其原子密度最大，形成菱形十二面体的晶形；当萤石在酸性介质中结晶时，晶芽中以钙离子起主导作用，自原子密度最大的垂直立方体角顶方向的面发育，形成八面体晶形。

2.5.7　结晶速度

结晶速度大，则结晶中心增多，晶体长得细小，且往往长成针状、树枝状。反之，结晶速度小，则晶体会长得很大。如岩浆在地下缓慢结晶，则生长成粗粒晶体组成的深层岩，如花岗岩，但在地表快速结晶则生成由细粒晶体甚至于隐晶质组成的喷出岩，如流纹岩。结晶速度还影响晶体的纯净度。快速结晶的晶体往往不纯，可以包裹很多其他杂质。

影响晶体生长的外部因素还有很多。如晶体析出的先后次序也影响晶体形态，先析出者有较多自由空间，晶形完整，呈自形晶；较后生长的则呈半自形晶或他形晶。同一种矿物的天然晶体于不同的地质条件下形成时，在形态上、物理性质上都可能显示不同的特征，这些特征往往标志着晶体的生长环境，称为标型特征。

2.6　晶体的缺陷

晶格缺陷是指在晶体结构中的局部范围内，质点的排列偏离了格子构造规律的现象，是晶体缺陷中的一种。

晶体的缺陷几乎和所有的结构敏感性质有关，并且决定着实际晶体的自身特性。实验已经证实，晶体的塑性形变是晶格畸变和晶格移动的结果；晶体的热膨胀不仅与原有的非谐振动有关，而且主要是晶格缺陷增加的一种宏观表现；离子晶体中的电流主要是荷电的晶格缺陷的移动；此外，晶体中缺陷的合并还和晶体的相变等现象密切相关。晶体的缺陷不仅对晶体的物理、化学等性质具有重要的影响，而且对晶体材料的开发与应用亦具有非常重要的意义。晶格缺陷的研究是现代晶体学的重要内容。

在实际晶体中，由于内部质点的热振动及受到辐射、应力作用等原因，普遍存在着晶格缺陷。晶格缺陷按其在晶体结构中分布的几何特点可分为四类：零维的点缺陷（主要指空位、间隙质点和杂质质点）、一维的线缺陷（包括位错和点缺陷链等）、二维的面缺陷（包括堆垛层错、晶界等）和三维的体缺陷（如包裹体等）。

思考题

2 - 1   晶体的形成有几种方式？试举例说明。

2 - 2   简要概括晶体生长的各个理论模型的要点，并指出其优缺点。

2 - 3   573 ℃时，β石英可转变为 α 石英，发生结晶相的转变。试用晶体生长的理论解释之。

2 - 4   用布拉维法则解释同一物质的各个晶面，大晶体上的晶面种类少而且简单，小晶体上的晶面种类多而复杂的现象。

2 - 5   一个晶体有着自己的发生、成长和变化的历史。从这个意义上来说，晶体可以视为一种有"生命"的物体，但是同样一种晶体，在自然界条件和实验室条件下，其生长的时间尺度却差异甚大。如何理解这个现象？

2 - 6   在晶体生长的界面理论中，科塞尔-斯特兰斯基模型和螺旋位错模型是两种重要的理论，二者之间存在一些共同的地方。请指出它们的理论依据和相同点。

第3章 晶体的宏观对称

晶体的对称性是晶体的基本性质之一，是由晶体的格子构造所决定的。晶体的对称性必然会在晶体的各项外部现象如晶体的几何多面体形态、晶体的各项物理性质及化学性质上反映出来。因此，研究晶体的对称性对于认识晶体的各项性质有着很重要的实际意义。

本章涉及的内容，只限于晶体外部性质（主要是外表形态）的对称性，即晶体的宏观对称。

3.1 对称的概念和晶体的对称

3.1.1 对称的概念

在自然界和日常生活中，对称现象是广泛存在的，如多数蝴蝶、花朵、建筑物等，它们所具有的形态，大都是对称的（见图3-1），这种对称具有广泛的朴素意义。

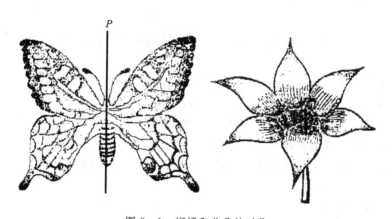

图3-1 蝴蝶和花朵的对称

上述形态之所以具有对称性，首先是因为它们各自都可以划分出两个或两个以上的相等部分，而且这些相等部分在通过某种操作后，彼此能完全重合。例如，蝴蝶可以通过一个垂直平分它的镜面（图3-1中的P）的反映，使它的左右两部分相互重合；花朵的各个花瓣，可以沿着过花蕊的轴线，将花朵旋转一定角度（图3-1中为60°）后而重合。

由此可见，所谓对称就是指物体相等部分作有规律的重复。对于晶体外形的对称而言，就是晶面与晶面、晶棱与晶棱、隅角与隅角的有规律重复。

3.1.2　晶体的对称

晶体的对称与生物或其他物体的对称相比有着自己的特殊规律性(如生物体的对称大都是为了适应生存，物体的对称大都是为了美观和实用等)，相比之下，晶体的对称具有如下几个特点。

(1)晶体对称的主要特征在于，晶体是由在三维空间规则重复排列的原子或原子基团组成的，通过平移，可使之重复。这种规则的重复就是平移对称性的一种形式。从微观角度看，所有的晶体都是对称的。

(2)晶体的对称同时也受格子构造的限制，只有符合格子构造规律的对称才能在晶体上出现，因此，晶体的对称是有一定限制的。

(3)晶体的对称不仅仅体现在外形上，同时也体现在其物理性质(如光学、力学和电学性质等)上，其对称不仅包含几何意义，也包含了物理意义。

所有晶体都是对称的，但与生物体或其他物体相比，晶体的对称有着它自己的特殊规律性。因为，一般生物体或其他物体的对称，只表现在外形上，而且它们的对称可以是无限制的。然而晶体的对称不仅表现在其外部形态上，而且还表现在其物理、化学性质上，这在生物体或其他物体的对称上是不具有的。因为，晶体的外形和物理、化学性质上的对称是由其内部结构的对称性所决定的，所以，只有晶体内部结构所允许的那些对称，才能在晶体上表现出来，故而晶体的对称是有限的。

正是由于以上的特点，晶体的对称性可以作为晶体分类最根本的依据，这在矿物学工作中是不可缺少的重要依据。在晶体的内部结构、外部形态和物理性质的研究中，晶体的对称性都得到了极为广泛的应用。

3.2　晶体的对称操作和对称要素

如上所述，要使对称图形中相等部分作有规律的重复(重合)，必须凭借一定的几何要素(点、线、面)进行一定的操作(如反伸、旋转和反映等)才能实现。在晶体的对称研究中，为使晶体上的相等部分(晶面、晶棱和隅角)作有规律的重复所进行的操作，称为对称操作。在对称操作中所凭借的几何要素，称为对称要素。

研究晶体外形对称时可能运用的对称操作及与之相应的对称要素有以下几种。

3.2.1　对称面(P)

对称面为一假想平面，与之相应的对称操作为对此平面的反映。这就是说：由这个平面将物体(或图形)平分后的两个相等部分彼此互呈物体与镜像的关系(见图3-2)。检验这种关系最简单的办法是看两相等部分上对应点的连线是否与对称面垂直等距。如果垂直等距，就是物体与镜像的关系。试看图3-2(b)，尽管 AD 将 $ABDE$ 平分成两个相同的三角形，但彼此不互呈物体与镜像的关系，所以 AD 不是对称面。只有当原图形是 $AEDE_1$ 时，AD 才是对称面。

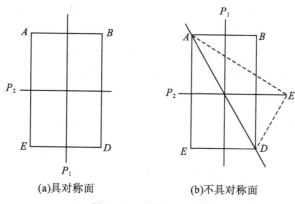

(a)具对称面　　　　　　　(b)不具对称面

图 3-2　对称面示意图

晶体上如有对称面存在,其必通过晶体的几何中心,并与晶面、晶棱等有下列的一些关系(见图 3-3):

(1)垂直并平分晶体上的晶面或晶棱;

(2)垂直晶面并平分它的两个晶棱的夹角;

(3)包含晶棱。

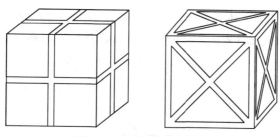

图 3-3　立方体的对称面

在一个晶体上可以不存在对称面,也可以有一个或几个对称面同时存在,但最多不超过九个。

对称面经常用符号 P 表示,其国际符号为 m。

3.2.2　对称中心(C)

对称中心是一个假想的点,与之相应的对称操作为对此点的反伸(见图 3-4)。

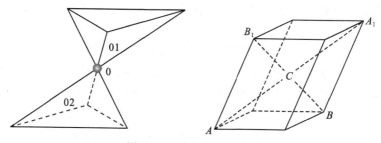

图 3-4　对称中心示意图

当晶体具有对称中心时，通过晶体中心点的任一直线，在其距中心点等距离的两端必定出现晶体上的两个相等部分（面、棱、角），如图 3-4 所示。晶体具有对称中心的标志：晶体上所有的晶面都两两平行、等大同形、方向相反。

在晶体外形的对称中，对称中心只能有一个或没有。对称中心常用符号 C 表示，其国际符号为 $\bar{1}$。

3.2.3 对称轴(L^n)

对称轴为一假想的通过晶体几何中心的直线，与之相应的对称操作为绕此直线的旋转。

当晶体绕该直线每旋转一定角度后，晶体上的相等部分便出现一次重复，即整个晶体复原一次。在旋转过程中，相等部分出现重复时所必需的最小旋转角，称为基转角，基转角以 α 表示。在晶体旋转一周的过程中，相等部分出现重复的次数，称为轴次，轴次以 n 表示。由于任一物体在旋转一周后必然复原，所以，n 与 α 之间的关系必定为

$$n=360°/\alpha \quad 或 \quad \alpha=360°/n$$

对称轴常用符号 L^n 表示，其国际符号以轴次 n（n=1、2、3、4 和 6）表示。如图 3-5 所示，图中垂直于立方体各面中心的一条直线即为一对称轴，其基转角为 90°，故它的轴次 n=4，并称该直线为四次对称轴，一般记为 L^4，国际符号为 4。

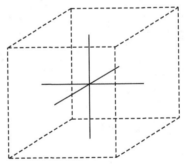

图 3-5 立方体的四次对称轴

晶体受空间格子规律的限制，因而在外形上可能出现的对称轴的轴次(n)不是任意的，即只能是 1、2、3、4 和 6，与此相应的对称轴也只能是 L^1、L^2、L^3、L^4 和 L^6，即理想晶体不含五次和高于六次的对称轴，这是区别其他物质轴对称的显著特征。这种现象的特点是由晶体具有点阵结构的特性决定的，这一规律，称为晶体的对称定律（证明从略）。

在上述五种对称轴中，一次对称轴(L^1)在所有晶体中都存在，并且有无数多个，一般都无实际意义，通常不予考虑。轴次高于 2 的对称轴，即 L^3、L^4 和 L^6 称为高次对称轴。在一个晶体中，除了 L^1 对称轴外，可以没有其他的对称轴，也可以有一种或几种对称轴。

对称轴在晶体上出露的位置只能是两个相对晶面中心的连线[见图 3-6(a)]、两个相对晶棱中点的连线[见图 3-6(b)]、相对的两个隅角的连线[见图 3-6(c)]，以及一

个隅角和与之相对的一个晶面中心的连线[见图 3-6(d)]。

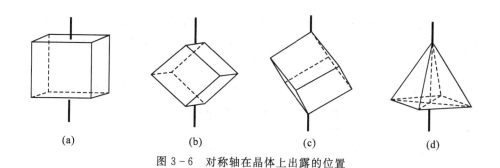

图 3-6　对称轴在晶体上出露的位置

3.2.4　旋转反伸轴（L_i^n）

旋转反伸轴是一假想直线和晶体一点所构成的一种复合对称要素，当晶体绕该直线旋转一定角度后（注意，此时晶体上各相等部分尚未重合），再继之以对该直线上一点的反伸，才使晶体上各相等部分重合。就一般情况来说，一个旋转反伸轴并不等于一个对称轴和一个对称中心的组合，而是一种具有复合对称操作的独立对称要素。

如图 3-7 所示，欲使正四面体 $ABDE$ 由四个相同的等腰三角形构成，可想象将 ABD 面绕轴旋转 $90°$，则 ABD 面移到 $A_1B_1D_1$ 的位置，$A_1B_1D_1$ 面再通过对称中心的反伸，$A_1B_1D_1$（实际是 ABD）晶面才与（未转动时的）DEB 晶面重合，即 A_1 与 D 重合，B_1 与 E 重合，D_1 与 B 重合。其余晶面也以同样方式重合，于是整个图形便恢复了原来所处的空间位置。由于各晶面重合时所需要的基转角为 $90°$，故 L 为四次旋转反伸轴，记为 L_i^4。上述的重合过程，也可以从四面体的四个顶点 A、B、D、E 的相互重合来分析。当晶面围绕 L 轴旋转 $90°$ 后，A、B、D、E 到达 A'、B'、D'、E' 的位置，而后通过对其对称中心的反伸，使 A'、B'、D'、E' 与未转动前的 A、B、D、E 重合。

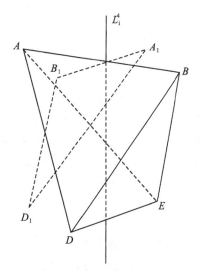

图 3-7　四次旋转反伸轴（L_i^4）

旋转反伸轴常使用的符号为 L_i^n，其中 i 表示反伸，n 代表轴次，国际符号为 $\bar{n}$。

与对称轴的情况一样，旋转反伸轴也只有 L_i^1、L_i^2、L_i^3、L_i^4 和 L_i^6 五种。对于 L_i^1 来说，因为是绕轴旋转 $360°$（等于晶体未转动）后，再凭借轴上一点的反伸而使晶体上的相等部分相互重合，实际上与单独的反伸动作相当，所以 L_i^1 与对称中心的作用是等效的，即 $L_i^1 = C$。

由相互间的等效关系，还可得出：

$L_i^2 = P_\perp$（代表与 L_i^2 垂直的对称面）

$$L_i^3 = L^3 + C$$
$$L_i^6 = L_i^3 + P_\perp$$

在实际应用时，只考虑 L_i^4 和 L_i^6。因为 L_i^4 是一个完全独立的不能用其他对称操作来代替的对称要素，L_i^6 虽与 $L_i^3 + P_\perp$ 的组合等效，但在晶体对称分类中具有特殊的意义，因为，L_i^6 属六方晶系，所以不能用三方晶系的 $L_i^3 + P_\perp$ 组合来代替。

综上所述，晶体外形上可能存在且具有独立意义的对称要素现归纳于表 3-1 中。

表 3-1   晶体的宏观对称要素

项目	对称轴					对称中心	对称面	旋转反伸轴		
	一次	二次	三次	四次	六次			三次	四次	六次
辅助几何要素	直线					点	平面	直线和直线上的定点		
对称变换	绕直线的旋转					对于点的反伸	对于平面的反映	绕直线的旋转及对于定点的反伸		
基转角	360°	180°	120°	90°	60°	—	—	120°	90°	60°
习惯符号	L^1	L^2	L^3	L^4	L^6	C	P	L_i^3	L_i^4	L_i^6
国际符号	1	2	3	4	6	$\bar{1}$	m	$\bar{3}$	$\bar{4}$	$\bar{6}$
等效对称要素	—	—	—	—	—	L_i^1	L_i^2	$L^3 + C$	—	$L^3 + P_\perp$

3.3   对称型的概念

各种晶体的对称程度是有很大差别的，这种差别主要表现在它们所具有的对称要素的种类、轴次和数目上。在结晶学中，把结晶多面体中全部对称要素的总和称为对称型（或称点群）。例如，立方体有三个 L^4、四个 L^3、六个 L^2、九个 P 和对称中心 C（见图 3-8）。将上述对称要素总合在一起，就构成一种对称型，记作 $3L^4 4L^3 6L^2 9PC$。对称型的这种表示法，对初学者来说，明了易懂，但不简便，因此，在国际上一般都采用只写出对称型中作为基础的那些对称要素的表示方式。例如，作为 $3L^4 4L^3 6L^2 9PC$ 的基础对称要素是与 L^4 垂直的 P，与 L^3 及 L^2 垂直的 P，故记为 $m3m$，表示对称型的这种符号称国际符号。

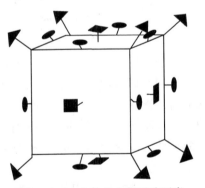

图 3-8   立方体的全部对称要素

由于晶体外形上出现的对称要素是有限的，总共只有九种，而且它们的组合又必须服从对称组合定理，因此，晶体界可能有的对称型在数目上也是有限的。经过数学推导证明，目前发现的对称型只有 32 种，如表 3-2 左侧一栏所列。

3.4　晶体的对称分类

晶体的对称是由晶体的格子构造规律所决定的。尽管不同种类的晶体在形态和各种物理、化学性质上千差万别，但内部结构相似的晶体都可以具有相同的对称特点。因此，人们可以利用它们的对称特点对晶体进行分类，如表 3-2 所示。

表 3-2　32 种对称型及晶体的对称分类

32 种对称型		对称特点	晶系名称	晶族名称
种类	国际符号			
1. L^1 2. C^*	1 $\bar{1}$	无 L^2，无 P	三斜晶系	低级晶族 （无高次轴）
3. L^2 4. P 5. L^2PC^*	2 m $2/m$	L^2 或 P 不多于 1 个	单斜晶系	
6. $3L^2$ 7. L^22P 8. $3L^23PC$	222 mm mmm	L^2 和 P 的系数之和 大于或等于 3	斜方晶系	
9. L^4 10. L^44L^2 11. L^4PC^* 12. L^44P 13. $L^44L^25PC^*$ 14. L_i^4 15. $L_i^42L^22P$	4 422 $4/m$ $4mm$ $4/mmm$ $\bar{4}$ $\bar{4}2m$	有 1 个 L^4 或 1 个 L_i^4	四方晶系	中级晶族 （高次轴只有 1 个）
16. L^3 17. L^33L^{2*} 18. L^33P 19. L^3C^* 20. $L^33L^23PC^*$	3 32 $3m$ $\bar{3}$ $\bar{3}m$	有 1 个 L^3	三方晶系	
21. L_i^6 22. $L_i^63L^23P$ 23. L^6 24. L^66L^2 25. L^66P 26. L^6PC^* 27. $L^66L^37PC^*$	$\bar{6}m$ $\bar{6}m2$ 6 622 $6mm$ $6/m$ $6/mmm$	有 1 个 L^6 或 1 个 L_i^6	六方晶系	
28. $3L^24L^3$ 29. $3L^24L^33PC^*$ 30. $3L_i^44L^36P^*$ 31. $3L^44L^36L^2$ 32. $3L^44L^36L^29PC^*$	23 $m\bar{3}$ $\bar{4}3m$ 432 $m3m$	均有 $4L^3$	等轴晶系	高级晶族 （高次轴有多个）

注：* 表示矿物中常见的对称型。

在表 3-2 中，首先，将属于同一个对称型的所有晶体归为一类，称为晶类。与对称型相应，晶类的数目也是 32 个（各晶类的名称从略）。

在 32 个晶类中，按它们所属的对称型的特点划分为七个晶系。然后，再按高次对称轴的有无和高次对称轴的数目，将七个晶系并为三个晶族。晶系和晶族的名称，见表 3-2。

晶系和晶族的划分依据是晶体学的基本知识，读者必须牢牢掌握。

思 考 题

3-1　图 3-9 给出了几种正多边形，它们的对称性是什么样的？如果将每一个正多边形作为一个基本单元，验证一下，哪些正多边形能没有空隙地排列并充满整个二维平面，哪些不能。

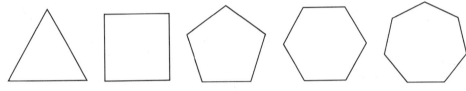

图 3-9　几种正多边形图案

3-2　判定晶体（模型）是否有对称中心的必要条件之一是晶面要成对平行。图 3-10 所示的方硼石的晶面也是成对平行的，它有对称中心吗？为什么？

3-3　晶体外形上的对称是其内部格子构造对称的外在反映。在空间格子中，垂直任一 L^n（L^1 除外）必为一面网，且结点必绕 L^n 连成正 n 边形分布。试根据面网中所有的可能的网格形状，证明晶体对称定律。

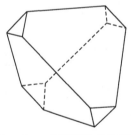

图 3-10　方硼石的晶体形态

3-4　至少有一端通过晶棱中点的对称轴只能是几次对称轴？一对正六边形平行晶面的中点连线，可能是几次对称轴的方位？

3-5　在只有一个高次轴的晶体中，能否有与高次轴斜交的 P 或 L^2 存在？为什么？

3-6　区别下列几组易于混淆点群的国际符号，并总结其各自的特征：23 与 32，$3m$ 与 3，$3m$ 与 $\bar{3}m$，$6/mmm$ 与 $6/m$，$4/mmm$ 与 mmm。

3-7　为什么晶体按对称特性进行分类是科学而合理的？总结晶体对称分类（晶族、晶系、晶类）的原则，熟记 32 种点群的国际符号。

第4章 晶体定向和结晶学符号

所谓晶体定向，就是在晶体中设置符合晶体对称特征或与格子参数相一致的坐标系。为了简单明确地描述晶体的具体形态，或因某种研究目的而要特意指出晶体上某一晶面或晶棱在空间的方位时，通常都须采用确定坐标的方法来标示。

4.1 晶体定向

具体说，晶体定向就是在晶体中选择坐标轴和确定各轴上轴单位的比值。

4.1.1 晶轴和晶体几何常数

在结晶学中，于晶体上所设置的坐标轴，称为结晶轴（简称晶轴）。在多数情况下，需要设置的晶轴为三个，它们分别以 X、Y、Z 标记之。三个晶轴在空间的分布方向，如图 4-1 所示，图中每两晶轴正端之间的夹角，称为轴角，它们是：

$$\alpha = Y \wedge Z$$
$$\beta = Z \wedge X$$
$$\gamma = X \wedge Y$$

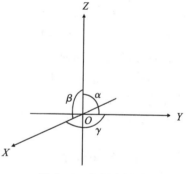

图 4-1 空间坐标系

三个晶轴上的轴单位，按 X、Y、Z 轴的顺序，依次标记为 a、b、c，它们代表的实际长度，理应是晶体的格子构造中与三个晶轴相平行的三条行列上的结点间距。但由于结点间距极小（以 Å 计），凭借晶体外形不能定出它们的真正长度，所以一般都采用晶体的投影方法来求出它们的比率 $a:b:c$，这个比率称为轴率（或称轴单位比）。轴率通常写成以 b 为 1 的连比式，例如文石（$Ca[CO_3]$）晶体的轴率写为 $a:b:c=0.6224:1:0.7206$。除高级晶族的所有晶体外，其他各晶族的晶体，其轴率随晶体的对称程度和晶体种别的不同而有所不同。例如属于中级晶族四方晶系的黄铜矿和锡石的晶体，前者的轴率为 $a:c=1:1.9705$，而后者的轴率则为 $a:c=1:0.6723$。再如属于低级晶族正交晶系的重晶石和橄榄石晶体，前者的轴率为 $a:b:c=1.6304:1:1.3136$，而后者的轴率则为 $a:b:c=0.4658:1:0.5865$。

轴率 $a:b:c$ 和轴角 α、β、γ 合称为晶体几何常数。晶体几何常数是表征晶胞形状的一组参数。不同种别的晶体具有不同的晶体几何常数，例如：

正长石 $a:b:c=0.6585:1:0.5554$、$\beta=116°$（$\alpha=\gamma=90°$）；

钠长石 $a : b : c = 0.6335 : 1 : 0.5577$、$\alpha = 94°03'$、$\beta = 116°29'$、$\gamma = 88°09'$。

因此，晶体几何常数又是区别不同矿物晶体的一项重要数据。

4.1.2　晶轴的选择原则

晶轴的选择不是任意的，必须以晶体所属的对称型为基础，这样才能使选出的坐标系充分体现该晶体所属晶系的对称特征。各晶系的对称特征，集中反映在七种基本平行六面体上，因此，只有所设置的坐标系能充分体现出每个晶系的格子参数之间的关系，选出的晶轴才是正确的。可是，如何才能做到这一点呢？从图4-2可以看出：如果所选的晶轴是沿着晶体结构中平行六面体的三个棱边安置的，那么，与平行六面体三个棱边平行的行列，就是 X、Y、Z 轴；平行六面体的三个棱长，就是三个晶轴的轴单位；平行六面体的 $\angle YOZ$、$\angle ZOX$ 和 $\angle XOY$ 三个平面角，就是三个晶轴间相互的夹角（即 α、β 和 γ）。然而，平行六面体属于微观范畴，无法直接观察，但由晶体的空间格子规律可知，晶体上的晶棱、对称轴和对称面的法线，都代表着晶体空间格子中一定的而且是重要的行列方向（即平行六面体的棱边所在的行列方向）。因此，从它们中间一定可以选出三个合适的方向来充当晶轴，选择时应遵守的原则如下：

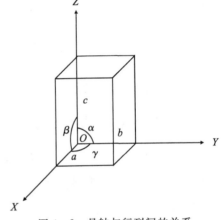

图4-2　晶轴与行列间的关系

　　(1)选对称轴作晶轴；

　　(2)若对称轴的个数不足，由对称面的法线来充任所缺晶轴；

　　(3)若没有对称轴和对称面，则选三个晶棱充当晶轴。

4.1.3　各晶系晶体的定向方法

在七个晶系中，需要选择三个晶轴作为晶体定向的有：等轴、四方、正交、单斜和三斜晶系。坐标轴中三个晶轴的安置方向与图4-1所示的情况类似，即：X 轴位于前后方向，迎着观察者的一端为正，另一端为负；Y 轴位于左右方向，右端为正，左端为负；Z 轴位于直立方向，上端为正，下端为负。

对于三方和六方晶系，由于它们在对称上的特殊性，因此需要选择由四个晶轴组成的坐标系对晶体定向。四个晶轴的名称和顺序为 X、Y、U 和 Z，其中前三个晶轴位于同一水平面内，各晶轴正端间的夹角为 γ，$\gamma = 120°$。Z 轴过前述三晶轴的交点并垂直它们所在的平面（见图4-3），即 $\alpha(Y \wedge Z)$、$\beta(Z \wedge X)$ 均等于 $90°$。

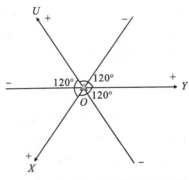

图4-3　三方和六方晶系的坐标系
（Z 轴垂直图面）

4.2　结晶学符号

这里所指的结晶学符号只包括：晶面、晶棱、单形、解理面、双晶面和双晶轴的符号。本节只介绍晶面和晶棱的符号，其他符号留待以后的有关章节介绍。

4.2.1　晶面符号

晶体定向后，晶面在空间的相对方位即已确定。用晶轴为参考轴和其上的轴单位来标识晶面所在方位的符号，称为晶面符号，简称为面号。由于表示的方法不同，晶面符号可以有多种类型，这里只介绍一种当前在国际上使用得最广的米氏符号。

晶面的米氏符号（米勒符号）是英国学者米勒（Miller）于 1839 年研究出来的。这种符号是由连写在一起的三个或四个（三方晶系和六方晶系）互质的小整数加小括弧后构成的，其一般形式为(hkl)或$(hk\bar{i}l)$，h、k、i、l 称为晶面指数，它们分别与 X、Y、Z 或 X、Y、U、Z 晶轴的顺序相对应。为了深入理解米氏符号，现对晶面指数作如下表述。

晶体上任意一晶面的晶面指数，等于该晶面在三个晶轴上的截距用相应晶轴的轴单位去度量时，所得各截距的系数的倒数比。

在轴率已知的条件下，晶面在三个晶轴上的截距系数，由下式求得（见图 4-4）：

$$\frac{\overline{OA}}{a} : \frac{\overline{OB}}{b} : \frac{\overline{OC}}{c} = p : q : r \quad (4-1)$$

式中，p、q、r 依次为晶面 ABC 在 X、Y、Z 轴上的截距系数，其倒数比为

$$\frac{1}{p} : \frac{1}{q} : \frac{1}{r} = h : k : l \quad (4-2)$$

按式（4-1）与式（4-2）的关系，即可得出求晶面指数的式子为

$$h : k : l = \frac{a}{OA} : \frac{b}{OB} : \frac{c}{OC} \quad (4-3)$$

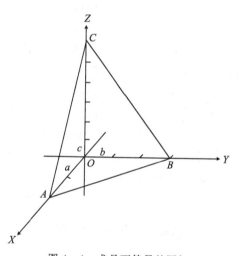

图 4-4　求晶面符号的图解

取消式（4-3）中 h、k、l 间的比号，约去公因子，然后将它们填在小括弧内，写成(hkl)的形式，此(hkl)就是晶体上某一晶面的米氏符号。

例如，图 4-4 所示的晶面 ABC，在三个晶轴上的截距依次为$\overline{OA}$、$\overline{OB}$、$\overline{OC}$，已知轴率为 $a:b:c$，于是依式（4-3）得晶面 ABC 的晶面指数为

$$h : k : l = \frac{a}{OA} : \frac{b}{OB} : \frac{c}{OC} = \frac{a}{2a} : \frac{b}{3b} : \frac{c}{6c} = 3 : 2 : 1$$

所以，晶面 ABC 的符号为(321)。

应当注意的是，晶面指数是截距系数的倒数，因此，某晶面的截距系数愈大，相应的晶面指数就愈小，当晶面平行某一晶轴时，其截距系数为∞，相应的晶面指数为

0，其晶面符号或为($0kl$)，或为($h0l$)和($hk0$)。同理，若与两个晶轴平行时，其相应的晶面指数为 0，此时的晶面符号或为(100)，或为(010)和(001)。若某一晶面与晶轴的负端相交，则须在相应指数的上方加"－"，如($\bar{h}kl$)或($h\bar{k}l$)、($hk\bar{l}$)、($\bar{h}\bar{k}l$)、($h\bar{k}\bar{l}$)、($\bar{h}k\bar{l}$)和($\bar{h}\bar{k}\bar{l}$)等。

　　三方和六方晶系的晶面符号。三方和六方晶系的晶体，由于对称的特殊性，须选择四个晶轴方能适应它们的对称特点，因此，与四个晶轴相应的晶面指数，亦为四个互质的小整数，其一般形式为($hk\bar{i}l$)。由于这两个晶系晶体的轴率都为 $1:1:1:c$，所以晶面指数可根据下式直接求出：

$$h:k:i:l=\frac{1}{OA}:\frac{1}{OB}:\frac{1}{OU}:\frac{C}{OC} \tag{4-4}$$

式中，$C=\dfrac{c}{a}$。

　　值得注意的是，在对应于 X、Y、U 三个水平晶轴的 h、k、i 中，只有两个是独立的参数，三者的代数和恒等于 0，即

$$h+k+i=0 \tag{4-5}$$

　　因此，在具体标定三方和六方晶系晶体的某一晶面的晶面符号时，若前三个指数中有任意两个为已知，则根据式(4-5)即可求出另外一个。

　　晶面符号是描述晶体形态和指示某一晶面或晶棱在晶体上所处空间方位的一种最简练的符号，因而被广泛应用于结晶学、矿物学及其他有关的学科中。读者可根据立方体的(100)、(010)、(001)、(110)和(111)几种最简单而又较重要的符号在晶体上所处的空间方位，用实际立方体标注之，以加强空间概念。

　　应当说明的是，在实际晶体的晶面符号计算工作中，并不是真正去测量每一晶面在各个结晶轴上的截距的具体长度，然后求得晶面符号的。一般是根据晶体测量所得出的各个晶面的极坐标值 θ_x、θ_y、θ_z 计算出晶面法线与三个结晶轴之间的夹角值，直接由下式求出晶面指数：

$$h:k:l=(a\cdot\cos\theta_x):(b\cdot\cos\theta_y):(c\cdot\cos\theta_z) \tag{4-6}$$

4.2.2　晶棱符号和晶带定律

　　在介绍晶棱符号之前，首先应当了解什么是晶带？

1. 晶带的概念

　　晶体上的晶面常常是成带分布的，因此，晶带就是指：晶面彼此相交的晶棱相互平行的一组晶面的组合。例如，立方体的六个晶面依晶棱互相平行的原则，可分出如下三个晶带(见图4-5)：

　　晶带Ⅰ：由(010)、(001)、($0\bar{1}0$)和($00\bar{1}$)晶面构成；

　　晶带Ⅱ：由(100)、(001)、($\bar{1}00$)和($00\bar{1}$)晶面构成；

　　晶带Ⅲ：由(100)、(010)、($\bar{1}00$)和($0\bar{1}0$)晶面构成。

　　由图4-5不难看出：晶带Ⅰ中各晶面相交的晶棱都平行于前后方向(即 X 轴方向)；晶带Ⅱ中的晶棱都平行于左右方向(即 Y 轴方向)；晶带Ⅲ中的晶棱都平行于上下方向(即 Z 轴方向)。故在此特将 X、Y、Z 轴分别称为Ⅰ、Ⅱ、Ⅲ晶带的晶带轴。在多

数情况下，晶体上的晶带并不仅仅只有以上三个，而且晶带轴也不完全都是平行于 X、Y、Z 轴的。

2. 晶棱符号

如上所述，每个晶带都各有一个晶带轴，因此，可用晶带轴来代表晶带。晶带轴是平行于晶棱的，所以晶带轴的符号，实际上就是晶棱符号。晶棱符号一般用[rst]的形式表示。

晶棱符号的得出方法如下。

设某一晶带上有一条晶棱(见图 4-6)，想象地将它平移并使之通过 X、Y、Z 轴的交点而处于 OP 的位置，然后在其上任取一点 M，于是，得 M 点在三个晶轴上的坐标距为 R、K 和 F。已知 a、b、c 为相应晶轴上的轴单位，晶棱符号可依下式求得：

$$r : s : t = \frac{MR}{a} : \frac{MK}{b} : \frac{MF}{c} \qquad (4-6)$$

图 4-6 中，MR = 1a、MK = 2b、MF = 3c，代入式(4-6)得

$$r : s : t = \frac{a}{a} : \frac{2b}{b} : \frac{3c}{c} = 1 : 2 : 3 \qquad (4-7)$$

将式(4-7)右边的比号删去，加方括弧即得晶棱 L 的晶棱符号为[123]。若当 r : s : t 之间存在有公因子时，应当约为最简单的小整数。

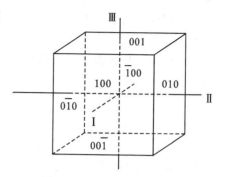

图 4-5　立方体的三个晶带

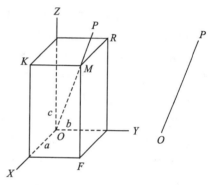

图 4-6　求晶棱符号的图解

依上述的同样方法，图 4-5 中立方体三个晶带轴的符号应是：X—[100]、Y—[010]、Z—[001]。

由于晶棱符号中的 r、s、t 是以相应轴的轴单位表示时的系数，所以它们亦有正负之分。为负值时，将"-"置于系数的上方，如[r̄st]、[rs̄t]、[rst̄]等。由于任一晶棱方向都是同时指向两端的，所以上述在 OP 上任取的 M 点，既可取在坐标原点的这一侧，也可以取在另一侧，在此情况下，三个坐标距的正、负号恰好全部相反，例如[111]与[1̄1̄1̄]或[100]与[1̄00]，它们只代表同一个晶棱的方向。此外，在晶棱符号中，系数 0 并不表示晶棱与对应的晶轴平行。在等轴、四方和正交三个晶系中，系数 0 的出现恰恰表示晶棱垂直于对应的晶轴。对于这一点，切不可与晶面符号中的 0 相混淆，因为在晶面符号中当某一指数为 0 时，表示晶面与相应晶轴成平行的关系。

晶带在具体表示时应在晶棱符号的后面加上"晶带"一词，以便与晶棱相区别，如"[112]晶带"。"[112]晶带"表示的是一组晶面，"[112]"表示的是一条晶棱。

3. 晶带定律

由图 4-5 不难看出：晶体上任一晶面至少同时属于两个晶带，而一个晶带至少必须包含两个互不平行的晶面，这一定律即称为晶带定律。对于这一定律，应从两个方

面来理解：其一，任意两个晶带的交点，必是晶体上的一个实际的或可能的晶面；其二，互不平行的两个晶面相交，其交线必定是一个实际的或可能的晶棱，其指向必是晶带轴的方向。

晶带定律在晶体定向、推导晶体上一切可能出现的晶面种类，以及确定晶面、晶棱符号等方面，应用颇为广泛。

4.3　整数定律

整数定律也称有理指数定律，其实质就是，晶体上任一晶面在结晶轴上所截的截距，必可表示为轴单位长度的整数倍，而任一晶面的几个晶面指数，均必可表示为简单的（即绝对值很小的）整数。

从晶体内部格子构造的观点来看，得出上述的结论是必然的，因为晶面就是格子构造中的面网，而所选的结晶轴又都是行列，并且是以相应的结点间距作为轴单位来度量截距的，因而所得出的截距系数和晶面指数自然都应是整数。再根据布拉维法则可知，实际晶体上都是一些面网密度大的晶面，而选作结晶轴的行列又都是结点间距密的行列，从空间格子的性质可见，面网密度越是大的晶面，在结晶轴上所截的截距系数之比也越接近，所以实际晶体的晶面都具有简单的晶面指数。

从晶面指数的实例中我们可以看出，所有晶面的晶面指数都是绝对值很小的整数。对实际资料进行统计的结果表明，各种晶体上常见晶面的晶面指数，其绝对值一般都不大于 3 或 4，达到 6 或大于 6 的情况则很少见。实际上，后者只在晶面极为繁多的晶体上才出现。

整数定律是研究人员在 18 世纪末进行了大量的晶体测角工作之后，分析实际资料总结得出的一条规律。当时，还不可能进行晶体结构的测定，晶体的轴率是借助于选择一个所谓的单位面来求得的。单位面是这样的一个晶面，它在三个结晶轴上所截的截距之比作为晶体的轴率，亦即单位面本身的晶面符号肯定是（111）（但指数有时可能为负值）。将其他任一晶面在三个结晶轴上的截距与单位面的对应截距相比，即可求出该晶面的晶面指数。当然，单位面的选择并不是任意的。首先，必须符合晶体的对称性，例如在四方晶系晶体中，单位面必须与直立轴相交，并与两个水平结晶轴相截等长的一个晶面。其次，单位面还需通过比较才能最后选定，具体方法是：首先，在一个晶体上先后选不同的适当晶面当作单位面，分别得出几组不同的轴率数值；然后，对于晶体上的所有晶面，分别按不同的轴率值计算出几套晶面符号；最后，对比几套晶面符号，看哪一套的晶面指数总的说来最为简单，一般情况下相应的那组轴率数据就应被选作正确的轴率，进而确定出单位面。至于结晶轴本身，按照整数定律的要求，它们的方向必须是晶棱方向，只有这样才能保证晶面指数不致成为无理数。

晶面指数 h、k、l 均为简单的整数，即晶体上的任一晶面与单位面两者，在三个结晶轴上所截的截距比值之比，必为一简单的整数比。

整数定律的确立，为结晶符号的建立提供了依据，并规定了晶体定向的基本原则，此外，由于轴单位概念的出现，还促进了晶体内部结构几何理论的发展，所以，在结晶学发展史上，整数定律曾起了重要的作用。

思考题

4-1　在选定坐标轴的时候，坐标系的原点可以不经过晶体的中心吗？为什么？

4-2　对三方晶系的晶体，既可以进行三轴定向也可以进行四轴定向，两种定向在几何意义上有什么差别吗？

4-3　在 14 种布拉维空间格子中，为什么没有四方面心格子？按单位平行六面体的选择法则应该将其画成什么格子？请画图表示。此格子与原来的四方面心格子的平行六面体参数及体积间的关系如何？

4-4　三方菱面体格子可以转换为六方格子，但这种转换是不符合格子的选取原则的。请问：这种转换违背了格子选取原则的哪一条？

4-5　解释单位晶胞和平行六面体的异同。

4-6　设某一单斜晶系晶体上有一晶面，其在 3 个结晶轴上的截距之比为 $1:1:1$。试问此晶面之米氏符号是否为（111）？如果此种情况分别出现于斜方、四方和等轴晶系晶体中，它们的晶面米氏符号应分别写成什么？为什么？（指数值不能确定者可用字母代替，但相同指数须用相同的字母表示。）

4-7　表述晶带定律，估算下列几组晶面所处的晶带：（123）与（011）、（203）与（111）、（415）与（110）、（112）与（001）。

4-8　判断下列不同晶系晶体中若干组晶面与晶面、晶面与晶棱及晶棱与晶棱之间的空间关系（平行、斜交、垂直或特殊角度）：

①等轴、四方和斜方晶系：（001）与［001］、（010）与［010］、（110）与［001］、（110）与（010）；

②单斜晶体：（001）与［001］、［100］与［001］、（001）与（100）、（100）与（010）；

③三方、六方晶系：（11$\bar{2}$0）与（0001）、（11$\bar{2}$0）与［11$\bar{2}$0］、（10$\bar{1}$0）与（10$\bar{1}$1）。

第5章 晶体的理想形态

晶体形态的研究对矿物学工作有着十分重要的意义，这是因为晶体的形态是由晶体的化学成分和内部结构决定的，所以，晶体形态是鉴定矿物的一个重要标志。另外，晶体的形态还受形成条件的影响，成分相同的矿物在不同条件下生成时，又可能具有不同的形态特征，利用这些特征往往有助于判断和确定矿物的成因。

在复杂的地质环境中，同一矿物的晶体上，由相同面网形成的晶面，不像在理想条件下能得到同等发育，从而出现歪晶。不管歪晶歪曲到何等复杂程度，根据面角守恒定律，总是可以恢复到其理想形态，因此，了解晶体的理想形态是研究实际晶体形态的基础。

晶体具有自范性，即具有自发地形成封闭的几何多面体外形的特性，且几何多面体外形满足欧拉定律。从本质上讲，这是晶体内部质点在三维空间规则排列的结果，分布在晶体最外面的面网就形成了晶体的外表面（晶面）。依照晶体上的晶面种类，可将晶体的理想形态分为两类：一类由等大同形的一种晶面组成，称为单形[见图5-1(a)]；另一类则由两种或两种以上的晶面所组成，称为聚形[见图5-1(b)]。

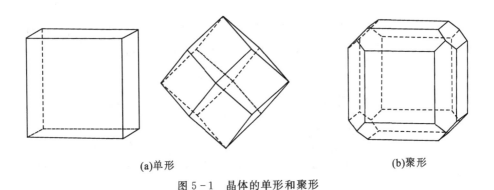

(a)单形　　　　　　　　　　　　(b)聚形

图5-1　晶体的单形和聚形

5.1　单形与单形符号

从对称的观点来说，单形是指能借助于对称型中全部对称要素的作用而相互联系起来的一组晶面的组合，即通过一个对称型的全部对称要素的操作，可以从单形的一个晶面将该单形的所有晶面推导出来。由于不同的对称型所包含的对称要素不同，以及起始晶面与对称要素间的相对位置不同，因此可以导出对称程度和形态各不相同的许多单形。

　　显然，由对称要素联系起来的一组晶面，不仅形状和大小等同，而且其性质也是等同的(诸如晶面的物理性质、晶面花纹等)。至于晶体上相互间不能对称重复的晶面则分别属于不同的单形。不同单形的晶面之间则绝不可能相互对称重复。

　　例如，在 $L^4PC(4/m)$ 对称型中，如果起始的晶面 F_1 与 L^4 垂直[见图 5-2(a)]，经 P 的反映而得晶面 F_2，再由对称中心的反伸和 L^4 的旋转，不再出现新的晶面，于是起始晶面通过 L^4PC 的作用，只能得到 F_1 和 F_2 这一对晶面，此二晶面即构成一个单形，在结晶学中称此单形为板面；若起始晶面 F_1 与 L^4 平行[见图 5-2(b)]，由于 L^4 的旋转，便得到 F_2、F_3 和 F_4 三个晶面，但通过 P 和 C 的作用不再导出新的晶面，因而 F_1、F_2、F_3 和 F_4 即组成一个称之为四方柱的单形；又如果起始晶面 F_1 与 L^4 斜交[见图 5-2(c)]，由于 L^4 的作用，在对称面以上将得到 F_1、F_2、F_3 和 F_4 四个晶面，然后再通过水平对称面 P 的作用，在其下部又得到 F_5、F_6、F_7 和 F_8 四个晶面，但 C 的作用与 L^4 和 P 所导出的结果相同，这八个晶面便组成一个称之为四方双锥的单形。

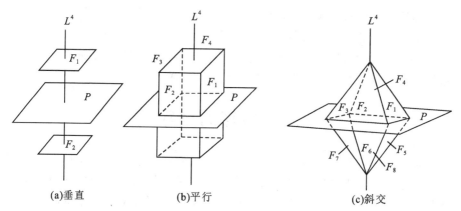

(a)垂直　　　　　　　(b)平行　　　　　　　(c)斜交

图 5-2　对称型 L^4PC 中的单形

　　由于同一单形各个晶面的晶面指数之间都具有对称相等的关系，因此，有可能只用一个符号来代表整个单形的所有晶面，这样的符号便称为单形符号(简称形号)。单形符号的构成：在同一单形的各个晶面中，按一定原则选择一个代表晶面，将其晶面指数按顺序连写而置于大括号内，例如写成 $\{hkl\}$，以代表整个单形的所有晶面。

　　代表晶面选择的总原则：应选择该单形中正指数最多的晶面，至少要尽可能地选择 l 为正值者。

　　代表晶面的选择，视晶体对称性的高低而选择标准稍有差异：在中、低级晶族的单形中，按"先上、次前、后右"的原则选择代表晶面；在高级晶族中，则为"先前、次右、后上"的原则，在这里，选择"前、右、上"，实际上意味着使三个晶面指数尽量为正。在中、低级晶族中"先上"，就是尽可能使 l 为正，"次前、后右"的顺序则是为了尽可能使 $|h| \geqslant |k|$，高级晶族中由于对称的特点，l 为正是必定可以保证的，而"先前、次右、后上"的顺序则是为了尽可能满足 $|h| \geqslant |k| \geqslant |l|$。

　　图 5-3 是一个中级晶族四方晶系四方双锥单形，并标出了晶轴位置和晶面符号。先考虑上端(Z 轴正端)，此端的晶面有 4 个，分别是(111)、($1\bar{1}1$)及($\bar{1}11$)和($\bar{1}\bar{1}1$)(后

两者在背后）；再考虑前端（X 轴正端），前端也有 4 个晶面，为（111）、（1$\bar{1}$1）、（1$\bar{1}\bar{1}$）和（11$\bar{1}$），这样就剩下（111）和（1$\bar{1}$1）两个晶面符合"先上、次前"；最后考虑右端（Y 轴正端）的情况，在此端的 4 个晶面中，只有（111）晶面与"后右"吻合。所以，此四方双锥的单形符号就可写成｛111｝，它实际代表的是四方双锥所具有的 8 个晶面。由此例不难看出，选择代表晶面确定单形符号时，实际上是选择正指数最多的晶面。

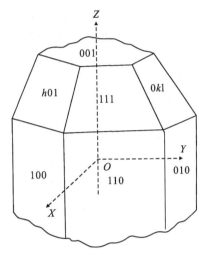

图 5 - 3　起始晶面在空间的七种位置示意图

用单形符号描述晶体形态十分简便。在矿物学中，各种矿物的晶体形态就是用单形符号描述的。需要指出的是，不同的单形，可以具有相同的单形符号，如八面体、四面体、四方锥、四方双锥及斜方双锥等，它们的单形符号均为｛111｝。因此，在遇到单形符号时，首先，一定要弄清其是属于哪个晶系、哪个对称型的单形！切不可理解成某一单形符号仅代表某一单形。

5.2　单形的推导

根据单形的定义，我们可以得出如下的结论：第一，若已知某个单形中的任一晶面，那么，通过对称型中全部对称要素的作用后，必可导出该单形的所有晶面，也就是整个单形本身。第二，在不同的对称型中，由于彼此间在对称要素的种类及数目上肯定是有区别的，因而将导出不同的单形；而在同一对称型中，若单形的晶面与对称要素间的相对方位关系不同，则所导出的单形亦不相同。据此，如果在各个对称型中逐一地考虑晶面与对称要素间的可能取向关系时，便可导出晶体所可能有的全部单形。

由于在晶体定向时，已经确定了各对称型中对称要素与结晶轴之间的取向关系，因此，可以用单形符号来表达单形中的晶面与对称要素间的相对方位关系。

5.2.1　结晶单形——146 种

单形的各个晶面既然可以通过点群中所有对称元素的作用相互重复，那么一个原始晶面通过点群中全部对称元素的作用，必可以导出一个单形的全部晶面。可以设想，不同的点群可以导出的单形类型是不同的，在同一点群中，原始晶面与对称元素的相对位置不同，也可以导出不同的单形来。

一个对称型中原始晶面与对称要素的相对位置除图 5 - 2 所示的三种（设此时原始晶面的晶面指数分别为（001）、（100）和（hkl)）外，还应有四种，它们在空间的分布位置如图 5 - 3 所示。这就是说，每个对称型中均有七种不同位置的原始晶面，由每一种位置的原始晶面均可导出一种单形，从而在 32 个对称型中按理应导出 224 种单形。但是，在包含对称要素较少的对称型中，由于结晶轴（坐标轴）可以不是对称要素，因而晶面指数不同的原始晶面与对称要素间的相对位置关系可以是相同的，从而导出的单形也将是相同的。例如，在图 5-2 中就可看出原始晶面 (010)、(110) 或 (hk0) 都与 L^4 平行并垂直于 P，由这些原始晶面导出的单形都是四方柱；另外，在同一对称型中，由于同种对称要素间的等效关系，使晶面指数不同的原始晶面亦将得出相同的单形，例如，$4mm$、422、$4/mmm$ 中的 $\{110\}$ 和 $\{100\}$ 是四方柱。如果对 32 个对称型（点群）逐一进行如上类似的分析，最终推导出晶体中全部可能的单形，其总数为 146 种（见表 5-1 至 5-7）。在结晶学中特称此 146 种单形为结晶单形。

表 5-1　三斜晶系的单形

点群	单形符号						
	$\{hkl\}$	$\{0kl\}$	$\{h0l\}$	$\{hk0\}$	$\{100\}$	$\{010\}$	$\{001\}$
1	单面(1)						
$\bar{1}$	平行双面(2)						

注：小括号中的具体数字代表该单形所含的晶面数目，下同。

表 5-2　单斜晶系的单形

点群	单形符号						
	$\{hkl\}$	$\{0kl\}$	$\{h0l\}$	$\{hk0\}$	$\{100\}$	$\{010\}$	$\{001\}$
2	（轴）双面(2)			平行双面(2)		单面(1)	
M	（反映）双面(2)			单面(1)		平行双面(2)	
$2/m$	斜方柱(4)			平行双面(2)		平行双面(2)	

表 5-3　斜方晶系的单形

点群	单形符号						
	$\{hkl\}$	$\{0kl\}$	$\{h0l\}$	$\{hk0\}$	$\{100\}$	$\{010\}$	$\{001\}$
222	斜方四面体(4)	斜方柱(4)			平行双面(2)		
$mm2$	斜方锥(4)	双面(2)		斜方柱(4)	平行双面(2)		单面(1)
Mmm	斜方双锥(8)	斜方柱(4)			平行双面(2)		

表 5-4　四方晶系的单形

点群	单形符号						
	$\{hkl\}$	$\{hhl\}$	$\{h0l\}\{0kl\}$	$\{hk0\}$	$\{110\}$	$\{100\}$	$\{001\}$
4	四方锥(4)			四方柱(4)			单面(1)
$4/m$	四方双锥(8)			四方柱(4)			平行双面(2)
$4mm$	复四方锥(8)	四方锥(4)		复四方柱(8)	四方柱(4)		单面(1)

续表

点群	单形符号						
	{hkl}	{hhl}	{h0l}{0kl}	{hk0}	{110}	{100}	{001}
422	四方偏方面体(8)	四方双锥(8)	四方双锥(8)	复四方柱(8)	四方柱(4)	四方柱(4)	平行双面(2)
4/mmm	复四方双锥(16)	四方双锥(8)	四方双锥(8)	复四方柱(8)	四方柱(4)	四方柱(4)	平行双面(2)
$\bar{4}$	四方四面体	四方四面体	四方四面体	四方四面体	四方柱(4)	四方柱(4)	平行双面(2)
$\bar{4}2m$	复四方偏三角面体	四方四面体	四方双锥(8)	复四方柱(8)	四方柱(4)	四方柱(4)	平行双面(2)

表 5-5   三方晶系的单形

点群	单形符号						
	{hkil}	{hh$\bar{2}\bar{h}$l}{2k$\bar{k}\bar{k}$l}	{h0$\bar{h}$l}{0k$\bar{k}$l}	{hki0}	{11$\bar{2}$0}{2$\bar{1}\bar{1}$0}	{10$\bar{1}$0}{01$\bar{1}$0}	{0001}
3	三方锥(3)	三方锥(3)	三方锥(3)	三方柱(3)	三方柱(3)	三方柱(3)	单面(1)
$\bar{3}$	菱面体(6)	菱面体(6)	菱面体(6)	六方柱(6)	六方柱(6)	六方柱(6)	平行双面(2)
3m	复三方锥(6)	六方锥(6)	三方锥(3)	复三方柱(6)	六方柱(6)	三方柱(3)	单面(1)
32	三方偏方面体(6)	三方双锥(6)	菱面体(6)	复三方柱(6)	三方柱(3)	六方柱(6)	平行双面(2)
$\bar{3}m$	复三方偏三角面体(12)	六方双锥(12)	菱面体(6)	复六方柱(12)	六方柱(6)	六方柱(6)	平行双面(2)

表 5-6   六方晶系的单形

点群	单形符号						
	{hkil}	{hh$\bar{2}\bar{h}$l}{2k$\bar{k}\bar{k}$l}	{h0$\bar{h}$l}{0k$\bar{k}$l}	{hki0}	{11$\bar{2}$0}{2$\bar{1}\bar{1}$0}	{10$\bar{1}$0}{01$\bar{1}$0}	{0001}
6	六方锥(6)	六方锥(6)	六方锥(6)	六方柱(6)	六方柱(6)	六方柱(6)	单面(1)
6/m	六方双锥(12)	六方双锥(12)	六方双锥(12)	六方柱(6)	六方柱(6)	六方柱(6)	平行双面(2)
6mm	复六方锥(12)	六方锥(6)	六方锥(6)	复六方柱(12)	六方柱(6)	六方柱(6)	单面(1)
622	六方偏方面体(12)	六方双锥(12)	六方双锥(12)	复六方柱(12)	六方柱(6)	六方柱(6)	平行双面(2)
6/mmm	复六方双锥(24)	六方双锥(12)	六方双锥(12)	复六方柱(12)	六方柱(6)	六方柱(6)	平行双面(2)
$\bar{6}$	三方双锥(6)	三方双锥(6)	三方双锥(6)	三方柱(3)	三方柱(3)	三方柱(3)	平行双面(2)
$\bar{6}m2$	复三方双锥(12)	六方双锥(12)	六方双锥(12)	复三方柱(6)	六方柱(6)	平行双面(2)	平行双面(2)

表 5-7 等轴晶系的单形

点群	单形符号						
	{hkl}	{hhl}	{hkk}	{111}	{hk0}	{110}	{100}
23	五角三四面体(12)	四角三四面体(12)	三角三四面体(12)	四面体(4)	五角十二面体(12)	菱形二十面体(12)	立方体(6)
$m3$	偏方复十二面体(24)	三角三八面体(24)	四角三八面体(24)	八面体(8)	五角十二面体(12)	菱形二十面体(12)	立方体(6)
$\bar{4}3m$	六四面体(24)	四角三四面体(12)	三角三四面体(12)	四面体(4)	四六面体(24)	菱形二十面体(12)	立方体(6)
432	五角三八面体(24)	三角三八面体(24)	四角三八面体(24)	八面体(8)	四六面体(24)	菱形二十面体(12)	立方体(6)
$m3m$	六八面体(48)	三角三八面体(24)	四角三八面体(24)	八面体(8)	四六面体(24)	菱形二十面体(12)	立方体(6)

必须指出的是，不同点群可以具有相同的单形，这是因为单形的名称是以几何学特征命名的。但是，它们之间具有的对称性却存在差异，这种差异主要体现在晶面的性质(如晶面花纹、蚀象等)上。从对称性的角度看，这 146 种单形是晶体学上的不同单形。若单从纯粹的几何形态讲，146 种单形中有许多是相同的，例如，由 L^4PC 导出的四方柱在 L^4、L^44P、L^44L^2 和 L^44L^25PC 等对称型中，当原始晶面与 L^4 平行时，显然也都能被导出。只从单形的几何性质着眼，只考虑组成单形的晶面数目、各晶面间的几何关系(垂直、平行、斜交等)、整个单形单独存在时的几何形状等，而不考虑单形的真实对称性时，146 种结晶学上不同的单形将可归并为 47 种几何性质不同的单形。因此，为了学习上的方便，在不考虑单形的真实对称的前提下，可将 146 种结晶学单形归并为几何形态不同的 47 种单形。

47 种单形的命名主要依据下列四个方面：

(1)整个单形的形状，如柱、双锥、立方体等；

(2)横切面的形状，如四方柱、菱方双锥等；

(3)晶面的数目，如单面体、八面体等；

(4)晶面的形状，如菱面体、五角十二面体等。

5.2.2　几何单形——47 种

如上所述，若不考虑 146 种结晶学单形的对称程度，则几何形态不同的单形只有 47 种，它们的几何特征按晶族列示在表 5-8 至 5-10 中。单形的几何特征主要考虑晶面数目、晶面单独存在时的形状、晶面间的几何关系、晶面与结晶轴的关系及过中心横截面的具体形状等方面的因素。

表 5 - 8   低级晶族单形的几何特征

名称	晶面数目	单独存在时晶面的形状	晶面间的几何关系	晶面与结晶轴的关系	过中心横截面的具体形状
1. 单面体	1	—	—	—	—
2. 平行双面体	2	—	相互平行	—	—
3. 双面	2	—	相交	—	—
4. 斜方柱	4	—	成对平行，所有交棱互相平行	—	菱形
5. 斜方锥	4	—	全部相交	交于 Z 轴上一点	菱形
6. 斜方双锥	8	不等边三角形	成对平行，恰似由上下互呈镜像的菱方锥相合而成	每 4 个晶面的公共交点均为结晶轴出露点	菱形
7. 斜方四面体	4	不等边三角形	互不平行，恰似由两个双面相合而成	每一交棱之中点为结晶轴出露点	菱形

表 5 - 9   中级晶族单形的几何特征

名称	晶面数目	单独存在时晶面的形状	晶面间的几何关系	晶面与结晶轴的关系	过中心横截面的具体形状
单面体	1	—	—	垂直于 Z 轴	—
平行双面体	2	—	相互平行	—	—
8. 四方柱	4				四方形
9. 三方柱	3		所有交棱均相互平行；除三方柱和复三方柱外，晶面均成对平行	平行于 Z 轴	三方形
10. 六方柱	6	—			六方形
11. 复四方柱	8				复四方形
12. 复三方柱	6				复三方形
13. 复六方柱	12				复六方形
14. 四方锥	4				四方形
15. 三方锥	3				三方形
16. 六方锥	6	—	全部相交	交 Z 轴于一点	六方形
17. 复四方锥	8				复四方形
18. 复三方锥	6				复三方形
19. 复六方锥	12				复六方形
20. 四方双锥	8	等腰三角形	上下各半数晶面分别相交于一点，恰似上下互呈镜像关系的锥体相合而成；除三方双锥和复三方双锥外，晶面均成对平行	上下各交 Z 轴于一点	四方形
21. 三方双锥	6	等腰三角形			三方形
22. 六方双锥	12	等腰三角形			六方形
23. 复四方双锥	16	不等边三角形			复四方形
24. 复三方双锥	12	不等边三角形			复三方形
25. 复六方双锥	24	不等边三角形			复六方形

名称	晶面数目	单独存在时晶面的形状	晶面间的几何关系	晶面与结晶轴的关系	过中心横截面的具体形状
26. 四方偏方面体 27. 三方偏方面体 28. 六方偏方面体	8 6 12	有两条邻边相等的不等边四边形	上下各半数晶面分别相交一点；恰似上下互呈镜面的锥体相合而成，相互间绕 Z 轴错开任意角度，所有晶面均互不平行	上下各交 Z 轴于一点	复四方形 复三方形 复六方形
29. 四方四面体	4	等腰三角形	上下各半数晶面分别相交；恰似两个双面上下相合而成，相互间绕 Z 轴错开 90°，晶面均互不平行	上下两晶棱中点的连线为 Z 轴所在	四方形
30. 菱面体	6	菱形	上下各半数晶面分别相交；恰似两个三方锥上下相合而成，相互间绕 Z 轴错开 60°，晶面成对平行	上下各交 Z 轴于一点	六方形
31. 四方偏三角面体	8	不等边三角形	上下各半数晶面分别相交；恰似由四方四面体的每一晶面等分为两个晶面而成；晶面均互不平行	上下各交 Z 轴于一点	复四方形
32. 复三方偏三角面体	12	不等边三角形	上下各半数晶面分别相交；恰似由菱面体的每一晶面等分为两个晶面而成；晶面成对平行	上下各交 Z 轴于一点	复六方形

表 5－10　高级晶族单形的几何特征

名称	晶面数目	晶面间的几何关系	晶面与结晶轴的关系
33. 八面体	8	成对平行	每对晶面均垂直于一个 L^3，在晶轴上相截等长

续表

名称	晶面数目	晶面间的几何关系		晶面与结晶轴的关系	
34. 三角三八面体	24	恰似由八面体的每一晶面均从中心凸起变为3个相同晶面而成	晶面成对平行	只与2条结晶轴相截等长	每8个晶面相交于结晶轴一点
35. 四角三八面体	24				每4个晶面相交于结晶轴一点
36. 五角三八面体	24		晶面互不平行	与3条结晶轴相截均不等长	
37. 六八面体	48	恰似由八面体的每一晶面均从中心凸起变为6个相同晶面而成，晶面成对平行		与3条结晶轴相截均不等长	
38. 四面体	4	互不平行		每一晶面均垂直一个L^3，在3条结晶轴上相截等长	
39. 三角三四面体	12	恰似由四面体的每一晶面均从中心凸起变为3个相同晶面而成，所有晶面互不平行		只与2条结晶轴相截等长	每2个晶面相交于结晶轴一点
40. 四角三四面体	12				每4个晶面相交于结晶轴一点
41. 五角三四面体	12			与3条结晶轴相截均不等	
42. 六四面体	24	恰似由四面体的每一晶面均从中心凸起变为6个相同晶面而成，所有晶面互不平行		与3条结晶轴相截均不等	
43. 立方体	6	成对平行，三对面之间均相互正交		每对晶面均与一条结晶轴垂直而与另2条结晶轴平行	
44. 四六面体	24	恰似由立方体的每一晶面均从中心凸起变为4个相同晶面而成，所有晶面成对平行		与一条结晶轴平行而与另2条结晶轴相截不等长	每4个晶面相交于结晶轴一点
45. 五角十二面体	12	恰似由立方体的每一晶面均各自平行于一组晶棱方向凸起变为2个相同晶面而成，晶面成对平行			每2个晶面相交于结晶轴一点
46. 偏方复十二面体	24	恰似由五角十二面体的每一晶面一分为二而成，晶面成对平行		与3条结晶轴相截不等长	
47. 菱形十二面体	12	成对平行		与一条结晶轴平行而与另2条结晶轴相截不等长	

5.3　单形的分类

从其他一些角度可以将 47 种单形划分为不同的常用类型，介绍如下。

5.3.1　一般形与特殊形

一般形与特殊形是根据单形晶面与对称元素的相对位置来划分的。凡是单形晶面处于特殊位置，即晶面垂直或平行于任何对称元素，或者与相同的对称元素以等角相交，则这种单形即称为特殊形；反之，单形晶面处于一般位置，即不与任何对称元素垂直或平行（等轴晶系中的一般形有时可平行于 L^3 的情况除外），也不与相同的对称元素以等角相交，则这种单形称为一般形。显然，一个点群中，只有一种一般形，其符号为{hkl}，或者为{$hkil$}。

5.3.2　开形和闭形

开形和闭形是根据单形的晶面是否可以自相闭合来划分的。凡是单形的晶面不能封闭一定空间者称为开形，例如单面、平行双面、单锥及柱类单形等；反之，凡是其晶面能够封闭一定空间者，称为闭形，如双锥类及等轴晶系的单形等。开形共有 17 种，闭形有 30 种。

5.3.3　定形和变形

一种单形，若其晶面间的角度为恒定者，则属于定形；反之，即为变形。属于定形者有单面、平行双面、三方柱、四方柱、六方柱、四面体、立方体、八面体和菱形十二面体等 9 种单形，其余单形皆为变形。在单形符号中，只要单形指数全为数字，如{100}、{210}、{010}等，就是定形；而指数含字母者，如{$hk0$}、{$hkil$}等，则是变形。

5.3.4　左形和右形

一种单形，如果可以存在形状完全相同而空间取向彼此相反的两个形体，且相互之间不能借助旋转但能凭借反映达到取向一致者，则两者互为左右形。若其中一个为左形，则另外一个为右形，反之亦然。晶体中只有那些仅含对称轴、不含对称面和对称中心及旋转反伸轴的单形和聚形中才可能出现左、右形，计有：斜方四面体、三方偏方面体、四方偏方面体、六方偏方面体、五角三四面体和五角三八面体，共 6 种。图 5-4 示出了五角三四面体和石英的左右形形态特征。

5.3.5　正形和负形

两个形状相同，但取向互异的同种单形如果借助于旋转 90°（四轴定向者为 60°）即能使二者的取向达到完全一致者，则该两种单形一个为正形而另一个为负形。

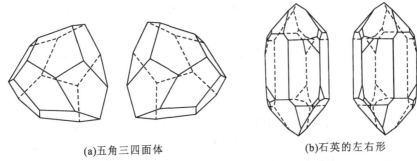

(a)五角三四面体   (b)石英的左右形

图 5-4   五角三四面体和石英的左形和右形

并非所有的单形都有正、负形的区别。只有中级晶族中以 L^3 或 L_i^6、L_i^4 作为 c 轴的，以及高级晶族中以 L^2 或 L_i^4 作为结晶轴的那些对称型中的部分单形才有正形和负形的区别，其中经常遇到的是四面体和菱面体的正形与负形。由于正形和负形这个名称使用较少，实际意义不大，这里不作详细介绍。

5.4   聚形概念和聚形分析

由两个或两个以上的单形构成的晶体图形，称为聚形。

17 种开形，其本身并不能构成封闭的凸几何多面体，只有与其他单形聚合在一起，才能封闭一定的空间，从这个角度看，聚形的形成是必然的。对聚形而言，有多少种单形相聚，其聚形上就会出现多少种不同的晶面。由于单形是由对称元素联系起来的一组晶面，因此在聚形中，对于理想形态而言，同一单形晶面的大小和性质也完全相同，不同单形的晶面则性质各异。一个聚形上出现的单形种类是有限的，如在单形推导过程中分析的那样，至多能有 7 种。但出现单形的数目却没有一定限制，因为可以有一个或者多个同种单形相聚，只是它们的空间方位不同而已。

图 5-5 中以粗线画出的晶体图形为聚形，其是由一个四方柱和一个四方双锥聚合而成的。聚形中不同单形的晶面由于与聚形本身所具有的对称要素之相对位置不同，因而它们彼此之间是不能借助于对称要素的作用而相互重合的。

根据聚形上不同的晶面种类即可确定构成该聚形的单形数目。可是在聚形上由于晶面的相互切割，常常使得单形的晶面形状跟它们单独存在时的形状相比，已经完全不一样了。例如，图 5-5 中的四方双

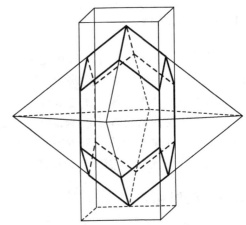

图 5-5   四方柱和四方双锥相聚示意图

锥晶面本应是等腰三角形，但现在却成了四边形。因此，在聚形上分析单形时，绝不可根据晶面实际表现的形状，直接确定其是哪种单形。要想得知某一类晶面应构成何种单形时，可使所考虑的一类晶面同时扩展相交（如图 5-5 中的细实线所示），以恢复其理想形态，从而定出单形名称。

单形相聚不是任意的，只有属于同一对称型的各种单形才能相聚，这是因为属于同一对称型的各种单形其对称程度相同。

在聚形上从事单形分析时，可按以下步骤进行：在分析聚形由何种单形所组成时可依据点群、单形晶面的数目和相对位置、晶面符号，以及假想单形的晶面扩展相交以后设想单形的形状等进行综合分析。该综合分析的步骤：先找出所有对称元素，确定点群、晶系和晶族；然后根据原则进行晶体定向；再确定单形的数目、每种单形的晶面数及其与对称元素间的关系等；最终确定出聚形所包含的单形。

从聚形上分析单形的关键在于对聚形所属对称型和晶系的正确判定，以及对 17 种几何单形（开形）的熟悉程度。

思考题

5-1 何谓单形、聚形？

5-2 单形的命名原则？各晶族单形有何基本特点？

5-3 同种物质的晶体为什么会有不同的外形？不同物质的晶体为什么会有相同的外形？

5-4 单形相聚时应符合什么条件？为什么不能只根据聚形中的晶面形状来确定单形名称？

5-5 一个晶体至少应由几个晶面组成？该晶体包含有什么样的单形？

5-6 能否说立方体是由三对平行双面组成的？为什么？

5-7 等轴晶系的单形全为闭形，三斜和单斜晶系的单形全为开形，原因何在？

5-8 统计一下，在三个（三方、六方、三斜）晶系中，各有多少种开形和闭形。

5-9 晶面与任何一个点群对称元素间的关系至多有 7 种，能否说一个晶体至多只能有 7 种由单形相聚而成的聚形？为什么？

5-10 在 $4/m$ 对称型的白钨矿晶体中，(321)、(231)、($2\overline{3}\overline{1}$)、($3\overline{2}\overline{1}$)各晶面是否都属于{321}单形？根据是什么？

5-11 属于四方晶系的各种单形，除单面和平行双面外，为什么它们的晶面数目总是 4、8 或 16？在其他晶系中是否也存在着类似的规律？原因何在？

5-12 六方晶系为什么可以出现三方柱、三方双锥等单形？（提示：注意它们只出现在哪些对称型中。）

5-13 几何上的正五角十二面体与单形中的五角十二面体有何本质差异？

5-14 试归纳出以下每组相似单形中各单形间的区分标志（特别要注意当它们在聚形中出现时如何区别）：①八面体、四方双锥、四方四面体和四方偏三角面体；②六方双锥、复三方双锥、六方偏方面体和复三方偏三角面体；③三方双锥、三方偏方面体和菱面体；④菱面体和立方体；⑤等轴晶系中晶面数为 12 的各种单形；⑥等轴晶系中晶面数为 24 的各种单形。

5－15　能否确定由以下各组内的每两个单形所组成的聚形？如不能，理由是什么？①八面体与平行双面体；②四方锥与平行双面体；③六方柱与菱面体。

第2篇 矿物学通论

　　几何结晶学基础一篇概述了晶体的基本性质，并着重从宏观方面论证了晶体所表现的几何特征及其规律，这是学习矿物学首先应该具备的基础知识。

　　矿物学是研究地壳或地球物质成分的地质学科之一，它研究的对象主要是天然矿物。自然界现已发现的矿物约三千多种，每种矿物除表现出区别于他种矿物的各自的特征外，还表现出为大多数矿物所共同具有的一般特征及其规律。后者就是矿物学通论所要论述的主要内容，包括矿物的晶体化学、化学成分、形态、物理性质、化学性质、形成条件及相互之间的内在联系。此外，本篇还将扼要地介绍在鉴定和研究矿物时较常用的一些测试方法。本篇的教学将为读者学习矿物学各论奠定必要的基本理论和基本知识。

第6章 矿物的晶体化学

前面各章概述了晶体外形所表现的几何规律性，要认识这些几何规律所反映的实质内容，必须进一步弄清晶体的化学组成与晶体结构之间的关系。研究晶体的结构与晶体的化学组成及其性质之间的相互关系和规律的分支学科，称为晶体化学。

结晶质矿物都具有一定的化学组成和内部结构。化学组成是构成矿物晶体的物质内容，而内部结构是使该矿物在一定条件下得以稳定存在的形式。它们二者之间的关系是内容与形式的关系，相互间存在着相互依存、相互制约的有机联系，并且是决定结晶质矿物的外部形态和各项物理性质的内在依据。这就是本章所要讨论的基本问题。

在本章中，我们将分别阐述组成矿物晶体的质点(离子、离子团、原子及分子)本身具有的某些特性，进而讨论它们在组成晶体结构时的相互作用和规律，其中包括：离子类型、离子和原子的半径、离子或原子相互结合时的堆积方式和配位形式、键和晶格类型、类质同象、有序结构和无序结构及同质多象、多型现象等。

6.1 元素的离子类型

矿物晶体结构的具体形式，主要是由组成它的原子或离子的性质决定的，其中起主导作用的因素是原子或离子的最外层电子的构型。

天然矿物，除少数为元素的单质外，绝大部分是由离子(或离子团)、原子或分子构成的化合物。在离子化合物中，阴、阳离子间的结合主要取决于由它们的外电子层构型所决定的化学性质。通常根据离子的最外层电子的构型可将离子划分为三种基本类型(见表6-1)。

表6-1 元素的离子类型

He	Li	Be											B	C	N	O	F
Ne	Na	Mg											Al	Si	P	S	Cl
Ar	K	Ca	Sc	Ti	V	Cr	Mn	Fe	Co	Ni	Cu	Zn	Ga	Ge	Ag	Se	Br
Kr	Rb	Cs	Y	Zr	Nb	Mo	Tc	Ru	Rh	Pa	Ag	Cd	In	Sn	Sb	Te	I
Xe	Fr	Ba	Tr	Hf	Ta	W	Re	Os	Ir	Pt	Au	Hg	Tl	Pb	Bi	Po	At
Rn	Sr	Ra	Ac														

6.1.1　惰性气体型离子

惰性气体型离子指最外层具有 8 个或 2 个电子的离子。这类离子的最外层电子构型为 ns^2np^6 或 $1s^2$，与惰性气体原子的最外层电子构型相同。主要包括碱金属、碱土金属及位于周期表右边的一些非金属元素。

6.1.2　铜型离子

铜型离子指最外层具有 18 个电子的一类离子，它们的电子构型为 $ns^2np^6nd^{10}$，与 Cu^+ 的最外层电子构型相同，主要包括位于周期表长周期右半部的有色金属和半金属元素。

6.1.3　过渡型离子

过渡型离子指最外层电子数介于 8～18 的一类离子。这类离子的最外层电子构型为 $ns^2np^6nd^{1\sim9}$，处于前两类离子之间的过渡位置，主要包括周期表中Ⅲ—Ⅷ族的副族元素。

6.1.4　不同类型离子的元素的区别

从化学中我们知道，离子和原子的化学行为主要与它们的最外层电子构型有关。因而，由上述离子类型不同的三类离子分别组成的矿物，不仅在物理性质上有明显的差异，而且在形成条件等方面也有很大的不同。

属于惰性气体型离子的元素，大部分具有比较低的电离势，当与其他元素结合时，易形成惰性气体型的阳离子。在自然界它们倾向于与电离势高而电子亲和能大的卤族元素及氧以明显的离子键结合，形成分布很广的卤化物、氧化物及含氧盐类矿物。其中含氧盐类矿物是构成各类岩石的最重要的造岩矿物。所以通常将这些元素又称为"亲氧元素"或"造岩元素"。

属于铜型离子的元素，它们具有较高的电离势和较强的极化能力。在自然界，它们主要倾向于与极化变形较强的硫等元素相结合，形成具明显共价键成分的硫化物及其类似化合物。这类元素形成的矿物由于常是构成金属硫化物矿床的主要矿石矿物，所以也将它们称为"亲硫元素"或"造矿元素"。

至于属过渡型离子的元素，其性质介于"亲氧元素"和"亲硫元素"之间，最外层电子数越接近 8 的，越易与氧结合，形成氧化物及含氧盐矿物；最外层电子数越接近 18 的，越易与硫结合，形成硫化物；电子数居中者，如 Fe、Mn 等，则依所处介质的不同，既可形成氧化物，也可形成硫化物。这一类元素，在地质作用中经常与铁共生，故也称之为"亲铁元素"。

6.2 原子和离子半径

在原子和离子的性质中，原子或离子的大小也是一个重要的特性，它具有重要的几何意义，是晶体化学中最基本的参数之一。

在晶体结构中，呈格子状排列的原子或离子中心之间，常保持一定的距离，这一现象表明结构中的每个原子或离子各自都有一个确定的电磁场作用范围，通常把这个作用范围看成是球形的，并把它的半径作为原子或离子的有效半径来看待，原子或离子的有效半径，主要取决于它们的电子层构型。此外，既然它是一个标志电磁场作用范围大小的数值，当然就不可避免地要受到化学键性及环境因素的影响而改变其大小。因此，对原子或离子的有效半径绝不可理解为一个固定不变的常数。

实际上，在晶体结构中原子或离子与周围的质点以不同的键力联结时，它的有效半径就会有明显的差异。对应于三种不同的化学键，就有离子半径、共价半径及金属原子半径的区别。此外，离子的有效半径与离子在晶体结构中实际的配位数有关，配位数高时半径大，配位数低时半径小；对于过渡金属离子，其有效半径还随氧化态及自旋状态的不同而不同。

表6-2按周期表形式列出了各元素的共价半径和金属原子半径。从表中所列数据可以看出原子半径和离子半径变化的一些规律。

(1)对于同种元素的原子半径，其共价半径总是小于金属原子半径。

(2)对于同种元素的离子半径来说，阳离子的半径总是小于该元素的原子半径，且正价愈高，半径愈小；而阴离子的半径总是大于该元素的原子半径，且负价愈高，半径愈大。当氧化态相同时，离子半径随配位数的增高而增大。

(3)对于同一族元素，原子和离子半径随元素周期数的增加而增大；对同一周期的元素，原子半径和阳离子半径随原子序数的增加而减小；而从周期表左上方到右下方的对角线方向上，阳离子的半径彼此近于相等。

(4)在镧系和锕系元素中，元素的阳离子半径随原子序数增加而略有减小，即所谓的镧系收缩和锕系收缩。且因受镧系收缩的影响，镧系以后的诸元素与同族中的上面一个元素相比，半径差很小，以至相等。

(5)一般情况下，阳离子半径都小于阴离子半径；大多数阳离子半径在 $0.5 \sim 1.2$ Å (为了和资料统一，此处仍沿用 Å 为单位) 的范围内，而阴离子半径则介于 $1.2 \sim 2.2$ Å。

值得说明的是，以上规律仅仅是一般性的大概率事件，由于受各种因素的影响，规律在局部会出现例外情况。

离子半径和原子半径在晶体化学研究方面具有很重要的意义。弄清并熟悉这些数据及其变化规律，对于理解和阐明矿物晶体结构类型的变化，矿物化学组成的变异，以及有关物理性质的变化等都是非常重要的。

表6-2 元素的共价半径和金属原子半径
（半径单位为Å）

图例（原子序数 — 元素符号；金属原子半径 — 共价半径）:

原子序数	元素符号
13	Al
	1.25 (共价半径)
金属原子半径	1.43

主表（每格：原子序数、元素符号、共价半径、金属原子半径）：

族	IA	IIA	IIIB	IVB	VB	VIB	VIIB	VIII	VIII	VIII	IB	IIB	IIIA	IVA	VA	VIA	VIIA	0
1	1 H 0.37																	2 He
2	3 Li 1.22/1.51	4 Be 0.89/1.13											5 B 0.88	6 C 0.77	7 N 0.74	8 O 0.74	9 F 0.72	10 Ne
3	11 Na 1.57/1.85	12 Mg 1.37/1.60											13 Al 1.25/1.43	14 Si 1.77	15 P 1.10	16 S 1.04	17 Cl 0.99	18 Ar
4	19 K 2.02/2.25	20 Ca 1.74/1.96	21 Sc 1.44/1.63	22 Ti 1.32/1.45	23 V 1.22/1.31	24 Cr 1.17/1.25(立方)/1.35(六方)	25 Mn 1.17/1.12-1.50	26 Fe 1.16/1.24	27 Co 1.16/1.25	28 Ni 1.15/1.24(立方)/1.32(六方)	29 Cu 1.17/1.27	30 Zn 1.25/1.32-1.47	31 Ga 1.25/1.22-1.38	32 Ge 1.22	33 As 1.21	34 Se 1.17	35 Br 1.14	36 Kr
5	37 Rb 2.16/2.44	38 Sr 1.91/2.13	39 Y 1.61/1.81	40 Zr 1.45/1.60	41 Nb 1.34/1.42	42 Mo 1.29/1.36	43 Tc 1.34	44 Ru 1.24/1.33	45 Rh 1.25/1.34	46 Pd 1.28/1.37	47 Ag 1.34/1.44	48 Cd 1.41/1.85	49 In 1.50/1.62-1.68	50 Sn 1.41	51 Sb 1.41	52 Te 1.37	53 I 1.33	54 Xe
6	55 Cs 2.35/2.62	56 Ba 1.98/2.17	57-71 La-Lu	72 Hf 1.44/1.66	73 Ta 1.34/1.43	74 W 1.30/1.38	75 Re 1.28/1.37	76 Os 1.25/1.35	77 Ir 1.26/1.45	78 Pt 1.29/1.38	79 Au 1.34/1.44	80 Hg 1.44/1.50-1.73	81 Tl 1.55/1.67-1.70	82 Pb 1.54/1.74	83 Bi 1.5/1.55	84 Po 1.53	85 At	86 Rn
7	87 Fr	88 Ra	89-103 Ac-Lr															

镧系：

57 La 1.69/2.87	58 Ce 1.65/1.82	59 Pr 1.65/1.82	60 Nd 1.64/1.82	61 Pm 1.8	62 Sm 1.57/1.85	63 Eu 1.66/1.8	64 Gd 1.61/1.79	65 Tb 1.59/1.77	66 Dy 1.59/1.77	67 Ho 1.58/1.76	68 Er 1.57/1.75	69 Tm 1.56/1.74	70 Yb 1.70/1.93	71 Lu 1.56/1.74

锕系：

89 Ac	90 Th 1.65/1.80	91 Pa	92 U 1.42/1.53	93 Np 1.8	94 Pu	95 Am	96 Cm	97 Bk	98 Cf	99 Es	100 Fm	101 Md	102 No	103 Lr

6.3　球体的最紧密堆积原理

晶体是具有格子构造的固体,其内部质点在三维空间呈周期性的规则排列,这种规则排列是质点间引力和斥力达到平衡的结果。这就意味着,晶体结构中,质点之间趋向于尽可能的相互靠近,形成最紧密堆积,以达到内能最小,使晶体处于最稳定状态。

1619年,开普勒首先提出了球体的三维密堆积,即球体的最紧密堆积。原子和离子可看成是具有一定半径的球体。因此,矿物晶体结构就如同是这些球体的堆积。在具有离子键和金属键的晶体中,一个金属离子或原子与异号离子或其他原子相结合的能力是不受方向和数量限制的。它们力求与尽可能多的质点接触,借以实现使体系处于最低能量状态的最紧密堆积。所以,研究球体的最紧密堆积将有助于我们理解具体矿物的晶体结构。

球体的最紧密堆积有等大球体的最紧密堆积和不等大球体的紧密堆积两种情况,分别讨论如下。

6.3.1　等大球体的最紧密堆积

将等大的球体在一个平面内作最紧密排列时只能构成如图6-1所示的一种形式。从图中不难看出,每个球体(标记为A)都只能与周围的六个球相接触,并于每个球的周围都存在两类弧线三角形空隙,一类顶角向上(标记为B),另一类顶角向下(标记为C)。两类空隙相间分布。

在第一层球上堆积第二层球时,为使球体堆积得最紧密,只能将球堆放在第一层球所形成的三角形空隙B或C上。然而,两种堆积并无实质区别。图6-2中的第二层球都堆放在B类空隙上,若将该图旋转180°便与将第二层球堆在C类空隙上的情况完全相同。

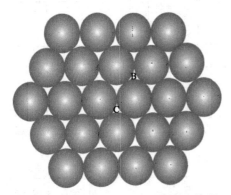

图6-1　等大球体平面内的最紧密堆积

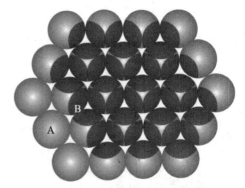

图6-2　等大球体的两层最紧密排列

两层球作最紧密堆积时便形成球体在三维空间的最紧密堆积。此时,对于两层球共同来讲,则出现了与前述不同的两种空隙:一种是由六个球体围成的空隙,另一种是由四个球体围成的空隙。这样，当继续堆积第三层球时，将有两种完全不同的堆积方式：

第一种堆积方式是在由四个球围成的空隙上进行的，即将第三层球堆放在第一层与第二层的四个球围成的空隙之上。此时，第三层球与第一层球所在的位置（A）相重复。再堆第四层球时仍将球放在第二层与第三层的四个球围成的空隙之上，这样第四层球便与第二层球相重复，如此继续堆积下去，其结果将出现 AB、AB、AB 的周期性重复（两层重复，A、B 代表球体所在位置）。在这样的最紧密堆积中，因等同点是按六方格子排列的，故称为六方最紧密堆积，其最紧密排列的球层平行于（0001）面，如图 6-3 所示。

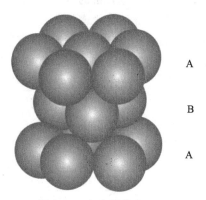

图 6-3　六方最紧密堆积

第二种堆积方式是在由六个球围成的空隙上进行的，即将第三层球（C）堆放在第一层与第二层的六个球围成的空隙之上。此时，第三层球与前两层球的位置均不重复，当堆积第四层球时（即将球放在第二层与第三层的六球围成的空隙之上），才与第一层球的位置（A）相重复，继而出现第五层与第二层重复，第六层与第三层重复。如此继续堆筑下去，其结果将是 ABC、ABC、ABC 的周期重复（见图 6-4）。在这样的最紧密堆积中，因等同点是按立方面心格子分布的，故称之为立方最紧密堆积，其最紧密堆积的球层平行于立方面心格子中的（111）面网，如图 6-5 所示。

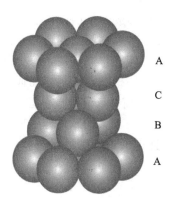

图 6-4　立方最紧密堆积

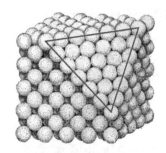

图 6-5　立方最紧密堆积的最紧密排列层

六方（hcp）和立方（fcc）等大球体的最紧密堆积是最基本的最紧密堆积方式，在金属和材料学中也称为 A1 型和 A3 型密堆积。此外，在一些化合物的晶体结构中，还可以出现更多层重复的周期性堆积，如 ABAC、ABAC、ABAC 的四层重复，ABCACB、ABCACB、ABCACB 的六层重复等，常见的紧密堆积类型还有 A2 型——立方体心（bcc）和 A4 型——四面体型（或称金刚石型），但 A2 型和 A4 型并不属于"最紧密"堆积。

等大球体的最紧密堆积对于了解自然金属元素单质矿物或金属的晶体结构是很适宜的。因为在它们的晶体结构中，金属原子常体现为等大球体的最紧密堆积。不仅如此，上述两种最紧密的堆积方式也是大多数离子晶体结构中质点堆积的最基本形式。

在等大球的最紧密堆积中，我们把组成单位晶胞的所有球体的体积占单位晶胞体积的百分数称为空间堆积系数(空间利用率)，一般用 K 表示。在最紧密堆积中，球体间仍有空隙存在。经计算，在六方和立方紧密堆积中，空隙占整个晶体空间的比率均为 25.95%，换言之，其空间利用率为 74.05%；在立方体心密堆积中，空间堆积系数为 68.02%；在四面体型密堆积中，空间堆积系数为 34.01%。按照空隙周围球体的分布情况，可将空隙分为两种：一种空隙是由四个球围成的，球体中心的连线构成一个四面体形状，故称之为四面体空隙；另一种空隙由六个球围成，球体中心的连线构成一个八面体形状，故称之为八面体空隙，四面体的空隙比八面体的小，如图 6-6 所示。

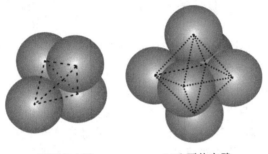

(a)四面体空隙   (b)八面体空隙

图 6-6 四面体空隙和八面体空隙

四面体空隙和八面体空隙的数目与球数之间有一定的关系。从图 6-2 中可以看出，第二层球中的任意一个球与第一层中所有邻接的球之间可形成四个四面体空隙和三个八面体空隙，它们分布在该球的下半部周围。不难想象，当堆积第三层后，在该球的上半部周围必将还有四个四面体空隙和三个八面体空隙出现。这就是说，每个球的周围都有八个四面体空隙和六个八面体空隙。如果晶胞由 n 个球组成，则四面体空隙的总数应为 $8 \times n/4 = 2n$ 个(每个四面体空隙由四个球围成)；而八面体空隙的总数为 $6 \times n/6 = n$ 个(每个八面体空隙由六个球围成)。所以，当有 n 个等大的球体作最紧密堆积时，就会有 $2n$ 个四面体空隙和 n 个八面体空隙出现，即四面体空隙数是球数的两倍，八面体空隙数则与球数相等。

6.3.2 不等大球体的紧密堆积

当大小不等的球体进行堆积时，其中较大的球将按前述两种最紧密堆积方式之一进行堆积，而较小的球体则依自身体积的大小填入其中的八面体空隙中或四面体空隙中，以形成等大球体的紧密堆积。这样的堆积，实际上恰相当于离子化合物晶体的情况，即半径较大的阴离子作最紧密堆积，而阳离子填充在它们的空隙中。如石盐晶体的结构(见图 1-2)就是如此，其中阴离子 Cl^- 做立方最紧密堆积，金属阳离子 Na^+ 充填在所有的八面体空隙中。然而，这并不是说，所有的离子晶体结构中，阴离子都能作典型的最紧密堆积，这是因为填充空隙的阳离子的大小不一定恰好适合八面体空隙或四面体空隙的大小。一般情况下，往往是阳离子稍大于空隙，当阳离子填充空隙后，就会将包围空隙的阴离子略微撑开一些(这并不意味着提高晶体的内能，恰恰相反，这也是使晶体具有最小内能的一种方式，因为这样可以降低同号离子间的排斥能)，从而使得阴离子只能做近似的最紧密堆积，甚至会出现某种形式的变形。如金红石(TiO_2)的晶体结构(见图 6-7)就是这样，其中 Ti^{4+} 占据的是一种畸变了的八面体空隙，O^{2-}只作近似的立方最紧密堆积。

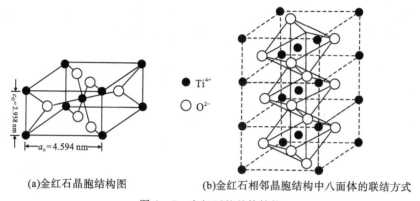

(a)金红石晶胞结构图　　　　(b)金红石相邻晶胞结构中八面体的联结方式

图 6-7　金红石的晶体结构

6.4　配位数和配位多面体

晶体结构中，原子或离子总是按照一定的方式与周围原子或离子相接触。通常把每个原子或离子周围与之相接触的原子个数或异号离子的个数称为该原子或离子的配位数，而把各配位离子或原子的中心连线所构成的多面体称为配位多面体。例如，在石盐(NaCl)的晶体结构(见图 1-2)中，每个 Na^+ 的周围都有 6 个 Cl^- 与之相接触，Na^+ 的配位数即为 6，由 Cl^- 所构成的配位多面体为八面体，Na^+ 位于八面体的中心，而 Cl^- 则位于八面体的六个角顶上。

配位数和配位多面体都是用来表征晶体结构中质点间的相互配置状况的，但鉴于不同的配位多面体形态可能具有相同的配位数(如配位数为 6 时，配位多面体可以是正八面体、变形的八面体及三方柱等不同的形态)，所以用配位多面体来表征晶体结构的含义更为明确。从这个意义出发，可以把晶体结构看成是由配位多面体彼此相互联结构成的一种体系，如金红石的晶体结构，就是以[TiO]八面体(变形八面体)彼此共棱、共角顶联结而构成的这种体系[见图 6-7(b)]。尽管如此，配位数仍然是表征晶体结构的基本参数之一。

配位数的大小是由多种因素决定的，其中最重要的因素是质点的相对大小、堆积的紧密程度和质点间的化学键性质。

同一种元素的原子，以纯金属键结合并呈最紧密堆积时，每个原子都与周围的十二个原子相接触，显然，这时每个原子都具有最高的配位数 12，如自然铜、自然金等；如果金属原子不作最紧密堆积时，配位数就要减小，如 α-Fe 的结构中，Fe 原子依体心立方格子的形式堆积，其配位数为 8。但总的说来，自然金属总是具有最高或较高的配位数。

同一种元素的原子，以共价键相结合时，由于共价键具有方向性和饱和性，所以与之相接触的原子的数目仅取决于成键的个数，其配位数不受球体最紧密堆积规律的支配，如金刚石(C)中碳原子形成四个共价键，配位数为4，而石墨(C)中碳原子形成三个共价键，配位数为3。总之，具有典型共价键或共价键占优势的单质或化合物都具有较低的配位数，一般不大于4。

对于离子化合物来讲，阳离子的配位数主要决定于阳离子的半径 R_k 与阴离子的半径 R_a 的比值 R_k/R_a。配位数与离子半径比值之间的关系如表6-3所示。

表6-3　配位数与离子半径比值之间的关系

离子半径比值 R_k/R_a	配位数	配位多面体的形状	图　形
0.00~0.155	2	哑铃形	
0.155~0.225	3	三角形	
0.225~0.414	4	四面体	
0.414~0.732	6	八面体	
0.732~1	8	立方体	
1	12	立方八面体	

表 6-3 中 R_k/R_a 的各种比值是在假定离子具有固定半径的条件下，用几何方法计算出来的，其数值可指示各种配位数的稳定边界，今以配位数为 6 的情况说明如下。

图 6-8(a)所示的是一个配位八面体，位于配位八面体中心的阳离子充填于被分布在八面体顶角上的 6 个阴离子围成的八面体空隙中，并且恰好与周围的 6 个阴离子均紧密接触。取八面体中包含两个四次轴的平面，得如图 6-8(b)所示的图形(作辅助线)。

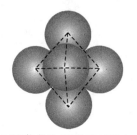 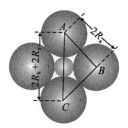

(a)配位数为6时的离子排布　　　　(b)R_k/R_a的比值计算图解

图 6-8　配位数为 6 时的离子排布及其 R_k/R_a 的比值计算图解

由图 6-8(b)中的直角三角形 ABC 可以算出：$R_k/R_a = \sqrt{2} - 1 = 0.414$，此值应是阳离子六次配位的下限值。当 $R_k/R_a < 0.414$ 时，就表明阳离子过小，不能同时与周围的 6 个阴离子都紧密接触，阳离子有可能在其中移动，这样的结构显然是不稳定的。要保持阴、阳离子间紧密接触，该阳离子只能存在于较八面体空隙更小的四面体空隙中，由此可见，作为六次配位的下限值的 0.414，这时也就成为四次配位的上限值了。即当 R_k/R_a 的值等于或接近于 0.414 时，该阳离子就有成为四次和六次两种配位阳离子的可能。同理，表 6-3 中的 $R_k/R_a = 0.732$，是根据配位立方体的情况计算出来的，它既是八次配位的下限值，同时也是六次配位的上限值，所以，阳离子呈六次配位时的稳定界限是在 R_k/R_a 的值为 0.414~0.732 时产生的。不过，当比值向 0.732 趋近时，阳离子就要将配位阴离子"撑开"一些；当比值等于 0.732 时，则阴离子只能作近似的最紧密堆积。

离子化合物中，大多数阳离子的配位数为 6 和 4，其次是 8。在没有共价键参与的情况下，阴、阳离子半径的比值通常不会低于 0.225，也即不会出现二次配位的情况。在某些晶体结构中，还可能有 5、7、9 和 10 的配位数，不过比较少见。

矿物毕竟是地质作用的产物，矿物晶体结构中原子或离子的配位数必然也要受到形成时的温度、压力及介质成分等外界因素的影响。同一种离子在高温下形成的矿物中常呈现比较低的配位数，而在低温下形成的矿物中则呈现较高的配位数。如 Al^{3+} 可有 4 和 6 两种配位数，在高温下形成的长石和似长石等矿物中离子呈四次配位，而在低温下形成的高岭石等黏土矿物中离子则呈六次配位，这意味着配位数有随温度升高而减小的倾向。对于压力来说，配位数则随压力增大而增加，例如 Fe^{2+} 和 Mg^{2+} 一般呈六次配位，但在高压下形成的矿物，如铁铝榴石和镁铝榴石中，则呈八次配位。此外，配位数也常因组分浓度的改变而发生变化，例如，在岩浆结晶过程中，当碱金属离子的浓度增大时，有利于 Al^{3+} 呈四次配位；当 Si^{4+} 离子不足时，除 Al^{3+} 外，还可能有 Ti^{4+}、Fe^{3+} 等呈四次配位代替 Si^{4+}。

总之，影响配位数高低的因素是多方面的。在分析晶体结构中各种质点的配位数时，要具体对象具体分析。如对离子化合物来讲，一般情况下，质点的相对大小是决定配位数最重要的因素，根据 R_k/R_a 的比值，即可推出该离子可能的配位数。表 6-4 为常见阳离子与 O^{2-} 结合时的配位数。

表 6-4　常见阳离子与 O^{2-} 结合时的配位数

配位数	阳离子
2	B^{3+}、C^{4+}、N^{5+}
4	Be^{2+}、B^{3+}、Al^{3+}、Si^{4+}、P^{5+}、S^{6+}、Cl^{7+}、V^{6+}、Cr^{5+}、Mn^{7+}、Zn^{2+}、Ge^{4+}、Ga^{3+}
6	Li^+、Mg^{2+}、Al^{3+}、Sc^{3+}、Ti^{4+}、Cr^{3+}、Mn^{2+}、Fe^{2+}、Co^{2+}、Ni^{2+}、Cu^{2+}、Zn^{2+}
6~8	Na^+、Ca^{2+}、Sr^{2+}、Y^{3+}、Zr^{4+}、Cd^{3+}、Ba^{2+}、Ce^{4+}、Lu^{3+}、Hf^{4+}、Th^{4+}
8~12	Na^+、K^+、Ca^{2+}、Rb^+、Sr^{2+}、Cs^+、Ba^{2+}、La^{3+}、Ce^{3+}、Pb^{2+}

6.5　离子的极化

在讨论离子半径时，实际是把离子作为点电荷来考虑的，就是认为离子的正负电荷的重心是重合的且位于离子的中心。但是，离子在外电场的作用下，其正负电荷的重心不再是重合的，会产生偶极现象，此时离子的形状不再是球形，其大小也发生了变化。因此，离子的极化是指离子在外电场作用下，改变其形状和大小的现象（见图 6-9）。

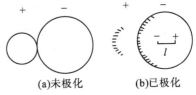

图 6-9　离子的极化作用示意图

(a)未极化　　(b)已极化

在离子晶体结构中，阴、阳离子都受到相邻异号离子电场的作用而被极化，同时，它们本身的电场又对邻近异号离子起极化作用。因此，极化过程包括两个方面：

(1)一个离子在其他离子所产生的外电场的作用下发生极化，即被极化；

(2)一个离子以其本身的电场作用于周围离子，使其他离子极化，即主极化。

对于离子被极化程度的大小，可以用极化率 α 来表示：

$$\alpha = \frac{\bar{\mu}}{F} \tag{6-1}$$

式中，F 为离子所在位置的有效电场强度；$\bar{\mu}$ 为诱导偶极矩：$\bar{\mu}=e\cdot l$，e 为离子的电荷数、l 为极化后正负电荷中心的距离。

主极化能力的大小可用极化力 β 来表示：

$$\beta = W/r^2 \tag{6-2}$$

式中，W 为离子的电价；r 为离子半径。

在离子晶体中，一般阴离子半径较大，易于变形而被极化，而主极化能力较低。阳离子半径相对较小，当电价较高时其主极化作用大，而被极化程度较低。

离子晶体中，由于离子极化，电子云互相穿插，缩小了阴、阳离子之间的距离，使离子的配位数、离子键的键性以至晶体的结构类型发生变化。

表 6-5 所示的是银的三个卤化物由于阴离子不同、α 值也不同，它们在晶体结构中的极化也不同，以致在离子的配位数、键性和结构类型上发生的变化。

表 6-5 离子极化对卤化银晶体结构的影响

指标	AgCl	AgBr	AgI
Ag^+ 和 X^- 的半径之和/nm	$0.115+0.181=0.296$	$0.115+0.196=0.311$	$0.115+0.220=0.335$
Ag^+-X^- 的实测距离/nm	0.277	0.288	0.299
极化率近似值	0.019	0.023	0.036
r_+/r_- 值	0.635	0.587	0.523
实际配位数	6	6	4
理论结构类型	NaCl	NaCl	NaCl
实际结构类型	NaCl	NaCl	立方 ZnS

6.6 元素的电负性

在晶体结构中，质点（原子或离子）固定在一定的位置上作有规则的排列，质点之间都具有一定的结合力，这种结合力在晶体结构中称为键。键的型式有四种，即金属键、离子键、共价键和分子键，前三种称为化学键。

在硅酸盐晶体中，除金属键外，其他三种键都可以存在，而且存在着离子键向共价键的过渡。鲍林曾指出用元素电负性差值 $\Delta X = X_A - X_B$ 来计算化合物中的离子键成分，表 6-6 和图 6-10 列出了元素的电负性值及电负性差值与离子键分数的关系。如 NaCl，$\Delta X = 3.0 - 0.9 = 2.1$，以离子键为主；SiC，$\Delta X = 2.5 - 1.8 = 0.7$，以共价键为主；而 SiO_2 中，$\Delta X = 3.5 - 1.8 = 1.7$，Si—O 键既有离子性也有共价性。因此，可以看出，两个元素电负性的差值越大，结合时离子键的成分越高，反之，就会以共价键的成分为主。

表 6-6 元素的电负性值

Li 1.0	Be 1.5												B 2.0	C 2.5	N 3.0	O 3.5	F 4.0
Na 0.9	Mg 1.2												Al 1.5	Si 1.8	P 2.1	S 2.5	Cl 3.0
K 0.8	Ca 1.0	Sc 1.3	Ti 1.5	V 1.6	Cr 1.6	Mn 1.5	Fe 1.8	Co 1.8	Ni 1.8	Cu 1.9	Zn 1.6	Ga 1.6	Ge 1.8	As 2.0	Se 2.4	Br 2.8
Rb 0.8	Sr 1.0	Y 1.2	Zr 1.4	Nb 1.6	Mo 1.8	Tc 1.9	Ru 2.2	Rh 2.2	Pd 2.2	Ag 1.9	Cd 1.7	In 1.7	Sn 1.8	Sb 1.9	Te 2.1	I 2.5
Cs 0.7	Ba 0.9	La~Lu 1.1~1.2	Hf 1.3	Ta 1.5	W 1.7	Re 1.9	Os 2.2	Ir 2.2	Pt 2.2	Au 2.4	Hg 1.9	Tl 1.8	Pb 1.8	Bi 1.9	Po 2.0	At 2.2
Fr 0.7	Ra 0.9	Ac 1.1 Th 1.3 Pa 1.5 U 1.7	Np~No 1.3													

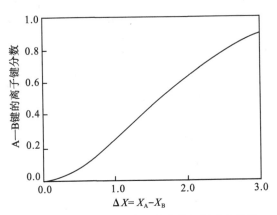

图 6-10   A—B 键的离子键分数与原素电负性
差值 $\Delta X = X_A - X_B$ 的关系

在硅酸盐晶体结构中，纯粹的离子键或共价键是不多的，而是存在着大量的键的过渡形式。键性对晶体结构的影响前面已有实例，但必须说明，以电负性差值判断离子键的类型仅有定性的参考价值。

6.7　矿物中的键型与晶格类型

晶体结构中的各个原子、离子（离子团）或分子相互之间必须以一定的作用力相维系，才能使它们处于平衡位置而形成稳定的格子构造，质点之间的这种维系力称为键。当原子和原子之间通过化学结合力相维系时，一般就称形成了化学键。化学键的形成，主要是相互作用的原子的价电子在原子核之间进行重新分配，以达到稳定的电子构型的结果。不同的原子，由于它们得失电子的能力（电负性）不同，因而在相互作用时，可以形成不同的化学键。典型的化学键有三种：离子键、共价键和金属键。另外，在分子之间还普遍存在着范德华力，这是一种非化学性的，而且是较弱的相互吸引作用，故不能称为化学键，通常称作范德华键或分子键。三种化学键连同分子键一起总称为键的四种基本形式。另外，在某些化合物中，氢原子还能与分子内或其他分子中的某些原子形成氢键。氢键是由氢原子的独特性质（体积小、只有一个核外电子）而产生的一种特殊作用。

实际上，在典型的三种化学键之间常存在着相互过渡的关系，即有过渡型键的存在，原因是在实际晶体结构中，价电子所处的状态是可以改变的。例如，一个共价键中的电子，通常只能在某一共价键的电子运行轨道上运动，表现为共价键性，但也可能在某一瞬间变为只在某一个原子的外层轨道上运行，从而又表现出离子键性。对于这样的化合物来讲，就认为其具有过渡型键性。事实上，晶体中的化学键往往都或多或少地具有过渡键性，即使在通常被认为是具典型离子键的 NaCl 晶体中，据测定仍含有少量的共价键成分。在离子化合物中，通常可以根据相互结合的质点的电负性差值之大小（即离子键和共价键各占的百分比）来确定键型的过渡情况。

晶体的键性不仅是决定晶体结构的重要因素，而且也直接影响着晶体的物理性质。

具有不同化学键的晶体，在晶体结构和物理性质上都有很大的差异。反之，各种晶体，其内质点间的键性相同时，在结构特征和物理性质方面常常表现出一系列的共性。因此，通常根据晶体中占主导地位的键的类型，将晶体结构划分为不同的晶格类型，对应于上述基本键型，可将晶体结构划分为四种晶格类型。

6.7.1　离子晶格

在离子晶格中，结构单位为得到和失去电子的阴、阳离子，它们之间靠静电引力相互联系起来，从而形成离子键，它们的电子云一般不发生显著变形而具有球形的对称性，即离子键不具有方向性和饱和性，因此，结构中离子间的相互配置方式，一方面取决于阴、阳离子的电价是否相等，另一方面取决于阳、阴离子的半径比值。通常阴离子呈最紧密或近于最紧密堆积，阳离子充填于其中的空隙并具有较高的配位数。

离子晶格中，质点间的电子密度很小，对光的吸收较少，易使光通过，从而导致晶体在物理性质上表现为低的折射率和反射率、透明或半透明、具非金属光泽和不导电（但熔融或溶解后可以导电）等特征。晶体的机械性能、硬度及熔点等则随组成晶体的阴、阳离子电价的高低和半径的大小有较大的变化范围。

6.7.2　原子晶格

在原子晶格中，结构单位为原子，原子之间以共用电子对的方式达到稳定的电子构型的同时电子云发生重叠，并把它们相互联系起来，形成共价键。矿物中的共价键还有分子轨道、杂化轨道及配位场等模式。由于一个原子形成共价键的数目取决于它的价电子中未配对的电子数，且共用电子对只能在适当的一定方向上联结（即键力具有方向性和饱和性），因此在结构中，原子之间的配置视键的数目和取向而定。晶体结构的紧密程度远比离子晶格的低，配位数也偏小。具有这类晶格的晶体，在物理性质上的特点是不导电（即使熔化后也不导电）、透明或半透明、具非金属光泽，一般具有较高的熔点和较大的硬度。

6.7.3　金属晶格

在金属晶格中，结构单位是失去外层电子的金属阳离子和一部分中性的金属原子。从金属原子上释放出来的价电子，作为自由电子弥散在整个晶体结构中，把金属阳离子相互联系起来，形成金属键。结构中每个原子的结合力都是按球形对称分布的（即不具方向性和饱和性），同时各个原子又具有相同或近于相同的半径，因此整个结构可看成是等大球体的堆积，并且通常都呈最紧密堆积，具很高或最高的配位数。

具有金属晶格的晶体，在物理性质上最突出的特点是它们都是电和热的良导体、不透明、具金属光泽、有延展性、硬度一般较小。

6.7.4　分子晶格

分子晶格与其他晶格的根本区别在于分子晶格结构中存在着真实的分子。分子内部的原子之间通常以共价键相联系，而分子与分子之间则以分子键相结合。由于分子键不具有方向性和饱和性，所以分子之间有可能实现最紧密堆积。但是，因分子不是球形的，故最紧密堆积的形式极其复杂多样。

分子晶体的物理性质，一方面取决于分子间的键性，如低的熔点、可压缩性和热膨胀率大、硬度小等；另一方面也与分子内部的键性有关，如大部分分子晶体不导电、透明、具非金属光泽。此外，在一系列有机化合物和某些矿物中常有氢键存在，后者如冰、氢氧化物及含水化合物等。由于 H^+ 的体积很小，只能位于两个原子之间，所以配位数不超过 2。值得注意的是，晶体结构中氢键的存在对晶体的物理性质如折射率、硬度及解理等也有一定的影响。

最后还需要指出的是，在一些矿物的晶体结构中，基本上只存在某一种单一的键型，如自然金的晶体结构中只存在金属键，金刚石中只存在共价键等，这样的晶体被称为单键型晶体。对具有过渡型键的晶体，两种键性融合在一起不能明显分开的，从键本身来说仍然只是单一的一种过渡型键，也属于单键型晶体，其晶格类型的归属，依占主导地位的键为准，例如金红石中，$Ti-O$ 间的键性就是一种以离子键为主向共价键过渡的过渡型键，倾向归属于离子晶格。但是还有许多晶体结构，如方解石 $Ca[CO_3]$ 的晶体结构中，在 $C-O$ 之间存在着以共价键为主的键型，而 $Ca-O$ 之间则为以离子键为主的键型，并且这两种键型在结构中是明显地彼此分开的，像这类晶体，则属于多键型晶体，它们的晶格类型的归属，以晶体的主要性质系取决于哪一种键型为划分依据。类似于方解石的其他含氧盐晶体矿物，其物理性质大多由 O^{2-} 与络阴离子之外的金属阳离子之间的键型所决定，因而在划分晶格类型时，应归属于离子晶格。但在对晶体结构及各种物理性质作全面考察和分析时，则不能忽视结构的多键型特征。

6.8 矿物晶体的结构规律

6.8.1 戈氏结晶化学定律

戈尔德施密特（Goldschmidt）指出："晶体的结构取决于其组成质点的数量关系、大小关系与极化性能"。这个概括一般称为戈尔德施密特规则，简称结晶化学定律。

结晶化学定律定性地概括了影响晶体结构的三个主要因素，对于离子晶体，则反映出：

（1）物质的晶体结构一般可按化学式的类型分别进行讨论。在无机化合物的结晶化中，一般按化学式的类型 AX、AX_2、A_2X_3 等来讨论，化学式类型不同，则意味着组成晶体的质点之间的数量关系不同，因而晶体结构并不相同。例如，TiO_2 和 Ti_2O_3 中正离子和 O^{2-} 的数量关系分别为 $1:2$ 和 $2:3$，前者为 AX_2 型化合物，具有金红石型结构，后者则为 A_2X_3 型化合物，具有刚玉型结构，所以二者的结构是不同的。

（2）晶体中组成质点的大小不同，反映了离子半径比值（r_+/r_-）的不同，因而配位数和晶体结构也不相同。

（3）晶体中组成质点极化性能的不同，反映了各离子的极化率（α）的不同，则晶体结构也不相同。

实际上，晶体结构中各组成质点的数量关系、大小关系与极化性能，取决于晶体的化学组成。在这里，化学组成是指化学式所表示的质点的种类与数量关系。

综上所述，在一般情况下，从结构角度考虑，可以认为，离子的晶体结构与离子的数量、离子半径比值（r_+/r_-）和离子的极化率（α）三个因素有关，其中何者起决定性的作用，要看具体情况而定，不能一概而论。

6.8.2　鲍林规则

在对晶体结构长期鉴定的基础上，鲍林（Pauling）提出了五项规则。这些规则不仅对复杂的离子晶体结构的了解具有重要的实用意义，而且对于同时具有共价键和离子键性质的晶体的了解，也同样富有意义。但对于主要是共价键性质的晶体的了解，鲍林规则是不适用的。

1. 第一规则（配位多面体形成规则）

鲍林第一规则指出：一个阳离子周围若围绕着阴离子，形成一个阴离子配位多面体，阴阳离子间的距离取决于它们的半径之和，阳离子的配位数取决于二者的半径之比。

第一规则表明，阳离子的配位数并非取决于它本身或阴离子半径，而是取决于二者的比值。如果阴离子作最紧密堆积排列，则可以从几何关系上计算出阳离子配位数与阴阳离子半径比值之间的关系。图 6-11 所示为阴离子呈最紧密堆积，阳离子处于八面体空隙中，且相互间正好接触的情况，设阳离子半径为 r_+，阴离子半径为 r_-，则有

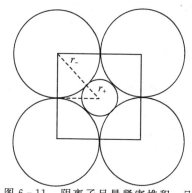

$$r_+/r_- = 0.414$$

显然，当 r_+/r_- 小于 0.414 时，阴离子相互接触而阴阳离子之间不接触，这种状态是不稳定的。阴离子之间的相互排斥将使离子的配位数下降，因此，r_+/r_- 小于 0.414 时，6 次配位就不能稳定存在，所以，$r_+/r_- = 0.414$ 可以看作是

图 6-11　阴离子呈最紧密堆积，且相互接触，阳离子则无间隙地充填于八面体空隙时，计算二者半径比之图解

六次配位的下限。当 r_+/r_- 大于 0.414 时，阴阳离子仍相互接触，但阴离子被撑开了，随着比值的增大，阴离子间被撑开得越大，这时，从结构稳定性出发，阳离子需要更多的阴离子与之配位。同理，可据几何关系计算出配位数为 8 时，阴阳离子正好接触，$r_+/r_- = 0.732$。因此，$r_+/r_- = 0.414$ 是 6 次配位的下限，而 $r_+/r_- = 0.732$ 则是 6 次配位的上限。根据离子晶体中阳离子经常出现的配位数：2、3、4、6、8、12，则按几何关系分别计算出 r_+/r_- 的值及相应的配位多面体。

根据阴阳离子半径比决定阳离子的配位数的规则，在稳定的离子晶体结构中比较符合晶体结构的实际情况。特别在阴离子不作最紧密堆积时，还可能出现 5、7、9、11 等配位数。一般情况下，大多数的阳离子配位数在 4~8 范围内。

2. 第二规则（电价规则）

在一个稳定的晶体结构中，从所有相邻的阳离子到达同一个阴离子的静电键的总

强度等于该阴离子的电荷数。对于一个规则的配位多面体而言，中心阳离子到达每一个配位阴离子的静电键强度 S 等于该阳离子的电荷数 Z 除以它的配位数 n，即

$$Z^- = \sum_i S_i = \sum_i \frac{Z_i^+}{n_i} \tag{6-3}$$

这就是鲍林的第二规则，又称为电价规则。电价规则对于规则配位多面体配位结构而言是比较严格的规则，因为它必须满足静电平衡的原理。例如，萤石结构中，Ca^{2+} 的配位数为 8，则 Ca—F 键的静电键强度 $S=2/8=1/4$，F^- 的电荷数为 1，因此，每一个 F^- 是四个 Ca—F 配位立方体的共有角顶，或者说 F^- 的配位数是 4。

电价规则的应用范围可以推广到全部离子型结构，其中 S 的偏差很小，一般不超过 1/6，且一般发生在稳定性较差的结构中。

几乎在所有已知的硅酸盐结构中，Si^{4+} 的 O^{2-} 多面体都是配位数为 4 的正四面体，可以用 $[SiO_4]$ 表示，称之为硅氧四面体。$[SiO_4]$ 中的 Si^{4+} 与 O^{2-} 的静电键强度为 $S=4/4=1$，由于 O^{2-} 的电价为 2，所以每一个 O^{2-} 一般都公用于两个四面体之间。

3. 第三规则（配位多面体公用几何元素规则）

在分析离子型晶体结构中的负离子多面体相互间的连接方式时，电价规则只能指出公用同一个顶点的多面体数，但不能指出两个多面体所公用的顶点数，即究竟是公用一个顶点（共顶），还是公用两个顶点（共棱）或是三个顶点（共面）。

鲍林第三规则指出：在一个配位的结构中，负离子配位多面体公用棱，特别是公用面的存在会降低这个结构的稳定性，尤其是电价高、配位数低的离子，这个效应更加显著。因为当负离子多面体在公用顶点、棱或面时，多面体中心距离会发生变化。如当两个四面体公用一个顶点时，设其中心距离为 1，则公用两个顶点（共棱）、三个顶点（共面）时的中心距离分别为 0.58 及 0.33。两个八面体公用一个顶点时中心距离为 1，公用两个及三个顶点时各为 0.71 和 0.58。随着正离子间距的减小，正离子间的静电斥力增加，结构的稳定性降低。

利用鲍林第三规则可以解释硅氧四面体 $[SiO_4]$ 一般只公用一个顶点，没有共棱和共面的联结发生。而 TiO_2 结构中的钛氧八面体 $[TiO_6]$ 可以公用一条棱。在某些场合下，两个铝氧八面体 $[AlO_6]$ 可以公用一个面。

4. 第四规则（高价正离子配位多面体回避公用几何元素规则）

鲍林第四规则指出：在一个含有不同阳离子的晶体结构中，电价高而配位数小的那些阳离子特别倾向于共角连接，不趋向于相互公有配位多面体的要素。这一规则实际上是第三规则的延伸。

一对阳离子之间的互斥力是按电价数的二次方关系成正比增加的。在一个均匀的结构中，不同程度的配位多面体很难有效地堆积在一起。就是说，在晶体结构中，化学上相同的离子，其周围的配位情况也应该类似。如果在一个晶体结构中，有多种阳离子存在，则电价高、配位数低的阳离子的配位多面体趋向尽可能互不相连，它们之间由其他阳离子的配位多面体隔开，至多也只能以共顶方式相连。

5. 第五规则（配位方式种类的简约准则）

在一个晶体结构中，本质不同的结构组元的种类倾向于数量最少。即，所有相同的离子，在可能的范围内，它们和周围离子的配位关系往往是相同的。例如在某个硅

酸盐晶体中，不会同时存在[SiO_4]和[Si_2O_7]等不同组成的构造单元。

鲍林规则虽早在 1928 年就提出了，但在那以后又通过几千个晶体结构的分析一再证实了对大部分离子晶体而言，鲍林规则是适用的。

6.9　晶体场理论和配位场理论

6.9.1　晶体场理论

1. 晶体场理论的基本概念

在一系列过渡元素化合物的晶格中出现了不少无法解释的现象，这些现象无法用简单的静电理论作出判断，它们的出现，主要是由过渡元素离子的晶体场效应引起的。

晶体场理论认为晶体场效应是化学成键的一种模式，并且认为晶体结构中的每一个离子，都处于一个结晶场之中。结晶场也称配位体场，是指晶格中阳离子周围的配位体与和阳离子成配位关系的阴离子所形成的一个静电势场。

中心阳离子就处于静电势场之中，在此，配位体被当作点电荷看待。

在原子中，s 亚层只有一个 s 轨道，p 亚层包含 p_x、p_y、p_z 三个轨道，d 亚层包含 d_{XY}、d_{xz}、d_{YZ}、$d_{x^2-y^2}$、d_{z^2} 五个轨道，每个轨道可容纳自旋方向相反的一对电子。各个轨道电子云的形状特征：s 轨道呈球形；p 轨道均呈哑铃状，沿坐标轴方向伸展；d 轨道呈瓣状，其中 $d_{x^2-y^2}$ 和 d_{z^2} 轨道沿坐标轴方向伸展，d_{XY}、d_{xz}、d_{YZ} 轨道则沿坐标轴的对角线方向伸展。

我们还知道，惰性气体型离子的核外电子排布为

$$1s^2 \text{ 或} \cdots ns^2 np^6$$

铜型离子的核外电子排布为

$$\cdots ns^2 np^6 nd^{10}$$

这两种类型离子的各个电子轨道在空间叠合，呈球形对称分布。但是，过渡元素离子则与它们不同，其核外电子排布为

$$\cdots ns^2 np^6 nd^{0\sim10}$$

其特点是一般都具有未填满的 d 电子层，从而其各个电子轨道在空间的叠合，一般就不呈球形对称分布。此外，一个过渡元素离子，当它处于球形对称的势场中时，五个 d 轨道具有相同的能量，即所谓的五重简并轨道。电子占据任一轨道的概率均相同，但依洪特规则分布，亦即在等价轨道(能量状态相同的轨道)上排布的电子，将尽可能分占不同的轨道，且自旋平行，以便使整个体系处于最低的能量状态。

但是，与通常的极化效应有所不同，当一个过渡元素离子进入晶格中的配位位置，亦即处于一个结晶场中时，它与周围的配位体相互作用的结果是，一方面，过渡元素离子本身的电子层结构将受到配位体的影响而发生变化，使得原来能量状态相同的五个 d 轨道发生了分裂，导致部分 d 轨道的能量降低而另一部分 d 轨道的能量则升高，分裂的具体情况将随结晶场的性质、配位体的种类和配位多面体形状的不同而异；另一方面，配位体的配置也将受到中心过渡元素离子的影响而发生变化，引起配位多面体的畸变。

下面我们分别阐述晶体场理论的几个主要方面，以及晶体场理论在结晶学中应用的两个实例。

2. d 轨道的晶体场分裂

我们首先考虑一个过渡元素离子在正八面体结晶场中的情况。例如，当六个带负电荷的配位体(例如 O^{2-} 等阴离子或者 H_2O 等偶极分子的负端)分别沿三个坐标轴 $\pm X$、$\pm Y$ 和 $\pm Z$ 的方向向中性过渡金属阳离子接近，最终形成正八面体络离子时，中心离子中沿坐标轴方向伸展的 d_{z^2} 和 $d_{x^2-y^2}$ 轨道便与配位体处于迎头相碰的位置，这两个轨道上的电子将受到带负电荷的配位体的推斥作用，因而两轨道能量增高；而沿着坐标轴对角线方向伸展的 d_{XY}、d_{XZ} 和 d_{YZ} 轨道，它们因正好插入配位体的间隙中，因而能量较低。这样，原来能量相等的五个 d 轨道，在结晶场中便分裂成为两组：一组是能量较高的 d_{z^2} 和 $d_{x^2-y^2}$ 轨道组，称为 e_g 轨道组；另一组是能量较低的 d_{XY}、d_{XZ}、d_{YZ} 轨道组，称为 t_{2g} 轨道组。对于晶格中位于配位八面体的过渡金属离子来说，它所处的情况就是如此(见图 6-12)。

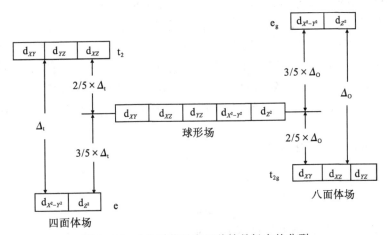

图 6-12　d 轨道能量在两种结晶场中的分裂

在此，e_g 轨道组中的每个电子所具有的能量 $E(e_g)$ 与 t_{2g} 轨道组中每一个电子的能量 $E(t_{2g})$ 的差，称为晶体场分裂参数，在正八面体场中，将其记为 Δ_O：

$$\Delta_O = E(e_g) - E(t_{2g}) \tag{6-4}$$

d 轨道在结晶场中能量上的分离服从于所谓的"重心"规则，即如果以未分裂时的 d 轨道的能量，也就是说以离子处于球形场中时 d 轨道的能量看作 0(由于晶体场理论只涉及能量相对大小的问题，因此完全可以不必考虑其绝对能量值到底是多少)，则应有

$$4E(e_g) + 6E(t_{2g}) = 0 \tag{6-5}$$

于是

$$E(e_g) = \frac{3}{5}\Delta_O, \qquad E(t_{2g}) = -\frac{2}{5}\Delta_O \tag{6-6}$$

如果不是在一个八面体场中而是在一个四面体配位的结晶场中，此时 d_{z^2} 及 $d_{x^2-y^2}$ 轨道恰好插入配位体的间隙之中，而 d_{XY}、d_{XZ}、d_{YZ} 轨道与配位体靠得较近，结果产生

了与正八面体结晶场中的能量状态正好相反的变化，即 d_{XY}、d_{XZ}、d_{YZ} 三个轨道(此时称为 t_2 轨道组)的能量增高，而 d_{Z^2} 和 $d_{X^2-Y^2}$ 两个轨道(称为 e 轨道组)的能量则降低(见图 6-12)。相应的晶体场分裂参数记为 Δ_t，则有

$$\Delta_t = E(t_2) - E(e) \tag{6-7}$$

式中，$E(t_2)$ 和 $E(e)$ 分别为 t_2 轨道组和 e 轨道组中电子的能量。

同样地，基于"重心"规则，可得出

$$E(e) = -\frac{3}{5}\Delta_t, \qquad E(t_2) = \frac{2}{5}\Delta_t \tag{6-8}$$

实际晶体中阳离子位置的对称性，或者说它的配位多面体的对称性，往往低于正八面体或正四面体的对称性。在这样的结晶场中，原来是五重简并的五个 d 轨道，在能量上可以被分裂成为三组、四组以至五组彼此分开的轨道。

3. 晶体场稳定能

从式(6-5)及式(6-6)可知，与处于球形场中的离子相比，在八面体结晶场中，t_{2g} 轨道组中的每一个电子将使离子的总静电能降低 $\frac{2}{5}\Delta_O$，亦即使离子的稳定程度增加 $\frac{2}{5}\Delta_O$；而 e_g 轨道组中的每一个电子，则使离子的总静电能升高 $\frac{3}{5}\Delta_O$，相应地，稳定程度则降低 $\frac{3}{5}\Delta_O$。因此，当一个过渡元素离子从 d 轨道未分裂的状态进入八面体配位位置中时，它的总静电能将改变 ε_O:

$$\varepsilon_O = -\frac{2}{5}\Delta_O \cdot N(t_{2g}) + \frac{3}{5}\Delta_O \cdot N(e_g) \tag{6-9}$$

式中，$N(t_{2g})$ 和 $N(e_g)$ 分别为 t_{2g} 和 e_g 轨道组内的电子数。根据电子排布规则，ε_O 不可能出现正值，我们就把这一能量改变的负值称为晶体场稳定能(crystal field stabilization energy，CFSE)。在数值上，CFSE $= |\varepsilon_O|$，它代表位于配位多面体中的离子与处于球形场中的同种离子相比在能量上的降低，也就是代表晶体场所给予离子的一种稳定作用的大小。

对于四面体结晶场来说，基于完全相同的原理，根据式(6-8)的关系，此时其离子总静电能的改变 ε_t 降为

$$\varepsilon_t = \frac{2}{5}\Delta_t \cdot N(t_2) - \frac{3}{5}\Delta_t \cdot N(e) \tag{6-10}$$

式中，$N(t_2)$ 和 $N(e)$ 分别为 t_2 和 e 轨道组内的电子数。对于任何其他的结晶场，都可按此原理类推。

综上，过渡元素离子在一个给定的结晶场中，其晶体场稳定能的具体数值将取决于两个因素，一是离子本身的电子构型，二是晶体场分裂参数 Δ 的大小。

不同的过渡元素离子，它们在电子构型上的差别，主要表现在 d 电子的数目及其排布方式的不同上，对于一个给定的离子而言，d 电子数是确定的，但 d 电子的排布方式在不同的结晶场中可能有差别。当离子处于球形场中时，其电子的排布遵循洪特规则，将尽可能多地分别占据空的轨道，且自旋平行；只有当五个 d 轨道全为半满时，才开始自旋成对地充填。在此，当两个电子处于同一轨道中时，静电斥力将增大，因

此，要迫使电子在同一个轨道中成对自旋，必须给予一定的能量，来克服所增加的这部分静电斥力，这一能量称为电子成对能，记为 P（气态的自由离子的 P 值可由理论计算得出）。

对于常见的第一过渡系列元素的离子而言，其在硫化物中一般都是低自旋的，在氧化物和硅酸盐中，除 Co^{3+} 外，都是高自旋的。由于从高自旋络合物过渡到低自旋络合物时，金属离子被配位体屏蔽的作用下降，这相当于增大了有效电负性，因此，低自旋络合物带有的共价键性质应当比相应的高自旋络合物的强。

4. 八面体位置优先能

对任何一个给定的过渡元素离子而言，它们在八面体结晶场中的晶体场稳定能 CFSE 总是大于在四面体结晶场中的 CFSE。由这二者的差所得出的每摩尔分子能量，称为八面体位置优先能（八面体择位能）（octahedral site preference energy，OSPE），其表示的是位于八面体结晶场中的一个离子与它处于四面体结晶场中时的情况相比，在能量上的降低。

OSPE 将促使离子优先进入八面体配位位置，故称为八面体位置优先能。

5. 畸变效应

对于具有 d^9、d^4 壳层的过渡金属离子来说，它们在正八面体配位位置中是不稳定的，从而将导致 d 轨道的进一步分裂，使配位位置发生某种偏离 O_h 对称的变形，以便使离子稳定。这一现象称为畸变效应，或称扬-特勒效应（Jahn-Teller effect）。

上述现象可以用 Cu^{2+}（$3d^9$）为例来说明。Cu^{2+} 在八面体结晶场中的电子构型为 $(t_{2g})^6(e_g)^3$，与呈 O_h 对称的 d^{10} 壳层相比，它缺少一个 e_g 电子。如所缺的为 $d_{x^2-y^2}$ 轨道中的一个电子，那么，与 d^{10} 壳层的电子云密度相比，d^9 离子在 XY 平面内的电子云密度就显得小一些，于是，有效核正电荷对位于 XY 平面内的四个带负电荷的配位体的吸引力便大于对 Z 轴上的两个配位体的吸引力，从而形成 XY 平面内的四个短键和 Z 轴方向上的两个长键，使配位正八面体畸变成沿 Z 轴拉长了的配位四方双锥体。这种情况就相当于，在八面体结晶场中，位于 XY 平面内的四个配位体向着中心的 Cu^{2+} 靠近，同时 Z 轴方向的两个配位体则背离子中心向外移动，便产生了能级分裂，结果，配位多面体变成了沿 Z 轴伸长的四方双锥形状，原来的六个键长相等的键，变成了四个短键和两个长键，中心的 d^9 离子在此情况下，由于能级最高的 $d_{x^2-y^2}$ 轨道中只有一个电子，因而将获得一半 β（过程中释放的能量）的额外稳定能，从而得以在畸变的配位位置中稳定下来。

6. 尖晶石的晶体化学

尖晶石是具有 YY_2O_4 一般化学式的复氧化物，其中氧离子接近于呈最紧密堆积的立方格子。当二价阳离子占据四面体配位位置而三价阳离子占据八面体配位位置时，这样的结构是所谓"正常的"尖晶石结构，例如铬铁矿 $Fe[Cr_2]O_4$；如果半数的三价阳离子占据四面体配位位置，而另一半三价阳离子与二价阳离子一起占据八面体配位位置，则形成所谓"倒置的"尖晶石结构，例如磁铁矿 $Fe^{3+}[Fe^{2+}Fe^{3+}]O_4$。尖晶石结构中这种现象的存在，用经典的晶体化学理论是无法解释的，但可以由晶体场理论得到合理的解释。

（1）磁铁矿 Fe_3O_4 中的 Fe 离子有两种：Fe^{2+}、Fe^{3+}。

OSPE 值：$Fe^{2+}=4.0$、$Fe^{3+}=0$。

Fe^{2+} 优先进入一半八面体位置，而 Fe^{3+} 进入另一半八面体配位位置及四面体配位位置。

（2）铬铁矿：$Fe[Cr_2]O_4$。

由于 Cr^{3+} 的 $OSPE=46.7$，Fe^{2+} 的 $OSPE=3.9$，因而，Cr^{3+} 优先占据八面体配位位置，Fe^{2+} 只好进入四面体配位位置。

此外，$ZnMn_2O_4$ 和 $CuFe_2O_4$ 形成四方畸变的结构，这从晶体场理论来说，也是预期中的事。

6.9.2　配位场理论的概念

以上我们概述了晶体场理论的基本原理，并列举了晶体场理论在结晶学中应用的两个实例。应用晶体场理论，还可以解释过渡元素离子化合物的其他许多特性，包括应用于结晶学、矿物学、地球化学中的许多问题，其中有的问题，我们将在有关的章节中再作阐述。

应当指出，过渡元素化学是很复杂的，在解决这方面的问题上，晶体场理论虽然前进了一大步，但仍然有明显的不足之处。这是因为，晶体场理论认为，中心阳离子与配位体之间的化学键是离子键，相互间不存在电子轨道的重叠，亦即没有共价键的形成；此外，晶体场理论还把配位体当作点电荷来处理，但是，这种假设的前提，在过渡元素的一系列共价化合物中，例如在硫化物、含硫盐及其类似化合物中，显然是不能适用的。所以，晶体场理论迄今主要只限于应用在过渡金属元素（基本上都是第一过渡系列的元素）的氧化物和硅酸盐（主要是铁镁硅酸盐）中。

为了克服上述缺陷，在晶体场理论的基础上，又发展了配位场理论。后者除了考虑到由配位体所引起的纯粹静电效应以外，还适当考虑了共价成键的效应，引用分子轨道理论来考虑中心过渡金属原子与配位体原子之间的轨道重叠对于化合物能级的影响，但基本上仍采用晶体场理论的计算方式。所以，配位场理论实际上就是分子轨道理论与晶体场理论二者的结合，但是，它比晶体场理论有更广泛的适应性。

6.10　类质同象

6.10.1　类质同象的概念

物质结晶时，结构中某种质点（原子、离子、络阴离子或分子）的位置被性质相似的质点所占据，这些质点间相对量的改变只引起物质晶格参数及物理、化学性质的规律变化，但不引起晶格类型（键性及晶体结构形式）发生质变的现象，叫作类质同象，质点间的类质同象关系习惯上称为"代替"或"置换"。

例如菱铁矿 $Fe[CO_3]$ 和菱镁矿 $Mg[CO_3]$ 之间，由于 Fe^{2+} 和 Mg^{2+} 具有相似的性质，彼此可以相互代替，从而形成一系列 Mg、Fe 含量不同的混合晶体：菱镁矿 $Mg[CO_3]$、铁菱镁矿 $(Mg,Fe)[CO_3]$、镁菱铁矿 $(Fe,Mg)[CO_3]$、菱铁矿 $Fe[CO_3]$ 等，它们具有相同的晶格类型，仅晶格参数及物理、化学性质随 Mg^{2+} 被 Fe^{2+} 代替量的增加作规律的变化。

上述混合晶体中，代替某一元素的另外一些元素称为类质同象混入物，如铁菱镁矿中的 Fe。含有类质同象混入物的晶体称为混合晶体，简称"混晶"。

要注意的是，类质同象化学式的书写有一定规范，需要将构成类质同象的一组原子和离子写在小括号内，且用逗号隔开，按含量的高低顺序排列。如对于 ZnS - FeS 的类质同象，可写成 $(Zn，Fe)S$，橄榄石则写成 $(Mg，Fe)_2 SiO_4$。

6.10.2　类质同象的类型

从不同的角度出发，可将类质同象划分为不同的类型，经常涉及的有以下两种。

(1)根据两种组分能否在晶格中以任意量互相代替，将类质同象分为完全类质同象和不完全类质同象(或连续与不连续类质同象)。当组分之间可以任意量相互代替组成混晶时，称为完全类质同象。在 $Mg[CO_3]$ - $Fe[CO_3]$ 系列中，Mg^{2+} 和 Fe^{2+} 之间以任意比例在晶格中相互代替而组成一系列混晶，此系列即称为一个完全的类质同象系列。在矿物学中，将完全类质同象系列的两端，即基本上由一种组分(称端员组分)组成的矿物称为端员矿物，像菱镁矿 $Mg[CO_3]$ 和菱铁矿 $Fe[CO_3]$ 便是 $Mg[CO_3]$ - $Fe[CO_3]$ 系列的两个端员矿物，而铁菱镁矿 $(Mg，Fe)[CO_3]$、镁菱铁矿 $(Fe，Mg)[CO_3]$ 则是它们之间的中间成员。中间成员的划分是人为的，每一个系列常有不同的分法。

与完全类质同象不同，当两种组分之间的代替量有一定限度时，称为不完全类质同象。如在闪锌矿 ZnS 中，Fe^{2+} 可以部分地代替 Zn^{2+}，但据有关资料报道，Fe^{2+} 代替 Zn^{2+} 的量一般为 Zn 离子数的 26% ～ 30%，否则闪锌矿固有的晶格类型就不能得以保持。

(2)根据晶格中相互代替的离子电价是否相等，类质同象可分为等价类质同象和异价类质同象。凡晶格中相互代替的离子电价相同者，称为等价类质同象，如上述的 Mg^{2+} 与 Fe^{2+}、Fe^{2+} 与 Zn^{2+} 间的代替。凡相互代替的两种离子的电价不同时，称为异价类质同象，如斜长石中，$Ca^{2+} \rightarrow Na^+$、$Al^{3+} \rightarrow Si^{4+}$，它们彼此间的电价都是不相等的。但是在异价类质同象代替时，为了保持晶格中的电价平衡，相互代替的离子之总电荷必须相等。

实现电价平衡的方式有多种，比较常见的有以下几种。

① 两对异价离子同时代替。例如斜长石中，$Ca^{2+} \rightarrow Na^+$ 的同时有 $Al^{3+} \rightarrow Si^{4+}$，即以 $Ca^{2+} + Al^{3+} \leftrightarrow Na^+ + Si^{4+}$ 成对代替的方式使总电价相等。

② 电价较高的离子与数量较多的低价离子相互代替。例如，云母中 $3Mg^{2+} \leftrightarrow 2Al^{3+}$、绿柱石中 $Li^+ + Cs^+ \leftrightarrow Be^{2+}$、霞石中 $2Na^+ \leftrightarrow Ca^{2+}$、等。

③ 较高价阳离子代替较低价阳离子时，过剩的正电荷被较高价的阴离子代替较低价的阴离子后而多余的负电荷所补偿。例如磷灰石中，$Ce^{3+} \rightarrow Ca^{2+}$ 的同时 $O^{2-} \rightarrow F^-$，即 $Ce^{3+} + O^{2-} \rightarrow Ca^{2+} + F^-$。当相互代替的离子数目不等时，在保证晶格类型不变的前提下，晶体的结构会与理想的结构有所不同。如果代替后增加了离子数目，晶格中就会有额外的离子占位，这种情况只有在晶格中有较大的空隙时才能出现，如绿柱石 $Be_3 Al_2 [Si_6 O_{18}]$ 中，$Li^+ + Cs^+ \rightarrow Be^{2+}$ 后，额外增加的阳离子充填在硅氧四面体环的巨

大空隙中。相反，若代替后的离子数目减少了，晶格中就会出现缺位，这种构造称为缺席构造。

6.10.3　类质同象产生的条件

矿物中类质同象代替是一种很普遍的现象，但质点间类质同象代替的发生不是任意的，它需要一定的条件，包括离子(原子)本身的性质和形成时的物理、化学条件两个方面。

1. 离子(原子)本身的性质

离子(原子)本身的性质主要有离子(原子)的半径、离子电价及离子类型和化学键。

(1)原子或离子的半径：前边已经提到质点的相对大小是决定晶体结构的重要因素，要使类质同象代替不引起晶格类型发生根本变化，从几何角度来看，要求相互代替的质点大小不能相差过大。根据经验，在电价和离子类型相同的条件下，质点在晶格中类质同象代替的能力随质点间半径差值的增大而减小，若以 r_1、r_2 分别代表较大质点和较小质点的半径，当 $(r_1-r_2)/r_2<15\%$ 时，易形成完全类质同象；而其值大于 15% 小于 30% 时，一般只能形成不完全类质同象；若超过 30% 时，一般就难以形成类质同象了。

(2)离子的电价：类质同象代替必须遵循电价平衡的原则才能使晶体结构保持稳定。因此，当异价类质同象代替时，电荷的平衡就起主导作用，而离子半径之间的差别却可允许有较大的范围，如云母中的 Mg^{2+} 代替 Al^{3+}，二者半径之差高达 30% 却仍能形成类质同象。

(3)离子类型和化学键：质点类质同象代替时不能改变晶体的键性，而离子或原子结合时的键性与它们最外层电子的构型有关。一般来说，惰性气体型离子在化合物中基本以离子键结合，而铜型离子则以共价键为主，显然这两类离子之间是难以发生类质同象代替的。例如，Ca^{2+} 与 Hg^{3+} 呈六次配位时的离子半径分别为 0.108 nm 和 0.110 nm，二者非常接近，但因离子类型不同，迄今在矿物中尚未发现它们呈类质同象代替的实例。

除上述外，类质同象代替的难易还受到能量效应的制约。实际情况表明，晶体与同种化学成分的气体、液体相比，内能最小。显然，相互远离的质点，当它们彼此靠近结合成晶体时，必定要释放出多余的能量，这个能量即晶格能。而一个离子从自由状态进入晶格时，它释放的能量称之为该离子的能量系数。在其他条件相似的情况下，由能量系数大的离子去代替能量系数小的离子形成类质同象混晶时，有利于降低晶格的内能，因此，这样的代替就容易发生。反之，若由能量系数小的离子去代替能量系数大的离子，这样的代替必然导致晶格能的增加，甚至使原有晶格被破坏，所以，这样的类质同象就难以形成。离子的能量系数与离子电价的二次方成正比，与半径成反比，即半径相似的离子，高价离子的能量系数比低价离子的大。故在异价类质同象代替时，沿着周期表的对角线方向上一般都是右下方的高价阳离子代替左上方的低价阳离子，如表 6-7 中的箭头所示，这一规律称为异价类质同象代替的对角线法则(也称费尔斯曼对角线法则)。表 6-7 中元素符号旁的数字为阳离子与氧或氟结合时呈六次配位时的离子半径值，离子的电价与各自所属的族数相一致。

表 6-7 异价类质同象代替的对角线法则

I	II	III	IV	V	VI	VII
Li 0.82						
Na 1.10	Mg 0.80	Al 0.61				
K 1.46	Ca 1.08	Sc 0.83	Ti 0.69			
Rb 1.57	Sr 1.21	Y 0.98	Zr 0.80	Nb 0.72	Mo 0.68	
Cs 1.78	Ba 1.44	Tr 1.13~0.94	Hf 0.79	Ta 0.72	W 0.58	Re 0.65

2. 影响类质同象产生的外部条件(形成时的物理、化学条件)

影响类质同象产生的外部条件最主要的是矿物结晶时所处的温度、压力和溶液或熔体中组分的浓度。

(1)温度的影响。在外部条件中,温度对晶体结构的影响是非常显著的。例如原子在晶格位置上的热振动会使其离开自身的平衡位置,当温度足够高时,还会导致晶体结构改变,甚至晶体结构解体而成为熔体。显然,温度对类质同象的影响也是很明显的,温度的升高有利于类质同象的产生。某些在常温下不能形成的类质同象,却在高温下可以形成;原来形成的不完全类质同像,在高温下可能形成完全的类质同象。而温度降低则将限制类质同象的范围,甚至可以使固溶体发生分离(这种由于温度降低而导致的单一结晶相固溶体分离成为两种结晶相的作用称为离溶)。例如,钾长石 $K[AlSi_3O_8]$ 和钠长石 $Na[AlSi_3O_8]$ 在低温条件下只是有限的不完全固溶体(称为碱性长石),而在高温时则形成完全的固溶体系列,而这种在高温下形成的完全类质同象碱性长石在温度降低时又会发生离溶,晶体间相互嵌生,形成所谓的条纹长石。在硫化物中也有类似情况,例如沿闪锌矿解理分布的乳滴状黄铜矿就是类质同象分离的一种产物。

(2)组分浓度的影响。组分浓度对类质同象的影响可由定比定律和倍比定律来说明。矿物中各种组分之间是有一定数量比的,当某种矿物从溶液中或熔体中结晶时,若介质中性质与某组分相近的另一组分"顶替"该组分,则会形成类质同象混晶。例如磷灰石 $Ca_5[PO_4]_3(F,Cl)$ 在形成时,若介质中 Ca^{2+} 的数量不足,其不足部分则由性质与 Ca^{2+} 相似的 Ce^{3+} 等呈类质同象进入晶格补偿 Ca^{2+} 的不足,这种类质同象特称为补偿类质同象。此外,对于一些微量元素来说,在介质中的含量不足以形成独立矿物时,常以类质同象混入物的形式进入性质与之相似的常量元素所形成的晶格中,如辉钼矿中的铼、锆石中的铪。

(3)其他因素,诸如压力、电价、晶格特征等,也对类质同象有一定的影响。以压力的影响为例,一般而言,压力的影响与温度的影响相反,压力的增加会使得晶格趋于更加紧密,导致类质同象能力的降低或致使固溶体发生离溶。但目前人们对压力的认识远低于对温度的认识,一般认为,当温度一定时,压力增大,既可限制类质同象代替的数量,又能促使类质同象混晶发生分离。压力对晶体结构变化和类质同象代替影响的机理是个复杂的问题,尚有很多待研究的地方。

6.10.4 研究类质同象的意义

类质同象是矿物中普遍存在的一种现象,对它的研究,不仅具有理论上的意义,而且也有一定的实际价值。

首先，地壳中的稀散元素绝大部分通常不形成独立的矿物，主要以类质同象形式赋存在与其性质相似的常量元素所组成的矿物中，例如 Cd、In 等常存在于闪锌矿中、Re 存在于辉钼矿中、Hf 存在于锆石中等，所以，研究类质同象的规律对寻找某些矿种和合理地综合利用各种矿产资源有着极为重要的意义。

其次，在不同条件下形成的某种矿物，所含类质同象混入物的种类和数量常常有所不同，并因此引起矿物晶胞参数和物理性质的规律变化，这对矿物形成条件的探讨和对有用组分赋存规律的认识也是很有意义的。

此外，天然形成的矿物，其组成可在一定范围内变化，成分纯净者极少，搞清了类质同象代替关系，就可以合理地解决矿物成分的变化问题及由此而引起的矿物物理性质的差异等问题。在实际工作中，又常常可以根据矿物物理性质方面的特征来推断矿物的组成。例如橄榄石，随着成分中 Mg^{2+} 被 Fe^{2+} 代替，其相对密度由镁橄榄石的 3.3 逐渐增至铁橄榄石的 4.4。这种相对密度随成分变化的规律可作成成分-相对密度曲线图，在实际工作中，只要精确测得橄榄石的相对密度，无须化学分析，就能迅速地确定其相应的成分。

6.11　有序-无序结构、同质多象及多型和多体

前面内容主要讨论的是化学组成与晶体结构之间的关系问题。但是，矿物的晶体结构还受外界环境的影响。在一定的条件下，晶体形成的热力学条件及其他外界因素可以是决定晶体结构的主导因素。结构的有序-无序现象、同质多象及多型现象等，就是决定晶体形成条件或影响晶体结构的有力佐证。

6.11.1　有序-无序结构

当两种原子或离子在晶体结构中占据等同的构造位置时，如果它们占据任何一个等同位置的概率是相同的，即两种质点相互间的分布没有一定的秩序[见图 6-13(a)]，这样的晶体结构就称为无序结构；如果它们相互间的分布是有规律的，即两种质点各自占有特定的位置[见图 6-13(b)]，则这样的结构就称为有序结构。

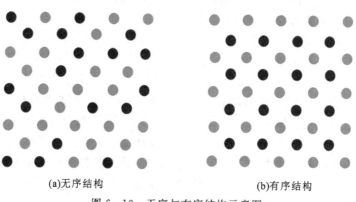

(a)无序结构　　　(b)有序结构

图 6-13　无序与有序结构示意图

钾长石 K[AlSi₃O₈]晶体中的 Al³⁺ 和 Si⁴⁺ 都占据晶格中四面体的中心位置，在结构中，所有这些四面体的大小都是相同的，但从它们在晶体结构中所处的方位来看，还可以进一步分为四种不等效的位置，分别标记为 T₁(O)、T₁(m)、T₂(O)、T₂(m)（见图 6-14）。当 Al³⁺ 和 Si⁴⁺ 在上述四类位置中随机分布（Al³⁺ 和 Si⁴⁺ 占据任一位置的概率分别为 1/4 和 3/4）时，晶体为无序结构，属单斜晶系对称，例如高温透长石。当 Al³⁺ 和 Si⁴⁺ 在四类位置的分布有规律时，就像 Al³⁺ 只占据其中的 T₁(O)位置，而 Si⁴⁺ 占据其余三种位置的情况，此种晶体就称为有序结构，晶体的对称相应地降低为三斜晶系对称，例如所谓的最大微斜长石（低温微斜长石）。

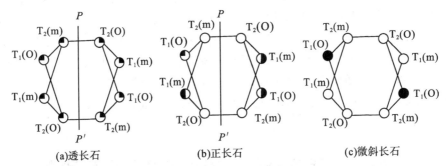

(a)透长石   (b)正长石   (c)微斜长石

图 6-14   Al³⁺ 在不同位置上的分布（圆圈涂黑的程度相当于 Al³⁺ 在每个位置上的占位概率；P—P′为对称面）

有序-无序结构在矿物中极为广泛，除了在类质同象代替的情况下出现有序-无序现象外，甚至在化学组成固定的某些晶体中也同样可以出现有序-无序结构。例如黄铜矿 $CuFeS_2$ 晶体，当温度高于 550 ℃时，阴离子 S^{2-} 作立方最紧密堆积，阳离子 Cu^{2+} 和 Fe^{2+} 占据半数四面体配位位置，晶体为无序结构，属等轴晶系 $\overline{4}3m$ 对称型，$a=0.529$ nm；但在温度低于 550 ℃时，形成的黄铜矿晶体中，处于四面体配位位置中的 Cu^{2+} 和 Fe^{2+} 作有规律的相间分布，成为完全的有序结构，从而破坏了晶体的立方对称，形成犹如两个原来的立方晶胞沿 Z 轴重叠而成的四方晶胞（见图 6-15），属 $\overline{4}2m$ 对称型，$a=0.525$ nm、$c=1.032$ nm。

在完全有序和完全无序之间，还存在着部分有序的过渡状态[见图 6-14(b)]。在部分有序结构中，只有部分质点有选择地占据特定的位置，而另一部分质点则无序地占据任意位置。结构的有序程度称为有序度。

晶体结构的有序度在一定的条件下是可以改变的，或者说，有序-无序之间是可以相互转化的。物质在结晶过程中，质点倾向于进入特定的结构位置，形成有序结构，以使最大限度地降低晶体的自由能。但是，热扰动的存在及晶体的快速生长，都促使质点占据任意可能的位置，从而形成了无序结构。显然无序结构不是最稳定的状态，随着热力学条件的改变，其中主要是温度的变化，结构状态会发生改变，当温度降低时，无序结构会向有序结构转变，反之，当温度升高时，可促使晶体从有序结构向无序结构转变。由无序向有序的转变作用，称为有序化。晶体结构的有序化过程有长有短，在地质作用中，大多数矿物晶体结构的有序化过程常经历很长的地质时期，由部分有序逐渐增大有序度，直至转变为完全有序。

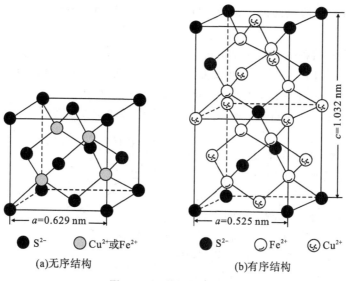

图 6-15　黄铜矿的结构

矿物晶体有序度的不同，在矿物的晶体结构及由结构所决定的物理性质方面都会有所反映。有序和无序属于不同的结构类型，显然，它们在某些物理性质上的差异应是很明显的。而部分有序中，晶体结构虽属于同一类型，但有序度不同，结构也会有细微的变化，因此，某些物理性质也会随着其有序度的不同而连续地变化。确定晶体结构的有序、无序，最直接的方法是测定质点的分布位置，如采用 X 射线结构分析、电子衍射法、红外光谱法等进行测定。但又因为有序-无序现象影响到晶体物理性质的变化，所以比较简便的方法是测定物理性质以间接地推断其有序-无序的情况，常用的方法有 X 射线衍射法、光学方法和热力学方法等。根据矿物晶体结构的有序度，可以帮助我们确定矿物的形成温度或冷却历史，从而有助于了解地质体的形成条件。目前有关长石、辉石、角闪石等矿物有序度的研究，已成为矿物学和理论岩石学的重要课题之一。此外，有序度的研究，对材料的微观结构和性质的确定，也具有很重要的实际意义。

6.11.2　同质多象

化学成分相同的物质，在不同的热力学条件下，结晶成结构不同的几种晶体的现象，称为同质多象。例如碳(C)在不同的地质作用过程中，可结晶成属于等轴晶系的金刚石和属于六方晶系的石墨(一部分属于三方晶系)，二者成分相同，但结构各异。这种现象的出现是由结晶时的热力学条件不同所致的。金刚石的形成条件与石墨不同，它是在较高温度和极大的静压力下结晶的。

一般把成分相同而结构不同的晶体称为某成分的同质多象变体。上述的金刚石和石墨就是碳的两个同质多象变体。若一种物质成分以两种变体出现，称为同质二象，以三种变体出现，就称为同质三象，等等。如金红石、锐钛矿和板钛矿就是 TiO_2 的同质三象变体。

同一物质成分的每个变体都有自己的内部结构、形态、物理性质及热力学稳定范围，所以在矿物学中，把同质多象的每一个变体都看作一个独立的矿物种，给予不同的矿物名称，或在名称之前标以希腊字母作前缀以示区别，例如金刚石和石墨、α石英和β石英等。

由于同质多象的各变体是在不同的热力学条件下形成的，即各变体都有自己的热力学稳定范围，因此，当外界条件改变到一定程度时，为在新条件下达到新的平衡，各变体之间就可能在结构上发生转变，即发生同质多象转变。

根据转变时的速度和晶体结构改变的程度，可将同质多象转变分为下面的两类。

1. 改造式转变

当两个变体结构间差异较小，不需要破坏原有的键或只改变最邻近的配位，只要质点从原先的位置稍稍移动，就可从一种变体转变为另一种变体，这种转变称为改造式转变或高低温转变，这类转变是在一个确定的温度下发生的，一般可迅速完成，并且转变通常是可逆的。如 SiO_2 的两个变体 β石英（三方）和 α石英（六方）之间的转变就属于这种类型，在转变时，只是 Si—O—Si 的键角偏转 13°（见图 6-16）就可完成，在常压下它们与温度有如下关系：

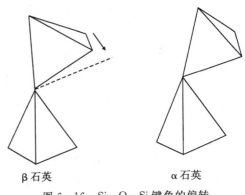

β石英　　　　　　　　α石英

图 6-16　Si—O—Si 键角的偏转

$$\beta\text{石英} \xrightleftharpoons{573\ ℃} \alpha\text{石英}$$

其中，箭头表示转变的方向，往复箭头表示结构的转变朝两个方向都可迅速进行，是可逆的；箭头上方的数字是常压下发生转变的温度，称为相的转变点。

2. 重建式转变

当变体结构间差异较大时，在转变过程中需要首先破坏原变体的结构，包括键性、配位数及堆积方式等，才能重新建立起新变体的晶体结构，这类转变称为重建式转变。重建式转变一般是不可逆的，转变的速度很缓慢，而且还需要外界供给较大的能量，以加速转变的进行，否则，一种变体在新的热力学条件下虽已变得不稳定，但仍有可能长期保持此种不稳定状态，而不发生任何同质多象转变。如石墨变为金刚石时，要求原石墨中 C 原子的三个 sp^2 杂化轨道（呈平面三角形配位）和一个 π 轨道改变成四个 sp^3 杂化轨道以构成一组按四面体取向的与其他 C 原子相联系的键。在这个转变过程中，不仅需要增大压力，而且需要很高的温度及催化剂的参与才能完成。其他如文石到方解石的转变（O^{2-} 的六方最紧密堆积转变为立方最紧密堆积）也属于这种方式。

下面应用同质多象的基本理论对石英的各种变体之间的转化进行分析。

石英在不同的热力学条件下有不同的变体：

$$\alpha\text{石英} \xrightarrow{870\ ℃} \alpha\text{鳞石英} \xrightarrow{1470\ ℃} \alpha\text{方石英} \xrightarrow{1723\ ℃} \text{熔体}$$

$$\Big\updownarrow 573\ ℃ \qquad\qquad \Big\updownarrow 160\ ℃ \qquad\qquad \Big\updownarrow 268\ ℃$$

$$\beta\text{石英} \qquad\qquad\qquad \beta\text{鳞石英} \qquad\qquad\qquad \beta\text{方石英}$$

$$\qquad\qquad\qquad\qquad \Big\updownarrow 117\ ℃$$

$$\qquad\qquad\qquad\qquad \gamma\text{鳞石英}$$

其中，α 表示高温型；β 表示低温型。

在常压的情况下，从常温开始加热直至熔融，在各种石英变体中，纵向之间的变化均不涉及晶体结构中键的破裂和重建，转变过程迅速而可逆，往往仅键之间的角度稍做变动而已。横向之间的转变，都涉及键的破裂和重建，其过程相当缓慢，因此，横向转变(重建型、高温型)为一级转变(由表及里缓慢进行，一般不可逆，但在不同的条件下又为可逆)，转变迟钝。纵向转变(位移型、高低温型)为二级转变(表里瞬间同时进行，一般可逆)，转变迅速。而另一方面，α 石英在 870 ℃ 转变为 α 磷石英时，转变速度慢，体积增加了 16%，β 石英在 573 ℃ 转变为 α 石英时，转变迅速，体积变化只增加了 0.82%，但后者在单位时间内，体积的增加量远大于前者，所以，快速型转变的体积变化小(易发生)、危害大，慢速型转变的体积变化大(不易发生)、危害小，这一特征在窑炉使用中应特别注意。石英的同质多象转变在陶瓷工艺、玻璃工艺和材料工艺中已得到了广泛的应用。

需要指出的是，某些物质成分的各个变体，可以在几乎相同的温度与压力条件下形成，而且都是稳定的，如 $Fe[S_2]$ 的两个变体黄铁矿和白铁矿，它们的成因比较复杂，一般认为与介质的酸碱度有关，$Fe[S_2]$ 在碱性介质中生成黄铁矿，而在酸性介质中则生成白铁矿。

同质多象现象在矿物中是较为常见的，由于其出现与形成时的外界条件有密切关系，因此，借助于其在某些地质体中的存在，可以帮助我们推测有关该地质体形成时的物理化学条件。另外，在工业上还可利用同质多象变体的转变规律改造矿物的晶体结构，以获得所需要的矿物材料，满足生产上的要求，如利用石墨制造人造金刚石等。

6.11.3　多型

多型是指由同种化学成分所构成的晶体，当其晶体结构中的结构单位层相同，而结构单位层之间的堆积顺序，也即重复方式有所不同时，由此所形成的不同结构的变体，即为多型。显然，多型是同质多象的一种特殊类型，它出现在广义的层状结构晶体中。同种物质不同的多型只是在层的堆积顺序上有所不同，也就是说，多型的各个变体仅以堆积层的重复周期不同相区别，所以多型也就是一维的同质多象。

例如 ZnS，早已知道它有两种同质多象变体，即阴离子 S^{2-} 作立方最紧密堆积的闪锌矿和阴离子 S^{2-} 作六方最紧密堆积的纤维锌矿。在纤维锌矿中现已了解至少有 154 种不同的多型变体，其结构单元层的高度为 0.312 nm，这也就是各变体 c_0 的公因数。

从众多的实例中可以得出，同种物质成分的各个多型变体在平行结构单位层的方向上晶胞参数相等(或者有一定的对应关系)，而在垂直于层的方向上，各变体的晶胞高度则相当于结构单位层厚度(在纤锌矿的例子中为 0.312 nm)的整数倍，其倍数即为单位晶胞中结构单位层的数目。显然，这是由于晶体内部的结构单位层都是相同的，仅层的堆积顺序不同而造成的。同时，由于层的堆积顺序不同，还可能导致结构的对称性——空间群甚至于晶系也不相同。

与同质多象变体不同，一种物质成分的不同多型因为在最近邻原子的相互作用方面全都具有同样的性质，所以不同的多型具有近于相同的内能，它们在形态和物理性质上，也几乎没有差别，有时甚至同一种物质的若干多型在一个晶块上同时出现。故此，在矿物学中，把多型的不同变体仍看成是同一个矿物种，书写时，在矿物种名之后加相应的多型符号，如石墨有六方晶系的 2H 型和三方晶系的 3R 型两种多型变体，前者书写为石墨 2H，后者书写为石墨 3R。表示多型的符号有多种，这里采用的多型符号是目前国际上常用的一种，它由一个数字和一个字母组成，前面的数字表示多型变体单位晶胞内结构单位层的数目，即重复层数，后面的大写字母表示多型变体所属的晶系。如果有两个或两个以上的变体属于同一个晶系，而且有相等的重复层数时，则在字母右下角再加下标加以区别，如白云母 $2M_1$、白云母 $2M_2$ 等。

不同多型的产生，已被归因于各种各样的原因，诸如热力学因素、晶格振动、二级相变等。但实验上也已证明，堆积层错和位错在多型的生长中起着决定性作用，而在解释多型生长的机理中，最有希望的是辅以螺旋位错的层错扩张机理。不过，热力学的影响也是不能忽视的，特别是对于像 SiC 和 ZnS 等高温下生长的多型物质更是如此。

多型现象在许多人工合成的晶体中和具有层状结构的矿物中都有发现，其是具有层状结构晶体的一种普遍特征。因此，对物质多型的研究，在结晶学、矿物学、固体物理学、冶金学和材料学等领域中，无论在理论上还是在实用上都具有重要的意义。

6.11.4   多体

矿物的多体性是指，由两种（或两种以上）性质不同的结晶模块，按不同比例或堆垛顺序而构筑成的结构和化学组成上不相同的晶体的特性。所谓结晶模块，是一相对独立的化学单元，具有稳定的化学组成和结构特征。作为一个完整的理论体系，多体的概念是由汤普森（Thompson）于 1970 年提出的。

自 20 世纪 70 年代以来，利用高分辨电镜，人们对链状硅酸盐矿物（辉石和闪石类）和层状硅酸盐矿物（云母类）晶体结构中的相似性有了更加深刻的认识，并提出用辉石结构模块和云母结构模块来构筑这类矿物结构的设想。根据这个设想，以一定方式连接这些模块，就可构筑其他层状和链状硅酸盐矿物的结构，如直闪石的结构可以看成是由一个辉石（P）和一个云母（M）模块构筑而成的。这种设想也从实验结果中得到了证实，如镁川石的三链结构，便可解释为由两个 M 模块和一个 P 模块构筑而成的（见图 6-17），其中的 M 模块和 P 模块就是多体，它们共同构筑了一个多体系列。

所谓的云辉闪石类矿物就是基于上述的认识重新定义的，它是指在结构中含有云母、辉石和角闪石结构模块的硅酸盐矿物，如闪川石可以看成是一个双链和一个三链的组合结构，构筑其结构的模块为 MMP·MP。也有根据多体理论预测但尚未发现的结构，如单链和双链的组合结构，其构筑模块应该为 MP·P。

多体理论和结晶学模块的划分，在晶体化学理论方面有独特的贡献。它不仅把多体作为一个有机的整体来考虑，并揭示了结构和化学组成看起来不一致的矿物之间的内在联系，而且在系统了解已知多体的基础上，还可以预测和发现新化合物的化学式、晶体结构和物理化学性质等。

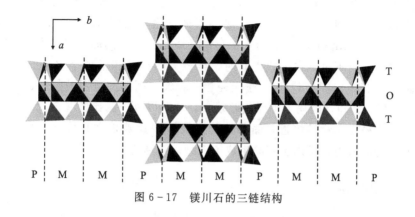

图 6-17　镁川石的三链结构

6.12　同形现象(异质同形)

不同的物质互相具有相同的晶形,并且互相可以按任意比例混合生成固溶体时,则这些物质具有同形现象。同形体的化学组成一般是类似的,但也有例外。同形现象的明显例子有碳酸盐系,如 $CaCO_3$、$MgCO_3$、$(Ca,Mg)CO_3$、$ZnCO_3$ 等都为方解石族物质,都属于菱面体的同形。

6.12.1　固溶体

固溶体这个术语原是有些模糊不清的,没有严格的定义。以往在相律方面,是根据状态图的熔融曲线特点推测出固溶体的存在,或用显微镜观察其是否为均质相来确定。但随着 X 射线衍射研究方法的发展,对以往的一些概念,有的已有必要加以修订。例如,在硅酸盐矿物中,古典的斜长石系(Ab - An 系)会被看成是连续的完全固溶体,但赵氏(Zhao)和泰勒(Taylor)根据 X 射线衍射的研究指出,斜长石系存在两个分离的同形系列:一个是含 22%钙长石(An)的纯钠长石(Ab)系列;另一个是含 20%~30%钙长石的钠长石系列。

综上,固溶体的生成现象可以分为两个大的类型。其一是取代型固溶体,例如,同属于岩盐(NaCl)型结构的 MgO 与 FeO,如前述,在 MgO 和 FeO 等分子形成的固溶体中,Mg^{2+} 和 Fe^{2+} 可以任意地进入 O^{2-} 的最紧密堆积形成的骨架中,就整个结构来说,Mg^{2+} 与 Fe^{2+} 的数目虽相等,但并不生成相当于 $MgFeO_2$ 的化合物,所以这些离子的分布是没有规律的,它们可以进入晶格内的任意位置,此类型的固溶体常被当作混晶。另一个类型的固溶体为填隙型固溶体,例如,Fe 吸收 C,或 KCl 晶体在金属 K 的蒸气中加热时吸收了 K 的场合,这时,C 原子和 K 原子通过扩散进入 Fe 和 KCl 的晶格内,填充在晶格内的间隙中,这样,固溶体与化合物已很难严格加以区别,因为,全部间隙如都由 C 原子占据的话,Fe 原子和 C 原子便完全呈有序的排列,这样,该填隙型固溶体相当于与同 FeC 的化合物成为了同样的物质。

如此,关于固溶体的生成,并无严格而固定的规律。不过,固溶体容易在晶胞大小和结构极相似的晶体中间生成,但这并不是说,这些晶体必须属于相同的晶系,例如，结构为正方晶系的 Mn_3O_4 可以溶解尖晶石型的 γ - Fe_2O_3 而形成固溶体，因而正方晶格渐变为尖晶石型晶格。此外，生成固溶体，化学性质必须类似这个条件也不是必须满足的，例如，MgO 同 $Li_2Fe_2O_4$ 的化学性质是完全不同的，但因为都是岩盐型的结构而可生成混晶。不过，在生成混晶时，半径大的离子和半径小的离子不得有 15% 以上的差距，如 $NaCl$ 同 KCl，因离子半径相差较大，固溶的范围被限制得很狭窄；而 $LiCl$ 与 $NaCl$ 两者之间，因离子半径相差很小，却可以以任意比例混合。如此，构成两种晶体的离子半径大小愈是接近，固溶体的生成范围愈被扩大。另外，在高温下，晶格由于热的振动而松弛，所以更容易生成填隙型固溶体。

6.12.2　模型结构

模型结构可以看成是同形体的特殊场合，它同单纯的等价结构或衍生结构是有区别的，例如，与 SiO_2 有同结构的化合物，有如表 6-8 所示的一系列物质，在表中，为了便于说明取代关系，将 SiO_2 与 GeO_2 的化学式分成两个分子来表示，各个化合物都有着共同的负离子 O^{2-}，它们在结构上虽是同形体，但不能说是模型化合物的模型结构，而是两种化合物结构内的正离子和负离子都不相同的场合，其中的一方对另一方来说，称为弱化模型。这个弱化意味着离子半径较大，引起结构发生了膨胀；或因离子的电荷减少，抑或由于这两种原因而具有松弛结构。例如，$BaTe$ 是 MgO 的弱化模型，这两种化合物的离子半径比如表 6-9 所示，是接近的，但 $BaTe$ 的每个离子的半径都大，所以即使二者结构相同，$BaTe$ 的硬度也非常小。

表 6-8　与 SiO_2 具有同结构的化合物

化学组成	生成结构型
Si　Si　O_4	石英，鳞石英，方石英
Al　P　O_4	石英，鳞石英，方石英
Ge　Ge　O_4	金红石，石英
Na　Al　Si　O_4	鳞石英，方石英
Na_2　Ca　Si　O_4	方石英
Li　Al　Si　O_4	硅铍石，石英

表 6-9　MgO 与 $BaTe$ 的离子半径比

化合物	离子半径/nm	半径比	硬度
MgO	0.78(Mg^{2+})　1.32(O^{2-})	0.59	6.5
$BaTe$	1.43(Ba^{2+})　2.11(Te^{2-})	0.68	2.6

模型结构的另种型式是氟化物-氧化物模型结构。这两种结构互相类似的化合物，相对应的离子半径虽极接近，但氟化物离子的电荷是氧化物离子的一半。这种模型结构的例子如表 6-10 所示，氟化物同与它相对应的氧化物具有完全相同的结构，但由于硬度、熔点、折射率较低，并且热膨胀系数也大，可以看出它们是氧化物的弱化结构。

表 6−10　氟化物−氧化物模型结构

弱化结构		强化结构	
化合物	离子半径/Å	化合物	离子半径/Å
BeF_2	0.34　1.33	SiO_2	0.39　1.32
NaF	0.98　1.33	CaO	1.06　1.32
LiF	0.78　1.33	MgO	0.76　1.32
		ZnO	0.83　1.32
MgF_2	0.76　1.33	TiO_2	0.64　1.32
		SnO_2	0.74　1.32
CaF_2	1.06　1.33	ThO_2	1.10　1.32
		ZrO_2	0.87　1.32
$LiBeF_3$	0.78　0.43　1.33	$ZnSiO_4$	0.83　0.39　1.32
$KMgF_3$	1.33　0.76　1.33	$SrTiO_3$	1.27　0.64　1.32
$NaLiBeF_4$	0.98　0.78　0.34　1.33	$CaMgSi_2O_6$	1.06　0.76　0.39　1.32

　　这种模型结构间的关系，不只发生在化合物之间，在二元系的相平衡关系中也存在有类似的关系，例如，$LiF-BeF_2$ 系统是 $ZnO-SiO_2$ 系统的弱化模型系统，它们不仅是相平衡的相似关系，在这两个系统中生成的化合物——$LiBeF_3$ 与 $ZnSiO_4$（硅锌矿）也具有同样的结构。ZrO_2 虽是已变形了的萤石型结构，但 CaF_2-BeF_2 系统与 ZrO_2-SiO_2 系统，不仅相图相似，而且中间化合物 $CaBeF_4$ 和 $ZrSiO_4$ 又同是正方晶系，结构也极相似。另外，$KF-MgF_2$ 系统是 $BaO-TiO_2$ 系统的弱化模型系统。

　　一般弱化模型系统比氧化物系统的熔点低，所以在研究氧化物系统的相平衡时，利用其作为探讨的手段是很有用的。

6.13　不完整晶体

　　晶体由完整的晶面围合起来，形成有规律的几何多面体时，在形态上是符合晶面角守恒定律和有理指数定律的。利用 X 射线衍射进行晶体结构分析，证明了晶体内部是由三维空间的晶格（点阵）构成的。空间晶格在理论上共有 230 种。形态和内部结构为完整状态的晶体，称为理想晶体。

　　在详细检验实际的晶体时，发现有超出测定误差范围的各种畸变性，即观察到了理想晶体所不可能发生的物理和化学现象。如此，实际晶体在理想晶体应有的性质的基础上发生了"畸变"，其是由于晶体的不完整性引起的，这种现象称为晶体的不完整性、无序性或缺陷。

　　就天然矿物来说，可以说几乎没有像模型所表现出的那样具有理想排列的晶体，这主要是因为晶体的生成过程复杂，在由结晶作用形成结构时已产生了缺陷。例如，由于原子排列的无序、缺位或晶体内缺乏均匀性等原因，有序结构可以变成如图 6−18 所示的镶嵌结构，这种变化的规模，可能是微观的，也可能是宏观的。

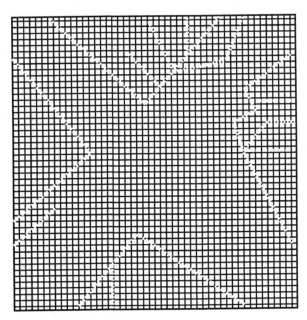

图 6-18　晶体的镶嵌结构示意图

固体的物理性质中，如比热、相对密度、弹性模量等，对每一种物质均各自具有固定的数值，都是可以准确测定出来的性质；而机械性质的硬度、展性、电磁性等，测定值有时变化很大。从统计学上看，即物质虽可进行大致的数值比较，但其性质可分为不可变与可变两类。对前者来说，只要该物质是同一种物质，其值同生成的过程和生成后的处理等经历是无关的；与此相反，后者是对这些影响很敏感的性质。尼格里(Niggli)把晶体不受微量杂质、生成条件或机械变形影响的性质，称作对"畸变"的非敏感性；与此对应，将晶体中容易感受"畸变"的性质称作"畸变"的敏感性。

6.13.1　晶格的缺陷

根据晶格的几何学说可以把晶体看成是周期性的点在三维空间排列的有限均质体，这种均匀性，在晶体的每一部分都必须完全相同，这意味着空间晶格的基本单位经常是正相吻合的晶格排列的畸变，特别在混晶中能明显观察到。从统计学上看，混晶中的原子因是均匀地分布在晶格内，所以其中发生的畸变也容易清楚地看到。拉维斯(Laves)把晶格排列的畸变分为如下几种：

①由取代作用产生的畸变；

②由填隙作用产生的畸变；

③由削减作用产生的畸变；

④由断裂作用产生的畸变；

⑤由叠加作用产生的畸变。

在高温下，离子晶体的离子呈显著的移动，根据弗兰克(Frenkel)、瓦格纳(Wagner)和肖特基(Schottky)等的研究，已阐明这是由晶格排列的畸变引起的。他们认为，产生这种晶格排列畸变的原因是空位的形成和晶格间隙的填充，并且阐明了，产生这种畸变的概率随着温度的上升而增加，特别在离子晶体的熔点附近，晶格的畸变最为显著。除此之外，尚有叠加畸变的现象。在晶体析出时，要将构成的原子聚集在一起，这些聚集的原子逐渐地生长起来，这种生长过程进行得极为缓慢，如长时间保持在接近平衡的状态下，可以形成能量最低的某一特定结构；若生长条件在中途发生了变化，或在结晶完成之后受到了应变时，则会形成能量差极小的原子交错排列而成的晶体。这种同理想晶格有"偏畸"的排列积累成的"畸变"，称作叠加畸变，其是在石墨等物质中常可观察到的一种现象。

近年来，特别在物性论方面引起注意的着色中心、荧光现象、分子群或离子群的旋转、变生非晶态等，都被看成是晶格排列畸变引起的现象。

再有，理想晶体如发生了畸变，原子、离子或分子在统计上已脱离了它所固有的位置，但晶胞的排列，在空间上还是保持着平行的状态。不过，仔细地观察时发现，晶面或解理面并不经常呈理想的平滑平面，这说明晶胞并不是严格地按平行的方位排列的，而是带有极小的倾斜互相拼合起来的，因而在晶体中看到有畸变存在，这种结构的偏畸称作镶嵌组织或树枝状结构。就多数的晶体而言，都或多或少存在有结构的偏畸现象。

6.13.2 晶体的位错

在某一确定的物理化学条件下生成的晶体结构，当该条件发生变化时，其基本结构可以不发生变化而改变其对称性。一般来说，晶体结构的这种内部变形，不仅不会引起其化学组成的变化，而且在一定的温度和压力范围内，还可以保持着原来的结构骨架或对称性。晶体随着物理条件的这种变化，即便是产生了收缩、膨胀和原子相互间的位错，但其也具有在一定的范围内生成，并可继续存在的区域。例如，石英在常压下加热到 573 ℃，结构既无本质的变化，晶体的形态也未被破坏，但却变为具有更高对称性的结构，由于温度和压力的改变，虽然化学成分相同，但出现的却是另外一种新型的结构，这意味着新晶体的生成。这个现象，已如前述，属于多形现象。

晶体具有抗拒机械作用而保持原有结构的能力。今设想有一个应力作用到晶体，最初，不会引起晶体破坏而只是引起其变形，但在一定的限度内，因其结构表现有弹性，如去掉该应力时，变形也随着消失，说明这种变形是可逆的。一般情况下，弹性极限很快即可达到，按晶体的种类不同其可发生塑性行为的程度则不同，这种不可逆的变形可引起晶体结构的再建，即在变形的过程中，同一种型式的结构进行重新排列。这时，晶格的面或面群以等于间距的整倍数的量沿向量方向平行移动，即如图 6-19 所示的塑性变形，称为机械平移。这种平移的结果是，晶体外形虽有变化，而原子的排列在移动后与移动前却有着同样的结构，晶格面本身和面网间距离也都无变化。

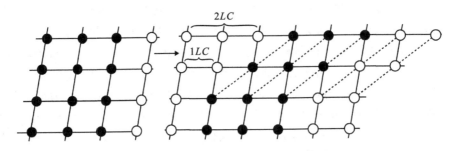

图 6-19　晶体晶格的机械平移示意图

即使是整个晶格面群滑移，如图 6-20 所示，变形部分相对未变形部分甚至处在双晶位状态的部分，结构还是未遭破坏，并且也不进行重排列，这类塑性行为是金、冰、方解石中众所周知的现象。结构的断面容易沿着滑移面或滑移面合拢的部位发生，但在温度升高时，由于加速了原子的活动，在一定的条件下，这个部位可成为稳定结构进行再建的螺旋成长（再由结晶）的生长点。如此，晶体的集合块在低温时可以通过纯粹的塑性变形进行冷加工，由此引起的张力中心，则可经过高温回火、退火等处理去除掉。

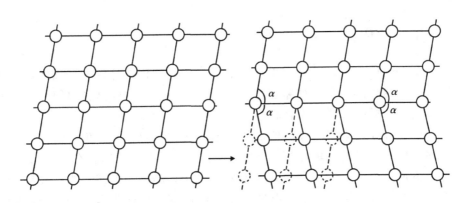

图 6-20　由塑性变形生成双晶的示意图

强度的性质揭示出了晶体依结构可同机械应变进行相互作用的事实，这种行为是与方向有关的特征——各向异性的反应。因此，对各种不同的矿物，按其结构内的内聚力的强弱，可沿着预定的面发生破坏或剥离。如层状结构的矿物平行于薄层、链状结构矿物平行于链的伸长方向表现有明显的解理性。同样，硬度也是随着方向变化的，而且就整体来说是同结构有关的。

6.14　晶体结构与物理性质

结晶质物质所有的性质，已如前述，取决于形成它的结构的原子种类、晶胞内的原子排列状态，以及原子互相连接起来的键的型式。在这些性质中，有许多重要性质受晶体结构的无序性——镶嵌组织间的细裂痕、晶格间隙内存在的填隙离子、晶格间隙内的空位和晶格缺陷等的影响很大，如前所述，同晶体的经历有关的性质，可以概括为结构的敏感性，如表 6-11 所示。

表 6-11 晶体性质的分类

特性及性质举例	非敏感性	半敏感性	敏感性
特性	加和性，结构异常部分的影响比正常部分的影响小	加和性，结构异常部分与正常部分的影响大致相同	选择性
性质举例	相对密度、比热、折射率、X 射线衍射、弹性模量	导电性、扩散、X 射线衰减	抗张强度、可塑性、介电常数、磁性体的磁化曲线

注：表中内容的依据是巴勒(Barrer)对晶体性质所做的分类。

6.14.1 熔点

原子以共价键形成的结晶质固体，例如金刚石，虽然其原子的排列不是最紧密堆积，密度也相当低，但具有高的熔点。离子晶体，由于离子间存在有库伦吸引力，熔点也高，与此相反，分子以范氏键结合的有机化合物晶体，熔点则非常低。

一般，高熔点氧化物 ZrO_2、CeO_2 和 ThO_2 等的晶体结构属于萤石型结构。如前所述，这种结构的正离子在立方晶格的顶角和面心上，为面心立方体晶格，负离子则在立方晶格的中央。Li_2O、Na_2O、K_2O 等碱金属氧化物，虽也同属于萤石型结构，但两种离子所处的位置已全部互相调换，即表现有反同形体的现象。这两个系统中，氧化物的熔点与晶体结构的对比关系如表 6-12 所示。由正离子的骨架构成的结构是稳定的，熔点也高；而由负离子的骨架构成的结构，则变得松弛，并且在同种结构系列中，晶胞愈大熔点的下降也愈显著。

表 6-12 萤石型及反萤石型氧化物的熔点

氧化物	结构	单位晶格长度/Å	熔点/℃
ZrO_2	萤石型	5.07	2710
CeO_2	萤石型	5.04	2600
ThO_2	萤石型	5.58	3050
Li_2O	反萤石型	4.62	1700
Na_2O	反萤石型	5.55	1275
K_2O	反萤石型	6.44	881

同金属有密切关系的填隙结构化合物有碳化物、氮化物、硼化物、水化物等。在填隙结构化合物中，正离子是以典型的金属键结合的，半径小且具有高电荷的负离子，则是以任意比例填充在结构的间隙内形成 NaCl 型的面心立方结构。这种结构的化合物，常具有大的硬度和高的熔点，是高温材料的重要原料。这些耐火性的碳化物和氮化物的稳定性之所以高，是因为正离子和填充在间隙内的碳或氮原子之间的键力非常坚固，所以如表 6-13 所示，它们的熔点都很高。

表 6-13   碳化物、氮化物的熔点

碳化物	单位晶格长度/Å	熔点/℃	氮化物	单位晶格长度/Å	熔点/℃
TiC	4.32	3140	TiN	4.23	3220
ZrC	4.69	3532	ZrN	4.62	2980
HfC	4.64	4160	HfN	—	—
VC	4.14	2810	VN	4.13	2320
NbC	4.40	3500	NbN	4.41	2050
TaC	4.45	4150	TaN	—	3360

6.14.2   力学性质

晶体的硬度是同键的强度有关的性质。简单氧化物的硬度，金属离子半径越大则硬度越小，即结构内的 R-O 距离大的氧化物硬度小。例如，BeO、MgO、CaO 的硬度各为 9.0、6.5、4.5，依次递减。另一方面，键长接近的化合物，其硬度随着离子电荷的增加而增大。例如，NaF、MgO、TiC 等的键长大致相同，而硬度却以 3.2、6.5、9.0 的顺序递增。以共价键结合的金刚石，硬度最大；反之，以微弱范氏力结合的晶体，硬度则很低。

用作研磨材料的石榴石，其固溶体的化学组成与硬度之间虽看不出有什么直接的关系，但从实验中证实，由固溶极限分子求出的石榴石晶胞大小 (a_0) 与硬度值之间却有着一定的关系。a_0 愈大的石榴石硬度愈小，并且一般分为 a_0 小硬度高的 Alm-Py-Sp 系（铁铝石榴石-镁铝石榴石-锰铝石榴石系）和 a_0 大硬度低的 Gr-And 系（钙铝石榴石-钙铁石榴石系）两类。

此外，晶体的抗张强度也同其结构有关，不过，将晶格的离子拉开时所需要的力，由实验得出的数值比由计算求出来的理论值小得多，例如对 NaCl 晶体，计算值约为 $200\ kg/mm^2$，而实测值仅不过为 $0.4\sim0.6\ kg/mm^2$，这个悬殊的原因可能是实际的晶体呈镶嵌组织，各个镶嵌晶块间的结合力非常微弱。

6.14.3   光学性

光在晶体中的折射，是由投射光的电矢量引起的电子结构的变形能或偏振作用导致的。具有对称结构的离子键晶体，离子的折射能大体上是可加和的；而在非对称结构中，离子的偏振作用不仅受光的电矢量的影响，而且还受邻近离子的偏振场的影响。硝酸盐和碳酸盐具有 O^{2-} 位于正三角形顶点上的 NO_3^- 和 CO_3^{2-} 离子群，在这些离子群中，光的偏振作用与邻近离子的偏振作用的总和，是由与离子群平面有关的光的矢量方向决定的。

具有平行的离子平面群的晶体，由离子群的平面偏振出来的光的折射率比垂直于这个平面偏振出来的光的折射率高，所以一般显示有大的负重折射。强折射的离子平面群如都平行于直线，并且互相间又都保持着平行时，则表现为强的正重折射。

层状结构的矿物，经常具有强的重折射性，云母族矿物即是它的代表性例子。骨架由四面体群构成的架状硅酸盐晶体，重折射的折射率一般都比较低。

6.14.4　热膨胀性

热膨胀性同晶体内的离子或原子间的键的强度有关，纯粹由离子键或共价键形成的晶体，热膨胀性都小；与此相反，以范氏力结合的分子晶体，热膨胀性则非常大。例如，石英的体积膨胀系数为 $0.35×10^{-4}$，而草酸、萘之类的有机物晶体的热膨胀系数却大致为 $(2.6～3.2)×10^{-4}$。由不同型式的键组合形成的晶体，例如水镁石 $Mg(OH)_2$，平行于层的方向的热膨胀系数大致与 MgO 的相同；但垂直于层的方向，因是范氏键，热膨胀系数则非常大。同样，以 O—H 键结合成层状结构的石膏($CaSO_4 \cdot 2H_2O$)，也是垂直于层的方向的膨胀比平行于层的方向的程度大。

热膨胀是由两种不同的原因引起的：其一是键的长度增加，离子或原子互相趋于远隔；其二是键的长度虽无变化，但键的方向发生了变化。后者是石英矿物在 $\alpha \rightleftarrows \beta$ 转变时发生的现象，键角的稍许变化可引起较大的热膨胀。

真正的离子键在结构上是没有方向的；共价键在结构上有特定的方向。例如，等轴晶系的金刚石，其共价键之间的角度为了保持对称必须是四面体的角度。与此相反，对称性低的共价键晶体，例如三方晶系的 SiC，其键角却可不改变对称性而进行某些变化。

根据梅高(Megaw)从理论上进行的讨论：膨胀系数与配位数成正比，与原子价的二次方成反比，所以配位数为 8 的 CsCl 和配位数为 6 的 NaCl 的两种盐的晶体，膨胀系数分别为 $53×10^{-6}$ 和 $40×10^{-6}$。研究人员对玻璃的热膨胀已进行了很多研究，石英玻璃由于存在有坚固的 Si—O 键和其自身的无序结构，所以膨胀系数很小；石英矿物的各种变体，因 Si—O 键的长度增加产生的膨胀不大，它们在转变点发生的膨胀乃是由键的方向发生变化引起的；熔融石英因是无序结构，键与键之间的角度完全没有规律，其膨胀的原因是键的长度增加，所以膨胀系数小。

思考题

6-1　对于同种元素而言，一般说来，阳离子半径总是小于原子半径，且正电价越高，半径就越小，而阴离子半径则总是大于原子半径，且负电价越高，半径就越大。但是否有可能出现其高价阳离子的有效半径反而大于低价阳离子的例外情况？原因何在？

6-2　典型的化学键有三种：离子键、共价键和金属键，试从键性特征分析具有上述键型晶体的物理性质。

6-3　明确单键型、多键型和中间键型化合物的含义，并各列举若干实例。

6-4　当有 n 个等大球体作最紧密堆积时，必定有 n 个八面体空隙与 $2n$ 个四面体空隙。计算单层等大球体最紧密堆积时每个球所均摊的弧形三角形空隙的数目。

6-5　金刚石的空间利用率仅为 34.01% 而 Au、Os 的为 74.05%，换言之，金刚石堆积的紧密程度远低于后两者，但为什么金刚石的硬度却远大于金属 Au 和 Os 的硬度？

6-6   在等大球体 A3 型（六方）紧密堆积中恒有 $c=2/3\times\sqrt{6}a$，其中 c 和 a 为单胞的轴单位。试参考密堆积图形，证明这一点。（提示：根据 A3 型紧密堆积空隙数目和形状来考虑，此轴率 $c/a=2/3\times\sqrt{6}$ 在金相学中是很有用的常数。）

6-7   离子晶体中，配位数和配位多面体之间有大致的对应关系。从几何角度看，配位数为 4、6、8 和 12 的配位多面体还可能有其他的形状。请给出这几种配位多面体其他形状的图形。

6-8   若八面体中相对角顶间的距离为 1，试计算当两个配位八面体以共角顶、共棱、共面连接时，其两个中心阳离子间的最大距离分别是多少？

6-9   当等大球体分别作立方和六方最紧密堆积时，其相邻八面体空隙间的连接方式（指共面、共棱或共角顶）有何不同？对于四面体空隙来说其情况又如何？

6-10   已知镁橄榄石 $Mg_2[SiO_4]$ 晶体结构中，O^{2-} 近似呈六方最紧密堆积，Mg^{2+} 和 Si^{4+} 分别充填在八面体和四面体两种不同的空隙中。试问：①两种阳离子应分别占据哪一种空隙？②它们各自占据相应空隙总数的几分之几？

6-11   试分别计算立方体配位时和四面体配位时，其阳、阴离子半径比的下限值。（提示：如果把一个立方体八个角顶中相间的四个角顶连线，即为一四面体。）

6-12   已知金属 Au 的晶体中 Au 原子呈等大球体的立方最紧密堆积，并表现为立方面心格子，Au 的原子半径为 0.1442 nm。试求：①单位晶胞内所包含的 Au 原子数；②单位晶胞的棱长；③Au 原子的空间占有率（等同于等大球体呈最紧密堆积时的空间利用率）。

6-13   已知共价键具有方向性和饱和性，而离子键则没有，但为什么在一个离子晶格中，每种离子都各有有限的配位数和特定取向的配位多面体连接方式？

6-14   完全类质同象系列的两个端员矿物，它们的晶体结构为什么必定是等结构的？反之，两种等结构的化合物是否都能形成类质同象混晶？为什么？

6-15   费尔斯曼对离子间的异价类质同象代替关系在周期表上总结出了所谓对角线规则，表现为右下方的离子能代替左上方的离子。据此，你认为，①决定对角线代替的主要因素是什么？②异价类质同象代替时，电价的差异一般如何？③从能量效应来看，是高价阳离子代替低价阳离子较为有利，还是相反？

6-16   总结哥尔德、施密特结晶化学定律和鲍林规则的要点，指出前者对晶体结构规律的意义。

6-17   你认为在同质多象的移位型及重建型转变之间，应具有什么样的特点？理由是什么？

6-18   石英在重建型同质多象转变的三种结构变化方式中，你认为哪一种所需要的活化能最大？理由是什么？

6-19   试对比一般所指的同质多象现象与有序-无序现象及多型性三者间的主要异同。

6-20   试述晶体场和配位场理论的要点，并解释磁铁矿、铬铁矿的晶体化学特征。

第7章 矿物晶体典型结构类型

7.1 结构的表征

晶体的结构虽然与它们的化学组成、质点的相对大小和极化性质有关，但是，并非所有化学组成不同的晶体都有不同的结构。从晶体结构的对称性考虑，只可能存在230种不同类型的晶体，晶体结构的对称性取决于晶体中质点的排列方式，也就是由晶体的结构决定的。因此，化学组成不同的晶体，可以有相同的结构类型，而同一种化学组成，也可以出现不同的结构类型。在此，将通过讨论一些代表性的晶体结构，来认识部分与无机非金属材料专业有关的晶体结构类型。

在了解一个晶体结构时，往往需表述下列几项内容：①晶系；②对称类型；③组成部分及键型；④配位数 CN 值；⑤晶胞中的结构单元数目 Z 及位置；⑥格子型式。

需要说明的是，在具体结构论述中，常用一种矿物为代表进行描述，而结构类型所代表的是一系列矿物，不仅仅是其中一个，根据这一事实，在掌握各种结构类型的基础上，可举一反三，搞清同一类型中其他矿物的结构与性质。

7.2 结构类型

7.2.1 自然元素晶体

1. 金刚石型结构

晶体名称：金刚石。

晶体化学式：C。

晶体结构：立方晶系，$a=0.356$ nm，对称型 $3L^4 4L^3 6L^2 9PC$。

空间格子：C 原子组成立方面心格子（见图 7-1），C 原子位于立方面心的所有结点位置和交替地分布在立方体内的四个小立方体的中心，每个 C 原子周围都有四个 C 原子，C 原子之间形成共价键。

同结构晶体：硅、锗、灰锡（α-Sn），以及人工合成的立方氮化硼（BN）。

性质：金刚石为目前所知的硬度最高的材料，纯净的金刚石具有极好的导热性和半导体的性能。

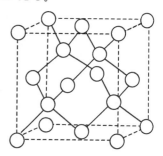

图 7-1 金刚石晶体结构

应用：金刚石可作为高硬切割材料、磨料、钻井用钻头、集成电路中的散热片及高温半导体材料。

2. 石墨结构

晶体名称：石墨。

晶体化学式：C。

晶体结构：
$\begin{cases} 六方晶系(2H)，对称型\ L^{6}6L^{2}7PC \\ a=0.246\ nm、c=0.670\ nm \end{cases}$

$\begin{cases} 三方晶系(3R)，对称型\ L^{3}3L^{2}3PC \\ a=0.246\ nm、c=1.004\ nm \end{cases}$

空间格子：C 原子组成层状排列（见图 7-2）；层内 C 原子呈六方环状排列，每个 C 原子与三个相邻的 C 原子之间的距离为 0.142 nm；层与层之间的距离为 0.335 nm。结构表现为同一层内的 C 原子之间为共价键，而层间为分子键。C 原子的四个外层电子，在层内形成三个共价键，多余的一个电子可以在层内移动，类似于金属中的自由电子。

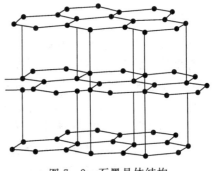

图 7-2　石墨晶体结构

石墨多型：有三方晶系的 3R 型及六方晶系的 2H 型（见图 7-3）。

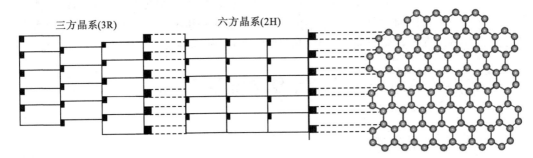

图 7-3　三方晶系和六方晶系石墨结构示意图

同质多象：石墨与金刚石属同质多象变体，由于形成的热力学条件不同（见图 7-4），二者结构差异很大，性质上完全不同。

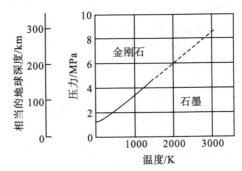

图 7-4　金刚石-石墨的平衡曲线（实线为计算得到的、虚线为外推得到的）

性质：石墨平行于层的方向具有良好的导电性，硬度低、熔点高、导电性好。

用途：石墨可制作高温坩埚、发热体和电极，在机械工业上可做润滑剂等，是多用途的材料。

同结构晶体：人工合成的六方氮化硼等。

7.2.2　AX 型晶体

AX 型晶体是二元化合物中最简单的一种类型，它有四种主要的结构：氯化钠型、氯化铯型、闪锌矿型和纤锌矿型，现分述如下。

1. 氯化钠型结构

晶体名称：石盐。

晶体化学式：NaCl。

结构描述：

(1)立方晶系，$a=0.563$ nm、$Z=4$，对称型 $3L^4 4L^3 6L^2 9PC$。

(2)Na—Cl 为离子键，NaCl 为离子晶体。

(3)$CN^+ = CN^- = 6$(配位数)。

(4)Cl^- 按立方最紧密堆积方式堆积(见图 7-5)，Na^+ 充填于全部八面体空隙。Na^+ 的配位数是 6，构成$[NaCl_6]$八面体。NaCl 晶体结构是由$[NaCl_6]$八面体以共棱的方式相连而成的。Na^+ 位于面心格子的结点位置，Cl^- 也位于另一套这样的格子上，后一个格子与前一个格子相距 1/2 晶棱的距离。

结点的坐标为

$4Cl^-$：$0\,0\,0$，$\frac{1}{2}\,\frac{1}{2}\,0$，$\frac{1}{2}\,0\,\frac{1}{2}$，$0\,\frac{1}{2}\,\frac{1}{2}$

$4Na^+$：$\frac{1}{2}\,\frac{1}{2}\,\frac{1}{2}$，$0\,0\,\frac{1}{2}$，$0\,\frac{1}{2}\,0$，$\frac{1}{2}\,0\,0$

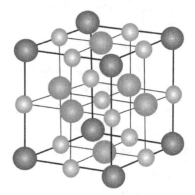

大球为Cl^-；小球为Na^+

图 7-5　氯化钠晶体结构

(5)立方面心格子 Cl^-、Na^+ 各一套。

(6)同结构晶体：MgO、CaO、SrO、BaO、FeO、CoO、CdO、MnO、NiO、TiN、LaN、TiC、ScN、CrN、ZrN、NaI 等。

2. 氯化铯型结构

晶体名称：氯化铯。

晶体化学式：CsCl。

晶体结构：立方晶系，$a=0.411$ nm、$Z=1$。

空间格子：立方原始格子(见图 7-6)。Cl^- 处于立方原始格子的八个角顶上，Cs^+ 位于立方体的中心位置(立方体空隙)，$CN^+ = CN^- = 8$(配位数)，单位晶胞中有一个 Cl^- 和一个 Cs^+，配位多面体在空间以共面形式连接。

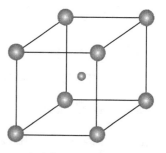

大球为Cl^-；小球为Cs^+

图 7-6　氯化铯晶体结构

离子坐标：

Cl^-：$0\ 0\ 0$

Cs^+：$\dfrac{1}{2}\ \dfrac{1}{2}\ \dfrac{1}{2}$

同结构晶体：CsBr、CsI、TiCl、NH_4Cl 等。

3. 闪锌矿型结构

晶体名称：闪锌矿。

晶体化学式：$\beta-ZnS$。

晶体结构：立方晶系，$a=0.540$ nm、$Z=4$，对称型 $3L_i^4 4L^3 6P$。

空间格子：立方面心格子[见图 7-7(a)]，S^{2-} 呈立方最紧密堆积，位于立方面心的结点位置，Zn^{2+} 交错地分布于1/8小立方体的中心，即1/2的四面体空隙中。配位数 $CN^+=CN^-=4$。极性共价键，配位型共价晶体。配位[ZnS_4]四面体在空间以共顶方式相连接。

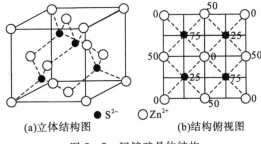

●S^{2-}　○Zn^{2+}

(a)立体结构图　(b)结构俯视图

图 7-7　闪锌矿晶体结构

结构投影：此类型结构俯视图见图 7-7(b)，用标高来表示，0—底面，25—1/4，50—1/2，75—3/4。（0—100，25—125，50—150是等效的）

同结构晶体：$\beta-SiC$、GaAs、AlP、InSb 等。

4. 纤锌矿型结构

晶体名称：纤锌矿。

晶体化学式：$\alpha-ZnS$。

晶体结构：六方晶系，$a=0.382$ nm、$c=0.625$ nm、$Z=2$，对称型 $L^6 6P$。

空间格子：S^{2-} 按六方最紧密堆积排列，Zn^{2+} 充填于 1/2 的四面体空隙，形成六方格子（见图 7-8）。配位数 $CN^+=CN^-=4$。[ZnS_4]四面体共顶连接，Zn、S 为极性共价键。

质点坐标：

S^{2-}：$0\ 0\ 0$，$\dfrac{2}{3}\ \dfrac{1}{3}\ \dfrac{1}{2}$

Zn^{2+}：$0\ 0\ u$，$\dfrac{2}{3}\ \dfrac{1}{3}\left(u-\dfrac{1}{2}\right)$

同结构晶体：BeO、ZnO、AlN 等。

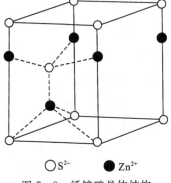

○S^{2-}　●Zn^{2+}

图 7-8　纤锌矿晶体结构

7.2.3　AX_2 型晶体

在这类晶体中，将介绍石英型、萤石型、金红石型和碘化镉型的晶体结构。其中石英的晶体结构较复杂，性质和用途可参阅石英的同质多象部分及矿物各论中的氧化物部分。

1. 石英型结构

晶体名称：石英。

晶体化学式：SiO_2。

晶体结构：石英（SiO_2）的三个主要同质多象变体 α 石英、α 鳞石英、α 方石英具有典型的架状结构，其[SiO_4]四面体的连接方式见图 7-9。

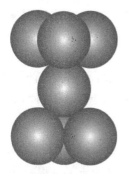 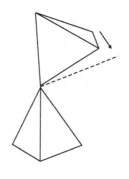 

(a) α 鳞石英中硅氧四面体　　　(b) α 石英中硅氧四面体　　　(c) α 方石英中硅氧四面体
　的连接方式　　　　　　　　　的连接方式　　　　　　　　的连接方式

图 7-9　硅氧四面体的连接方式

（1）α 石英。α 石英属六方晶系，对称型 $L^6 6L^2$，$a_o = 0.501$ nm、$c_o = 0.547$ nm。结构中各原子群形呈螺旋状，每一螺旋状原子群在同一状态下旋转，按六次螺旋转轴旋转排列，即可得到右旋或左旋的 α 型石英晶体。结构特点：两个原来在垂向上彼此相连的[SiO_4]四面体之间，相当于以共用氧的位置为对称中心相互反伸，在此基础上，将 Si—O—Si 的键角由 180° 转变为 150°，其他的共用氧均以此为基础，在三维空间右旋或左旋相互连接，组成了 α 石英的晶体结构。

（2）α 鳞石英。α 鳞石英属六方晶系，对称型 $L^6 6L^2 7PC$，$a_o = 0.503$ nm、$c_o = 0.822$ nm。其晶格由[SiO_4]四面体构成六方环状网格，结构中六个硅氧四面体呈六方环状连接，其中相间的三个顶端向上，另外三个向下。然后再与上下环中四面体的顶端相接，在三维空间组成无限延伸的环状骨架。结构特点：两个在垂向上彼此相连的硅氧四面体之间，相当于以共用氧的水平位置为对称面互呈镜像反映。结构显示，由 α 石英转变为 α 鳞石英，不但要改变 Si—O—Si 的键角和键长，而且还要重新调整硅氧之间的分布，即破坏原有的键，建立新的 Si—O—Si，它们之间的转变一般比较困难，常需要持续几个昼夜，甚至几个星期之久。

（3）α 方石英。α 方石英属立方晶系，对称型 $3L^4 4L^3 6L^2 9PC$，$a_o = 0.716$ nm。晶体结构中 Si^{4+} 在立方晶胞中呈类似于金刚石的结构，O^{2-} 位于每两个 Si^{4+} 之间，Si^{4+} 位于四个 O^{2-} 之中组成[SiO_4]四面体。结构特点：两个在垂向上彼此相连的[SiO_4]四面体之间，相当于以共用氧的位置为对称中心相互反伸。从结构中可以看出，α 石英到 α 方石英的转变要比 α 石英到 α 鳞石英的转变容易一些。

性质：石英色浅（有时混入杂质而呈它色）、透明、硬度较大、耐腐蚀，各变体之间常有晶型转换，自然界产出的石英基本上以 β 石英为主，但 α 石英在常温下是稳定的。

用途：石英可广泛应用于陶瓷、玻璃、新材料、国防工业、宝石装饰等各个领域，特别是高纯（SiO_2 含量大于 99.99%）、超细（直径小于 0.5 μm）的石英，其用途更为广泛。

2. 萤石型结构

晶体名称：萤石。

晶体化学式：CaF_2。

晶体结构：立方晶系，$a=0.545$ nm、$Z=4$，对称型 $3L^4 4L^3 6L^2 9PC$。

空间格子：Ca^{2+} 位于立方面心结点位置，F^- 位于立方体内八个小立方体中心（见图7-10），即 Ca^{2+} 按立方最紧密堆积的方式排列，F^- 充填于全部四面体空隙中，形成 $[FCa_4]$ 配位四面体。或者认为 F^- 按简单立方的形式排列，所形成的简单立方空隙由 Ca^{2+} 填充，从而形成 $[CaF_8]$ 简单立方体。配位数 $CN^+=8$、$CN^-=4$，因此，配位多面体可看成为 $[CaF_8]$ 简单立方体或 $[FCa_4]$ 四面体的形式，其中，$[CaF_8]$ 之间以共棱形式连接，晶胞组成：$Ca^{2+}=8\times1/8+6\times1/2=4$、$F^-=4+4=8$。

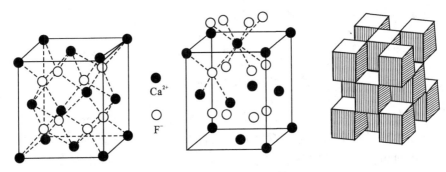

图 7-10　萤石晶体结构

质点坐标：

Ca^{2+}：$0\,0\,0$，$\frac{1}{2}\,\frac{1}{2}\,0$，$\frac{1}{2}\,0\,\frac{1}{2}$，$0\,\frac{1}{2}\,\frac{1}{2}$

F^-：$\frac{1}{4}\,\frac{1}{4}\,\frac{1}{4}$，$\frac{3}{4}\,\frac{3}{4}\,\frac{1}{4}$，$\frac{3}{4}\,\frac{1}{4}\,\frac{3}{4}$，$\frac{1}{4}\,\frac{3}{4}\,\frac{3}{4}$，$\frac{3}{4}\,\frac{3}{4}\,\frac{3}{4}$，$\frac{1}{4}\,\frac{1}{4}\,\frac{3}{4}$，$\frac{1}{4}\,\frac{3}{4}\,\frac{1}{4}$，

$\frac{3}{4}\,\frac{1}{4}\,\frac{1}{4}$

同结构晶体：BaF_2、PbF_2、SnF_2、CeO_2、ThO_2、UO_2、低温 ZrO_2（扭曲、变形）。

性质：由于在萤石结构中 Ca^{2+} 按立方最紧密堆积的方式排列，全部八面体空隙都没有被填充，是空着的，因此 8 个 F^- 之间就形成一个"空洞"，这就为 F^- 的扩散提供了条件，所以，在萤石型结构中，往往存在着负离子的扩散机制。

用途：萤石应用于玻璃、陶瓷、冶金、石油、化工、国防工业、宝石装饰等领域。

3. 反型萤石结构

结构特征：反型萤石结构与萤石的结构几乎完全相同，只是阴阳离子的位置完全互换，即类似于 Li^+、Na^+、K^+ 等阳离子占据的是 F^- 的位置，O^{2-} 等阴离子占据的是 Ca^{2+} 的位置。配位数 $CN^+=4$、$CN^-=8$，晶胞组成中，阴离子$=8\times1/8+6\times1/2=4$、阳离子$=4+4=8$。

属于反型萤石结构的晶体有 Li_2O、Na_2O、K_2O 等。

4. 金红石型结构

晶体名称：金红石。

晶体化学式：TiO_2。

晶体结构：四方晶系，$a=0.459$ nm、$c=0.296$ nm、$Z=2$，对称型 L^44L^25PC。

空间格子：四方原始格子。Ti^{4+} 位于结点位置，体心的 Ti^{4+} 属另一套格子。O^{2-} 处在一些特殊位置上(见图 7-11)，金红石型结构可认为是 O^{2-} 作变形的六方最紧密堆积，Ti^{4+} 填充在 1/2 的八面体空隙中，或看成是 Ti^{4+} 按四方原始格子的形式排列，O^{2-} 填充在所形成的三角形空隙中，因此，配位数 $CN^+=6$、$CN^-=3$。$[TiO_6]$ 八面体连接方式为共棱连接成链，晶胞中心链和四角的 $[TiO_6]$ 八面体链的排列方向相差 $90°$，链与链之间以共顶方式再相连(见图 7-12)。

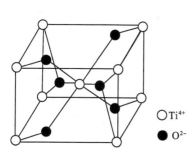

图 7-11 金红石晶体结构

○Ti^{4+}
●O^{2-}

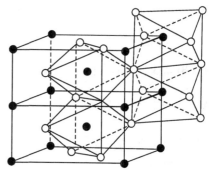

图 7-12 金红石晶体结构中 $[TiO_6]$ 八面体链的排列

质点坐标：

Ti^{4+}：$0\ 0\ 0$，$\dfrac{1}{2}\ \dfrac{1}{2}\ \dfrac{1}{2}$

O^{2-}：$u\ u\ 0$，$(1-u)\ (1-u)\ 0$，$(\dfrac{1}{2}+u)\ (\dfrac{1}{2}-u)\ 1$，$(\dfrac{1}{2}-u)\ (\dfrac{1}{2}+u)\ \dfrac{1}{2}$，其中 $u=0.31$。

同结构晶体：GeO_2、SnO_2、PbO_2、MnO_2、MoO_2、NbO_2、WO_2、MnF_2、MgF_2、CoO_2。

5. 碘化镉型结构

晶体名称：碘化镉。

晶体化学式：CdI_2。

晶体结构：三方晶系，$a=0.424$ nm、$c=0.684$ nm、$Z=1$。

空间格子：如图 7-13 所示，Cd^{2+} 占据六方原始格子的结点位置，I^- 交叉分布于三个 Cd^{2+} 三角形中心的上下方，相当于两层 I^- 中间夹一层 Cd^{2+}，构成三层为一个单位的复合层。复合层与复合层之间为范德华力，呈层状结构，层内由于极化的作用，Cd^{2+}、I^- 间为具有离子键的共价键，键力较强。配位数 $CN^+=6$、$CN^-=3$。该结构表现出明显的层状结构特征，层间的范德华力较弱，而呈现出平行于 (0001) 的解理。

质点坐标：

Cd^{2+}：$0\ 0\ 0$

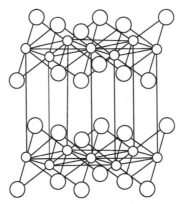

大球为I^-；小球为Cd^{2+}

图 7 - 13　碘化镉晶体结构

I^-：$\dfrac{2}{3}\ \dfrac{1}{3}\ u$，$\dfrac{1}{3}\ \dfrac{2}{3}\ (u-\dfrac{1}{2})$，其中 $u=0.75$。

同结构晶体：$Ca(OH)_2$、$Mg(OH)_2$、CaI_2、MgI_2。

7.2.4　A_2X_3 型晶体

A_2X_3 型晶体的结构按半径比可以分成好几种型式，这里仅介绍其中的刚玉型结构。

刚玉型结构

晶体名称：刚玉。

晶体化学式：$\alpha - Al_2O_3$。

晶体结构：三方晶系，$a = 0.514$ nm、$\alpha = 55°17'$、$Z = 2$（菱面体晶胞），对称型 $L^3 3L^2 3PC$。

如果用六方大晶胞表示，则 $a=0.475$ nm、$c=1.297$ nm、$Z=6$。

空间格子：O^{2-} 按六方最紧密堆积的方式排列，形成 ABAB 重复的规律，因为 Al^{3+} 与 O^{2-} 的数目不等（2∶3），所以只有三分之二的八面体空隙被填充，故 Al^{3+} 充填于 2/3 的八面体空隙中，才可使其化学式保持为 Al_2O_3。而 Al^{3+} 的分布应具一定的规律，即在同一层及层与层之间，Al^{3+} 之间的距离保持最远，这是符合鲍林规则的。否则，由于 Al^{3+} 位置的分布不当，出现过多的 Al—O 八面体共面的情况，将对结构的稳定性不利。根据球体的几何紧密堆积的具体情况，符合要求的 Al^{3+} 的排列有三种形式（见图 7 - 14）：Al_D、Al_E、Al_F。Al^{3+} 在 O^{2-} 的八面体空隙中，只有按 Al_D 　Al_E 　Al_F 这样的次序排列才满足 Al^{3+} 之间距离最远的条件。现在，按 O^{2-} 紧密堆积和 Al^{3+} 排列

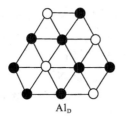

Al_D

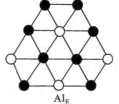

Al_E

实心球为Al^{3+}；空心球为空隙

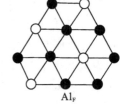

Al_F

图 7 - 14　$\alpha - Al_2O_3$ 中 Al^{3+} 的三种不同排列方式

的次序来看，在六方晶胞中应该排几层才能出现重复排列的情况呢？设按六方紧密堆积排列的 O^{2-} 分别为 O_A（表示第一层）、O_B（表示第二层），则刚玉型结构中 O^{2-} 与 Al^{3+} 铝离子排列的次序可写成

$$O_A Al_D O_B Al_E O_A Al_F O_B Al_D O_A Al_E O_B Al_F O_A Al_D O_B \cdots$$

从排列次序看，只有当排列到第十三层时才出现重复。

键性：刚玉具有离子键性质的共价键。

性质：刚玉硬度为 9、熔点为 2050 ℃，是构成高温耐火材料和高绝缘电陶瓷及集成电路基板的主要物相，为现代电子工业的"载体"。刚玉砖和坩埚是熔制玻璃时所需要的耐火材料，对 PbO 和 B_2O_3 含量高的玻璃具有良好的抗腐蚀性能。

同结构晶体：$\alpha - Fe_2O_3$、Cr_2O_3、Ti_2O_3、V_2O_3 及 $FeTiO_3$、$MgTiO_3$、$PbTiO_3$。

7.2.5　ABO_3 型晶体

ABO_3 型晶体中以钙钛矿（$CaTiO_3$）和方解石（$CaCO_3$）为例，介绍于下。

1. 钙钛矿型结构

钙钛矿型结构的通式为 ABO_3，是一种复合氧化物结构，其中 A 代表二价金属离子，B 代表四价金属离子，也可以是 A 为一价金属离子，而 B 为五价金属离子。现以钙钛矿为例讨论之。

晶体名称：钙钛矿。

晶体化学式：$CaTiO_3$。

晶体结构：在高温时属立方晶系，$a = 0.385$ nm、$Z = 1$，在降温时，通过某个特定温度后将产生结构的畸变使立方晶格的对称性下降。600 ℃ 以下为正交晶系，$a = 0.573$ nm、$b = 0.764$ nm、$c = 0.544$ nm、$Z = 4$，对称型 $3L^2 3PC$。

空间格子：从分布看（见图 7-15），Ca^{2+} 占有立方面心格子的角顶位置，O^{2-} 则占有立方面心的面心位置，因此，$CaTiO_3$ 的结构可看成是由 O^{2-} 和半径较大的 Ca^{2+} 共同按立方紧密堆积的方式排列形成的，Ti^{4+} 充填于 1/4 的八面体空隙中，形成 $[TiO_6]$ 配

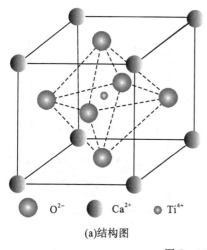

　　　　● O^{2-}　　　● Ca^{2+}　　　● Ti^{4+}

(a)结构图

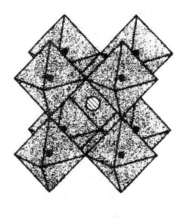

(b)离子配位情况

图 7-15　钙钛矿晶体结构

位八面体。该八面体相互间在直立方向上以角顶相连形成链，在横向上链中侧向的 O^{2-} 再彼此连接，最终成为三维的空间结构。填充在 $[TiO_6]$ 八面体空隙中的 Ca^{2+}，被 12 个离子所包围，因此，Ca^{2+} 的配位数为 12，O^{2-} 的配位数为 6（四个 Ca^{2+} 和两个 Ti^{4+}），Ti^{4+} 的配位数为 6。钙钛矿为离子晶体。

质点坐标：

Ca^{2+}：000，001，010，100，110，011，101，111

O^{2-}：$0\frac{1}{2}\frac{1}{2}$，$\frac{1}{2}0\frac{1}{2}$，$\frac{1}{2}\frac{1}{2}0$，$1\frac{1}{2}\frac{1}{2}$，$\frac{1}{2}1\frac{1}{2}$，$\frac{1}{2}\frac{1}{2}1$

Ti^{4+}：$\frac{1}{2}\frac{1}{2}\frac{1}{2}$

种类：若以 r_A 代表 ABO_3 型结构中离子半径较大的 A 离子半径，以 r_B 代表离子半径较小的 B 离子半径，以 r_O 代表氧离子半径，则在钙钛矿结构中，这三种离子半径之间存在如下的几何关系：

$$r_A + r_O = \sqrt{2}(r_B + r_O) \tag{7-1}$$

经实际晶体的测定发现，A、B 离子的半径都可以有一定范围的波动，只要满足下式即可：

$$r_A + r_O = t\sqrt{2}(r_B + r_O) \tag{7-2}$$

式中，t 为容差因子，其值满足 0.77～1.10 的钙钛矿结构都能处于稳定状态。由于钙钛矿结构中存在这个容差因子，加上 A、B 离子的价位不一定局限于二价和四价，因此，钙钛矿结构所包含的晶体种类十分丰富，属于钙钛矿型结构的主要晶体有 30 余种。

应用：钙钛矿型结构在高温时属于立方晶系，在降温时，对称性下降。如果在一个轴向发生畸变（C 轴略伸长或缩短），就由立方晶系变为四方晶系；如果在两个轴向发生畸变，就变为正交晶系；若不在轴向而是在体对角线 [111] 方向发生畸变，就成为三方晶系菱面体格子。这三种畸变，在不同组成的钙钛矿结构中都可能存在。由于有这些畸变的存在，使一些钙钛矿结构的晶体产生自发偶极矩，成为铁电和反铁电体，从而具有介电和压电性能，这一性质在现代材料研究中已得到了广泛的应用。

2. 方解石型结构

晶体名称：方解石。

晶体化学式：$CaCO_3$。

晶体结构：三方晶系，$a = 0.641$ nm、$\alpha = 101°55'$，$Z = 4$，对称型 $L^3 3L^2 3PC$。

空间格子：此结构为变形了的 NaCl 结构型式。$[CO_3]^{2-}$ 按近似于立方紧密堆积的形式排列，变形后，形成菱形面心格子（见图 7-16）。Ca^{2+} 充填于阴离子所形成的变形八面体空隙之中，所以，Ca^{2+} 的配位数为 6，而 $[CO_3]^{2-}$ 本身则是三个 O^{2-} 围绕在 C^{4+} 周围，在一个平面上呈一等边三角形，因此，C^{4+} 的配位数为 3。

具体的变形过程：将 $CaCO_3$ 中的 Ca^{2+} 与

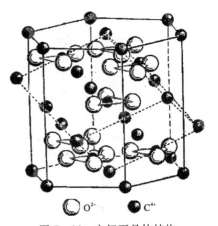

$\bigcirc$ O^{2-} ● C^{4+}

图 7-16　方解石晶体结构

［CO$_3$］$^{2-}$ 分别用 NaCl 结构中的 Na$^+$ 及 Cl$^-$ 替代，再把 NaCl 结构中的 L^3 轴直立，将晶胞压扁，直至边间角不是 90° 而是 101°55′ 时为止，即为方解石的结构：

$$\begin{matrix}Na^+-Cl^- \\ Ca^{2+}-[CO_3]^{2-}\end{matrix} \xrightarrow[\text{变形}]{\text{沿 } L^3 \text{ 压扁至边间角 } 101°55'} CaCO_3 \text{ 结构}$$

性质：H（莫氏硬度）＝3、双折射率大、透明-半透明、相对密度为 2.6，其标型特征随温度发生变化。

同结构晶体：Ca^{2+} 可被 Mg^{2+}、Mn^{2+}、Fe^{2+}、Sr^{2+}、Pb^{2+}、Ba^{2+} 代替，形成类质同象。

7.2.6　AB$_2$O$_4$ 型晶体

在 AB$_2$O$_4$ 型晶体中，重点介绍尖晶石型结构。

1. 尖晶石 AB$_2$O$_4$ 型结构

晶体名称：尖晶石。

晶体化学式：通式 AB$_2$O$_4$，A 代表二价阳离子，B 代表三价阳离子。

晶体结构：立方晶系，$a=0.808$ nm、$Z=8$，对称型 $3L^4 4L^3 6L^2 9PC$。

空间格子：图 7-17(a) 给出了尖晶石型晶体结构的晶胞，其中，O^{2-} 可看成是按立方紧密堆积排列的，二价阳离子 A 充填于 1/8 的四面体空隙中，三价阳离子 B 充填于 1/2 的八面体空隙中；图 7-17(b) 是单位晶胞中配位多面体的连接方式，其中，八面体之间共棱相连，八面体与四面体之间共顶相连。若 A 为 Mg^{2+}、B 为 Al^{3+}，即为镁铝尖晶石结构，此类结构：二价阳离子分布在 1/8 四面体空隙中，形成［MgO$_4$］四面体，三价阳离子分布在 1/2 八面体空隙中，形成［AlO$_6$］八面体，这一类型的尖晶石，称为正尖晶石。

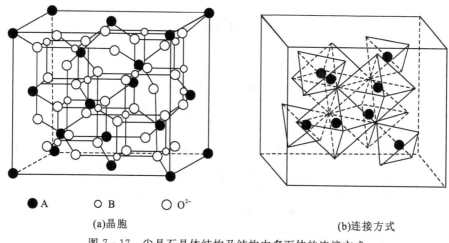

● A　　○ B　　○ O^{2-}

(a)晶胞　　　　　　　　　　(b)连接方式

图 7-17　尖晶石晶体结构及结构中多面体的连接方式

2. 反型尖晶石结构

晶体化学式：通式 B(AB)O$_4$，A 代表二价阳离子，B 代表三价阳离子。

晶体结构：立方晶系，$a=0.808$ nm、$Z=8$，对称型 $3L^4 4L^3 6L^2 9PC$。

空间格子：结构中二价阳离子与三价阳离子充填的空隙类型与正型尖晶石相反，即二价阳离子分布在八面体空隙中，而三价阳离子一半在四面体空隙中，另一半在八面体空隙中的尖晶石，称为反型尖晶石。例如 $MgFe_2O_4$（镁铁尖晶石），Mg^{2+} 不在四面体中，而在八面体空隙中形成$[MgO_6]$，Fe^{3+} 一半在四面体空隙中形成$[FeO_4]$，一半在八面体空隙中形成$[FeO_6]$。具反型尖晶石结构的晶体往往具有磁性，如磁铁矿等。

3. 总结

尖晶石结构中一般 A 离子为二价、B 离子为三价，但这并非尖晶石型结构的绝对条件，也可以有 A 离子为四价、B 离子为二价的结构，主要应满足 AB_2O_4 通式中 A、B 离子的总价数为 8。尖晶石型结构所包含的晶体有一百多种，其在铁氧体磁性材料中的应用最广泛。

究竟哪些尖晶石是正型，哪些是反型，主要依据晶体场理论来判定，即取决于 A、B 离子的八面体择位能的大小。哪种离子的八面体择位能大，哪种离子就优先进入八面体空隙。若 A 离子的八面体择位能小于 B 离子的八面体择位能，则生成正型尖晶石结构，反之生成反型尖晶石结构。

尖晶石用途：在铁氧体磁性材料中应用得最广泛，同时在陶瓷颜料中也常用到，例如，海碧颜料 $CoAl_2O_4$，合成温度 1200 ℃；孔雀蓝颜料$[(Co，Zn)O(Cr，Al)_2O_3]$，合成温度 1300 ℃；铬铝桃红颜料$[ZnO，(Al，Cr)_2O_3]$，合成温度 1200 ℃。

需要说明的是，在以上阐述晶体典型结构时对决定晶体结构的一些主要因素进行了讨论，但仍然缺乏定量关系的分析。对此，一些晶体化学家提出使用键参数函数的方法来判断晶体的结构，此方法主要用电荷、半径比之和与电负性的差值及正、负离子半径比的乘积为坐标，分别算出 AB 型和 AB_2 型晶体的键参数值后作图。按键参数对晶体结构进行分类，可得到较好的规律性，虽然还不能给出精确的定量关系，但对于理解晶体结构和分析晶体结构的影响因素是有很大帮助的。

思考题

7－1　晶体的结构是如何表征的？

7－2　晶体的典型结构有多少种，其各自的结构特点如何？

7－3　$CsCl$、$NaCl$、TiO_2 三者的结构有何不同？指出它们分别具有哪些物理性质。

7－4　硅和铝的原子量非常接近（分别为 28.09 和 26.98），但 SiO_2 和 Al_2O_3 的密度却相差很大（分别为 2.65 和 3.96），运用晶体结构及鲍林规则说明这一差别。

7－5　金刚石和石墨的化学组成均为 C，但性质为何相差甚远？

7－6　钙钛矿属 ABO_3 型结构，根据其结构特点：

(1)画出钙钛矿的理想晶胞结构；

(2)计算其结构中离子的配位数各为多少；

(3)说明其结构是否满足鲍林规则。

7－7　MgO 具有 NaCl 结构，根据 O^{2-} 半径为 0.140 nm 和 Mg^{2+} 半径为 0.072 nm：

(1)计算球状离子所占据的空间分数（堆积系数 K）；

(2)画出 MgO 的(110)及(111)晶面上的原子排列图;

(3)计算 MgO 的密度。

7-8　简要说明 α 石英、α 方石英、α 鳞石英的结构特点。

7-9　在 O^{2-} 立方最紧密堆积(面心立方结构)中:

(1)用键强度及鲍林规则解释,获得以下稳定的结构各需要何种价离子:

a. 所有八面体空隙位置均被填满;

b. 所有四面体空隙位置均被填满;

c. 填满一半八面体空隙位置;

d. 填满一半四面体空隙位置。

并分别举出一个例子。

(2)画出适合于阳离子位置的间隙类型及位置,八面体间隙位置数与 O^{2-} 数之比为多少? 四面体间隙位置数与 O^{2-} 数之比又为多少?

7-10　氯化铯(CsCl)结构中 Cs^+ 半径为 0.170 nm, Cl^- 半径为 0.181 nm,计算球状离子所占据的空间分数(堆积系数)。假设 Cs^+ 和 Cl^- 沿立方对角线接触。

7-11　氧化锂(Li_2O)的晶胞结构: O^{2-} 呈面心立方堆积, Li^+ 占据所有四面体空隙。计算:①晶胞常数;②Li_2O 的密度;③O^{2-} 最紧密堆积的结构格子,其空隙所能容纳的最大正离子半径是多大?

7-12　有一个 AB 型面心立方结构的晶体,密度为 8.94 g/cm^3,计算其晶胞参数和原子间距。

7-13　(1)对于具有面心立方结构和体心立方结构的同质多象性质的原子晶体,根据面心立方结构的原子半径,计算其转变成体心立方结构时的原子半径。假定晶体体积不变。

(2)纯铁在 912 ℃ 由体心立方结构转变成面心立方结构,晶体体积随之减小 1.06%。根据面心立方结构的原子半径计算体心立方结构的原子半径。

(3)纯钛在 833 ℃ 由六方结构转变成体心立方结构,晶体体积随之减小 0.55%,其原子半径是增大了还是减小了?

第8章 矿物的相律

8.1 导 论

研究金属或合金相律的学科称为金属组织学或金相学；研究造岩氧化物或硅酸盐系统相律的学科则可称之为岩相学，"岩相学"这个术语，早在阿林（Alling）研究长石类的相律时即已采用，它的含义可以更广泛地把一般矿物、炉渣和硅酸盐系统的相律研究都包括进去。此外，德国学者鉴于氧化物系统相律的研究同陶瓷或硅酸盐工业有特别密切的关系，提议采用"陶瓷物相学"这个术语，但是在目前，矿物系统的研究，不只是以陶瓷或硅酸盐为对象，其范围更广，所以，称为岩相学是恰当的。

美国华盛顿卡内基研究所的地球物理研究室及其他世界各国闻名的硅酸盐研究机构，在过去就构成火成岩的各种主要造岩氧化物系统的熔融现象、结晶作用和稳定关系进行了大量研究，给出了许多成熟的相平衡状态图（相图）。这些研究成果，在理论上和实际上都有很大的价值，即一方面为火成岩的起源和地质学过程的理论探讨奠立了基础；另一方面，在工业应用上，对解决玻璃、水泥、耐火材料、炉渣等工业的工艺过程也起到了重要作用。

随着实验方法的进步，矿物系的相平衡研究已由以往同金属学一样的凝聚相系统的研究，发展到有挥发成分共存，或有氧气分压影响的非凝聚相系统的研究，其结果直接揭示了自然界热液矿物的生成条件或共生关系。此外，人们还完成了含氧化铁硅酸盐系统的平衡研究，并对炼铁炉渣的行为和耐火材料侵蚀反应等问题的说明，获得了新的见解。

由于高温 X 射线衍射分析装置的发展，固相系统平衡的研究也有了显著进展，固相内的复杂固溶关系和转变现象也已被阐明。这对以往研究过的相图的修订，和对用烧结法制造各种氧化物陶瓷制品的热处理提供了理论依据。

矿物学研究的目的主要不是在于研究矿物系统的相律并制成相图，而是在于充分利用已经发表过的许多相图对矿物进行理论和应用的研究，因此，理解基本的相图对有效地运用和解释实际组分系统的相图是很重要的。

8.2 相 律

以水为例来说明，水在温度和压力的一定范围内，是以单一的状态存在的，在这个范围内，温度或压力的任何一方都可以独立地变化，这种有两个状态变数或自由度的系统叫作双变系。但如使冰与水同时共存，即使两相保持着平衡状态，也必须要减少系统的自由度。例如，水和冰在大气压力下，只有在 0 ℃时才能共存；若改变温度和压力的任何一方便会全部结冰或融化。如只改变压力，则相对应地，有一个固定的凝固点，这种系统，因只能有一个自由度，所以叫作单变系。如要使冰、水和水蒸气三者共存，只有在压力和温度都不改变的条件下才有可能，所以系统的自由度为 0，这种系统叫作不变系。

　　上述说明只是就水一种物质而言的，讨论了两个可以变化的条件，其平衡关系可以温度和压力为坐标作图表示，即用所谓的压力-温度($p - t$)相图来表示。但是，对于由两种物质构成的系统，还要把表示这两种物质的量关系的浓度列为一项变化条件，为了表示这些条件之间的关系，要有温度、压力和浓度三个坐标，所以必须用立体的图示法进行表示。如将压力固定为大气压力，因压力为常数，可以省去压力的坐标，只用温度和浓度两个坐标表示它们的关系，因此，通常采用的温度-浓度($t - c$)相图可以看成是由三个坐标构成的立体模型的某一定压力下的截面。

　　如此，某一个系统的自由度，同可能与它以平衡状态存在的物质的数目之间，有着直接的关系。这个关系，是 1874—1878 年由吉布斯(Gibbs)最早确立的，称为相律，后面这个关系又由罗泽博姆(Roozeboom)、范特霍夫(Van't Hoff)、塔曼(Tammann)等人加以发展。相律的关系可用式(8 - 1)来表示：

$$F = C + 2 - P \qquad\qquad (8 - 1)$$

式中，F 为系统的状态变数(自由度)；C 为独立组分数；P 为平衡的相数。

　　在这里先说明一下各术语的定义。相是指系统内物理性质相同的部分，这部分与其他部分以分界面相隔，并可用机械的方法互相分隔开。化学组成相同的物质，通过转变生成的另外一种变体，与原来的物质属于不同的相，其组元(组分)是处在平衡状态的各个相能独立变化时的最少数目的化学物质，例如，水、冰和水蒸气虽属于不同的相，而组元通常为 H_2O。一般在矿物系中，SiO_2、Al_2O_3、Fe_2O_3、FeO、CaO、MgO、K_2O、Na_2O 等氧化物是作为组元或独立组成部分来看待的。但是，Fe_2O_3 和 FeO 在特定的条件下虽为独立的组元，但在氧化性变化时，均应看成是 $Fe - O$ 系的化合物。

8.3　单元系

　　由一个组元构成的系统，如只有固相或液相一种相存在时，从相律来看，自由度是 2，即温度和压力可以同时变化。但如有固相和液相两个相同时共存，则其自由度为 1。如在固相、液相之外另加上气相，共计有三个相共存时，则自由度变为零，这时，温度和压力都不容许改变。这种不变系中存在的相数，由相律可以明显看出，不会超过组元数加 2 以上的数目。单元系的独立变数——温度和压力可分别取为横坐标和纵坐标，以图 8 - 1 所示的相图($p - t$ 相图)表示。

　　图 8 - 1 中的 FA 为变体 A 的蒸汽压力曲线；AB 为变体 B 的蒸汽压力曲线；BC 为液相的蒸汽压力曲线。又，AD 为变体 A、B 两种结晶相之间的转变曲线，表明转变温

度随着压力而变化；BE 表示晶体变体 B 同液相处在平衡状态，即所谓的熔融曲线，表示的是熔融温度与压力变化的关系。A 点是两种晶体变体共存的转变点，同时并有气相同它们一起共存，这时，因有三个相处在平衡状态，所以称其为三相点。同样，B 点是晶体 B 同液相和气相三个相处于平衡状态时的三相点。

对耐火性的物质，到目前为止，尚不能直接测定出其固相和液相的蒸汽压力。不过，如能知道这些结晶相的稳定性关系，不管蒸汽压力多小，不稳定相总是比稳定相具有较高的蒸汽压力，所以，可以用定性的关系表示不同相的蒸汽压力，画出耐火性物质的相图。这种推测出的相图，在早期较出名的是芬纳(Fenner)提出的二氧化硅(SiO_2)的 p-t 相图，如图 8-2 所示。

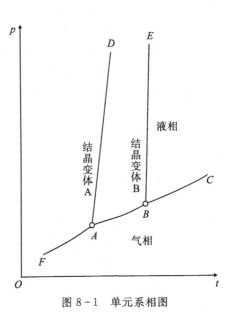

图 8-1 单元系相图

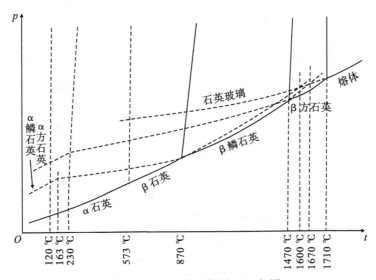

图 8-2 二氧化硅的推测 p-t 相图

8.3.1 熔点

结晶质的固相变为化学组成与原来晶体相同的液相的现象，在相律上称为同元(一致)熔融，结晶相同液相以平衡状态共存的温度为熔点(或凝固点)，在这个温度以上完全为液相，在其以下完全为结晶相。因此，凝固温度和结晶温度在相律上都是同熔融温度相同的温度。不过在实际上，由于有滞后现象发生，熔融温度与凝固温度之间有一些出入。

另一方面，某一结晶质固相在熔融过程中发生分解，变为组成与原来晶体不同的第二种结晶相和液相的现象称为异元(不一致)熔融,这个温度叫作异元熔点。列举这种异元熔融的矿物,如下列所示,数量并不算少(发生这种熔融现象的矿物在相律上不能当作单元系看待)。

锆英石($ZrO_2 \cdot SiO_2$)$\Longrightarrow ZrO_2$＋液相

莫来石($3Al_2O_3 \cdot 2SiO_2$)$\Longrightarrow$ 刚玉(Al_2O_3)＋液相

正长石($K_2O \cdot Al_2O_3 \cdot 6SiO_2$)$\Longrightarrow$ 白榴石($K_2O \cdot Al_2O_3 \cdot 4SiO_2$)＋液相

堇青石($2MgO \cdot 2Al_2O_3 \cdot 5SiO_2$)$\Longrightarrow$ 莫来石($3Al_2O_3 \cdot 2SiO_2$)＋液相

钙长石($K_2O \cdot 3CaO \cdot 6SiO_2$)$\Longrightarrow$ 硅灰石($CaO \cdot SiO_2$)＋液相

熔点的测定,一般在金属和盐类中是采用加热法或冷却曲线法(通常主要采用冷却曲线法)进行的。冷却曲线法是将试样以一定的速度加热或冷却,由于熔融或凝固发生的热效应,如图 8-3 所示,在温度-时间曲线上出现有温度上升或下降的停顿部分(a、b),据此便可确定出相应的熔点温度。

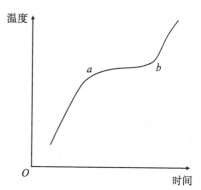

图 8-3 用冷却曲线法测定熔点

不过,对大多数的硅酸盐化合物来说,一般因导热率小,并且容易发生过冷现象,致使冷却曲线上的停顿点变得不明显,所以很难用这种方法正确测定出它们的熔点,在这种情况下,多是采用淬火法进行测定。一般在硅酸盐系统相图的研究中,熔点温度的测定,几乎都是采用这个方法。

淬火法的操作步骤是将少量拟进行测定的试样用白金箔包起,在立式管状电炉内加热到一定温度,保温至达到平衡所必需的时间后,打开炉子的下端将其迅速投到汞中淬火,经淬火的试样粉碎成粉末,用偏光显微镜进行观察,一直到试样中有玻璃和晶体两个相共存为止,反复改变保温的温度进行实验。现以确定透辉石($CaO \cdot MgO \cdot 2SiO_2$)的熔点为例用图 8-4 加以说明。淬火过的试样,由上下两边逐渐缩小纯由玻璃相或纯由结晶相组成的淬火温度,最后可找出玻璃与晶体共存的温度为 1391 ℃。这种方法如熟练掌握,可在±3 ℃的精确度下测出物质的熔点。

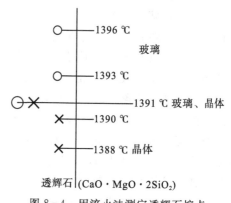

图 8-4 用淬火法测定透辉石熔点

8.3.2 转变点

同一种成分的物质存在有两种以上的结晶相变体时,变体将分别具有不同的晶体结构和同它们自身相应的物理性质。一种变体比另一种变体稳定时,其自由能必须要比后者的小,这个自由能差提供了变体转变所需的动力。

A 和 B 两种变体以平衡状态共存时,沿图 8-1 中的 AD 线,在某一定压力下存在有一定的温度，这个温度叫作转变点。该 A、B 两个相，同固相和液相在熔点互相变化时一样，如在这个温度下能进行可逆转变，则称为互变转变。这种形式的转变，其转变速度一般都非常快。测定这类物质的转变点可以用热分析或热膨胀分析等动态的测定方法进行。多数的物质，其物理性质在这个转变点表现有明显的不连续性。例如，石英在发生渐进的转变时，热容曲线表现有大的峰，或在热膨胀曲线上观察到有不连续性。对于前者的热容曲线，因其形状同希腊字母 λ 相似，所以也叫 λ 转变曲线。再有，由一种结晶变体变为另一种结晶变体的相转变，只向一个方向进行时，称为单变转变，这种现象是可与硅酸盐的液相在过冷状态下的反玻化作用相比拟的。这种转变的速度，总的说来多是迟钝的，有时，引入适当的熔剂或催化剂可显著加快其转变速度，这种熔剂或催化剂称为矿化剂。

8.4   二元系

在二元系统，可以独立变化的变数有温度、压力和浓度三个，不过在大气压力下进行实验时，压力大致可以看作是固定的，因此，在相图中，可将压力坐标省去，只用温度-浓度的坐标来表示。二元系相图可以分成几种基本形式。由实验得到的实际系统的相图，常有不少是复杂的，但如了解了这些基本形式的相图，则对它们的组合便不难于理解。

8.4.1   共熔型相图

在一种组元中添加其他的组元时，一般会使前者的熔点下降，这个过程如图 8-5 所示。图中，熔点各为 t_A 和 t_B 的组元 A、B 的熔融温度沿曲线 $t_A E$ 和 $t_B E$ 下降，这两条液相线叫作熔融曲线或溶解度曲线。在一种组元中添加的另一种组元的浓度，在少量的范围内，原组元熔点的下降几乎是呈直线的。在两条液相线上的所有温度下，因晶体 A 和 B 各与液相处于平衡状态，所以在这两条曲线的交点 E 处，A、B 两种晶体与相同组成的液相共存，即有三相处在平衡状态，按照相律，这个点为不变点，直到凝固或熔融完毕为止温度是不改变的。这种交点也称为共熔点，即共熔点是 A 和 B 两种组元按一定比例混合，具有最低熔融温度（共熔温度）的特定组成的点，这种比例的混合物称作共熔混合物，这个相图，由过 E 点的水平线 CD 和两条液相线共分成为四个区域。CD 线以上，为初晶 A 和 B 同液相共存的区域；在其以下，则为初晶 A 和 B 同共熔晶共存的区域。

今取混合组元的熔体 a 逐渐进行冷却，在达到 $t_A E$ 曲线上的 a 点时，先有晶体 A 以初晶开始析出，液相的组成随着温度的下降沿曲线 aE 变化，直到 E 点为止。在到达 E 点时，晶

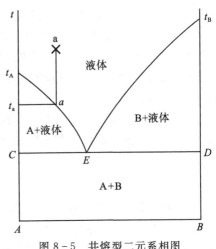

图 8-5   共熔型二元系相图

体 B 开始与晶体 A 同时析出，如残液完全变为共熔晶，则熔体 a 的结晶作用便停止。如此，析晶出来的凝固体的组织，因是由最先析出并逐渐成长起来的大粒初晶 A、B 的两种结晶相和填充在它们之间的 A 和 B 的微细共熔晶组成的，所以呈斑状组织。

8.4.2　化合物型相图

两个组元之间生成化合物的相图，按化合物的稳定关系有三种生成场合类型：①化合物同元熔融，生成与原来的固相 $A_m B_n$ 具有相同组成的液相的场合；②化合物在熔融状态下不稳定，在低于完全熔融的温度下，异元熔融为另外的结晶相和液相的场合；③化合物在低于共熔温度的温度下，即在固相状态的某一温度下分解为组元 A 和 B 的场合。

1. 生成稳定化合物的场合

组元 A 和 B 生成的化合物 $A_m B_n$ 直到温度达到其熔点为止都是稳定的，其在该温度下进行同元熔融的相图如图 8-6 所示。这种相图的特征是，在熔融曲线上，相当于化合物组成点的 M 点存在有一个极大点。

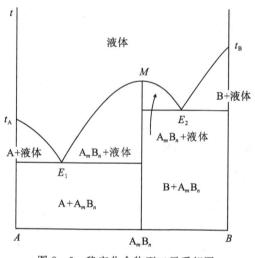

图 8-6　稳定化合物型二元系相图

这种相图可以化合物的组成点为分界，分成 $A + A_m B_n$ 和 $A_m B_n + B$ 两个系统的共熔型相图。这样，同元熔融的化合物可以看作是独立的组元，其熔点由于组元 A 或 B 的掺入而下降的情况，同前述的共熔型二元系是一样的。化合物 $A_m B_n$ 在液相中发生 $A_m B_n \rightleftharpoons m(A) + n(B)$ 的解离现象的倾向越大，化合物熔融曲线的顶部越平坦；反之，化合物解离现象的倾向越小，其熔融曲线则呈尖峰形。例如，$CaO - SiO_2$ 为有一种以上化合物的系统，则将其相图从液相线的极大点加以划分进行考察是较为方便的。

2. 生成异元熔融化合物的场合

组元 A 和 B 生成的化合物 $A_m B_n$，在未达到其熔融温度之前，熔融分解成组成与原来化合物不同的固相和液相，这时的相图如图 8-7 所示。化合物 $A_m B_n$ 被加热到 C 点的温度时，发生 $A_m B_n \rightleftharpoons [B] +$ 液体的分解反应；如反过来冷却时，完全按相反的方向发生同样的变化。不管是哪一种场合，因为在这种反应进行的期间有三个相共存，因相律都属于不变系，所以直到化合物分解完毕或生成完毕为止温度是不变的，这种反应称为包晶反应。在 UCD 线以下的温度，化合物与 UE 线上的液相共存；在此温度以上，化合物已分解完毕，新生成的结晶相 B 与 t_BU 线上的液相处于平衡状态。

　　如取相当于 b 点的 A、B 两个组元的混合熔体进行冷却，在达到 t_BU 线上的一点时，晶体 B 在相当于该点的温度下开始析出，液相的浓度随着温度的下降沿着曲线变化。温度下降到 UD 线时，晶体 B 与 D 点所代表的液相开始进行包晶反应，在三个相互相共存期间温度不变，该反应直到残留的液相全部消失，生成化合物 A_mB_n 的过程结束为止。如冷却速度快，包晶反应因不能保持完全平衡，晶体 B 的周围被化合物 A_mB_n 包围，即形成称为反应圈的包皮结构，或形成称为包晶结构的组织。

　　在这个相图中，如延长化合物的熔融曲线 EU，可以推导出相当于化合物 A_mB_n 熔融温度的极大点，今假设将图 8-6 中的熔融曲线 t_BE_2 向左移动，则变成与图 8-7 相同的型式，即相图 8-7 的 M 点隐蔽在熔融曲线的下面。

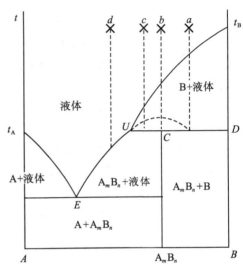

图 8-7　异元熔融化合物型二元系相图

8.4.3　无限溶解固溶体型相图

　　A 和 B 两个组元不仅在液相，而且在固相也完全互相融合，即生成无限溶解固溶体时，无论是从哪一种混合比例的组成中都不能分离出 A 或 B 的单独组元。在这种系统中，处在平衡状态的液相和固相的组成因互不相同，所以在相图上，如图 8-8 所示，存在有液相线 t_Abt_B 和固相线 t_Act_B 两条曲线，前者相当于熔融曲线，后者则相当于凝固曲线。因此，组元 A 的熔点由于固溶 B 而下降；反之，组元 B 的熔点由于固溶 A 而上升。在这两条曲线围起来的区域内，经常有液相与固溶体的结晶相共存，因只有两相共存所以是单变系的平衡。

　　取图中任意比例的熔体，例如组成为

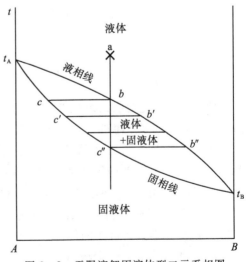

图 8-8　无限溶解固溶体型二元系相图

a 的熔体冷却时，在达到液相线的温度时，有同这个液相成平衡的固溶体晶体开始析出，其组成相当于 c 点状态，比原来的熔体组成显然含有更多的 A 组元。温度由此再下降，固溶体的组成沿 c'c″变化，逐渐增加组元 B 的含量，同其保持着平衡变化的液相的浓度，是由 b'b″来表示的。在这期间，为了析出固溶体，液相的量逐渐减少，到 c″点代表的全部凝固完毕了的固溶体，相当于原来组成 a 的均质固相。但在实际的情况下，因冷却速度过快，不能保持在完全的平衡状态进行结晶作用，常生成组成由固溶体晶体的中心部分向周围按同心圆状变化的晶体，呈带状结构。另外，在冷却途中，如将已析出的固溶体分离到系统以外时，在固溶体的系统内易发生部分的结晶作用。

在无限溶解固溶体型的相图中，有时，固相线和液相线存在有极大点和极小点。在极大点上两条曲线合拢起来，类似化合物系统相图中熔融曲线上的熔融温度极大点，不过，这个点不仅不是不变的，组元的比例也是不固定的，同化合物的极大点也是有区别的。此外，熔融曲线有极小点的系统中，这个点也不是不变的。

8.4.4　有限溶解固溶体型相图

有限溶解固溶体型相图是 A 和 B 两个组元在液相虽完全溶合，而在固相不生成无限溶解的固溶体，分别生成在 A 中溶解有一定量的 B，和在 B 中溶解有一定量的 A 的两种固溶体，并且在两者之间存在有不混合区域的相图，属于这种系统的有下面两种。

1. 共熔型有限溶解固溶体

两种固溶体都表现为共熔型系统的相图如图 8-9 所示。图中的 E 点，是两种饱和固溶体 a 和 b 同组成为 E 点所代表的液相共存的点。在 aEb 线以下的温度，系统则解离为互不混合的 a 和 a′两种固溶体。a～b 随着温度的下降，其范围逐渐扩大变为 c～d，溶解在各固溶体中的其他组元的量渐趋减少，这时，由 ac 和 bd、ab 和 cd 围起来的区域叫作不混合区。在 aEb 线以上的温度，两组液相线和固相线成平衡的关系，同前述的无限溶解固溶体系统的情况是一样的。

2. 包晶型有限溶解固溶体

这种型式固溶体的相图如图 8-10 所示，在 U 点发生：固溶体(a)→固溶体(a′)+液体的反应。在 U 点温度下因有三个相共存，所以该点的平衡相是不变

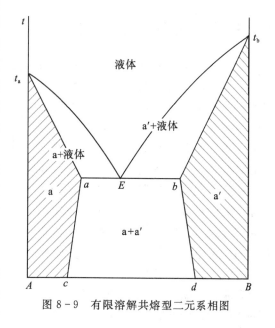

图 8-9　有限溶解共熔型二元系相图

的。与前面讲过的系统所不同的是，该系统在 Uab 线以上和以下的温度，固相和液相都处于平衡状态。浓度在 a、b 之间的熔体冷却时，以初晶析出的固溶体 a 同 U 点所代表的液相发生反应生成固溶体 a′。为了同共熔型固溶体有所区别，把这种类型的固溶体叫作包晶型固溶体。当上述反应完毕后，随着温度的下降，a 和 a′两种固溶体共存的

不混合区，同前面的系统一样逐渐扩大。

在二元系中，很少有固溶体完全不溶解的情况，多数场合的情况是，固溶体溶解度太小不易看出其溶解，或者虽能看得出，但在相图上不易表示出来。

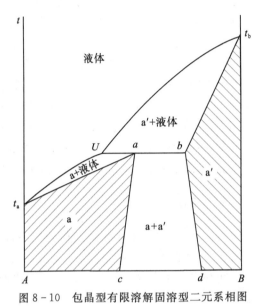

图 8-10　包晶型有限溶解固溶型二元系相图

8.4.5　液相不混合型平衡相图

　　A 和 B 两个组元在某一定的浓度范围内，其液相不发生混合现象的相图如图 8-11 所示。图中，临界混合点 t_k 以下的温度为不混合区，这时，A 中溶解有 B 的第一种液相 L_1、L_2、L_3 等，同 B 中溶解有 A 的第二种液相 L'_1、L'_2、L'_3 等两种液相之间在各温度下都处在平衡状态。温度再降低，两种液相的组成点变为 F 点和 G 点时，因晶体 B 开始析晶，F 点成为三相点，所以直到 G 点所代表的液相消失为止状态是不变的。之后乃为液相与晶体 B 的两相平衡，在此以下的温度，则同共熔系熔融曲线的情况相同。

　　两种液相共存的区域称为不混合区。这种含有不混合区系统的实际例子在二元硅酸盐系 SiO_2 含量大的部分常可看到。

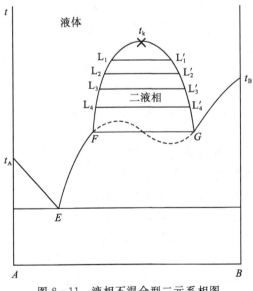

图 8-11　液相不混合型二元系相图

8.5　三元系

三元系共有四个独立变数，即压力、温度和两个浓度，所以，如有五相共存，温度和压力是不变的；有四相共存则可以改变其中的一个；有三相共存，压力和温度都可以变化。这种三元系用相图完全表示出来是非常困难的。不过，如系统内不含有挥发性组元，蒸汽压力小到可以忽视不计时，则可以把三元系看成是凝聚系，将压力由变数中减去，以 $P+F=C+1$ 的关系来表示。这时，混合物的组成可以用正三角形坐标表示，所以在这个相图上，任意比例的二组元混合物加入第三种组元的系列，可在第三种组元的顶点与对边上两组元含量比的点连结的直线上表示出来。

温度不能直接在平面上表示出来，需用与组元三角形垂直的直线高度来表示。但是，液相面上的温度高低如地形图上的等高线一样，可用等温线在平面上表示出来（见图 8-12）。

8.5.1　含有二元共熔物的系统

含有二元共溶物的系统是 A、B 和 C 三个组元中，每两个组元之间各生成简单共熔物的系统。如在任意的二元共熔物中加入第三个组元时，其熔融温度将下降得更多，这种状态如图 8-12 的立体图所示。二元系的共熔点虽为不变点，但在三元系中的二元共熔点上，不变的平衡关系已不成立，二元共熔点这时已变为曲线并形成一个谷向更低的温度下降区。在这条曲线上的各个温度下，同时析出的两种结晶相和液相三个相经常处在平衡状态。在达到 E_t 点时，第三种结晶相也开始析出，这时，因有四个相处在平衡状态，所以这个点是不变点。E_t 这样的点叫作三元共熔点。

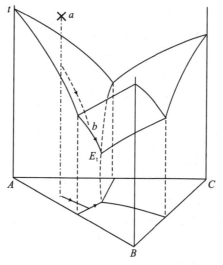

图 8-12　共熔型三元系相图（立体图）

由各组元的熔点向 E_t 倾斜伸展的各熔融面在立体图上相交成曲线，即在共熔分界线上互相交接，因此三元共熔点 E_t 处的温度相当于最低的温度。这种立体的熔融面投影到正三角形的底面上如图 8-13 所示。

在图 8-13 中，A、B、C 各为组元；E_1、E_2、E_3 各为二元共熔点；E_t 为三元共熔点。该相图由 E_1E_t、E_2E_t、E_3E_t 三条共熔分界线划分成的三个部分，各为结晶相 A、B、C 同液相呈平衡状态存在的区域。这种用三角形表示出来的相图，其熔融面上的温度梯度是以等温线表示的。有时，为了只将相图上的初晶存在区域表示出来，省略等温线，只在共熔分界线上加上箭头以表示温度的下降方向。

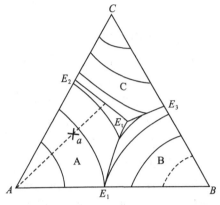

图 8-13 共熔型三元系相图（底面投影图）

在三元系共熔相图 8-13 中，A 的初晶区内的作用相当于 a 点组成的熔体被冷却时的结晶作用，将 a 点与组元点 A 连接，则晶体 A 仍沿着这条线的延长方向析出，液相的组成亦逐渐改变。这条析晶路线，在到达共熔分界线 E_2E_t 时，同时有晶体 C 开始析出，液相的组成则沿着 E_2E_t 向 E_t 变化。析晶路线到达 E_t 时，晶体 B 也开始析出，直到残留的液相全部消失为止，温度在三元共熔点上保持不变，结晶作用遂告完毕。组成在任一初晶区内的熔体，其结晶作用都可以同样加以说明。

8.5.2 含有二元化合物的系统

两组元生成化合物有同元和异元熔融两种情况。

(1)在 A-B 二元系中生成稳定的化合物 A_mB_n 时的相图如图 8-14 所示。以三元系的 AB 边上的 D 点表示化合物的组成，D 点与第三个组元点 C 连接的点线 CD 称为共轭线，相图由这条线划分成两个简单的共熔型相图，它们的关系，完全与前述的情况相同。这时，连结 E_t 和 E_t' 两个共熔点的分界曲线与共轭线 CD 的交点 M，经常表示共熔分界线 E_tE_t' 上的最高温度，这个规律叫作阿尔克梅德原理，其对于分析复杂的三元系相图是特别重要的原理。

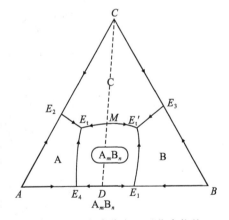

图 8-14 生成稳定二元化合物的
三元系相图（底面投影图）

如此，具有温度最高点的曲线经常只是存在于三角形内的相区分界线上，称作内部分界线，与此相对应，与三角形外部连接的分界线，因温度经常向三角形的内部下降，所以与共轭线相交的点也不是最高温度点。

(2)生成异元熔融的二元化合物 A_mB_n 时的相图如图 8-15 所示。A-B 二元系的包

晶反应点 U 及共熔点 E_1 的温度，由于第三组元 C 的掺入向三角形内部下降。由 E_1 引出的共熔分界线到三元共熔点 E_t 终止。但是，曲线 UG 是已析出了的初晶 A 与液相反应生成 A_mB_n 和液相组成及温度所沿以变化的路线，为了使这种反应分界线同一般的共熔分界线有所区别，加以双箭头示意。

共轭线 CD 与共熔曲线 E_2G 的交点，如前述，不是温度的最高点。在 G 点，如有结晶相 A、D、C 和液相四个相共存，虽是不变点，但结晶相 A 如同 G 点所代表的液相反应完毕，液相的温度进一步向 E_t 变化时，则要到最后达到真正的三元共熔点时结晶过程才结束。

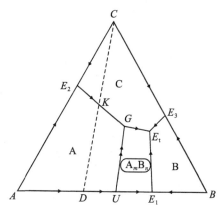

图 8-15 生成异元熔融二元化合物
A_mB_n 时的三元系相图(底面投影图)

在这种生成异元熔融化合物的相图中，结晶作用按反应分界线的位置和形状各不相同。

8.5.3 生成三元化合物的系统

同元熔融的三元化合物 $A_mB_nC_p$ 在立体模型的熔融面上具有温度最高点，呈圆顶形的丘状，所以，投影在正三角形底面上的相图的等温线是围绕着化合物的组成点呈同心分布的，图 8-16 是这种相图没有画出等温线的情况。化合物以初晶析出的区域，经常是由共熔分界线围起来的部分，相当于化合物组成点的 M 一定在这个区域内。化合物组成点 M 与各组元点 A、B、C 连接起来的三条共轭线将原来的相图划分成三个互相邻接的三元系共熔型相图。共轭线与共熔分界线的交点 m_1、m_2、m_3，如前述，按照阿尔克梅德原理，相当于各曲线上的最高温度点。

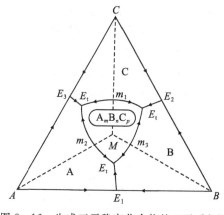

图 8-16 生成三元稳定化合物的三元系相图
(底面投影图)

其次，化合物 $A_mB_nC_p$ 为异元熔融时的相图如图 8-17 所示。这个图的特征是，化合物的组成点 M 不在化合物的析晶区内，所以，在该化合物析晶区内的熔融面(液相面)上，没有温度的最高点。这时，化合物的组成点 M 与组元点 A 的连接直线 AM 的延长同共熔分界线 $E_t''G$ 的交点 P，按照阿尔克梅德原理，应是该曲线上的温度最高点。温度自 P 点向两旁下降的分界线为反应曲线，同在二元系谈到的情况一样，为了与其他共熔分界线的性质有所区别，在曲线上画上双箭头示意。

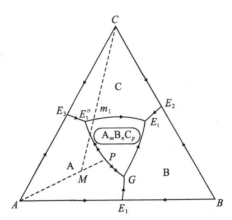

图 8-17   生成三元异元熔融化合物的三元系相图（底面投影图）

8.5.4   生成固溶体的系统

生成固溶体的最简单例子是三个组元在结晶状态能完全互相溶合的场合，这种相图的立体模型，如图 8-18 所示，由两个曲面构成。同二元系一样，在结晶相即将开始出现时的液相组成相当于液相面（L）上的点，与此处于平衡的固溶体组成，则位于固相面（M）上，所以 M 面经常在 L 面的下部。这两个面的间隔，随着向 A、B、C 各组元点的接近逐渐缩小。这种无限溶解型固溶体系统，在正三角形的投影图上没有任何的分界线，看起来非常单调，但其结晶作用的关系却极为复杂。

此外，在三元系中有 A、B 两个组元生成无限溶解的固溶体存在，组元 A 和 B 各与第三个组元 C 之间存在有共熔关系时，可以将相图画成如图 8-19 所示的立体模型图。在这个图的正三角形投影面上，只看到有呈谷形的 E_{AC}-E_{BC} 共熔分界线一条曲线。

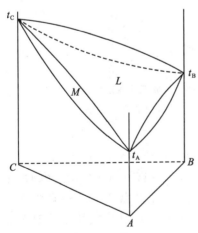

图 8-18   无限固溶型三元系相图
（立体图）

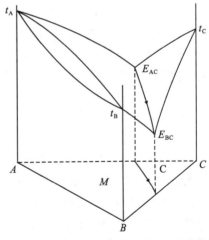

图 8-19   生成二元无限固溶体的三元系相图
（立体图）

　　在该三元系相图中，初晶以固溶体析出的析晶区内的结晶路线与前述不生成固溶体的相图不同，因结晶相的组成是随着结晶作用的进行时刻在变化的，所以不是直线，因此，在确定含固溶体的三元系析晶曲线时，需要求出分界曲线的位置、等温线及等温线上各点的连线。该连线因是表示与特定的液相处于平衡的固相组成，也叫作固相指示线，这条线是根据实验决定的，不能从图上求出。

8.6　固相反应的相平衡

　　由于固相反应难以达到平衡这种见解，在过去，用固相反应法研究相平衡的问题几乎没有引起人们的注意。而如今，固相反应法作为淬火法的补充，已成为研究相平衡的有力方法。研究相平衡的最终目的是就所研究系统的全部组成，确定其液相线和固相线，即将液相线和初晶相的数据综合起来制成相图，这些数据是根据淬火法取得的。但是，这种淬火法需要特别的装置和熟练的技术，需要花费相当多的人力和时间。

　　但对于生成的液相黏度非常大的系统、组成在加热到熔融状态时因挥发发生变化的系统，以及熔融温度过高不能用淬火法进行测定的系统，固相反应法则是唯一可行的方法。当然，这种方法，在正确测定液相温度及确定共熔点和不变点等方面有不及淬火法之处。

　　固相反应法实验使用的试样，是用高纯度的氧化物或化合物的细粉制成的，试样越细反应越容易进行，一般使用的试样细度在 325 目（45 μm）筛孔以下，或者在 10 μm 以下。为了使试样完全进行反应，要有充分高的温度和相当长的烧结时间（一般在 1450 ℃有一小时的时间已足够）。对反应缓慢的试样，要在中途将其重粉碎，经过再压、反复烧结以提高效率。还有，为了判别相平衡达到与否，鉴定烧结试样中生成的结晶相是很重要的。在淬火法中，结晶相的鉴定主要是采用偏光显微镜的光学方法进行的；但在固相反应法中，一般因生成的结晶相很微细，用 X 射线衍射法检定较为方便，这时，岩相学的方法倒变成补充的方法了。

　　近年来，用固相反应法研究了的含高熔点组元的系统、已有的相图用此法重新加以修订过的系统，以及用此法发现有新化合物存在的系统如下：

　　二元系：$BeO \cdot Al_2O_3 - Al_2O_3$、$BeO - SiO_2$、$ZrO_2 - CeO_2$、$Mn_2O_3 - Fe_2O_3$ 等。

　　三元系：$MgO - ZrO_2 - SiO_2$、$Li_2O - Al_2O_3 - SiO_2$、$MgO - Al_2O_3 - SiO_2$、$MgO - BeO - Al_2O_3$、$BeO - Al_2O_3 - ThO_2$、$MgO - BeO - ZrO_2$、$MgO - BeO - ThO_2$、$BeO - ZrO_2 - TiO_2$、$BeO - ZrO_2 - CeO$、$BeO - ZrO_2 - Cr_2O_3$ 等。

　　在以上这些系统中，有的因初晶的存在范围非常狭窄，定不出其液相线的高温部分，或者把在液相线以下温度分解的化合物当成初晶鉴定出来。例如，鲍恩（Bowen）研究了重要的 $3CaO \cdot SiO_2 - 2CaO \cdot SiO_2 - 3CaO \cdot Al_2O_3$ 系统，为古典的 $CaO - Al_2O_3 - SiO_2$ 三元系相图的固相平衡提供了重要资料。

　　在上列的 $BeO \cdot Al_2O_3 - Al_2O_3$ 系统中，由固相反应合成硅铍石（Be_2SiO_4）时如无硅锌矿（Zn_2SiO_4）作为晶种剂共存便不能合成。以往单用淬火法未发现有这种化合物的存在。不过，布雷迪希（Bredig）指出，有几种稳定化了的简单化合物的高温型变体容易与其他化合物混淆，提醒人们要加以注意。

　　固相反应法需要注意的问题是，例如合成硅酸盐时，最先生成正硅酸盐；或者在合成三元系化合物时，最先生成的是二元系化合物；等等。所以，要适当选择实验试样的加热条件，为了避免中间的假平衡状态，要将试样加热到充分高的温度。

　　有时，矿物的最初生成温度，因与它的分解或熔化温度非常接近，不容易确认出生成化合物的存在。如福斯特(Foster)发现的假蓝宝石($4MgO \cdot 5Al_2O_3 \cdot 2SiO_2$)的生成。对于为许多研究者所重视的 $MgO - Al_2O_3 - SiO_2$ 系相图，能有新化合物的补充修订，也说明了固相反应法对研究相平衡的重要性。

　　在任一系统中，不仅固溶体的生成范围按温度的不同而不同，还应注意到稳定的结晶相也依固相的温度区域而有不同的情况。例如，钛酸铝($Al_2O_3 \cdot TiO_2$)和镁方柱石($2CaO \cdot MgO \cdot 2SiO_2$)等化合物的固相稳定温度具有下限温度；钙铁辉石($CaO \cdot FeO \cdot 2SiO_2$)、硅铍石($2BeO \cdot SiO_2$)等类化合物的固相稳定温度存在有上限温度；还有，化合物 $3CaO \cdot SiO_2$ 的固相稳定温度范围存在有上下两个界限。

　　如此，化合物的固相稳定区域存在有宽广的温度范围时应加以注意。

8.7　模型系统的相平衡

　　戈尔德施密特(Goldschmidt)所倡导的弱化模型阐明了在两个相对应系列的化合物之间存在有结构的相似性。弱化意味着结合的键力弱，在各种性质中，其特征可由熔点突出地表现出来，表 8 - 1 列示了若干氧化物和硅酸盐化合物与对应的氟化物模型的熔点。不过，在这些的熔点之间，看不出有特别明显的规律性。

表 8 - 1　氧化物和硅酸盐化合物与对应的氟化物模型的熔点

氧化物及硅酸盐化合物		氟化物系	
化合物	熔点($T_O/℃$)	化合物	熔点($T_F/℃$)
SiO_2	1728	BeF_2	543
MgO	2800	LiF	870
ZnO	1975		
ThO_2	3050	CaF_2	1330
ZrO_2	2690		
TiO_2	1825	MgF_2	1240
Mg_2SiO_4	1910	Li_2BeF_4	458
Zn_2SiO_4	1512		
$CaSiO_2$	1544	$NaBeF_3$	381
Ca_2SiO_4	2130	Na_2BeF_4	585

8.7.1　氟化物模型系统

　　通过对各种氟化物之间的平衡研究发现，氟化物系统的平衡同氧化物系统的平衡之间有相似之外，即同氧化物系统的相图有相似的模型关系；虽然氟化物系统的液相线温度较低，但其对对应性的影响程度却比较低。二者还不仅在相图上表现有相似性，根据最近的研究发现，在多形现象、固溶体及固相内的关系上二者也有表现出明显相似性的例子。因此，通过对温度较低、容易进行实验的氟化物系统的研究，可据以探讨温度较高、不易进行研究的氧化物系统的平衡关系。

$CaF_2 - BeF_2$ 系是 $ZrO_2 - SiO_2$ 系的模型系，在前一个系统中生成的化合物 $CaBeF_4$，是后一个系统中的化合物 $ZrSiO_4$ 的弱化模型。这两种化合物都属于正方晶系，它们不仅晶胞的大小互相接近，并且由 $CaBeF_4$ 异元熔融这一事实，还可以推测出 $ThSiO_4$ 也是同 $ZrSiO_4$ 一样的异元熔融化合物。$NaF - BeF_2$ 系是 $CaO - SiO_2$ 系的模型系，但如图 8 - 20 所示，这个系的相图，与被模拟系统所不同之处有以下几点：在相当于 SiO_2 的 BeF_2 一边，液相不存在不混合区域；方石英由相当于高温型石英的结晶相代替并与液相呈平衡状态；缺少化合物 $Ca_3Si_2O_7$ 与 Ca_3SiO_5。在 $NaF - BeF_2$ 系中生成的化合物 Na_2BeF_4 是 Ca_2SiO_4 的完全模型，二者是多形现象的关系，也如表 8 - 2 所示表现有明显的相似性。图 8 - 21 所示的 Na_2BeF_4 各变体的稳定关系同布雷迪希所提出的 Ca_2SiO_4 的关系是完全一样的，这还可以反过来作为验证和修订以往定错了的 Ca_2SiO_4 变体稳定关系的参考。

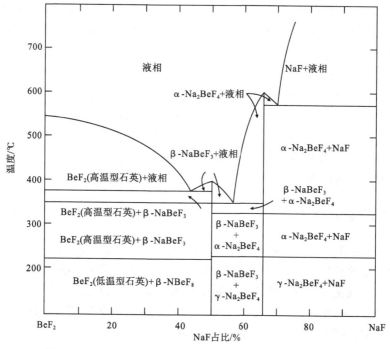

图 8 - 20　$NaF - BeF_2$ 系的相图（$CaO - SiO_2$ 系的模型相图）

表 8 - 2　Ca_2SiO_4 和 Na_2BeF_4 变体转变温度

转变	Ca_2SiO_4 转变温度	Na_2BeF_4 转变温度
$\alpha \rightleftharpoons \alpha'$	1450 ℃	320 ℃
$\gamma \rightleftharpoons \alpha'$	850 ℃	225 ℃
$\alpha' \rightleftharpoons \beta$(介稳态)	675 ℃	115 ℃
$\alpha \rightleftharpoons$ 熔融	2130 ℃	595 ℃

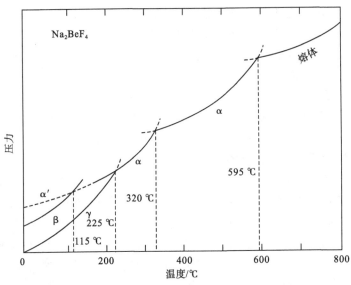

图 8-21　Na$_2$BeF$_4$ 的压力-温度相图

　　固溶体型模型相图的例子有 LiF - MgF$_2$ 系，其是 MgO - TiO$_2$ 氧化物系统的模型系，其在高温下虽生成无限溶解的共熔型固溶体，在低温下则发生解离，呈现有宽广的有限固溶区。

　　氟化物系统 LiF - BeF$_2$ 系，严格地说，虽不是 MgO - SiO$_2$ 系和 ZnO - SiO$_2$ 系的模型系，但是，生成相当于 MgSiO$_3$ 的偏硅酸盐是与前者相类似的；其熔融的关系却与后者相似。在这个系统中，与液相呈平衡状态析晶出来的化合物是相当于正硅酸盐的 Li$_2$BeF$_4$。这个化合物在 300 ℃ 的固相温度以下分解，生成相当于偏硅酸盐的 LiBeF$_3$ 和相当于高温型石英的 BeF$_2$ 两个相。温度再降至 275 ℃ 以下，LiBeF$_3$ 分解生成 LiBe$_2$F$_5$ 及相当于低温型石英的 BeF$_2$。

8.7.2　模型玻璃

　　BeF$_2$ 同 SiO$_2$ 在结构上密切相关，多形现象有相似性已如前述。二者的模型关系，在构成玻璃状态的三维架状结构时也互相类似，氟铍酸玻璃为硅酸玻璃的模型。因此，可以制成全部由氟化物组成的玻璃，这种玻璃具有非常小的折射率($n = 1.38 \sim 1.39$)和色散性($\nu = 100$)，软化温度和硬度也都低，并且具有大的热膨胀性。这些性质对于氧化物系玻璃的弱化模型玻璃来说，是可以预料得到的。

　　氟化物模型玻璃，对于透过波长为 300 nm 的紫外线到波长为 5000 nm 的红外线的光学用途，是极有用的，因此，在原有的光学玻璃系统中开辟了一个新的领域。一般的氟化物玻璃不耐潮，是使用上的一个大的障碍，不过，构成硅酸盐玻璃模型的氟化物玻璃，因正离子是 Be^{2+}、Al^{3+}、Sr^{2+}、Mg^{2+} 等，对一般氟化物玻璃的耐潮性进行合理地改进也是可能的。

思考题

8 - 1　矿物相律研究的对象及解决的主要问题是什么？

8 - 2　相律是如何表达的，怎么理解？

8 - 3　单元系统的主要特点是什么？

8 - 4　举例说明二元系共熔型相图的含义。

8 - 5　二元系中生成稳定化合物与生成异元熔融化合物的主要区别是什么？

8 - 6　无限溶解固溶体型有何特点，与有限溶解固溶体型有何不同？

8 - 7　举例说明三元系平衡状态系统中是如何析晶的？

8 - 8　固相反应是如何达到相平衡的，有何特点？

第9章 矿物的化学成分及化学性质

矿物的化学成分是组成矿物的物质基础，是决定矿物各项性质的最基本因素之一。任何矿物均具有一定的化学组成，因此，它不但是区别不同矿物的重要标志，而且也是人们利用矿物作为工业原料的一个重要方面。此外，由于矿物是岩石的构成单位，它的化学性质在一定程度上常是控制岩石强度及其抗风能力等的重要因素，所以它也是对各种工程建筑产生影响的一个不可忽视的条件。因此，矿物的化学成分和化学性质在理论和实践上都是矿物学研究的重要课题之一。

在前一章中，已经讨论过有关晶体结构及其与化学组成之间的某些关系，本章将就矿物的化学组成特点及性质——矿物的化学成分类型、矿物化学组成的一般特征、矿物化学式的书写和计算，以及矿物的某些化学性质等，分别加以介绍。

9.1 矿物的化学成分类型

自然界的矿物，就其化学组成来说，大体可分为两类。一类是单质，即由同一种元素构成的矿物，如自然金 Au、金刚石 C 等。另一类是化合物，即由多种离子或离子团构成的矿物，此类化合物有：由一种阳离子和一种阴离子组成的简单化合物，如石盐 NaCl、方铅矿 PbS 和赤铁矿 Fe_2O_3 等；由一种阳离子和一种络阴离子(酸根)组成的称为单盐的化合物，如方解石 $Ca[CO_3]$、镁橄榄石 $Mg_2[SiO_4]$、重晶石 $Ba[SO_4]$ 等；由两种以上的阳离子和同种阴离子或络阴离子组成的复化合物，如黄铜矿 $CuFeS_2$、白云石 $CaMg[CO_3]_2$ 及大部分硅酸盐类矿物等，其中含络阴离子的复化合物称为复盐。复化合物的组成可以看成是由两种或两种以上的简单化合物或单盐以简单的比例组合而成的，例如黄铜矿 $CuFeS_2$ 可看成是 CuS 和 FeS 的组合；白云石为 $Ca[CO_3]$ 和 $Mg[CO_3]$ 的组合，也可以用最简单的氧化物形式表示成 $CaO \cdot MgO \cdot 2CO_2$ 的组合。实际上，矿物组成的湿化学分析结果通常是以简单的氧化物形式表示的。

矿物都有一定的化学组成，但是自然界矿物的组成绝对固定者极少，大多数矿物的化学组成可在一定范围内发生变化。组成可变的矿物，按引起成分变化的原因可归为四类：一是类质同象矿物；二是含沸石水或层间水的矿物；三是胶体矿物；四是非化学计量的矿物。关于类质同象矿物中成分的变化，显然应遵守类质同象代替的规律，如果把构成类质同象代替关系的诸元素作为一个统一的部分来看待的话，该类矿物的化学组成仍然遵守定比定律和倍比定律，并可由一定形式的化学式来表示，如橄榄石 (Mg, Fe)$[SiO_4]$、闪锌矿(Zn, Fe)S 等，至于胶体矿物和含沸石水或层间水等含水矿物在化学成分上的特点，将在以后叙述。关于非化学计量的矿物，它是一类化学组成不符合定比定律和倍比定律的一些结晶质矿物。例如磁黄铁矿($Fe_{1-x}^{2+}S$)就是这类矿物的一个典型代表，在这个矿物中 Fe 原子数常少于 S 原子数，而且二者的原子数不符合化合比，这种现象的产生，通常是由这类矿物的晶体结构中 Fe^{2+} 的缺位造成的。

9.2　胶体矿物的化学组成特点

地壳中的矿物，除了大部分为依靠肉眼或显微镜能分辨的显晶质体以外，还有一部分属于超显微的隐晶质体（即在光学显微镜下也不能区别其晶粒的矿物），即通常所称的胶体矿物。胶体矿物是一种物质的微粒（粒径 1～100 nm）分散于另一种物质中所形成的混合物，由于它们的颗粒太细小，颗粒与颗粒之间又是呈无规则、杂乱的排列的，因而，在外形上不能自发地形成规则的几何多面体形态，各项宏观性质都具有统计的均一性和各向同性的特点，所以，通常胶体矿物都被作为非晶质体来对待。

胶体矿物是由胶体形成的。我们知道，胶体是由分散相和分散媒所组成的一种不均匀的分散系。分散相和分散媒可以具有各种物态（固态、液态、气态），同时它们可以有不同的组合，其中，分散媒远多于分散相的胶体称为胶溶体；若分散相为固体且数量很多，以至各个分散相质点好像彼此黏着，而分散媒仿佛只占有分散相质点的剩余空间一样，整个胶体呈肉冻状、胶状或玻璃状的凝固态者，则称为胶凝体。

固态的胶体矿物基本上只有水胶凝体和结晶胶凝体两种。前者的分散媒为水，分散相是固体，即胶体粒子，例如蛋白石（二氧化硅的胶凝体）、褐铁矿（氢氧化铁的胶凝体）等；而后者的分散媒为结晶质，分散相则为气体、液体、固体均可，最常见者是那些通常是无色不透明而被染成各种颜色或浑浊的矿物，如红色重晶石（含氧化铁分散相）、黑色方解石（含硫化物或有机质分散相）、乳石英（含气体分散相）等。对于结晶胶溶体，通常都把它作为结晶体对待，而把分散于其中的分散相看成是包含于晶体中的杂质，因此，在矿物学中通常所说的胶体矿物，实际上都是指以水作为分散媒，以固相作为分散相的水胶凝体。胶体矿物由于其中的胶体粒子具有非常小的粒径（1～100 nm），比表面积（总表面积与其体积之比）极大，从而具有很大的表面能。为了降低表面能，一种途径是使胶粒合并，以减小其比表面积；另一种途径就是吸附其他的物质。在前一种作用过程中，伴随着胶粒的合并并排除其间的水分，最终导致胶体矿物的晶质化，这种作用称为胶体的老化或晶化。后一种作用的结果是在胶体粒子核的周围形成一个双离子层，例如用氯化铁水解而得到的氢氧化铁溶胶中，胶核 $[Fe(OH)_3]$ 带有正电荷，这是由于它吸附着 FeO^+ 或 Fe^{3+}（当 $FeCl_3 + 3H_2O \Longrightarrow Fe(OH)_3 + 3HCl$ 作用的同时，还生成一些 FeOCl，这里的 FeO^+ 就是由 FeOCl 电离而产生的）。吸附了离子后的胶核还能把一部分带相反电荷的离子紧紧拉在它的周围，所有这些离子在胶核外面形成吸附层，同时另一些带相反电荷的离子则距胶核较远，与其联系比较松散，称之为扩散层。胶核、吸附层和扩散层总合起来称为胶团或胶体粒子，上述氢氧化铁胶体粒子的结构如图 9-1 所示。

胶体粒子可以吸附介质中的离子，同时被吸附的离子在种类和数量上变化的范围比较大，加之构成胶体的分散相和分散媒的含量比也不固定，这就造成胶体矿物化学组成的复杂化和不固定性。不过，许多胶体的吸附作用常常是有选择性的，不同的胶体只吸附一定的物质，而对其他物质吸附很少或完全不吸附。根据胶体质点带有正、负电荷的不同，将胶体分为正胶体和负胶体两种，负胶体吸附介质中的阳离子，如 MnO_2 负胶体 可 以 吸 附 Cu^+、Pb^{2+}、Zn^{2+}、Co^{2+}、Ni^{2+}、K^+、Li^+ 等 40 余种阳离子，正胶体吸附介质中的阴离子，如 $Fe(OH)_3$ 正胶体能吸附 V、P、As、Cr 等元素的阴离子（呈络阴离子形式）。因此，胶体矿物化学成分的变化还有某些规律可循。值得注意的是，胶体的选择吸附常常对某些有用元素的富集具有重要意义，如上述的 MnO_2 胶体之吸附 Ni^{2+}、Co^{2+} 等，当其达到一定量的富集时，便具有工业价值。

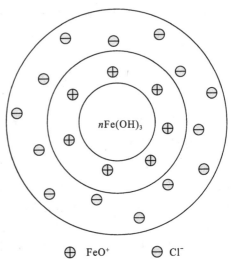

$\oplus$ FeO⁺　　$\ominus$ Cl⁻

图 9-1　氢氧化铁胶体粒子的结构示意图

在自然界中，胶体矿物除少数形成于热液作用及火山作用外，绝大部分形成于表生作用中。表生作用中胶体矿物的形成，大体经历了两个阶段。首先是出露地表的矿物或矿物集合体，在风化过程中由于机械破碎和磨蚀而形成胶粒大小的质点（主要是结晶质的），当它们分散于水中即成为胶体溶液（水胶溶体）；然后胶体溶液在迁移过程中或汇聚于水盆地后，或因与带有相反电荷的质点发生电性中和而沉淀，或因水分蒸发而凝聚，从而形成各种胶体矿物（水胶凝体），这个作用过程称为胶体溶液的凝结或胶凝。

已经形成的胶体矿物，随着时间的推移或热力学因素的改变，进一步发生脱水作用，颗粒逐渐增大而成为隐晶质，最终可转变成为显晶质矿物。由胶体晶化而形成的晶质矿物称为变胶体矿物。变胶体矿物往往可以保留原胶体矿物的外貌，根据外貌特征，人们可以推测它原先是胶体矿物。此外，胶体矿物在晶化的过程中，伴随脱水作用发生体积的收缩，并使矿物的硬度及承压能力增大，这种特性是值得水文地质和工程地质工作者注意的。

9.3　矿物中的"水"

在很多矿物中，水是很重要的化学组成之一，并且它对矿物的许多性质有极重要的影响。但是，水在矿物中的存在形式却是很不相同的。在一些矿物中，水是以中性水（H_2O）分子形式存在的，它们之中有的在矿物晶体结构中起着结构单位的作用，其数量一定，如石膏 $Ca(H_2O)_2[SO_4]$ 中的水；而有的仅仅是被吸附在矿物颗粒的表面或缝隙中，其数量不定，与矿物的晶体结构关系不太密切甚至根本没有关系。另外一些矿物，如白云母 $K\{Al_2[AlSi_3O_{10}](OH)_2\}$、水云母$(K,H_3O)\{Al_2[AlSi_3O_{10}](OH)_2\}$

等，它们通常也被称为含水矿物，但这里并不存在真正的水分子 H_2O，而是以 $(OH)^-$ 和 $(H_3O)^+$ 的形式像普通的离子一样存在于矿物的晶体结构中，除非矿物晶体结构破坏，否则它是不会以中性水分子形式出现的。因此，根据水在矿物中的存在形式和它与晶体结构的关系，可将矿物中的"水"分为吸附水、结晶水、结构水三种基本类型，以及性质介于吸附水与结晶水之间的层间水和沸石水两种过渡类型。

9.3.1　吸附水

纯粹是由表面能吸附而存在于矿物表面或缝隙中的普通水称为吸附水，其中，附着于矿物颗粒表面的称为薄膜水；充填在矿物个体或集合体间细微裂隙中的称为毛细管水；作为分散媒吸附在胶粒表面上的称为胶体水。

在矿物中吸附水的含量一般随温度的不同而变化，它与矿物的晶体结构没有关系，仅以微弱的力与矿物联系着，在常压下，当矿物加热到 $100\sim110\ ℃$ 时，吸附水可全部从矿物中逸出。在单矿物化学全分析资料中，这种水以 H_2O 表示，它不计入矿物的化学成分，一般在矿物化学式中都不予列出。但由于胶体水是水胶凝体矿物本身的固有特征，所以应当作为一种重要的组分列入矿物的化学成分，如蛋白石 $SiO_2\cdot nH_2O$ 中的水就属于这种类型。水分子前的系数 n 表示 H_2O 与 SiO_2 之间在数量上没有固定的比例关系，即胶体水在矿物中的含量是可以变化的。在常压下，使胶体水从矿物中完全逸出，一般需要比较高的温度 $(100\sim250\ ℃)$。

矿物中吸附水的存在，对矿物的风化起着重要的作用。

9.3.2　结晶水

结晶水是以中性水分子 H_2O 的形式存在于矿物晶格的一定位置上的水。这种水通常不仅以一定的配位形式环绕着阳离子，而且其数量与矿物的其他组分的含量呈简单的比例关系，如石膏 $Ca(H_2O)_2[SO_4]$、苏打 $Na_2(H_2O)_{10}[CO_3]$ 等中的水，即属这种类型。

结晶水大都出现在具有大半径络阴离子的含氧盐矿物中。这种现象，用阴、阳离子呈稳定结构时其半径大小必须相互适应的晶体化学原理是不难加以解释的。因为，与大半径络阴离子相适应的势必也是大半径的阳离子，倘若成矿介质缺乏这种阳离子，而大量存在的却是与络阴离子的电价适应但半径较小的阳离子时，在这种情况下，小半径的阳离子在不改变电价的同时借助水化使自身体积加大，从而与大的络阴离子组成稳定的化合物，例如，六水硫镍矿 $Ni(H_2O)_6[SO_4]$ 就是这种现象的一个最明显的实例，这里 $[SO_4]^{2-}$ 的半径为 $0.295\ nm$，Ni^{2+} 的半径为 $0.077\ nm$，二者相差很大 $(0.218\ nm)$，不能形成一种稳定结构，于是，在不改变 Ni^{2+} 电价的前提下，借助六个水分子的包围来加大它的体积，由此与 $[SO_4]^{2-}$ 构成六水硫镍矿。

结晶水，由于它扮演着结构单位的角色，因而受晶格的约束力比吸附水要大得多。欲使这样的水从晶格中释放出来，就需要有比较高的温度，一般都在 $200\sim500\ ℃$，个别矿物（如透视石）甚至可高达 $600\ ℃$。一些含结晶水的矿物，由于其中结晶水与晶格联系的紧密程度不同，因此，在加热过程中，从晶格中析出结晶水时的温度也不相同。如有的矿物当加热到某一温度时，晶格中的结晶水一次全部释放出来，而有的则不然，失水过程可表现出分期性。前者如芒硝 $Na_2(H_2O)_{10}[SO_4]$，当温度在 33 ℃以上时，其中的 10 个结晶水全都脱离晶格，此时芒硝便变为无水芒硝 $Na_2[SO_4]$；后者如石膏 $Ca(H_2O)_2[SO_4]$，从 80 ℃开始脱水，到 120 ℃时，脱去原结晶水的 3/4，形成具有成分为 $Ca(H_2O)_{1/2}[SO_4]$ 的半水石膏，当温度继续升高到 130 ℃时，半水石膏中的水全部脱去成为硬石膏 $Ca[SO_4]$。由上述二例可见，伴随着结晶水的脱失，原矿物的晶体结构都要发生破坏或被改造，从而重建新的晶格成为另一种矿物。

9.3.3 结构水

结构水是以 $(OH)^-$、$(H_3O)^+$ 的形式存在于矿物晶格中的"水"，其中尤以 $(OH)^-$ 最为常见。如高岭石 $Al_4[Si_4O_{10}](OH)_8$、水云母 $(K,H_3O)\{Al_2[AlSi_3O_{10}](OH)_2\}$ 等中的"水"，就属这种类型。结构水也称化合水。

结构水在晶格中占据严格的位置并有确定的含量比，与其他离子的联结也相当牢固（但 $(H_3O)^+$ 除外），因此，除非在高温（一般均在 $600\sim1000$ ℃）结构遭到破坏的情况下，一般是不会结合成 H_2O 分子自晶格中逸出的。

和结晶水一样，结构水的失水温度也依矿物的种类不同而异。例如，高岭石的失水温度为 580 ℃，而滑石 $Mg_3[Si_4O_{10}](OH)_2$ 的则为 950 ℃。有些矿物的结构水，只一次即可全部析出，有的则分几次，每次都有一个确定的温度与之对应。例如镁绿泥石在 610 ℃时析出"水镁石层"中的 $(OH)^-$，而后在 820 ℃时，再析出八面体层中的 $(OH)^-$。由于结构水是占据晶格位置的，所以脱水后晶格破坏是必然的。

据上所述，含结晶水和结构水的矿物，由于它们在受热过程中都有一个或几个固定的脱水温度，因此，运用热重分析法测定它们各自的脱水温度和相应的脱水量（重量%）即可准确地鉴定这类矿物。

9.3.4 层间水

层间水是以中性水分子形式存在于某些具有层状结构的硅酸盐矿物中的水。水分子呈层状分布于矿物晶体的结构层之间，并参与矿物晶格的构成，但数量可在相当大的范围内变动。这是因为某些层状硅酸盐矿物如蒙脱石等，其结构层本身的电价未达到平衡，在结构层的表面还有过剩的负电荷，这部分过剩的负电荷还要吸附其他金属阳离子，而后者又再吸附水分子，从而在相邻的结构层之间形成水分子层，即层间水。显然这种水的多少与吸附阳离子的种类有关，如在蒙脱石中，当吸附阳离子为 Na^+ 时在结构层之间常形成一个水分子层；若吸附阳离子为 Ca^{2+}，则经常形成两个水分子厚的水层。除此之外，层间水和吸附水类似，它的含量还随外界温度、湿度的变化而变化，即随温度与湿度的变化，水可以被吸入或排出。因此，层间水的性质介于结晶水与吸附水之间。

含有层间水的矿物，结构层之间的距离常随含水量的变化而改变，如蒙脱石吸水

后晶胞的 c 值可由 0.96 nm 剧增到 2.84 nm,因而具有吸水膨胀的特性。而有的含层间水的矿物,由于层间水的存在,在加热时因水的气化压力可使层间距离扩大,从而表现出热膨胀性,如蛭石。层间水的脱水温度一般为 100～250 ℃。层间水脱失后,矿物固有的层状结构并不因之而破坏,但却可使它的层间距离缩小,相对密度和折射率增高。

最后还应当指出,某些矿物中的层间水,常可被一些极性有机分子溶液所置换。层间水的这一特性对石油等的形成及对某些含层间水矿物的应用都具有重要的意义。

9.3.5　沸石水

以中性水分子存在于沸石族矿物晶格中的水,称为沸石水。这种水就其性质来说和层间水类似,也是介于结晶水与吸附水之间的一种特殊类型。沸石族矿物晶体结构的特点之一是都存在大小不等的孔道,水分子就存在于这些孔道之中(详见第 14 章沸石族矿物),并常集结在占据晶格一定位置的阴离子周围,并与之发生配位,其含量有一个最高的上限值,此数值与矿物其他组分的含量有简单的比例关系。然而,沸石晶格中的各种孔道都是与外界相通的,因此随外界温度和湿度的改变,水可以通过孔道逸出或进入,即沸石水的含量也可在一定范围内变化。

沸石族矿物一般从 80 ℃开始失水,至 400 ℃时水全部析出,其析出过程是连续的。失水后原矿物的晶格不发生变化,只是它的一些物理性质——透明度、折光率和相对密度随失水量的增加而降低。失水后的沸石仍能重新吸水,并恢复到原来的含水限度,从而再现矿物原来的物理性质。

含有层间水和沸石水的矿物,大部分具有吸附性阳离子,而这些吸附性阳离子又可伴随着水分子的逸出或进入与介质中的阳离子发生交换,所以通常又把这种吸附性阳离子称为可交换阳离子,此类矿物的这种特性称为阳离子交换性质。

综上所述,除吸附水外,其他形式的水都是矿物的重要组成,并随其在矿物中的存在形式和性质不同,对矿物的晶体结构和物理性质产生不同的影响。含层间水及沸石水的矿物的阳离子交换性质又是引起此类矿物化学成分变化的重要原因,从而使其具有某种实用价值。所以,详细研究水在矿物中的特性是很重要的,尤其对于从事石油、水文及工程地质的工作者的自身业务来说,掌握上述各种水的特性将更具有特殊的意义。

9.4　矿物的化学式

为了表示组成矿物的各种成分的数量比及它们在晶格中的赋存状态、相互关系和晶体结构特征等,需要有一个合理的明确表示矿物组成的化学式。

将矿物的化学组成用元素符号按一定原则表示出来,就构成了矿物的化学式。它是以单矿物的化学全分析所得各组分的相对百分含量为基础而计算出来的,通常表示方法有二,即实验式和结构式(晶体化学式)。

9.4.1　实验式

只表示矿物中各组分数量比的化学式称为实验式，如 $CuFeS_2$（黄铜矿）和 $Be_3Al_2Si_6O_{18}$（绿柱石）等。以实验式表示的矿物化学式，由于形式简洁，所以在配平化学反应方程式时经常使用。对于含氧盐矿物，也可以用氧化物的组合形式来表示，如绿柱石就可以写成 $3BeO \cdot Al_2O_3 \cdot 6SiO_2$。

实验式的计算过程：先用单矿物化学全分析所得的各组分重量百分数除以各相应组分的原子量（或分子量），将所得商数化为简单整数比，最后用这些整数标定各相应组分的相对含量，现举例说明之（见表 9-1、9-2）。

表 9-1　黄铜矿实验式的计算过程

成分	含量百分比/% （化学全分析结果）	原子数		原子数比例 （近似值）	化学式
		换算（以原子量除）	结果		
Cu	34.40	34.40/63.5	0.542	1	
Fe	30.47	30.47/56.0	0.544	1	$CuFeS_2$
S	35.87	35.87/32.0	1.120	2	
合计	100.74	—			

表 9-2　绿柱石实验式的计算过程

成分	含量百分比/% （化学全分析结果）	分子数		原子数比例 （近似值）	化学式
		换算（以分子量除）	结果		
BeO	14.01	14.01/25.1	0.5582	3	$3BeO \cdot Al_2O_3 \cdot 6SiO_2$
Al_2O_3	19.26	19.26/102.2	0.1884	1	或归并为
SiO_2	66.37	66.37/60.3	1.1002	6	$Be_3Al_2Si_6O_{18}$
合计	99.64	—			

表示矿物化学成分的实验式，计算简单、书写方便，而且也便于记忆，但存在以下缺点。

首先，它忽略了矿物中的次要成分，而一些次要成分的存在往往对矿物的性质及用途有着重要的影响，因此是不应忽略的；其次，实验式不能反映矿物中各组分之间的相互结合关系，尤其对成分复杂的矿物，还可能引起误解，如上述绿柱石中，就根本不存在如 BeO、Al_2O_3 和 SiO_2 形式的独立分子。

9.4.2　结构式

为了克服上述实验式的弊端，通常使用一种既能表明矿物中各组分的种类及其数量比，又能表明它们在晶体结构中的相互关系及其存在形式的化学式，这就是所谓的结构式或晶体化学式。结构式是以单矿物的化学全分析和 X 射线结构分析等实验资料作基础，并以晶体化学基本原理为依据计算出来的。由于它能反映出矿物成分与结构之间的关系，所以在矿物学、晶体化学和固体物理学等学科中被普遍采用。

结构式的书写规则如下。

对于由单质元素构成的矿物：只写元素符号予以表示，如自然金——Au、金刚石——C 等。若其中有类质同象代替的元素存在，则按数量多少依次排列，中间用逗号隔开，并用圆括号括起来，如银金矿——(Au，Ag)。

对于金属互化物：按金属性递减的顺序从左至右排列，如碲银矿——AgTe、砷铂矿——PtAs 等。

对于离子化合物：结构式书写的基本原则是阳离子在前，阴离子在后。

具体的书写规则和代表的意义如下。

(1)阳离子写在化学式的最前面。当存在两种以上的阳离子时，要按碱性由强到弱的顺序排列，如白云石 $CaMg[CO_3]_2$，当阳离子为同一种元素而具有不同价态或具有不同配位体时，要将低价离子置于高价离子之前，前者如磁铁矿 $FeFe_2O_4$（即 $Fe^{2+}Fe_2^{3+}O_4$），后者如孔雀石 $Cu_2[CO_3](OH)_2$。

(2)阴离子或络阴离子写在阳离子之后，络阴离子要用方括号括起来，如白云石 $CaMg[CO_3]_2$、透辉石 $CaMg[Si_2O_6]$ 等。

(3)有附加阴离子，将它写在主要阴离子或络阴离子团的后面，如磷灰石 $Ca_5[PO_4]_3(F，Cl)$。

(4)互为类质同象的离子用圆括号括起来，并按其含量由多到少的顺序排列，中间用逗号分开，如铁闪锌矿 $(Zn，Fe)S$；对于类质同象系列矿物，可写出它的两个端员组分，如镁橄榄石-铁橄榄石系列可写为 $Mg_2[SiO_4]$- $Fe_2[SiO_4]$。

(5)矿物成分中的"水"，分别按以下不同情况书写。

①结构水写在化学式的最后，如高岭石 $Al_4[Si_4O_{10}](OH)_8$。

②结晶水用圆括号括起来写在与它相联系的阳离子后面，如 $Ni(H_2O)[SO_4]$。

③沸石水写在化学式的最后，但需用圆点分开，其含量以其上限为准，如钠沸石 $Na_2[Al_2Si_3O_{10}]·2H_2O$。

④层间水也用圆括号括起来，写在可交换阳离子的后面，如钠蒙脱石 $Na_{0.33}(H_2O)_4\{(Al_{1.67}Mg_{0.33})[Si_4O_{10}](OH)_2\}$。

⑤吸附水不属于矿物本身的化学组成，在化学式中一般不予表示。但胶体水是胶体矿物固有的特征，因此应该予以反映，由于其含量不定，故以 nH_2O 或 aq 表示之，写在化学式最后，也用圆点分开。如蛋白石 $SiO_2·nH_2O$ 或 $SiO_2·aq$。

最后，对于含有附加阴离子的层状硅酸盐矿物属于结构单位层的部分要用大括号括起来，如上述钠蒙脱石的化学式等。

关于结构式的计算，由于矿物化学组成复杂程度的不同，而有不同的计算方法，经常使用的重要方法之一是所谓的以氧原子数为基准的氧原子计算法。运用这一方法的前提是已知矿物的化学全分析数据和矿物的化学成分通式，其理论基础主要是矿物单位晶胞中所含的氧原子数是固定不变的，它不依阳离子相互间的类质同象代替而改变；同时认为如果矿物中有其他附加阴离子 F^-、Cl^-、S^{2-} 等以类质同象代替氧离子，但不导致氧离子不足或过剩的结构发生。现举一例，具体说明其计算步骤(见表9-3)。

表 9 - 3　某地单斜辉石的晶体化学式计算表

组分	质量百分比/%	分子数	原子数		阳离子的原子系数
			氧原子	阳离子	
SiO_2	52.5	0.8696	1.7392	0.8696	1.920
TiO_2	0.72	0.090	0.0180	0.0090	0.019
Al_2O_3	2.54	0.0219	0.0747	0.0498	0.110
Fe_2O_3	1.81	0.0114	0.0342	0.0228	0.050
FeO	1.95	0.0271	0.0271	0.0271	0.059
MnO	0.64	0.0090	0.0090	0.0090	0.019
MgO	14.97	0.3713	0.3713	0.3713	0.819
CaO	24.38	0.4348	0.4348	0.4348	0.960
Na_2O	0.56	0.0090	0.0090	0.180	0.039
H_2O^-	0.11	—	—	—	—
合计	100.18	—	2.7173	—	—

计算步骤：

(1)将各组分质量百分比除以该组分的分子量求出各组分的分子数；

(2)用每个组分的分子数乘该组分中的氧原子系数，求出每个组分的氧原子数；

(3)用每个组分的分子数乘该组分的阳离子系数，求出每个组分的阳离子原子数；

(4)统计氧原子数总和；

(5)用氧原子数总和除以理论通式中的氧原子数，求出公约数；

(6)用各组分阳离子原子数除以公约数，其商数即为各组分的阳离子原子系数；

(7)参照通式并分析类质同象代替关系即可写出该单斜辉石的晶体化学式为

$(Ca_{0.06}Na_{0.04})_{1.00}(Mg_{0.82}Fe^{2+}_{0.09}Fe^{3+}_{0.05}Al_{0.03}Ti_{0.02}Mn_{0.02})_{1.00}[(Si_{1.92}Al_{0.08})_{2.00}O_{6.00}]$

(单斜辉石的晶体化学式：$XY[Si_2O_6]$；按氧原子数为 6 求得的公约数为 2.7173/6=0.4529。)

上式中写在同一圆括号内的各元素呈类质同象代替关系，各元素的原子数写在元素符号的右下角。元素符号间不再加逗号，写于圆括号之后右下角的数字为圆括号内各元素原子数之和，这是化学式计算时的习惯表示方法。

9.5　矿物的化学性质

每种矿物都有一定的化学组成，矿物中的原子、离子或分子，通过化学键的作用处于暂时的相对平衡状态。当矿物与空气、水及各种溶液相接触时，将会产生一系列不同的化学变化，如氧化、分解和水解等，从而表现出一定的化学性质。由于各种矿物的化学组成和键性互不相同，所以表现的化学性质往往也有差异，其中，与相关专业关系密切的主要有矿物的可溶性、氧化性及矿物与各种酸、碱的反应等。

9.5.1　矿物的可溶性

固体矿物与某种溶液相互作用时，矿物表面的质点，由于本身的振动和受溶剂分子的吸引而离开矿物表面进入或扩散到溶液中去，这个过程称为矿物的溶解。矿物在溶解过程中已进入溶液中的质点与尚未溶解的固体矿物表面相碰撞时，又可能被矿物吸引而重回到它的表面上来，也即矿物重新结晶长大。在单位时间内，从固体矿物表面进入溶液的离子数和由溶液回到矿物上的离子数相等时，溶解和结晶就处于暂时的动态平衡状态，矿物就不再"溶解"。只有当溶解速度远大于结晶速度时，固体矿物才呈现出溶解现象。

水是分布最广的天然溶剂。由于水分子具有偶极性，其正负电荷中心相距 0.39 Å，故极易发生解离作用，即 $H_2O \longrightarrow H^+ + (OH)^-$。水介质的介电常数很高，对许多具有离子键的矿物有很强的破坏能力，能使之分解而溶于水。同时，水中常常溶解有氧、二氧化碳等物质，这样就更促使许多矿物加速溶解于水。但不同的矿物在水中的溶解度差别很大。矿物在纯水中的溶解度，主要受矿物的化学组成、晶体结构类型(主要是化学键的性质)和水的温度等因素的制约。一般情况下，具有共价键、金属键的矿物和由高电价、小半径的阳离子所组成的化合物或单质矿物的水溶速度小；而由低电价、大半径的阳离子组成的具离子键的矿物的水溶速度大；含$(OH)^-$和H_2O矿物的溶解度也大。水的温度升高，一般可加速固体矿物的溶解。而增大压力，因使反应向减小体积的方向进行，所以对大部分矿物来说会阻止它的溶解。

表 9-4 列举了部分硫化物和硫酸盐在水中的溶解度。不难看出同种金属的硫化物和硫酸盐在水中的溶解度有明显差异，硫酸盐的溶解度远大于硫化物的溶解度。这个例子充分说明，在其他条件相同或相近的情况下，化合物类型不同，溶解度明显不同，而同类化合物的溶解度虽也有差异，但差别不太明显。一般来讲，在常温、常压下，卤化物、硫酸盐、碳酸盐及含有$(OH)^-$和H_2O分子的矿物较易溶解于水中；而大部分自然元素矿物、硫化物、氧化物及硅酸盐矿物则难以溶解于水中。需要指出的是，天然的水溶液与纯水性质有所不同，天然水的 pH 值、Eh 值及含盐度等对矿物的溶解度都有重要的影响。例如，硫化物矿物在中性水中的溶解度很小或极难溶解，但在酸性水溶液及氧化条件下其溶解度显著增大，致使许多金属硫化物矿物在氧化带中形成易溶于水的硫酸盐，并使水溶液呈酸性，后者又可进一步加速矿物的溶解。

表 9-4　几种金属硫化物与硫酸盐的溶解度对比

硫化物		硫酸盐			溶解度比值
化学式	溶解度 /(mol/L)(18 ℃)	化学式	溶解度 /(mol/L)	温度/℃	
$Fe_{1-x}S$	53.60×10^{-6}	$Fe[SO_4]$	1.30	0	～20000
$Fe[S_2]$	48.89×10^{-6}	$Fe[SO_4]$	1.30	0	～20000
ZnS	6.65×10^{-6}	$Zn[SO_4]$	3.30	18	～500000
Cu_2S	13.10×10^{-6}	$Cu[SO_4]$	1.08	18	～82000

硫化物		硫酸盐			溶解度比值
化学式	溶解度/(mol/L)(18 ℃)	化学式	溶解度/(mol/L)	温度/℃	
PbS	1.21×10^{-6}	Pb[SO$_4$]	1.3×10^{-4}	18	~107
Ag$_2$S	0.552×10^{-6}	Ag$_2$[SO$_4$]	2.5×10^{-2}	17	~45400

矿物在水中溶解的难易直接影响着地表水及地下水的性质，并与地表岩石的风化、侵蚀及某些有用元素的富集等都有密切的关系。

9.5.2 矿物的可氧化性

原生矿物，特别是含有变价元素（Fe、Mn、S 等）的矿物，当暴露地表或处于地表条件下的时候，由于受空气中的氧和溶解氧、二氧化碳的水的作用，使处于还原态的离子变为氧化态，如 Fe^{2+} 变为 Fe^{3+}、S^{2-} 或 $(S_2)^{2-}$ 变为 S^{6+} 等，从而导致原矿物的破坏，并形成一些在氧化环境中稳定的矿物，例如低价氧化物变成高价氧化物或氢氧化物、硫化物变成硫酸盐等。或者当氧化作用进行得不彻底时，使矿物的表面特征发生改变物遭受氧化改变原有性质的作用称之为矿物的氧化。

导致矿物发生氧化的原因，有内因和外因两个方面。

内因主要是指矿物的化学成分。当矿物中含有还原态的变价元素时，在氧化的条件下，这些元素便由还原态（低价）变为氧化态（高价），这种离子电价的改变，会引起离子半径、配位数及键力的变化，最终导致矿物结构的改变或者瓦解。被解离的离子或存在于真溶液中或重新组合形成新的矿物，因此，含有变价元素是矿物被氧化的内在依据。

引起矿物氧化的外部因素主要是大气中的氧气和溶解有氧与二氧化碳的水。

氧是强的氧化剂，游离状态的氧具有很高的电负性，它可以从低价的变价元素离子中夺得电子，变为负离子，而使低价的金属正离子变为高价的正离子，从而导致低价氧化物变为高价氧化物或氢氧化物，如自然铁(Fe)→磁铁矿（$Fe^{2+} Fe_2^{3+} O_4$）→赤铁矿（$Fe_2^{3+} O_3$）→针铁矿（FeO(OH)）等；或从负离子硫中夺得电子使硫化物分解或变为硫酸盐，如

$$2Fe[S_2]（黄铁矿或白铁矿）+7O_2+2H_2O \longrightarrow 2Fe[SO_4]+2H_2SO_4$$

这个反应中生成的硫酸亚铁仍不稳定，还可进一步与氧发生反应：

$$4Fe[SO_4]+2H_2SO_4+O_2 \longrightarrow 2Fe_2[SO_4]_3+2H_2O$$

这一反应中生成的铁的硫酸盐溶液还可起氧化剂的作用，参与对硫化物的氧化作用：

$$Fe[S_2]+ Fe_2[SO_4]_3 \longrightarrow 3Fe[SO_4]+2S \downarrow$$

由此可见，氧除了自身作为氧化剂外，在与矿物反应中还可衍生出新的氧化剂，参与对矿物的氧化作用。

空气中二氧化碳的含量为 0.03%（体积），但 CO_2 极易溶解于水，它在水中的含量大约为空气中含量的几百倍至几千倍。含碳酸的水对矿物的破坏比纯水要大得多，可促使一些矿物氧化分解，如

$$(Mg，Fe)_2[SiO_4]+2CO_2 \longrightarrow 2(Mg，Fe)[CO_3]+SiO_2$$

此外，矿物的氧化还与矿物的共生组合有关。自然界中，硫化物是最容易氧化的，但金属硫化物的氧化速度并不相同，有快有慢。金属硫化物自然氧化的敏感度的快慢次序如下所列：

$$Fe[AsS] > Fe[S_2] > CuFeS_2 > ZnS > PbS > Cu_2S$$

毒砂　　　黄铁矿　　黄铜矿　　闪锌矿　方铅矿　辉铜矿

据研究，当方铅矿、闪锌矿等与黄铁矿同时存在时，其氧化速度要提高 8～20 倍，若是单一的硫化物，则比较难氧化。

矿物的氧化是一种比较普遍的现象，其中金属硫化物、含变价元素的氧化物及含氧盐矿物表现得最为显著。其不仅影响着矿物的稳定性和在水中的溶解度，而且矿物遭受氧化后，其表面性质常常发生改变，这对于矿物的鉴定和矿物的分选都有直接的影响。此外，在找矿工作中，研究氧化带的矿物特征是寻找原生矿体的重要方法。

9.5.3　矿物与酸、碱的反应

矿物都具有一定的化学组成，测定矿物的化学成分是鉴定和研究矿物的重要方法之一。在用肉眼鉴定矿物时，为了区别物理性质相似的矿物，常可利用某种化学试剂与矿物反应，以确定某种元素的存在，常能使矿物鉴定工作取得满意的结果。另外，在详细鉴定矿物的化学组成或从矿物中提取某种有用的组分时，都必须先将矿物溶解和分解，而使矿物溶解和分解所使用的溶剂或熔剂主要有酸和碱两种；或用酸将矿物晶格直接破坏，使其中的元素在酸中形成自由离子或可溶性的络合物；或用碱将矿物在高温下熔融分解，使其中的元素转变成为可溶于酸的化合物，使测试工作或提取某种金属的工艺流程得以实现。此处，许多非金属矿物的抗酸、碱性能直接影响它的实际应用价值。

不同的矿物与酸和碱的反应是不同的，以矿物的化学分类来说，大部分自然元素矿物易溶于硝酸，Au、Pt 等可溶于王水；石墨、金刚石不溶于任何矿物酸；硝酸对硫化物的溶解也非常有效，而且差不多总是有游离的硫析出。

氧化物矿物大部分可在盐酸中溶解。另外一些如钛、铬、锡等的氧化物则几乎不溶于任何矿物酸，只能用碱将其熔融分解。所有的碳酸盐矿物都能溶于酸，一般以盐酸的效果最好，并且剧烈起泡，放出二氧化碳。对于地壳中分布最广的硅酸盐矿物来说，大部分易被氢氟酸分解，并生成硅氟酸（H_2SiF_6），其中尤以钾、钠及钙的硅酸盐矿物反应最为强烈，一部分钙、锌、钍及稀土的硅酸盐矿物可在盐酸和硫酸中溶解，并析出胶状的二氧化硅（$SiO_2 \cdot nH_2O$）；另外一些硅酸盐矿物，如电气石、黄玉、锆石、辉石族、角闪石族及绿柱石等矿物难溶或不溶于一般的矿物酸，对这些矿物通常是用苛性碱或碱金属碳酸盐在高温下进行熔融分解，然后再用适当的酸将其做成溶液。

其他矿物不再一一列举，读者需要时可参考有关矿物学方面的书籍。

思考题

9-1　请小结一下胶体矿物的主要特点。

9-2　化合水与矿物中其他存在形式的水，最根本的不同点是什么？

9-3　为什么说沸石水和层间水是介于结晶水和吸附水之间的一种水？

9-4　从下列矿物的结构式中你能得到关于矿物晶体化学上的什么信息？①$FeCr_2O_4$ 与铬铅矿 $Pb[CrO_4]$；②蓝晶石 $Al_2[SiO_4]O$ 与矽线石 $Al[AlSiO_5]$；③褐帘石 $(Ca, Ce, Y)_2(Fe^{2+}, Fe^{3+})(Al, Fe^{3+})_2[SiO_4][Si_2O_7]O(OH)$。

9-5　试根据所给的氧化物分子含量的质量百分比，计算下列矿物的化学式：①钙水碱：Na_2O 25.58，CaO 23.12，CO_2 36.31，H_2O 14.68，总和 99.69；②磁铁矿：FeO 27.08，MnO 3.80，Fe_2O_3 69.22，总和 100.10。（提示：注意磁铁中的类质同象替代关系。）

9-6　矿物具有哪些化学性质？举例说明，并说明如何利用这些化学性质。

第 10 章 矿物的形态

矿物的形态，包括矿物单体、连生体及集合体的形态，其中单体形态是研究的基础。

一方面，不同的矿物常具有不同的晶形和形态特征，这是依据晶形和形态特征识别矿物的一个基本准则。另一方面，同一种矿物于不同的地质条件下，在其自身晶体结构限定的范围内又常常出现不同的结晶习性。因此，矿物的形态不仅是识别矿物的依据之一，同时也是探索矿物形成时所处地质条件的"向导"。

10.1 矿物单体的形态

在前述内容中，我们从晶体的对称出发，叙述了单形和聚形的问题，亦即一切晶体所可能具有的理想几何形态的问题。但在具体的每一种晶体上，其晶形除了不能超越这一可能性之外，各自还具有自己的特殊性。例如石盐，它属于等轴晶系 $3L^44L^36L^29PC(m3m)$ 对称型，该对称型可能有的七种单形，按理在石盐晶体上都有可能出现，但实际上，石盐晶体几乎总是呈立方体晶形，而其余的六种单形，有的很少出现，有的则从不出现。再如方解石虽然可能出现的单形是有限的，但其晶形却极其多种多样。依形成温度的不同，方解石的晶体可以呈现出如图 10-1 所示的各种形态。此外，在晶体生长过程中或在晶体长成后，总是不可避免地要受到外界复杂因素的种种影响，致使晶体不能按理想形态发育，从而不能表现出理想晶体所应具有的全部特征。故此，对矿物单体的形态除按单形和聚形描述外，还应考察矿物单体的结晶习性和晶面特征。

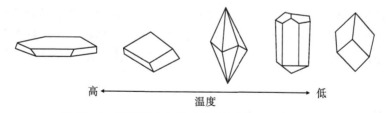

高 ←——————→ 低

温度

图 10-1 不同温度条件下形成的方解石晶体的形态

10.1.1 结晶习性

在相同的生长条件下，一定成分的同种矿物，总是有它自己的习见形态。矿物晶体的这种性质，就叫作该矿物的结晶习性（简称晶习）。对矿物的结晶习性进行描述时，首先根据晶体的总的形态特征,即晶体在空间三个互相垂直的方向上发育的程度,将晶体归入结晶习性三种基本类型中的某一种,然后再描述其发育的单形或晶体的总体形状。结晶习性有如下三种基本类型。

(1)一向延长,晶体沿一个方向特别发育,包括柱状、针状等,如柱状石英、针状水锰矿、金红石等。

(2)二向延展,晶体沿两个方向特别发育,包括板状、片状等,前者如重晶石,后者如云母、石墨等。

(3)三向等长,晶体沿三个方向大致相等发育,包括等轴状或粒状,如石榴石、黄铁矿等。

矿物晶体之所以具有结晶习性,主要是由它的内部结构和形成条件所决定的。例如,角闪石、辉石这类结构中具有链状络阴离子团的矿物,常沿着链的方向发育成柱状或针状;云母、绿泥石一类结构中具有层状络阴离子团的矿物,常常在平行结构层的方向形成片状或板状。此外,按布拉维法则,晶体上发育最完全的单形晶面都是对应于结构中质点密度较大的面网或行列的,前者如石盐的立方体{100},后者如石榴石的菱形十二面体{110}。

结晶形态与形成条件的关系问题比较复杂,其中许多问题至今还未得出满意的解释。这里仅以石盐为例概略说明这方面的研究情况。在石盐结晶过程中,溶液中各组分的相对浓度对它的形态有着很大的影响。当溶液中正、负离子的浓度基本平衡时,由这两种离子共同组成的质点密度最大的(100)晶面较发育,形成立方体晶形,但当溶液中正、负离子不均衡时,则由同种离子所组成的质点密度最大的(111)晶面较发育,从而形成八面体晶形,如图10-2所示。

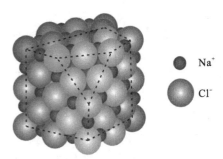

图10-2   石盐晶体结构中的(100)和(111)晶面

决定结晶习性的外部条件,除上述的组分浓度外,还有温度、压力及介质的酸碱度等。

总之,矿物晶体的实际外形是以晶体的内部结构为依据,以形成时的外部环境为条件的综合反映。晶体的内部结构决定着在晶体上可能出现的或出现概率最大的单形种类,形成条件则十分具体地确定了在可能出现的单形种类中实际形成的单形应是哪些。

10.1.2   晶面特征

实际矿物晶体的晶面都不是理想的平面,常常出现这样或那样的条纹,即晶面条纹。晶面条纹对不同的矿物来说都有着各自的特色,因此,其可作为矿物的鉴定标志。

1. 晶面条纹

晶面条纹是指晶面上由一系列所谓的邻接面构成的直线状条纹,它是在晶体生长过程中,由相互邻接的两个单形的狭长晶面交替发育而形成的。例如,石英柱面上的横纹，就是六方柱与菱面体晶面交替发育的结果；黄铁矿的晶面条纹则是由立方体与五角十二面体两种单形的晶面交替发育形成的。所以，晶面条纹也称生长条纹或聚形条纹。

在一个晶体上，同一单形的各晶面，只要有条纹出现，它的样式和分布状况总是相同的，因此，利用晶面条纹的特征，不仅可以鉴定矿物，而且还有助于做单形分析和对称分析。图 10-3 为几种常见矿物的晶面条纹。

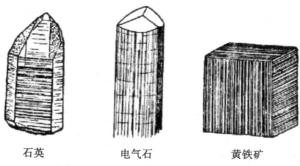

石英   电气石   黄铁矿

图 10-3   几种常见矿物的晶面条纹

在观察晶面的表面特征时，应注意区分双晶条纹与聚形条纹。双晶条纹实际上是一系列聚片双晶的接合面与晶面或解理面的交线，因此，它不仅在某种晶面上可以见到，而且在某些方向的解理面上也清晰可见。然而，聚形条纹只出现在某种晶面上，在解理面上是看不到的。此外，双晶条纹粗细均匀，而聚形条纹一般粗细不均匀。

2. 蚀象

蚀象是晶面因受溶蚀而遗留下来的一种具有一定形状的凹斑。蚀象的形状和分布主要受晶面内质点排列方式的控制，所以，不仅不同种类的晶体，其蚀象的形状和位向一般不同，就是同一晶体不同单形的晶面上，蚀象的形状和位向一般也是不相同的；反之，晶体上性质相同的晶面上的蚀象相同，而且同一晶体上属于一种单形的晶面其蚀象也必然相同。因此，蚀象也可用来鉴定矿物、分析单形和对称型。图 10-4 和图 10-5 分别为磷灰石和石英晶面上的蚀象，根据二者的蚀象可以判断出，磷灰石的实际对称型为 L^6PC；α石英的对称型为 L^33L^2，并且α石英晶体上的蚀象还显示了出石英的左形和右形。

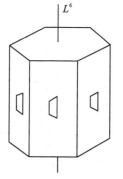

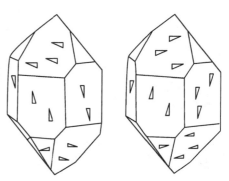

图 10-4   磷灰石晶面上的蚀象   图 10-5   α石英晶面上的蚀象

10.2 矿物连生体的形态

天然矿物晶体，除以单体存在外，常常还彼此规则地连生在一起，形成各种所谓的连生体。按连生体中各个体间的方位关系，可分为双晶及平行连生体等规则的连生体，其中最重要的是双晶，其对于某些矿物的鉴定和晶体的工业利用都有重要的意义。

10.2.1 平行连生体

平行连生体(或称平行连晶)是指由若干个同种的单晶体，按所有对应的晶体学方向(包括各个对应的晶体轴、对称元素、晶面及晶棱的方向)全都相互平行的关系而组成的连生体。

图 10 - 6 所示的是磷灰石晶体的平行连生体，可以看出，不同的晶体个体，在外表上均表现为对应的晶面、晶棱彼此平行，且单体之间存在凹角。可以想象，如果较小的个体生长得更大一些，那么就可能与较大的个体重合在一起。所以，平行连生体从外形看是多晶体的连生，但它们的内部格子构造却是平行而连续的，从这点来看其与单晶没有什么差异，只是单个晶体生长得不完全而已。

图 10 - 6 磷灰石的平行连生体

10.2.2 双晶

1. 双晶的概念

双晶为同种晶体的规则连生，其中一个个体与另一个个体呈镜像关系，或者是其中一个个体旋转 180°后，可与另一个个体重合或处于平行的方位，如图 10 - 7 所示的石膏双晶。从晶体结构上来说，构成双晶的两个个体之间，其结晶格子不平行、不连续(见图 10 - 8)。

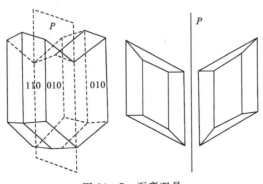

图 10 - 7 石膏双晶

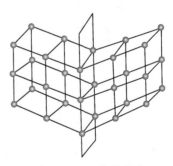

图 10 - 8 双晶的晶格

　　双晶(亦称孪晶)是指由两个互不平等的同种单体彼此间按一定的对称关系相互取向而组成的规则连生晶体。构成双晶的单个晶体之间相应的晶体学方位，如对称元素的空间方位及晶面和晶棱方向等，并非完全平行，但它们可以借助于一定的对称操作，如旋转、反映、反伸等，使个体之间能够彼此重合，或者达到晶体学取向一致。

2. 双晶要素

　　从图 10-8 中不难理解，要想使得单体彼此重合或者平行，需要进行一定的操作，这些操作凭借的几何元素(点、线、面等)就是所谓的双晶要素。双晶要素是用来表征双晶中单体间对称取向关系的几何要素，也就是使得双晶相邻单体重合或者平行而进行操作时所凭借的辅助几何图形(点、线、面)。双晶要素包括了双晶面、双晶轴和双晶中心，下面分别叙述。

　　1) 双晶面

　　双晶面为一假想的平面，通过它的反映变换后，可使构成双晶的两个单体重合或达到彼此平行一致的方位。图 10-7 表示的是石膏接触双晶，平面 P 就是双晶面，可以看出，通过双晶面的反映，左右两个单体可以重合。在实际双晶中，双晶面不可能是单体上的对称面，因为双晶单体之间的格子不连续，但双晶面必定平行单体的实际晶面(或者可能晶面)，因为双晶面也是沿着某面网分布的，在后者情况下，双晶面可以用晶面符号来表示。

　　2) 双晶轴

　　双晶轴为一假想直线，双晶中一单体围绕其旋转 180° 后，可与另一单体重合或达到彼此平行一致的方位。同样考察图 10-7，左侧的个体围绕垂直于平面 P 的直线(图中用二次轴的符号标识)旋转 180° 后，虽然不能和右侧的单体完全重合，但可与之处于平行的方位，也即类似平行连生的情况。所以，垂直于双晶面 P 的直线就是双晶轴。在实际双晶中，双晶轴常与结晶轴或奇次对称轴的方向一致，并与晶体的一个实际的或可能的晶面垂直，因此，常用与它垂直的晶面符号来表示。图 10-7 中的双晶轴垂直于 (100) 面，故可以记为 ⊥(100)。类似的例子如图 10-9 所示的正长石的卡斯巴双晶，可以看出，绕 Z 轴旋转 180° 两个个体也重合，此情况可记为双晶轴平行于 Z 轴。如果与某晶带轴平行的话，也可用晶带轴的符号来表示。与双晶面的情况相似，双晶轴不可能平行于单晶体上的偶次对称轴。

　　3) 双晶中心

　　双晶中心为一假想的几何点，通过它的反伸变换后，构成双晶的两个单体可相互重合或达到彼此平等一致的方位。双晶中心只在没有对称中心的晶体中出现，并且只在单晶个体没有偶次轴或对称面的情况下才有独立意义，故一般双晶的描述中也极少应用它。如果构成双晶的单晶体具有对称中心，则双晶中心和双晶面将同时存在，并互相垂直；如果单晶体不具有对称中心，则双晶轴或双晶面常单独存在，即使有时二者同时出现，但必定互不垂直。

　　看起来双晶面、双晶轴和双晶中心的作用与对称面、二次对称轴和对称中心的作用相同，但前者是对不同单晶体之间而

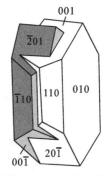

图 10-9　正长石的
卡斯巴双晶

言的，而后者针对的是一个晶体的不同部分。此外，对双晶而言，可能存在多个双晶面或多个双晶轴，但在描述的时候往往只描述其中的一个就可以了。如图10-9所示的正长石的卡斯巴双晶，双晶轴除了平行于Z轴以外，在垂直于(010)面的方向上也有另外一个双晶轴。

在双晶的描述中，除应用上述双晶要素外，还经常提到双晶接合面，其指的是双晶中相邻单体间彼此接合的实际界面，是属于两个个体的共用面网，其两侧单体的晶格互不平行，二者的取向亦不一致。注意：双晶接合面不是一个双晶要素，其描述的是双晶中单体之间的接触界面，并且不一定是一个平面，也可以是有一定规律的折面。双晶接合面可与双晶面重合，如在石膏的双晶(见图10-7)中二者皆平行于(100)面；也可以不重合，如正长石的卡斯巴双晶(见图10-9)，双晶面平行于(100)面而接合面平行于(010)面。

双晶接合的规律称为双晶律。双晶律可用双晶要素、接合面等表示。有时双晶律也被赋予各种特殊的名称：有的以该双晶的特征矿物命名，如尖晶石律、云母律、钠长石律等，它们都是矿物的名称；有的以该双晶初次被发现的地点命名，如长石双晶的卡斯巴律、曼尼巴律、巴韦诺律(德国)，石英双晶的道芬律、巴西律等；有的以双晶的形态命名，如石膏的燕尾双晶、锡石的膝状双晶、方解石的蝴蝶双晶、十字石的十字双晶等；有的则以双晶面或接合面的特征命名，如正长石的底面双晶就是以(001)面为其双晶面及结合面的名称。

3. 双晶类型

除了双晶律之外，人们还经常按照双晶单体间连接方式的不同而划分出不同的双晶类型，在矿物学中常用的分类有以下几种。

1) 简单双晶

简单双晶是由两个单体构成的双晶，其中又可分为接触双晶和贯穿双晶。前者指两个单体间只以一个明显而规则的接合面相接触，如石膏的接触双晶(见图10-7)，接合面∥(010)；后者指两个单体相互穿插，接合面常曲折而复杂，如图10-10所示的萤石的贯穿双晶，双晶轴⊥(111)。

2) 反复双晶

反复双晶是由两个以上的单体彼此间按同一种双晶律多次反复出现而构成的双晶群组，又可分为：①聚片双晶，即由若干单体按同一种双晶律组成，表现为一系列接触双晶的聚合，所有接合面均相互

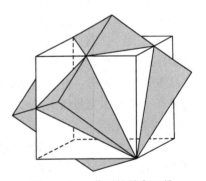

图10-10　萤石的贯穿双晶

平等，如图10-11所示的钠长石的聚片双晶，其接合面∥(010)；②轮式双晶(亦称环状双晶)，由两个以上的单体按同一种双晶律所组成，表现为若干组接触双晶或贯穿双晶的组合，各接合面依次呈等角度相交，双晶总体呈轮辐状或环状，环不一定封闭。轮式双晶按其单体的个数，可分为三连晶、四连晶、六连晶等。如图10-12和图10-13分别表示的金绿宝石和金红石的环状双晶，皆为六连晶，相当于单体依次分别以(001)面和(100)面为面轴旋转60°接触而成。

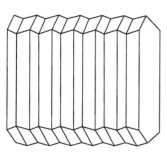
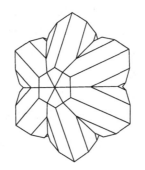
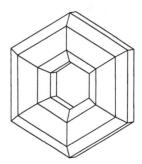

图 10 - 11　钠长石的聚片双晶　　图 10 - 12　金绿宝石的环状双晶　　图 10 - 13　金红石的环状双晶

3）复合双晶

复合双晶是由两个以上的单体彼此间按照不同的双晶律所组成的双晶。如图 10 - 14 所示的钙十字沸石复合双晶便是由不同的双晶律组成的，其个体 A、B、C 皆是由穿插双晶构成的矛状形态，它们之间又相互穿插，从而形成奇特的外形。A、B、C 内部的双晶面和 A、B、C 之间的双晶面并不相同。

此外，根据双晶形成的机理，通常可将双晶分为以下三种不同的成因类型：生长双晶，即在晶体生长过程中形成的双晶；转变双晶，即在同质多象转变的过程中所形生的双晶；机械双晶，即晶体在生成以后，由于受到应力的作用而导致双晶的形成。

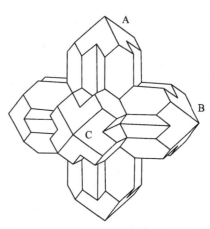

图 10 - 14　钙十字沸石复合双晶

在识别双晶的时候，常有下列依据：单晶为凸多面体，而多数双晶有凹角；双晶的接合面可在晶体表面出露（称之为"缝合线"），缝合线两侧的单体在晶面花纹、性质等方面一般会有差异；单晶与双晶的对称性一般也不同。当然，利用显微镜进行观察或利用现代仪器进行分析，能更准确地识别出双晶来。

双晶是晶体中的一种较为普遍的现象，但对于某些晶体来说是很重要的一种性质。双晶在矿物鉴定和某些晶体的研究中，有重要的意义，如自然界矿物机械双晶的出现可以作为地质构造变动的一个标志，因此，其还具有一定的地质学意义。此外，双晶的存在往往会影响到某些矿物的工业利用，必须加以研究和消除，如 α 石英若含有双晶就不能作为压电材料、方解石由于双晶的存在会影响其在光学仪器中的应用等。

10. 2. 3　衍生

关于不同种类晶体之间的规则连生，在早些时期是用附生和交生这两个术语来描述的。附生和交生虽然都是指两种不同的晶体以一定的晶体学取向连生在一起（也有以附生来描述同种晶体之间的生长关系的），但之间的差别可以理解为：附生的个体之间存在大小差别，且小晶体的形成晚于大晶体，二者的生长关系表现在晶面上；交生通常指晶体个体的差异较小，且基本是同时形成的，生长关系体现在内部。

例如赤铁矿与磁铁矿之间的附生关系。个体较小的赤铁矿以(0001)面附生在个体较大的磁铁矿(111)面上。再如长柱状的角闪石穿插在普通辉石中，二者以(100)面和($\bar{1}$00)面接触而交生在一起形成交生的关系。显然，无论是附生或是交生，两种不同晶体相接触部分的晶格都具有某种相似性。

1977年，国际矿物协会和国际晶体学联合会对异种晶体之间的规则取向连生术语进行了规范，即所谓的衍生现象，其要点如下。

1. 拓扑衍生

拓扑衍生是指由晶体的固态转变或化学反应所引起的两个或两个以上的异种晶体之间的相互取向衍生，主要是从其成因角度来考虑的。最常见的固态转变是同质多象转变，即化学组成不变，但受压力、温度及其他因素的影响，其结构可以发生改变。如板钛矿晶体，可以局部转化为金红石，二者的 Z 轴一致而构成拓扑衍生。方镁石和水镁石之间的相互取向连生则是由化学反应形成的拓扑衍生实例，方镁石(MgO)是由水镁石($Mg(OH)_2$)脱水后形成的。

2. 体衍生

体衍生即共晶格取向连生，指异种晶体之间，由于其三维晶格之间的相似性而导致的相互取向连生。体衍生实际上都出现在多型中，是一种常见的现象，一般需要通过 X 射线衍射和透射电子显微镜等微观研究才能观察到。

3. 面衍生

面衍生即共面网取向连生，指的是异种晶体之间存在性质相近的某类面网，并沿此面网二者连生在一起。例如等轴晶系碘化钠晶体的(111)面网上，Na^+ 按等边三角形网格排列，间距为 0.499 nm；而单斜晶系白云母(001)面网上的 K^+ 也按等边三角形网格排列，间距为 0.519 nm。二者的相似性使得它们可以呈面衍生体。

4. 线衍生

线衍生即共行列取向连生。如果异种晶体之间存在性质相近的某类行列，那么它们之间有可能沿此行列取向连生。但在实际晶体中，至今尚未发现有线衍生的实例。

10.3　矿物集合体的形态

同种矿物的许多个体聚集在一起的群体叫作矿物集合体。自然界的矿物大多是以集合体的形式出现的。对于结晶质矿物来说，其集合体形态主要取决于单体的形态和它们集合的方式；而对于胶体矿物来说，其集合体形态则依形成条件而定。

对矿物集合体作描述时，可分为以下两种情况。

10.3.1　显晶集合体

用肉眼或放大镜可以分辨出各个矿物颗粒界限的集合体叫作显晶集合体。在描述这类集合体时应注意矿物单体的形状、大小和集合方式。

显晶集合体大体有以下几种。由各方向发育大致相等的颗粒组成的集合体叫作粒状集合体，按颗粒大小，又可分为粗粒状(粒径＞5 mm)、中粒状(粒径 1～5 mm)和细粒状(粒径<1 mm)集合体。如果单体呈片状，则按片的大小，分别叫作片状或鳞片状集合体。如果单体为一向延长的，则按其粗细及排列情况，分别叫作柱状集合体(见图10-15)、针状集合体(见图10-16)、纤维状集合体及放射状集合体(见图10-17)等。如果一群发育完好的晶体，一端固定在一共同的基底上，而另一端向空间自由发育，则叫作晶簇状集合体(见图10-18)。

此外，有些用放大镜也难区分矿物颗粒界限的集合体，统称为块状集合体。

图 10-15　柱状集合体

(长石)

图 10-16　针状集合体

(黑柱石)

图 10-17　放射状集合体

(红柱石)

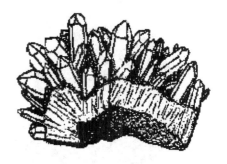

图 10-18　晶簇状集合体

(石英)

10.3.2　隐晶质及胶态集合体

隐晶质集合体只能在显微镜的高倍镜下才能分辨出它的单体，而胶态集合体因不存在单体，故笼统地称为集合体。

隐晶质集合体，可以由溶(熔)液直接凝结而成，也可以由胶体矿物老化而成。胶体由于表面张力的作用，常使集合体趋向于形成球状外貌，胶体老化后，常变成隐晶质或显晶质，其内部形成的放射状或纤维状构造，按外形和成因可分为以下几种。

1. 分泌体

分泌体是由岩石中的球状或不规则形状的空洞被胶体溶液从洞壁开始逐层地向中

心渗透沉淀充填而成的,中心经常留有空腔,有时其中还长有晶簇。由于溶液的周期性沉淀,分泌体中常出现环带构造,大的叫作晶腺(大于 1 cm),小的叫作杏仁体(一般小于 1 cm),前者如玛瑙(见图 10-19),后者如火山岩中的沸石(见图 10-20)。

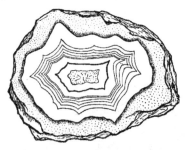

图 10-19　晶腺状集合体
（玛瑙）

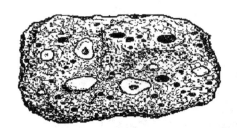

图 10-20　杏仁状集合体
（沸石）

2. 结核体

按其形成过程来说,结核体与分泌体不同,它是围绕某一核心自内向外发育而成的球体、凸镜状或瘤状的矿物集合体。结核的直径通常在 1 cm 以上,多存在于沉积岩中,系胶体作用而成,内部常具同心层状构造,当胶体老化后,往往可以看到有细长的晶体从中心向外呈放射状排列,因此具放射状构造,如图 10-21 所示。结核也可出现在疏松的沉积物中,如我国北方黄土中的钙质结核。

图 10-21　结核状集合体(黄铁矿)

3. 鲕状及豆状体

由许多形状如同鱼卵大小的球粒所组成的集合体,称为鲕状集合体(见图 10-22),形状、大小如豆的称豆状集合体,它们通常由胶体溶液沉淀而成,二者都具有明显的同心层状构造。胶体物质开始围绕悬浮状态的细沙、有机质碎屑或气泡等凝聚,当到一定大小时,便沉于水底,由于水体的流动,鲕粒还可在水下不断滚动而继续增大。

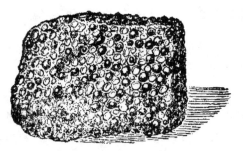

图 10-22　鲕状集合体
（赤铁矿）

4. 钟乳状体

由溶液或胶体失水而逐渐凝聚形成的集合体称为钟乳状体，将其形状与常见物体类比而给予不同的名称，如葡萄状(见图 10 - 23)、肾状(见图 10 - 24)、钟乳状(见图 10 - 25)等。附着于洞穴顶部形成下垂的钟乳体称为石钟乳，而溶液滴到洞穴底部自下而上生长的称为石笋，石钟乳和石笋连接起来则称为石柱，它们均沿垂直方向生长，如若倾斜，则可据以推断地壳变动及其方向。

图 10 - 23　葡萄状集合体
（葡萄石）

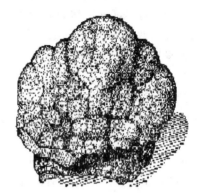

图 10 - 24　肾状集合体
（赤铁矿）

图 10 - 25　钟乳状集合体
（钟乳石）

钟乳状集合体常具同心层状、放射状、致密状或结晶粒状构造，这是凝胶再结晶的结果。如果钟乳状集合体表面圆滑、呈带漆状或有玻璃光泽者称为玻璃头。

此外，在描述矿物集合体时，还经常用到其他一些术语，例如，粉末状矿物集合体、土状集合体及沉积在矿物或岩石表面的矿物薄膜称之为被膜状集合体，被膜较厚者又叫作皮壳，而由可溶性盐类形成的被膜特称为盐华等。

一定的矿物常呈现某种集合体形态，同时，某些集合体形态还常与一定的成因相联系，所以，矿物集合体的形态，可作为鉴定矿物的依据之一，也可作为矿物成因的标志之一。

思考题

10-1 矿物的形态主要指的是哪几种形式，各具有哪些特点？

10-2 矿物的形态与晶体的结晶习性有何关系？

10-3 晶体的实际形态与理想形态之间为何产生差异？

10-4 赤铁矿、方解石、石英、石榴子石通常具有哪些形态？

10-5 双晶要素（双晶面、双晶轴和双晶中心）与对称元素（对称面、对称轴和对称心）的异同点表现在哪些方面？

10-6 请解释：

(1) 双晶面不可能平行于单晶体中的对称面；

(2) 双晶轴不可能平行于单晶体的偶次对称轴；

(3) 双晶中心不可能与单晶体的对称中心并存。

10-7 斜长石的双晶可具有卡斯巴双晶律和钠长石双晶律，而正长石双晶虽也有卡斯巴双晶律，但却不具有钠长石双晶律，这是为什么？

10-8 从附生和交生的含义入手，叙述二者的异同。晶体的衍生描述的是什么？和附生及交生有什么不同？

第11章 矿物的物理性质

矿物的物理性质是矿物学研究的一个重要方面，其不仅是鉴定矿物的主要依据，而且对许多矿物来说，它们之所以能直接为生产部门利用，正是由于具有这种或那种特殊的物理性质的缘故（如金刚石的高硬度、石英的压电性、白云母的绝缘性等）。

矿物的物理性质本质上是由矿物的化学组成和内部结构决定的。化学组成和内部结构都不相同的矿物，它们的物理性质肯定是互不相同的，即使是化学组成相同但内部结构不同，或者内部结构类似但化学组成不同的矿物，它们的物理性质也必然存在差异。

矿物的物理性质包括光学、力学、电学及磁学等方面的性质。本章涉及的内容，主要侧重于人们能直接感觉到的那些性质。对于一个地质工作者来说，熟练地掌握这些性质的特征并了解影响矿物物理性质的各种因素是极为必要的。

11.1 矿物的光学性质

矿物的光学性质是指矿物对自然光的反射、折射和吸收时所表现出来的各种性质。包括矿物的颜色、条痕、光泽和透明度。

11.1.1 颜色

矿物的颜色是矿物最明显、最直观的物理性质，对鉴定矿物具有重要的实际意义。矿物的颜色主要是由矿物吸收可见光后产生的。光波被矿物吸收后，使得其中某种原子的电子从基态跃迁到激发态，只要基态和激发态的能量差等于可见光的能量，矿物便显出颜色，所显现的颜色为被吸收色光的补色，它们之间的关系如表11-1所示。如果矿物对各种波长的色光均匀吸收，视其吸收程度的不同，可以呈黑色或不同浓度的灰色，如果对各种波长的色光基本上都不吸收时，则为无色或白色。另外，当矿物对光波多次反射和散射时，由于光波之间发生的干涉，也可使矿物呈色。

表 11 - 1 吸收光的波长、颜色及其补色

吸收光		补色	吸收光		补色
波长/nm	颜色	(观察到的颜色)	波长/nm	颜色	(观察到的颜色)
400	紫	绿黄	530	黄绿	紫
425	深蓝	黄	550	橙黄	深蓝
450	蓝	橙	590	橙	蓝
490	蓝绿	红	640	红	蓝绿
510	绿	玫瑰	730	玫瑰	绿

矿物的颜色根据产生的原因与矿物本身的关系，可分为自色、他色和假色三种。

1. 自色

自色即矿物自身所固有的颜色，对同一种矿物来说一般是比较固定的，如黄铜矿的铜黄色、孔雀石的翠绿色、磁铁矿的铁黑色等。

矿物自色的产生，主要与矿物的化学组成和晶体结构有关。大部分矿物的自色是由组成矿物的原子或离子受可见光能量的激发，发生电子跃迁或转移造成的，但对于各种矿物来说，其呈色机理又有所不同，主要有以下四种情况。

(1)电子内部跃迁。电子内部跃迁是含过渡金属元素(包括镧系、锕系元素)的矿物呈色的基本方式。过渡金属元素具有未填满的外电子层(d 或 f)结构，它们在晶体结构中受配位体的作用，原来属于同一能级的 d 轨道或 f 轨道将发生能级分裂，分裂后的能级之间的能量差，一般在可见光区段内。于是，当自然光照射到矿物上时，因受光的激发，就会引起这些 d 电子或 f 电子由低能级向高能级跃迁，在这个过程中，电子吸收某种波长的色光，从而使矿物呈现出被吸收光颜色的补色，呈色的深浅则与电子发生跃迁的概率大小有关。由于电子的这种跃迁发生在过渡元素离子的 d 轨道或 f 轨道内部，故称之为电子内部跃迁或内电子跃迁。显然，由此引起的呈色都以矿物内部存在过渡元素离子为条件，所以通常又将能使矿物呈色的这些离子称为色素离子。主要的色素离子有 Ti、V，Cr、Mn、Fe、Co、Ni、Cu 及 U、Tr 等元素的离子。

(2)离子间的电子转移。在晶体结构中，相邻离子间因受高能量紫外线的诱发，使离子之间发生电子转移，在此过程中所产生的紫外区吸收带可扩展到可见光区域，形成带色的透射光使矿物呈色。在同一矿物的晶体结构中，当有两种或两种以上价态的同种元素的离子共存时，电子转移的这种过程最容易发生，如普通辉石、普通角闪石、黑云母的红棕色，就是由 Fe^{2+} - Fe^{3+} 之间电子的转移所引起的，很明显，这种过程实质上是光化学的氧化-还原反应。

(3)带隙跃迁。许多硫化物、砷化物矿物的颜色，常常是由矿物晶体受光照射时，电子吸收光子后从价带跃迁到导带而造成的，如 CdS(硫镉矿)的黄色，就是由吸收波长较短的蓝色光和紫色光促使电子从价带跃迁到导带而产生的。

(4)色心。根据原子结构模型，自由原子中的每个电子，都位于一定的能级上，各能级相互分立而不相连续。但在晶体结构中，由于原子间的距离很小，每一个原子的外层电子都与邻近原子中的电子发生强烈的相互作用，结果使得原来分立的各电子能级各自

分裂为一组能级，这些能级之间的能量差很小，它们分布在具有一定宽度的能量范围内，构成能带（见图 11 - 1）。完全被电子所占据的能带称为满带，部分占据的称为导带，相邻能带之间的能量范围称为禁带。在一般透明矿物晶体中，原子内部禁带的宽度，即它的能量差，要比可见光所具有的能量大，因此，在正常情况下，可见光不足以激发电子，使它们向较高的能带跃迁。但是，当晶体结构中有色心存在时，这种电子跃迁过程便可以发生，从而引起矿物对可见光的选择性吸收，并产生颜色。色心是能够吸收可见光的一种晶格缺陷。

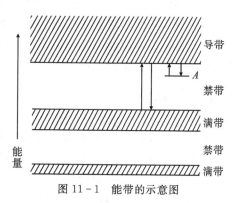

图 11 - 1　能带的示意图

矿物中当某种元素的含量过剩或因存在杂质离子及晶格的机械变形等时，均可形成色心。例如 NaCl 晶体中，当 Na 原子过剩，也即 Cl 原子缺位形成空位时，对整个晶格来讲，空位就成了一个带正电荷的中心，它能捕获附近 Na 原子中的电子，发生相应的电子转移，并吸收蓝-深蓝色的色光而使晶体呈现黄棕色。此外，像方解石等矿物，受应力作用发生变形，产生晶格缺陷，也会引起色心的形成。大部分碱金属和碱土金属的化合物的呈色现象，主要与色心的存在有关。

引起矿物呈色的原因是极其复杂的，其中最普遍最主要的是色素离子和色心的存在。矿物的自色因主要由矿物晶体的内部因素所决定，所以对鉴定矿物具有重要的意义。

2. 他色

他色是指矿物因含外来带色杂质（一般与色素离子有关）而呈现的一种颜色。显然，他色的具体颜色将随机械混入物（杂质）的不同而异，因而通常是不固定的。但是，机械混入物的成分，有时也与矿物本身的结构和成因有关，对某些矿物可以是相对比较固定的。因此，他色也可作为鉴定某些矿物的辅助依据。

3. 假色

假色是指由某些物理因素所引起的呈色现象，而且这种物理过程的发生，不是直接由矿物本身所固有的成分或结构所决定的，例如黄铜矿表面因氧化薄膜所引起的锖色（蓝紫混杂的斑驳色彩）。假色只对个别矿物如黄铜矿等具有鉴定意义。

矿物的颜色多种多样，在描述矿物的颜色时，通常所采用的原则是简明、通俗、力求确切，合乎这个原则的方法之一是选择最常见的物体作比喻，如铅灰、铁黑、天蓝、樱红、乳白等。当矿物的色彩是由多种色调构成时便采用双重命名法，如黄绿、橙黄等。如系同一种颜色，但在色调上有深浅、浓淡之分时，则在色别之前加上适当的形容词，如深蓝、暗绿等。

11.1.2　条痕

条痕是矿物在条痕板（粗白瓷板）上擦划后留下的痕迹（实际是矿物的粉末）。由于它消除了假色，降低了他色，因而比矿物颗粒的颜色更为固定，故可用来鉴定矿物。

如黄铜矿与黄铁矿，外表颜色近似，但黄铜矿的条痕为带绿的黑色，而黄铁矿的条痕为黑色，据此，可以区别它们。另外，同种矿物，可出现不同的颜色，如块状赤铁矿，有的为黑色，有的为红色，但它们的条痕都是樱红色（或鲜猪肝色）。条痕对不透明矿物的鉴定很重要，而透明矿物的条痕大都是白、灰白等浅色，因此，对这类矿物来讲，条痕则失去了鉴定矿物的意义。

11.1.3　光泽

　　矿物的光泽是指矿物表面对可见光的反射能力。对大多数矿物来说，其光泽的强弱主要由反射光的光量来决定，但对于那些具有狭带隙的半导体及自然金属矿物而言，它们的光泽除反映反射光量之外，尚有因电子从导带向价带跃迁时所发射的可见光的光量。矿物的光泽，通常根据反射光由强到弱的次序，可分为：

　　(1)金属光泽，如黄铁矿、方铅矿的光泽，如一般的金属磨光面那样的光泽；

　　(2)半金属光泽，如磁铁矿的光泽，如一般未经磨光的金属表面的那种光泽；

　　(3)金刚光泽，如金刚石、闪锌矿的光泽，如钻石金刚石所呈现的那种光泽；

　　(4)玻璃光泽，如石英、方解石的光泽，如普通平板玻璃所呈现的那种光泽。

　　此外，由于反射光受到矿物的颜色、表面平坦程度及集合方式等的影响，常常呈现出一些特殊的变异光泽，主要有：

　　油脂光泽：具有玻璃光泽或金刚光泽的矿物，在它的不平坦断面上所呈现的如同油脂面上见到的那种光泽，颜色浅，如石英的晶面为玻璃光泽、断口为油脂光泽。

　　树脂光泽：具金刚光泽的矿物，如闪锌矿、雄黄等，在它们的不平坦面上，可以见到像松香等树脂平面所呈现的那样的光泽，颜色黄-黄褐。

　　丝绢光泽：透明、具玻璃光泽且个体细小呈纤维状集合体或解理完全的矿物，如石棉、纤维石膏等，具有的像蚕丝或丝织品那样的光泽。

　　珍珠光泽：解理发育的浅色透明矿物，如白云母、滑石等，在它们的解理面上所看到的那种像贝壳凹面上呈现的那种柔和而多彩的光泽。

　　矿物的光泽主要取决于矿物所具有的化学键的性质。具有金属键的矿物，一般呈现金属或半金属光泽；具有共价键或离子键的矿物，一般呈现金刚光泽或玻璃光泽。矿物表面的平坦程度及矿物的集合体方式等对矿物的光泽也有一定的影响，因此，矿物的光泽也是矿物重要的鉴定特征。

11.1.4　透明度

　　矿物允许可见光透过的程度称为矿物的透明度，其取决于矿物对光的吸收率和矿物的薄厚等因素。金属矿物吸收率高，一般都不透明，非金属矿物吸收率低，一般都是透明的。在观察矿物的透明度时，为了消除厚度的影响，通常隔着矿物的破碎刃边（或薄片）观察光源一侧的物体，根据所见物体的清晰程度，可将矿物的透明度大体分为透明、半透明和不透明三种。

　　(1)透明。矿物能允许绝大部分的透射光透过，隔着这种矿物的薄片可以清晰地看到位于其另一侧的物体的轮廓细节，这样的矿物称为透明矿物，如石英、长石、方解石等。

(2)半透明。矿物可允许部分透射光透过，隔着这种矿物的薄片能够看到另一侧有物体存在，但分辨不清轮廓，这样的矿物称为半透明矿物，如辰砂、雄黄等。

(3)不透明。矿物基本上不允许可见光透过，这样的矿物为不透明矿物，如磁铁矿、方铅矿、石墨等。

矿物的颜色、条痕、光泽和透明度，都是可见光作用于矿物时所表现的性质，它们之间是彼此关联的，掌握其间的关系，将有助于对上述各项性质作出正确的判断，它们的关系如表 11-2 所示。

表 11-2 矿物的颜色、条痕、光泽和透明度的关系

性质	各性质间的关系			
颜色	无色或白色	浅（彩）色	深色	金属色
条痕	无色或白色	无色或白色	浅色或彩色	深色或金属色
光泽	玻璃————金刚————半金属————金属			
透明度	透明————半透明————不透明			

11.2 矿物的力学性质

矿物的力学性质是指矿物在外力作用下表现出来的各种物理性质，有解理、裂理（裂开）、断口、硬度、延展性、弹性和脆性等，其中以解理和硬度对矿物的鉴定最有意义。

11.2.1 解理、裂理和断口

1. 解理

矿物晶体在外力作用下，沿着一定的结晶学方向破裂成一系列光滑平面的性质，叫作解理，破裂成的光滑平面叫作解理面。

根据发生解理的难易程度，解理片的厚薄，解理面的大小及平整、光滑程度，常将解理分成五级。

(1)极完全解理：极易发生解理，解理面大而平坦、极光滑、极薄，如云母、石墨等的解理。

(2)完全解理：易发生解理，常裂成规则的解理块，解理面较大、光滑而平坦，如方解石、方铅矿等的解理。

(3)中等解理：较易发生解理，但解理面不大，平坦和光滑程度也较差，碎块上既有解理面又有断口，如普通辉石等矿物的解理。

(4)不完全解理：较难发生解理，解理面小且不光滑不平坦，碎块上主要是断口，如磷灰石、绿柱石等的解理。

(5)极不完全解理：很难发生解理，仅在显微镜下偶尔可见零星的解理缝，如石英的$\{10\bar{1}1\}$菱面体解理，一般谓之不发生解理。

只有结晶质矿物才具有解理的性质。解理面的方向和发生解理的难易程度严格地受晶体结构控制。解理常在面网间结合力较弱的方向垂直发生，它反映了晶体结构中不同方向上面网间结合力的差异性。

解理通常发生在面网密度大的面网之间，或电性中和的面网（原子面）、两层同号离子相邻的面网及键力较弱的面网之间，这是因为上述面网间的结合力均较弱。

实际矿物解理的产生，有的仅由某一种因素起主导作用，而有的则几种因素共同起作用，所以，在说明某种矿物解理产生的原因时，应该把上述各种因素进行综合分析，方能得到合理的解释。例如，金刚石的{111}面网解理，是因为在金刚石结构中，密度大的面网为{111}、{110}和{100}，这些面网之间 C－C 的距离分别是：在{111}面网之间为 0.154 nm 与 0.051 nm、在{110}面网之间为 0.126 nm、在{100}面网之间为 0.089 nm，其中以{111}面网间的距离最大，故金刚石之解理沿{111}面网发生，如图 11－2 所示。又如闪锌矿（ZnS），虽然在其晶格中垂直[111]方向上的面网间距最大（为 0.236 nm），但闪锌矿的解理不是平行于{111}面网，而是沿{110}面网发生，这是因为在垂直[111]方向上锌离子的面网与硫离子的面网相间成层，相邻面网为异号离子，吸引力大；而{110}面网间距虽较短（0.19 nm），但每层面网内同时分布有锌、硫两种离子，电性中和，面网之间连结力较弱，在这种情况下，几何因素退居次要地位，而静电因素则起主导作用，故垂直[110]方向出现{110}解理，见图 11－3。此外，在具有层状、链状结构的矿物中，由于层间或链间的键力通常较层内、链内的键力弱，故这类矿物的解理总是沿着层或链的方向发生，如石墨的{0001}解理、云母的{001}解理，单斜辉石或角闪石的{110}解理等。

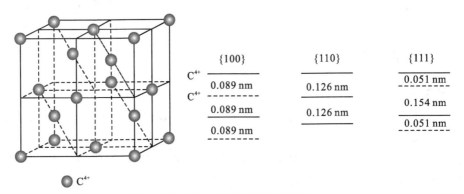

图 11－2　金刚石中的解理

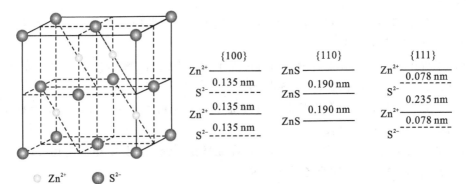

图 11－3　闪锌矿中的解理

　　由于解理总是平行于晶体结构中的面网发生，所以，如果晶体中平行于某种面网有解理存在的话，那么，与该面网构成对称重复的其他方向的面网也应该同样存在性质相同的解理，因此，晶体上的解理面，可以用单形符号来表示。如方铅矿平行于{100}面网的解理，就代表平行于(100)面、(010)面和(001)面三个方向上的解理，由对称关系可知，这三个方向上的解理性质是完全相同的，它们应属同一种解理。

　　不同种类的矿物，其解理特征不同，有的无解理，有的有一组解理，而有的则可有发育程度不同的几组解理。如正交晶系的重晶石之三组解理：平行于{001}面网的一组为完全解理、平行于{210}面网的一组为中等解理、平行于{010}面网的一组为不完全解理。

　　解理是结晶质矿物的一种稳定的物理性质，它不因外界因素的影响而改变，因此，它是鉴定矿物的重要依据之一。

2. 裂理

　　矿物受外力作用，有时可沿一定的结晶学方向裂成平面的性质，称为裂理或裂开。

　　与解理的成因不同，裂理通常是沿着双晶结合面特别是聚片双晶的结合面发生，或因晶格中某一定方向的面网间存在他种物质的夹层而造成定向破裂，前者如刚玉的{10$\bar{1}$1}裂理，后者如磁铁矿的{111}裂理。显然，裂理只出现在同种矿物的某些个体上，对鉴定矿物只有辅助意义。

3. 断口

　　具极不完全解理的矿物，尤其是不能发生解理的晶质和非晶质矿物，它们受外力打击后，都会发生无一定方向的破裂，其破裂面就是断口。这些矿物的断口，常各自有着固定的形状，因此也能作为鉴定矿物的辅助依据。

　　根据断口的形状特征，断口可分为以下几种。

　　(1)贝壳状断口：呈椭圆形的光滑曲面，并具同心圆纹，和贝壳表面纹理相似，如石英(见图 11 - 4)和一些非晶质矿物的断口。

　　(2)锯齿状断口：呈尖锐锯齿状，如自然铜的断口。

　　(3)纤维状断口：呈纤维丝状，如石棉的断口。

图 11 - 4　石英的贝壳状断口

　　(4)参差状断口：呈参差不平的形状，如磷灰石的断口。大多数矿物具此断口。

　　(5)平坦状断口：断面平坦，如块状高岭石的断口。

11. 2. 2　硬度

　　矿物的硬度是指矿物抵抗刻划、压入或研磨能力的大小，它是矿物物理性质中比较固定的性质之一，因而也是矿物的一个重要鉴定特征。

　　在矿物的肉眼鉴定工作中，通常用刻划的方法来测定被鉴定矿物的硬度。度量时，用由下列十种矿物(见表 11 - 3)的硬度构成的莫氏硬度计作为硬度等级的标准进行对比鉴定，即其他矿物的硬度是由莫氏硬度计中的标准矿物互相刻划相比较来确定的。例如，黄铁矿能轻微刻伤正长石，但不能刻伤石英，而本身却能被石英所刻伤，因此，黄铁矿的莫氏硬度在6～7范围内。矿物学中一般所列的硬度都指的是莫氏硬度。

表 11 – 3 莫氏硬度计

矿物名称	莫氏硬度	矿物名称	莫氏硬度
滑石	1	正长石	6
石膏	2	石英	7
方解石	3	黄玉	8
萤石	4	刚玉	9
磷灰石	5	金刚石	10

在野外工作中，用莫氏硬度计中的矿物作为比较标准有时不够方便，因此，常借用指甲(硬度>2)、铜具(硬度约为3)、小刀(硬度为5～5.5)、瓷器碎片(硬度为6～6.5)等代替标准硬度的矿物来帮助测定被鉴定矿物的硬度。

测矿物硬度时，必须在纯净、新鲜的单个矿物晶体(晶粒)上进行。刻划时，用力要缓而均匀，如有打滑感，表明被刻矿物的硬度大；若有阻塞感，表明被刻矿物的硬度小。

莫氏硬度是一种相对硬度，应用时极其方便，但较粗略。因此在对矿物作详细研究时，常需测定矿物的绝对硬度，通常采用的绝对硬度值最初是维克(Vicker)用压入方法测定的，称为维氏硬度。

矿物硬度的大小主要取决于晶体结构中联结质点间键力的强弱。键力强，矿物抵抗外力作用的强度就大，相应地矿物的硬度就大。具典型共价键的矿物，硬度最大；具分子键的矿物，硬度最小；具金属键的矿物，硬度一般也是比较小的；具有离子键的矿物，在结构类型相同时，其硬度的大小，主要取决于组成矿物的离子的电价和离子间距。矿物的硬度随离子间距的减小或离子电价的增高而增大。如萤石 CaF_2 和方钍石 ThO_2，它们的阴、阳离子间的距离相近(分别为 0.243 nm 和 0.242 nm)，但由于 Th^{4+} 与 O^{2-} 的电价比 Ca^{2+} 和 F^- 的电价高，故方钍石的硬度(6.5)大于萤石的硬度(4)。又如方解石 $Ca[CO_3]$ 和菱镁矿 $Mg[CO_3]$，它们的阴、阳离子的电价都相同，但由于 Mg^{2+} 的半径(0.066 nm)小于 Ca^{2+} 的半径(0.108 nm)，因而菱镁矿的硬度(4.5)大于方解石的硬度(3)。此外，在离子的电价和半径相近的情况下，堆积密度越高(即阳离子配位数越高)的矿物，其硬度越大。如方解石和文石，成分相同，但方解石的密度为 2.72 g/cm³ (Ca^{2+} 的配位数为 6)，文石的密度为 2.95 g/cm³ (Ca^{2+} 的配位数为 9)，与此相应，方解石的硬度为 3，而文石的硬度为 4。最后还有，在矿物晶体结构中如有 $(OH)^-$ 或 H_2O 水分子存在时，矿物的硬度就会显著降低，例如硬石膏 $Ca[SO_4]$ 的硬度为 3～3.5，而石膏 $Ca(H_2O)_2[SO_4]$ 的硬度为 2。

矿物的硬度，不仅不同矿物有所不同，即使在同一矿物晶体的不同方位上，也有差异。蓝晶石是最突出的例子，在它的(100)晶面上，平行于晶体延长方向的硬度为4.5，而垂直于晶体延长方向的硬度则为 6.5～7，显然，这是晶体各向异性的一种表现。所有矿物的硬度都应该是随方向而异的，只不过一般不明显罢了。

11.2.3　其他力学性质

（1）脆性，是指矿物受外力作用时易破碎的性质。大多数离子晶格的矿物具此种性质，如石盐、方解石等。

（2）延展性，是指矿物在锤击或拉伸下，容易成为薄片或细丝的性质。这是具金属晶格矿物的一种特性，如自然金等。

（3）弹性，是指矿物在外力作用下发生弯曲形变，当外力解除后又恢复原状的性质，如云母、石棉等的弹性。

（4）挠性，是指矿物在外力作用下发生弯曲形变，当外力解除后不能恢复原状的性质，如滑石、绿泥石等的挠性。

11.3　矿物的其他物理性质

11.3.1　相对密度

矿物的相对密度是指矿物（纯净的单矿物）的重量与 4 ℃时同体积水的重量之比，其数值与密度的数值相同。

矿物相对密度的变化范围很大，可从小于 1（如琥珀）到 23（铂族矿物）间变化。据统计，大多数矿物的相对密度在 2～3.5 范围内。卤化物和含氧盐类矿物普遍较轻，而氧化物、硫化物及自然金属矿物通常具有较大的相对密度。

矿物的相对密度主要取决于其化学组成和晶体结构。

1. 化学组成的影响

当矿物晶体结构类型相同而化学组成不同时，其相对密度主要取决于所含元素的原子量及其原子或离子的半径。一般说来，矿物的相对密度随所含元素的原子量的增加而增大，随所含元素原子或离子半径的增大而减小。表 11-4 列出了几种碳酸盐矿物的相对密度与元素原子量及阳离子半径的关系，从表中还可以看出，当元素阳离子半径增加的幅度小于元素原子量增加的幅度时，矿物的相对密度主要受元素原子量增加的影响，如菱镁矿、菱铁矿和菱锌矿之间的关系；当元素阳离子半径增加的幅度远大于元素原子量增加的幅度时，则阳离子半径对相对密度的影响起了主导作用，致使方解石的相对密度小于菱铁矿的相对密度。

表 11-4　在晶体结构类型相同的情况下，相对密度与元素原子量和阳离子半径的关系

矿　　物	化学式	金属元素的原子量	阳离子的半径/nm	相对密度
方解石	$Ca[CO_3]$	40.1	1.08	2.71
菱镁矿	$Mg[CO_3]$	24.3	0.80	3.00
菱铁矿	$Fe[CO_3]$	55.9	0.86	3.96
菱锌矿	$Zn[CO_3]$	65.4	0.83	4.13

2. 晶体结构的影响

在所含元素原子量和原子或离子半径相同或相近的情况下，晶体结构越紧密的矿物其相对密度也越大，这在同质多象变体间表现得最为明显，如文石的相对密度（2.95）就大于方解石的相对密度（2.71），这是由于 Ca^{2+} 的配位数在文石中为 9，而在方解石中为 6，即文石的结构较方解石紧密。

矿物的相对密度不仅对鉴定矿物有实际意义，而且对矿物的分离和选矿工作也起着重要的作用。在矿物的肉眼鉴定工作中，凭经验用手掂着估计矿物的轻重时，常将矿物的相对密度分为三级：小的——相对密度 2.5 以下；中等的——相对密度为 2.5～4；大的——相对密度在 4 以上。在矿物的重砂分析工作中，是以常用重液——三溴甲烷的相对密度 2.9 为界，将相对密度大于 2.9 的矿物称为重矿物，将相对密度小于 2.9 的矿物称为轻矿物。

在实验室里测定矿物相对密度的方法很多，常用的有比重瓶法、重液法及体积法等。

11.3.2　磁性

矿物的磁性是指矿物可被外磁场吸引或排斥的性质。不同的矿物在外磁场的作用下所表现的性质是不相同的，有的矿物可被普通的磁铁吸起，如磁铁矿、磁黄铁矿等，这些矿物通常称为磁性矿物或铁磁性矿物；有的不能被普通磁铁吸起，但能被强的电磁铁吸起，如赤铁矿、黑云母等，这类矿物一般称为电磁性矿物；而有些矿物则被磁场所排斥，如自然铋、黄铁矿等，这类矿物称之为逆磁性矿物或抗磁性矿物。在矿物的手标本鉴定中，通常只使用普通的磁铁来测试矿物的磁性，能被普通磁铁吸引的，称磁性矿物，不为普通磁铁吸引的则统称为"无磁性"矿物。

矿物的磁性主要是由组成矿物的原子或离子的未成对电子的自旋磁矩产生的，因此，组成矿物的原子或离子具有的未成对电子越多，矿物的磁性就越强，反之则越弱或不显示磁性。一般来说，由惰性气体型离子和铜型离子组成的矿物，因这些离子具有饱和的外电子层构型，所以一般不显磁性；而由过渡型离子组成的矿物，因这类离子具有未填满的外电子层结构，这就为不成对电子的出现提供了条件，有可能显示磁性。实际上，所有具铁磁性和电磁性的矿物，都是含有过渡型离子的矿物，但是，这并不是说所有含过渡型离子的矿物都具有铁磁性或电磁性。这是因为，过渡型离子在晶体结构中要受到配位场的作用，随配位场的效应不同电子的自旋状态有高自旋和低自旋之分。例如 Fe^{2+}，在八面体场中，其 3d 轨道上的电子呈高自旋状态时，有 4 个自旋平行的未配对电子，就会使矿物显示铁磁性或电磁性，如磁黄铁矿、黑云母等；当其 3d 轨道上的电子呈低自旋状态时，电子都是自旋成对的，矿物就不显磁性或显示逆磁性，如黄铁矿、毒砂等。

矿物的磁性，对于鉴定矿物、分离矿物、选矿及磁法找矿都具有重要的意义。

11.3.3　导电性和荷电性

1. 导电性

矿物对电流的传导能力，称为矿物的导电性。矿物导电能力的差别很大，有些矿物几乎完全不导电，如石棉、云母等，为绝缘体；有些极易导电，如自然金属矿物和某些金属硫化物，为电的良导体；某些矿物当温度增高时导电性增强，温度降低时具绝缘体性质，导电性介于导体与绝缘体之间，为半导体，如闪锌矿等。

矿物的导电性主要取决于化学键的性质，具金属键的矿物因其结构中有自由电子存在，所以导电性强；具离子键或共价键的矿物结构中一般不存在自由电子，所以导电性弱或不导电。

2. 荷电性

矿物在外部能量作用下，其晶体表面荷电的性质，称为矿物的荷电性。具有荷电性的矿物，其导电性极弱或不具导电性。荷电性有如下两种情况。

(1)压电性，是指某些矿物晶体受到定向压力或张力作用时，其晶体表面荷电的现象。如 α 石英(属 $L^3 3L^2 - 32$ 对称型)，如图 11-5 所示，垂直晶体的一个 L^2 方向切下一块晶片，在平行于该 L^2 方向对晶片施加压力时，晶片的两个侧面上就出现数量相等而符号相反的电荷；如果以张力代替压力时，则电荷变号。这是因为当晶体受应力作用时，晶格发生变形，晶体总的电偶极矩发生改变，从而激起晶体表面荷电。矿物的压电性只发生在无对称中心、具有极性轴的各晶类矿物中。

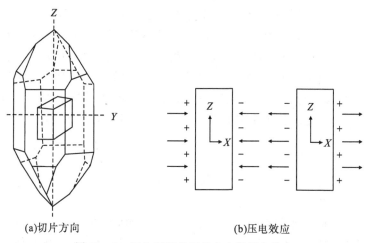

(a)切片方向　　　　　(b)压电效应

图 11-5　压电石英的切片方向及压电效应

(2)热电性，是指某些矿物晶体受热或冷却时，表面荷电的现象。例如，当加热电气石晶体(属 $L^3 3P - 3m$ 对称型)时，在晶体的 L^3 两端，会出现数量相等符号相反的电荷(见图 11-6)，矿物的热电性主要存在于无对称中心、具有极轴的电介质矿物晶体中。

显然，矿物的荷电性可以帮助人们确定晶体的真实对称性。此外，荷电性在现代科学技术中也有广泛的应用。

11.3.4　发光性

矿物受到外界能量的激发时，能发出可见光的性质，称为矿物的发光性。

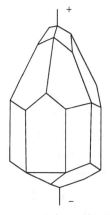

图 11-6　电气石受热荷电

能激发矿物发光的因素很多，如加热、摩擦及阴极射线、紫外线、X 射线等的照射，都可使某些矿物发出一定颜色的可见光，如萤石、磷灰石等矿物在加热时，即可出现热发光现象。

矿物发光的实质是，矿物晶体结构中的质点受外界能量的激发发生电子跃迁，在电子由激发态回到基态的过程中，便将吸收的部分能量以可见光的形式释放出来。波长的不同、发光时间的长短决定了矿物发出的光的颜色和性质。按发光的性质不同，发出的光可分为：

(1)萤光，矿物在受外界能量激发时发光，激发源撤除后发光立即停止，如金刚石、白钨矿等在紫外光照射下的发光现象。

(2)磷光，矿物在受外界能量激发时发光，激发源撤除后仍能继续发光一段时间，如磷灰石的热发光等。

矿物的发光性对一些矿物的鉴定、找矿和选矿都具有重要的实际意义。

11.3.5 其他

有些矿物能引起人体五官特殊的感觉，如滑石、叶蜡石有滑腻感、硝石有冷感、含砷矿物以锤击之有蒜臭、石盐有咸味等。矿物的这些性质也都可以用来鉴定矿物。

此外，含放射性元素矿物的放射性也具有重要的实际意义。放射性元素(U、Th、Ra 等)能自发地从原子核内部放射出粒子或射线，同时释放出能量。由于放射性蜕变过程是持续不断进行的，因此，它们的化学组成也是随时间而变的。同位素有稳定同位素和放射性同位素之分，对于稳定同位素，就目前的测试技术水平而言，在大部分元素中，各同位素的比值基本上是固定的，可以通过测定半衰期，对其进行研究和利用。

思考题

11-1 矿物的物理性质主要体现在哪些方面？如何表征？

11-2 诸如方柱石、绿柱石、电气石等呈柱状习性的中级晶族晶体，为什么总是沿 c 轴方向延伸？如果是呈板状或片状习性的中级晶族晶体，它们应沿平行于晶体的什么方向延展？

11-3 矿物的呈色机理可归纳为哪两类？它们与矿物的自色、他色和假色间有何对应关系？

11-4 矿物的锖色和晕色有何区别和联系？

11-5 小结一下矿物的透明度、光泽、颜色及条痕间在总体上的对应关系。

11-6 试确定下列每组内两种矿物硬度的相对大小，并指出其原因。①赤铁矿与刚玉，均具刚玉型结构，阳离子为 6 次配位；②方钍石与萤石，均具萤石型结构，Th-O 间距和 Ca-F 间距均为 0.243 nm；③Ca[CO₃]的同质二象方解石与文石，它们的相对密度分别为 2.715 与 2.94。

11-7 在准矿物或准晶体中是否有可能出现解理？为什么？

11-8 萤石($m3m$ 对称型)具有{111}完全解理。试问：①萤石共有几个不同方向的解理面？②在平行萤石晶体的(100)和(111)切面上，分别可见到几个方向的解理缝（解理面在切面上的迹线）？

11-9 根据实际资料，晶体的解理面总是平行于那些米勒指数值很小（绝大多数为 1 和 0）的晶面，其原因何在？（提示：联系布拉维法则和整数定律解析。）

11-10 各向异性和对称性是晶体的两项基本性质，它们不仅体现在晶体结构和外形上，也体现在晶体的物理性质中。例如蓝晶石的莫氏硬度，在{100}面上沿 c 轴和 b 轴分别为 4.5 和 6，在{010}面上沿 c 轴和 a 轴分别为 6 和 7，在{001}面上沿 a 轴和 b 轴则分别为 6.5 和 5.5。其他矿物的硬度也表现出随方向而异的特点，只是其间的差异一般都很小，不如蓝晶石那样显著。其他如弹性模量、磁化率、折射率，以及颜色等，也都有方向性，并具一定的对称关系。请举出矿物中具明显各向异性和对称性的一项物理性质的实例。

第 12 章 矿物的形成与变化

前面几部分分别叙述了矿物各方面的性质，并对它们之间的内在联系进行了一定的阐释，但对与矿物在地壳中分布规律密切相关的形成条件问题还未作系统论述。为读者获得对矿物的全面认识，本章就形成矿物的地质作用、矿物形成的条件及其形成后的变化等问题，作必要的概述。

12.1 形成矿物的地质作用

矿物是地质作用的产物，其形成必然受一定地质作用过程所处的物理化学条件的影响，所以，矿物的成因通常是根据地质作用的类型来划分的。形成矿物的地质作用，根据作用的性质和能量来源的不同，一般可分为内生作用、外生作用和变质作用。

12.1.1 内生作用

内生作用一般指与地壳深部岩浆活动有关的全部作用过程。形成矿物的物质和能量主要来源于地球内部，物质来源于地壳和地幔，能量来源于放射性元素的蜕变能、地幔及岩浆的热能等地球的内能。内生作用包括岩浆作用、伟晶作用、气化-热液作用及火山作用等各种复杂的作用过程。除火山作用可达到地表外，其他各种作用都是在地壳内部，即在较高的温度和压力下进行的。

岩浆是成分极为复杂的硅酸盐熔体，它主要由 O、Si、Fe、C、Mg、Na、K 等造岩元素组成，其中还含有少量的挥发分和重金属元素。在地壳运动过程中，岩浆常沿着一些深的断裂运移，随着温度、压力及其他物理化学条件的改变，岩浆中的各种组分便以不同的状态自熔融体中分离出来，形成各种矿物。按形成矿物时的物理化学条件不同，将内生作用进一步分为以下几种作用。

1. 岩浆作用

岩浆作用是指从岩浆熔体中结晶而成矿物的作用。岩浆作用中形成的矿物是在高温（2000～8000 ℃）、高压（数千至两万个大气压）下从岩浆中结晶出来的，参与这一作用的主要元素为造岩元素（K、Na、Ca、Mg、Al、Si 等）和铁族元素（Ti、V、Cr、Mn、Fe、Co、Ni 等）。岩浆主要是由离子构成的熔体，在这种熔体中存在着所谓的"群聚态组"，即由硅氧四面体聚合成为 $(Si_xO_y)^{2-}$ 类型的硅氧络阴离子和由氧围绕金属阳离子组成配位氧合离子的复杂体系。当熔体的浓度和成分变化时，群聚态组会发生各种复杂的分解和结合，从而结晶出各种类型的硅酸盐矿物。

岩浆作用中元素析出的顺序主要受质量作用定律和能量状态的支配，一般按 Mg→

$Fe \rightarrow Ca \rightarrow Na \rightarrow K$ 的顺序析出，故先形成的矿物为铁镁矿物(橄榄石、斜方辉石等)，中期形成的为含钙矿物(基性斜长石、单斜辉石、角闪石等)，晚期形成的则主要是含钾和钠的矿物(酸性斜长石、钾长石、白云母等)，最后过剩的 SiO_2 形成石英。由于它们都是构成岩浆岩的主要矿物，所以统称为造岩矿物。

岩浆由于来源和成因不同，成分上可有较大差异。按其中 SiO_2 含量的高低，将岩浆分为超基性(<45%)、基性(45%~52%)、中性(52%~65%)和酸性(65%~75%)等几种，而把一些特别富含 K_2O 和 Na_2O 的称为碱性岩浆。与这些岩浆相对应的岩石，即依次称为超基性岩、基性岩、中性岩、酸性岩和碱性岩。虽然它们的主要矿物成分都是硅酸盐矿物，但不同岩浆岩中的硅酸盐矿物在种类和数量上都存在着明显的差别，并各与一定的工业矿物相联系，如表 12-1 所列。

表 12-1 各类岩浆岩的矿物成分

岩石类型	主要组成矿物	有关的工业矿物
超基性岩	橄榄石、斜方辉石	铬铁矿、金刚石、铂族矿物
基性岩	斜方辉石、普通辉石、基性斜长石	镍黄铁矿、黄铜矿、铂族矿物、钛磁铁矿
中性岩	普通辉石、普通角闪石、黑云母、中性斜长石	黄铜矿
酸性岩	黑云母、白云母、酸性斜长石、正长石、石英	白云母、铌钽矿物、放射性及稀土元素矿物
碱性岩	霞石、霓石、正长石、钠长石	稀有和放射性元素矿物

2. 伟晶作用

伟晶作用是指形成伟晶岩及与其有关矿物的作用。伟晶作用的温度一般认为约为 $400 \sim 700 \, ℃$，压力范围为 $1 \times 10^8 \sim 3 \times 10^8 \, Pa$。关于伟晶岩的成因，目前存在着不同的观点。一种是残余岩浆学说，认为伟晶岩是在岩浆侵入过程中，当主要结晶作用结束之后，剩余的富含 SiO_2、K_2O、Na_2O 和挥发性组分(F、Cl、B、OH 等)及稀有、放射性元素(Li、Be、Cs、Rb、Nb、Ta、U、Th 等)的熔融体，在深成岩体的顶部形成由粗大矿物晶体组成的囊状或脉状岩体。一种是交代学说，认为伟晶岩是岩浆发展到一定阶段时，从岩浆中分泌出的大量气体、溶液与早已形成的矿物或矿物集合体发生交代作用和矿物的重结晶作用而形成的。另外一种观点认为伟晶岩是由花岗岩岩化作用所产生的气体、溶液沿围岩裂隙进行结晶和交代作用而形成的。

伟晶作用中形成的矿物的最明显特点：结晶粗大，富含挥发分的矿物(如黄玉、电气石等)和稀有元素的矿物(如绿柱石、锂辉石等)，常可形成稀有元素、放射性元素的矿床和白云母等非金属矿床。

3. 气化-热液作用

气化-热液作用是指在从气水溶液到热水溶液的过程中形成矿物的作用。通常所说的气化热液是指岩浆期后热液，它是在岩浆侵入并冷却的过程中，分泌出来的以 H_2O 为主的含有许多金属元素的挥发性组分。随着温度的下降，从气水溶液转变而成的热水溶液，在沿岩石裂隙向围岩运移、渗透的过程中，还可从围岩中淋滤和溶解部分成矿物质，在适当条件下，所携带的金属元素等成矿物质发生沉淀而生成矿物。

除岩浆期后热液外，还有变质热液和地下水热液。前者主要是由沉积岩在变质作用过程中所释放出来的孔隙水及矿物中的吸附水、结晶水和结构水等构成的，后者则主要是由地表下渗水渗透到地壳的深部受地热等影响而形成的，它们和岩浆期后热液一样，在沿岩石裂隙运移、渗透的过程中，也可从围岩中淋滤或溶解部分成矿物质，在适当的条件下沉淀而形成矿物。

参与气化-热液作用的元素，主要有金属元素（Cu、Ag、Au、Zn、Cd、Hg、Ga、In、Tl、Ge、Sn、Pb、Fe、Co、Ni 等）、半金属元素（As、Sb、Bi）和部分非金属元素（B、F、Cl、O 和 S 等）。气化-热液作用所形成的矿物以硫化物和氢氧化物为主，其次是各种含氧盐矿物。

气化-热液作用的温度，一般在 50～400 ℃范围内，若为气化热液，其温度可高于400 ℃，其压力的变化范围很大。按照形成矿物的温度，可将气化-热液作用划分为以下三个阶段。

（1）气化-高温热液作用，温度一般为 300～400 ℃，有时高于 400 ℃。在这个阶段中，主要形成由高电价、小半径的阳离子组成的氧化物和含氧盐矿物，如锡石、黑钨矿、铌钽铁矿和绿柱石、黄玉等，也可形成部分硫化物，如辉钼矿、辉铋矿、毒砂等。

（2）气化-中温热液作用，温度一般为 200～300 ℃。在这个阶段中，H_2S 的离解度增大，热液中硫离子的浓度增加，常形成以 Cu、Pb、Zn 为主的硫化物矿物组合，如黄铜矿、方铅矿、闪锌矿、黄铁矿等。一些分散元素（Ga、In、Tl、Ge、Se、Te 等）则以类质同象的方式进入硫化物的晶格中。此外，常常还有石英、方解石、萤石等矿物形成。

（3）气化-低温热液作用，温度为 50～200 ℃。低温热液的来源很复杂，大部分热液不一定直接来自岩浆，地表下渗水和变质热液可能起了主要作用。该阶段主要形成的矿物是 As、Sb、Hg 等的硫化物（雌黄、雄黄、辉锑矿、辰砂等）和重晶石等硫酸盐矿物。

4. 火山作用

火山作用是岩浆作用的一种特殊形式，总括了地下岩浆通过火山管道喷出地表的全过程。这种作用的产物为各种类型的火山岩（包括熔岩和火山碎屑岩）。

火山熔岩是炽热岩浆在陆地或水下快速冷却而形成的岩石，在原生期，形成高温、淬火、低压、高氧、缺少挥发分的矿物组合。例如，石英都是高温相的 β 石英；碱性长石都是高温相的透长石、正长石；含挥发分的矿物如白云母、电气石等都不出现；角闪石、黑云母虽见于斑晶或石基内但极不稳定，易变成辉石和磁铁矿的细粒集合体，并在矿物边缘常形成不透明石即所谓的暗化边；高氧化矿物则有赤铁矿等。此外，在某些火山岩中，特别是酸性火山岩中常有火山玻璃出现。火山岩中由于挥发分逸出所造成的气孔，常被火山后期热液作用形成的一系列矿物如沸石、方解石、蛋白石等所充填，在火山喷气孔周围则常有经凝华作用形成的自然硫、雄黄、石盐等的产出。与火山作用有关的重要矿产有铁、铜等。值得指出的是，在个别情况下，火山作用还可以喷溢矿浆，例如智利的拉科铁矿，就认为是由灌入和溢出地表的铁矿浆结晶而成的。

12.1.2　外生作用

外生作用是指于地壳的表层，在较低的温度与压力下，主要在太阳能、H_2O、CO_2、O_2 和有机体等因素的影响下，形成矿物的各种地质作用，按其性质的不同，可分为风化作用和沉积作用。

1. 风化作用

风化作用是指出露于地表或近地表的矿物和岩石，在大气、水、生物等营力的影响下，所发生的化学分解和机械破碎作用的总称，它包括物理风化、化学风化和生物风化三种主要的作用过程。在风化作用过程中，可形成一系列稳定于地表条件的表生矿物。

地壳表层的物理化学特点是低温，低压，富含水、氧和二氧化碳，且生物活动强烈。在地壳深部形成的矿物和岩石一旦进入这种环境，由于物理化学条件的巨大变化，就要发生分解和破碎，其中，一部分物质被地表水及地下水带走，成为沉积物的主要来源，另一部分则留在原地，或被搬运到距离不远的适当地方形成表生矿物堆积，其结果就导致了风化壳的形成。

矿物抵抗风化的能力是各不相同的，这主要取决于其内部结构和化学组成。一般具有层状结构、富含水及变价元素的高价氧化物和氢氧化物在地表最为稳定，因此，表生矿物主要是各种层状硅酸盐矿物、金属氧化物及氢氧化物。

长石族的矿物是地壳中分布最广的 K、Na、Ca 的铝硅酸盐矿物。在风化作用过程中，首先受各种酸，主要是碳酸的作用而分解，分解出 K^+、Na^+、Ca^{2+} 等阳离子，并发生水化，在逐渐转变为水云母的同时，内部结构由架状变为层状；然后，水云母在酸性条件下继续分解，游离出部分 SiO_2 而形成高岭石（在碱性介质中形成蒙脱石）；最后，在湿热的气候条件下，高岭石进一步分解，使其中的 Al_2O_3 和 SiO_2 与羟基之间的联系被破坏，形成氢氧化铝（即一般所称的铝土矿）和蛋白石。以钾长石为代表，其反应过程表示如下：

$$4K[AlSi_3O_8]+2CO_2+4H_2O \longrightarrow Al_4[Si_4O_{10}](OH)_8+8\ SiO_2+2K_2CO_3$$
（钾长石）　　　　　　　　（高岭石）

$$Al_4[Si_4O_{10}](OH)_8+2H_2O \longrightarrow 4Al(OH)_3+4SiO_2（胶体）$$
（高岭石）　　　　　　　　（三水铝石）（蛋白石）

金属硫化物一般在地表都很不稳定，它们在水和氧的作用下变为硫酸盐，其中溶解度大的被水大量带走。硫酸盐进一步在水和各种酸的作用下，或与围岩发生作用，形成难溶的氢氧化物或含氧盐等表生矿物。如金属硫化物矿床中的黄铜矿 $CuFeS_2$ 在风化作用过程中的变化，用化学反应式可表示如下：

$$CuFeS_2+4O_2 \longrightarrow CuSO_4+FeSO_4$$
（黄铜矿）

$$2CuSO_4+CO_2+3H_2O \longrightarrow Cu_2[CO_3](OH)_2+2H_2SO_4$$
　　　　　　　　　　（孔雀石）

$$或者 2CuSO_4+2CaCO_3+H_2O \longrightarrow Cu_2[CO_3](OH)_2+2CaSO_4+CO_2$$
　　　　　　　　　　（孔雀石）

$$或 \quad 3CuSO_4 + 2CO_2 + 4H_2O \longrightarrow Cu_3[CO_3]_2(OH)_2 + 3H_2SO_4$$
$$（蓝铜矿）$$

$$4FeSO_4 + 2H_2SO_4 + O_2 \longrightarrow 2Fe_2[SO_4]_3 + 2H_2O$$

$$Fe_2[SO_4]_3 + 6H_2O \longrightarrow 2Fe(OH)_3 + 3H_2SO_4$$
$$（针铁矿或纤铁矿）$$

在风化作用中，生物的活动对原生矿物的破坏和次生矿物的形成具有重要的影响。生物的作用实质上是一种由生物引起的化学风化作用。绿色植物的光合作用产生的 O_2，微生物的生理活动和有机体的分解生成大量的 CO_2、H_2S 和有机酸等，直接参与矿物的氧化或还原反应，例如有细菌参加的黄铁矿（$Fe[S_2]$）的氧化还原反应可写成

$$2Fe[S_2] + 7.5O_2 + H_2O \longrightarrow Fe_2[SO_4]_3 + H_2SO_4$$

氧化作用的结果是产生了可溶的金属硫酸盐和硫酸，硫酸则进一步加速矿物的风化。自然界中，铁的生物氧化数量远远超过了化学氧化数量，许多风化成因的铁锰矿床都和微生物的作用有关。

但是，在自然界，物理风化、化学风化和生物风化三种作用不是彼此孤立的，而是相互联系、相互促进、相互影响的。单纯的物理风化，只能使矿物发生机械破碎而变成碎屑，不能导致新矿物的形成。而表生新矿物的形成则主要依赖于风化（包括生物、化学风化）作用的进行。

2. 沉积作用

矿物和岩石在风化作用过程中遭受机械破碎和化学分解所产生的风化产物（主要有碎屑物质、泥质和溶解物质），除少部分残留在原地外，大部分都要被搬运走，并在新的地方沉积下来，形成另一种矿物或矿物组合，这种作用称为沉积作用。如果沉积物质来源于火山产物，则特称为火山沉积作用。

沉积作用主要发生在河流、湖泊及海洋中，根据沉积方式不同，分为机械沉积、化学沉积和生物化学沉积。

(1)机械沉积。在风化条件下，物理和化学性质稳定的矿物，遭受机械破碎后所形成的碎屑，除残留原地的外，主要被流水、风等外营力搬运，由于水流速度或风速的降低，矿物按颗粒大小、相对密度高低发生分选沉积，在适宜的场所造成有用矿物的集中，形成各种砂矿。在一般情况下则形成各种砂岩或砾岩，如砂金、金刚石、锡石、独居石等。显然，机械沉积作用过程中，一般不形成新的矿物，主要是矿物的再沉积。

(2)化学沉积。在风化作用中被分解的矿物，其成分中的可溶组分溶解于水成为真溶液，当它们进入内陆湖泊、封闭或半封闭的潟湖或海湾以后，如果处于干热的气候条件，水分将不断蒸发，溶液浓度不断提高，当达到过饱和程度时，就发生结晶作用，形成卤化物、硫酸盐、硝酸盐、硼酸盐等一系列易溶盐类矿物，它们往往形成巨大的非金属矿床。另一些低溶解度的金属氧化物和氢氧化物，常可成为胶体溶液，当它们被搬运到湖泊及海盆内时，受到电解质的作用而发生凝聚、沉淀，形成铁、锰、铝、硅等胶体成因的氧化物或氢氧化物矿物。

(3)生物化学沉积。某些生物在其生存的过程中，可从周围介质中吸收有关元素和物质，组成它们的有机体和骨骼，当这些生物死亡后，其遗体可直接堆积起来形成矿物，如硅藻土、方解石（生物灰岩的主要矿物成分）等。此外，在生物的生理活动过程

中，能产生大量的 CO_2、H_2S、NH_3 等气体，可影响沉积介质的酸碱度及氧化还原条件，并对有机体进行分解和合成作用，从而形成某些有机矿物和无机矿物。前者如琥珀、草酸钙石等，后者如磷灰石（磷块岩的主要矿物成分）等。另外，煤、石油、天然气的形成直接与生物化学沉积作用密切相关。

12.1.3　变质作用

变质作用是指在地表以下的一定深度内，早先形成的矿物和岩石，由于地壳变动和岩浆活动的影响，物理化学条件发生了变化，造成岩石结构改变或组分改组并形成一系列变质矿物的总称。

变质作用，按其发生的原因和物理化学条件的不同，分为接触变质作用和区域变质作用。

1. 接触变质作用

接触变质作用发生在岩浆侵入体与围岩的接触带上。按侵入体与围岩之间有无元素之间的交换，接触变质又分热变质和接触交代变质两种类型。

热变质：当岩浆侵入体与围岩接触时，受岩浆高温的影响，引起围岩中矿物的重结晶或生成与围岩成分有关的另一些矿物。前者如石灰岩变成大理岩（方解石发生重结晶，颗粒变大），后者如泥质岩石中形成的红柱石、堇青石等富铝矿物。在这个作用过程中，基本上不发生侵入体与围岩之间的交代作用，或交代作用极其微弱。

接触交代变质：当岩浆侵入体与围岩接触时，侵入体中的某些组分与围岩发生化学反应，从而导致矿物的形成。其与热变质的不同之处在于有交代作用的发生，所形成矿物的种类随侵入体与围岩成分的不同而异。以中酸性侵入体与石灰岩的接触交代为例，此时，侵入体中富含挥发性组分的气体和溶液进入围岩，带入 SiO_2、Al_2O_3 等组分，使围岩中的 CaO 和 MgO 等组分被交代并将之带入侵入体中，这样，在接触带附近的岩石就要发生成分和结构的变化，并形成一系列接触交代成因的矿物，如钙铝榴石、透辉石、符山石、方柱石、硅灰石等，它们组成了所谓的矽卡岩。在接触交代过程中，有时还可以形成铁（磁铁矿）、钨（白钨矿）、钼（辉钼矿）、铜（黄铜矿）、铅（方铅矿）、锌（闪锌矿）等的富集，并往往构成有工业意义的矽卡岩矿床。

2. 区域变质作用

在广大区域范围内，由于大规模的构造运动（地壳升降、褶皱和断裂），导致原有岩石和矿物所处的物理化学条件发生很大变化，这就必然使原来岩石中的矿物发生改组，形成在新环境下稳定的另一些矿物。矿物的成分与结构取决于原岩的化学组成和遭受变质作用的程度，如原岩的主要成分为 SiO_2 和 Al_2O_3 的黏土岩，经变质后，可能出现的矿物有石英、红柱石、蓝晶石、矽线石、刚玉等，但具体出现什么矿物，须视变质条件而定。例如，硅酸铝矿物的同质多象矿物红柱石、蓝晶石和矽线石，其中，红柱石常形成于较高温度和较低的压力（中等以下）条件下；蓝晶石形成于低温高压的条件下；而矽线石则能在高温和压力范围较大的条件下形成。此外，在定向压力起主要作用的地段中，有利于柱状（如角闪石）和片状（云母、绿泥石等）矿物的形成；在以静压力为主的地段中，温度增高，可形成结构紧密、体积小、相对密度大、不含水和 $(OH)^-$ 的矿物，如石榴石、矽线石等。

应当指出，地质作用是地壳发展变化过程中各种因素的综合表现，上述内生、外生和变质作用，不是彼此孤立、截然分开的。例如，火山作用与内生作用和外生沉积作用都有关系；变质作用中的交代作用与内生气化-热液作用有密切联系；变质作用过程中产生的热液和从地表渗透到地下深处的热水及岩浆成因的热液实际上常常混在一起，也难以区分。因此，在分析形成矿物的地质作用时，应尽量收集各方面的资料，进行综合分析，作出合理的推断。

12.2 矿物的形成条件

地壳中的化学元素结合成矿物都是在特定的地质作用中进行的，不同的地质作用其物理化学条件往往是不相同的，甚至同一地质作用过程的不同阶段其物理化学条件也有差异。本节将对矿物形成的主要物理化学条件及反映矿物形成条件的某些标志作简要概述。

12.2.1 矿物形成的具体条件

在地质作用中影响矿物形成的主要物理化学条件有温度、压力、组分的浓度、介质的酸碱度(pH 值)和氧化还原电位(Eh 值)等。

1. 温度

温度是影响矿物形成的重要因素之一，其作用在于决定质点动能的大小。质点相互结合形成矿物，只有当质点的动能降低到适应某种矿物的晶体结构时才能发生，所以每种矿物都有一定的结晶温度，并在一定的温度、压力范围内达到稳定状态。例如，于 1 个大气压下，β石英在温度低于 867 ℃时开始形成，并只在 573～867 ℃的范围内稳定；而 α石英则在 573 ℃时开始形成，在低于 573 ℃的条件下稳定。又如高岭石可在地表常温下形成，并在温度较低的情况下稳定，在 250 ℃左右则可与石英反应形成叶蜡石，其反应式如下：

$$Al_4[Si_4O_{10}](OH)_8 + 4SiO_2 \longrightarrow 2Al_2[Si_4O_{10}](OH)_2 + 2H_2O$$
$$（高岭石） \qquad （石英） \qquad （叶蜡石）$$

随着温度及压力的增高，叶蜡石又可转变为红柱石等富铝硅酸盐的矿物。

2. 压力

地壳中的压力一般是随深度的增大而增加的，在高压条件下出现的矿物往往在地壳深处形成，其特点是质点堆积紧密、具较大的密度，如金刚石形成于 30000×10^5 Pa 压力条件下。对于矿物同质多象变体之间的转变，压力增高还将使转变温度上升，如在 10^5 Pa 压力下，α石英转变为 β石英的温度为 573 ℃；3000×10^5 Pa 压力下为 644 ℃；9000×10^5 Pa 压力下，则上升到 832 ℃。此外，在定向压力的作用下，有利于某些片状和柱状矿物的形成，并使这类矿物(云母、角闪石等)在岩石中呈定向排列。

3. 组分的浓度

矿物只有在溶液浓度达到过饱和的状态，即结晶速度大于溶解速度时才能稳定形成。大部分表生及热液中矿物的形成是在水溶液中进行的，条件是溶液必须达到饱和或过饱和。在岩浆分异结晶过程中，某种组分浓度的减小，就意味着与该组分相关的某些矿物的消失。如基性岩浆分异的中后期，岩浆中 CaO 的浓度逐渐减小，K_2O 的浓度逐渐增大，因而普通角闪石$(Ca，Na)_{2\sim3}(Mg，Fe，Al)_5[Si_6(Si，Al)_2O_{22}](OH，F)_2$ 将逐渐消失，代之而形成的是黑云母 $K\{(Mg，Fe)_3[AlSi_3O_{10}](OH，F)_2\}$。

4. 介质的酸碱度（pH 值）

每种矿物都各自形成于一定的 pH 值的介质中。例如，在水化学沉积作用中，赤铁矿形成时的介质 pH 值为 $6.6\sim7.8$；白云石形成时的 pH 值为 $7\sim8$。再如热液中的 ZnS，当介质为碱性时，形成闪锌矿；当介质为酸性时，则形成纤维锌矿。

5. 氧化还原电位（Eh 值）

当溶液中存在多种变价元素时，往往因彼此存在着电位差而有电子的转移，与此同时出现氧化-还原作用。由于电子之得失而显示的电位称为氧化还原电位。氧化还原电位对含变价元素的矿物之形成的影响很大。如当溶液中含有 Mn 和 Fe 时，由于 Mn 的 Eh 值$(Mn^{2+}\longrightarrow Mn^{4+}+2e^-$，$Eh=1.35\ V)$比 Fe 的高$(Fe^{2+}\longrightarrow Fe^{3+}+e^-$，$Eh=0.75\ V)$，所以高价的 Mn 离子具有很强的氧化能力，故，当 Mn^{4+} 和 Fe^{2+} 相遇时，Fe^{2+} 将被氧化为 Fe^{3+}，同时 Mn^{4+} 被还原为 Mn^{2+}，因此，溶液中有 Fe^{2+} 存在的情况下，就难以形成软锰矿 MnO_2。又如 S 在不同的氧化还原介质中可以 S^{2-}、S^0 及 S^{6+} 等形式存在，则相应地分别形成硫化物、自然硫和硫酸盐类矿物。一般情况下，表生矿物中变价元素都以高价状态出现，在内生和变质作用所形成的矿物中，变价元素多以低价状态存在。

在地质作用中，矿物的形成通常是各种物理化学因素综合作用的结果。不过在不同的地质作用中，影响形成矿物的各种物理化学条件有主次之别。例如，在岩浆和热液作用过程中，通常是温度和组分浓度起主要作用；在区域变质作用中，温度和压力起主导作用；而在外生作用中，pH 值和 Eh 值对矿物的形成则具有重要的意义。

12.2.2　反映矿物形成条件的标志

由于矿物是在一定地质作用中的一定物理化学条件下形成的，因此它们各方面的性质无不受到形成条件的影响。虽然一般人们不能直接观察到矿物形成时的具体条件，但借助于矿物的某些方面的特征去分析、推断它的形成条件，还是有可能的。

能反映矿物形成条件的标志有很多，主要有以下几种。

1. 矿物的标型特征

矿物的标型特征，是指不同地质时期和不同地质作用条件下形成在不同地质体中的同一种矿物，在其成分、精细结构、晶形和物理性质等方面存在有一定的差异，若此种差异可作为成因标志者，就称为标型特征。

矿物的标型特征一般主要表现在矿物的晶形、物理性质、次要化学成分的种类和含量及矿物的精细结构等方面。例如，产于花岗伟晶岩、锡石石英脉及锡石硫化物矿床中的锡石(SnO_2)，其晶体形态、物理性质及次要成分的种类和含量都可作为不同成因的锡石的标型特征。通常一种矿物只要具有某一方面的标型特征时，就可作为该矿物的成因标志。例如，产于不同类型岩浆岩中的锆石，具有不同的形态特征：碱性岩、偏碱性花岗岩中的锆石，其晶体的锥面(111)发育较好，柱面(110)或(100)不发育，晶体呈四方双锥或四方双锥与四方柱(不发育)的聚形，整个形态呈双锥状；酸性花岗岩中的锆石，其晶体的锥面与柱面均较发育，晶体形态呈锥柱状；而基性岩、中性岩及偏基性花岗岩中的锆石晶体，柱面较发育，锥面不发育，晶体形态呈柱状。

值得重视的是，目前对矿物结构上的标型特征的研究有了很大的进展，主要反映在离子配布、多型性及有序度等精细结构方面。离子配布（或离子占位）方面，如对普通角闪石$(Ca，Na)_{2\sim3}(Mg，Fe，Al)_5[(Si_6(Si，Al)_2O_{22})(OH，F)_2]$中四次配位的 Al 和六次配位的 Al 配布情况的研究表明，在压力近似的情况下，四次配位 Al 的含量随普通角闪石结晶温度的增高而增多；在温度近似的情况下，六次配位 Al 的含量随压力的增高而增多。在多型性方面，如对白云母多型的研究表明，3T 型多硅白云母是低温、高压变质作用的特征矿物。人们在有序度方面的研究更加深入广泛，如对长石、橄榄石、辉石等造岩矿物的有序度研究已成为确定岩石成因的重要依据之一。

2. 标型矿物

标型矿物是指只在某一特定的地质作用中形成的矿物，也就是说，标型矿物是指那些具有单一成因的矿物，因此，标型矿物本身就是成因上的标志。例如，蓝闪石、多硅白云母是低温高压变质作用的产物；霞石、白榴石是碱性火成岩的特征矿物；辉锑矿、辰砂是低温热液矿床的标志矿物等。有人把具有标型特征的矿物也称为标型矿物。

3. 矿物中的包裹体

矿物在生长过程中所捕获的被包裹在晶体内的外来物质，称为包裹体。矿物中的包裹体，其大小、形状不一，呈固、液和气态的都有，其中以原生的气液包裹体对于研究矿物形成时的物理化学条件最为重要，因为这种包裹体是与主矿物（即含有包裹体的矿物）在同一个成矿溶液中同时形成的，是被保存在主矿物中的形成主矿物时的溶液的珍贵样品。测定这种样品的均匀化温度（均变为气体或液体时的温度）、压力、含盐度、成分、pH 值和 Eh 值等，就可确定主矿物的形成条件。例如，包裹体由不均匀状态（同一包裹体内有两个或两个以上的物相）转变为均匀状态时的状态可指示地质作用的类型。对包裹体进行加温时，若包裹体全部转变为液体，表明矿物是由热液作用形成的；若包裹体全部转变为气体，表明矿物是在气化作用下形成的；若包裹体全部转变为熔体，则说明矿物是在岩浆作用下形成的。

研究包裹体的方法很多，除加温法外，还有爆裂法、冷冻法及其他一些测定包裹体成分的方法。关于这方面的知识，可参阅有关专著。

4. 矿物的共生组合

同一成因、同一成矿期或成矿阶段所形成的不同种矿物出现在一起的现象，称为矿物共生，彼此共生的矿物称为共生矿物。反映一定成因的一些共生矿物的组合，称为矿物的共生组合。如含金刚石的金伯利岩中，金刚石、橄榄石、金云母、铬透辉石及少量镁铬铁矿和镁铝榴石的组合，即为一矿物共生组合。

矿物的共生不是偶然的，其是由组成矿物的化学元素的性质和某一成矿过程（或阶段）中的物理化学条件所决定的，因此，各地质作用过程（或阶段）都有其特有的矿物共生组合。例如，铬铁矿经常与橄榄石、斜方辉石共生在一起是超基性岩特有的矿物共生组合；黄铜矿、方铅矿、闪锌矿和石英一起共生是中温热液成矿阶段常见的矿物共生组合等。在实际工作中，人们经常利用矿物的共生关系推断成矿地质作用的性质，并将其当作找矿、矿物鉴定的依据。例如，要找寻铬铁矿，就应该在主要由橄榄石、斜方辉石共生的超基性岩中去找，如果在这种岩石中，除主要矿物外，还发现有银白色、呈星散分布的金属矿物，那么就应该考虑它是不是铂族矿物。由此可见，掌握各种地质作用中矿物的共生规律，对地质工作者是何等的重要。

应该指出的是，矿物之间除存在共生关系外，还经常存在有伴生的关系。所谓矿物的伴生，是指不同种属、不同成因的矿物共同出现于同空间范围内的现象。例如，在含铜矿床的氧化带中，经常可以看到黄铜矿与孔雀石、蓝铜矿伴生在一起，前者通常是在热液作用过程中形成的，而后两者则是典型的表生矿物（次生矿物），由于它们是属于不同地质作用过程的产物，所以其间的关系仅仅是一种伴生的关系。

上述矿物的共生和伴生都是就不同种矿物之间的关系而言的。如果在同一空间范围内，由同一地质作用的不同阶段形成的同种矿物，因彼此间在形成时间上有先有后，共生的先后关系称之为矿物的世代，并按其形成先后，最早的为第一世代，然后依次为第二世代、第三世代等。由于在不同成矿阶段中，形成矿物的介质成分和物理化学条件多少会有些差异，因而不同世代的矿物往往在形态、成分、某些物理性质及包裹体等方面也会显示出某些不同。例如，我国某热液矿床中的萤石，可区分为三个不同的世代：第一世代的萤石为八面体和菱形十二面体的聚形，且两种单形发育程度相似，颜色为暗紫或烟紫色，发荧光，气液包裹体的均一化温度为 330 ℃；第二世代的萤石为菱形十二面体与八面体的聚形，但以前者发育为主，晶体中心为浅绿或浅紫色，边缘为暗紫色，具环带构造，包裹体的均一化温度为 300～330 ℃；第三世代的萤石为立方体或立方体与菱形十二面体的聚形，立方体为主，浅绿色、白色或无色，包裹体的均一化温度为 300 ℃。分析、确定矿物的世代，有助于了解矿物形成过程的阶段性及各成矿阶段矿物的共生关系。

12.3 矿物的变化

矿物形成之后，在后继的地质作用过程中，当物理化学条件的变化超出该矿物的稳定范围时，矿物就会发生某种变化。矿物最常见的变化现象有如下几种。

12.3.1 溶蚀

矿物生成之后，受后继溶液的作用可发生部分溶解或全部溶解的现象，称为溶蚀。部分溶蚀的结果是在晶面上留下溶蚀的迹象——蚀象，以致晶面变粗糙、光泽度降低、角顶或晶棱变圆滑，如金刚石晶体被溶蚀之后常呈球状晶形（见图 12-1）。溶蚀后的矿物，当条件适宜时，又可重新生长并恢复原来的形状，这种作用称为再生。

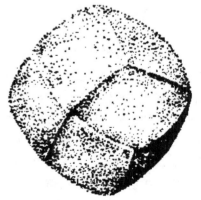

图 12-1 球状金刚石

12.3.2　交代

在地质作用过程中，已经形成的矿物与变化的熔体或溶液发生反应，引起成分上的交换，使原矿物转变为其他矿物的现象，称为交代，如橄榄石被蛇纹石交代。交代作用通常沿矿物的边缘、裂隙或解理开始进行，如网环状蛇纹石，就是含硅酸的溶液沿橄榄石颗粒边缘和裂隙进行交代的结果，其中，未被交代的部分称为交代残余。若交代作用强烈时，原矿物可全部被新形成的矿物所代替。

12.3.3　晶化和非晶质化

原已形成的非晶质矿物，在漫长的地质年代中逐渐变为结晶质，从而形成另一种矿物的现象，称为晶化或脱玻化。例如，由火山喷发的岩浆，因快速冷却而形成的非晶质火山玻璃，经过漫长的地质年代，逐渐脱玻化成为长石、石英等结晶质矿物。

与晶化现象相反，一些原已形成的晶质矿物，因获得某种能量而使晶格遭受破坏，转变为非晶质矿物，称为变生非晶质化或玻璃化。例如，含放射性元素的结晶质锆石，由于受放射性元素蜕变时放出的 α 射线的作用，而变为非晶质的水锆石。

12.3.4　假象

一种矿物具有另一种矿物晶体形态的现象，称为假象。例如，常可见到褐铁矿表现为黄铁矿的立方体晶形，此立方体晶形就是一种假象，称褐铁矿称作黄铁矿假象，或称作假象褐铁矿。

按形成假象的原因不同，可将假象区分为交代假象、充填假象及副象三种。

当一种矿物交代另一种矿物后继承了被交代矿物的晶形时，称为交代假象，如绿泥石交代石榴石而具有菱形十二面的假象。

当原矿物溶解后遗留下具原矿物晶形的空洞，被别的矿物充填而形成的假象，称为充填假象，这种假象比较少见，且常不易与交代假象区别。

在同质多象转变过程中，如果原变体的晶形被保留下来的话，同样也就形成了假象，如 α 石英具有 β 石英的六方双锥假象等。由同质多象转变而形成的假象，特称之为副象。

矿物的变化方式是多种多样的，在矿物形成的过程中或形成之后，由于机械作用而引起的晶格破坏和机械变形也应属于矿物的变化范畴。矿物的形成和变化是物质运动的一种形式，具体的某个矿物只不过是物质在一定的物理化学条件下，在特定的空间和时间内处于暂时平衡状态的一种存在形式而已，其将随外界物理化学条件的不断变化而变化。通常，某些新矿物的形成过程往往也就是原有矿物遭受破坏和变化的过程，因此，对矿物各种变化现象的研究，不仅可以了解矿物形成的历史过程，而且可以提供有关矿物成因的某些信息。

思考题

12-1　结晶作用过程中，单位时间内在单位体积中所形成的晶核之总体积称为成核速率，而晶核的临界尺寸及其成核能均随母相的过饱和度或过冷却度的增大而减小。试问：①成核速率及单位体积中晶核的数目与过饱和度或过冷却度的关系如何？②火山熔岩中的矿物，其粒径远比深成岩中矿物的细小，原因何在？

12-2　骸晶、凸晶、晶面蚀象的存在，分别说明了什么问题？

12-3　副象和假象有何异同？它们的存在分别说明什么？

12-4　试比较矿物的共生与伴生之间及伴生与世代之间的异同。

12-5　举出标型矿物、标型特征的实例。

12-6　在一个矿物上，是否可以同时表现出不同方面的标型特征？其间有无内在联系？试举例说明之。

12-7　由出溶作用所产生的出溶相矿物，经常也可呈显微包体嵌生于主相矿物晶体内部，它们是否属于矿物包裹体的范畴？为什么？

12-8　形成矿物的主要地质作用有哪些？它们是如何形成矿物的？矿物的后生变化有何规律和特点？

第 3 篇　矿物学各论

第 13 章　矿物的分类和命名

　　每一种矿物都各自有其相对固定的化学组成和内部结构，从而各自呈现出一定的形态特征及物理和化学性质。人们正是根据各种矿物的这些特点来区分和识别它们的，并相应地给予它们以不同的名称。但另一方面，各种矿物之间并不是彼此孤立的，它们之间经常由于在化学组成上或内部结构上有着某些雷同之处，因而表现出相似的共同特征。所以，为了揭示两三千种矿物之间的相互联系及其内在的规律性，以便进一步掌握各种矿物的共性和个性，就有必要对矿物进行合理的科学分类，而每一个矿物种就是分类的基本单位，同时也是命名的对象。

13.1　矿物种及其名称

　　矿物种是指具有相同的化学组成和内部结构的一种矿物。人们给予每一种矿物的名称，就是矿物的种名。如金刚石、闪锌矿、磁铁矿、方解石、正长石等都是矿物的种名。人们研究每一种矿物所取得的各方面的科学资料，是发展矿物学理论的基础。在本章以后的各章中，我们将对两百余种常见的矿物分别进行讲述。

　　在矿物学中划分矿物种时，对于同质多象变体而言，不同的变体虽然化学组成相同，但它们的晶体结构有明显的差别，因而应区别为不同的矿物种。例如金刚石和石墨即是两个不同的矿物种。但对于不同的同质多象变体，尽管有时可能属于不同的晶系，但因它们在晶体结构上和一系列性质上的差异都很小，因而仍把它们看成是同一个矿物种，例如属于六方晶系的 2H 型石墨与三方晶系的 3R 型石墨。

　　对于类质同象系列，特别是完全类质同象系列而言，它们的化学组成可以从一个端员组分连续递变到另一个端员组分，而两个端员组分则具有互异的化学组成。所以，通常都将一个类质同象系列按其两种端员组分比例的不同范围而划分为几个不同的矿物种。例如 $Mn[WO_4] - Fe[WO_4]$ 系列一般划分为钨锰矿、黑钨矿、钨铁矿三个矿物种。但是，划分时的界限完全是人为决定的，因而在不同的类质同象系列中可有不同的划分标准，例如在斜长石系列中就不是划分成三个而是划分成钠长石、更长石、……六个不同的矿物种。有时甚至对于同一类质同象系列，不同的人所依据的划分标准也可能不同。

　　应当指出，同种矿物的化学组成和内部结构必须相同，但也允许在一定限度的范围内有所差异。例如纯的闪锌矿其化学组成应为 ZnS，但实际上闪锌矿经常可以含有数量不等，但不超过矿物总重量 26% 的 Fe。如果 Fe 的质量百分比不超过 10%，一般仍将其作为闪锌矿来看待，当超过 10% 时，则作为闪锌矿的亚种来处理，并将其称为铁闪锌矿。

所谓亚种(亦称变种或异种)，是指同属于一个种的矿物但在化学组成的次要组分上或者在形态、物理性质等外部特征上有某种较明显的变异者。上述铁闪锌矿即是一例。此外，还可举出一些例子，如石英中的无色透明的晶体称为水晶(亚种)，含赤铁矿或云母的细鳞片包裹体中呈褐红和黄色闪光的称为砂金石(亚种)，含隐晶质并具有不同颜色的带状构造或花纹的称为玛瑙。

此外，在矿物学中，还有许多名称，如长石、斜长石、云母、角闪石等，它们并不是矿物种的名称，而是包括了若干个类似的矿物种的统称。因此，在了解矿物种或亚种的时候，一定要注意它们之间的区别。

13.2　矿物的分类

根据统计资料，迄今为止，已知的矿物种及亚种有 3500 多种。如何把数以千计的矿物种进行科学的分类，这是长期以来矿物学研究工作的重要课题之一。在矿物学发展过程中，虽然不少的矿物学家们从不同的研究目的出发，以不同的观点提出了不同的分类方案，但所遵循的体系已经基本建立，并得到公认。关于分类体系的晶体化学分类方案如下：

大类
　　类
　　　(亚类)
　　　　族
　　　　　(亚族)
　　　　　　种
　　　　　　　(亚种)

从各不同分类方案的内容中可以看出，大类、类和亚类的划分基本上相同，都是依据矿物的化学成分和化合物类型来划分的；各方案最显著的特色主要反映在族的划分上，而这些族的划分特点则与矿物学的发展有着密切的联系。现将主要分类方案的简况介绍如下。

1. 依据化学成分的分类方案

这种分类方案是以大量矿物成分的化学分析资料为基础而做出的。早在 1837 年，J. D. 丹纳所提出的矿物分类就是根据组成矿物的化合物类型来划分的。1944—1946 年 Ch. 柏拉契等人所编著的《丹纳系统矿物学》中的矿物，虽然按化合物的键型做了分类，但实质上仍然是以化学组成的类型作为分类的依据的。而在族的划分上也是以化合物类型为特征的。由于化学成分是组成矿物的物质基础，并为各家采用作为大类和类的划分依据，因而这种分类方案有其重要的意义。

2. 依据晶体化学的分类方案

自 1912 年 X 射线应用于矿物的晶体结构研究以来，积累了大量的矿物晶体结构资料，在此基础上，就出现了矿物的晶体化学分类的方案。1960 年以来，俄罗斯科学院陆续编著出版的《矿物手册》就是以晶体化学作为分类基础所编著的。凡同一类(或亚类)中具有相同晶体结构类型的矿物即归为一个族。由于晶体化学有可能把矿物的化学成分与其内部结构联系起来，因此，从阐明这二者与矿物的形态、物理性质等之间的关系而言，这种分类方案就显得十分合理。

3. 依据地球化学的分类方案

这是以地球化学中元素共生组合的资料为基础而出现的一种分类方案。1968 年伊柯斯托夫所著《矿物学》采用的即是地球化学的分类方案。他将地球化学上性质相似的一组元素的类似化合物矿物作为一个矿物族。由于地球化学在阐述某些矿物共生组合规律和地球化学特征上有其独特之处，因而这种分类方案也有其一定的意义。

除了上述三种矿物分类方案以外，在矿物学分类的历史上，还有过以研究矿物晶体形态为目的的形态分类方案，以研究矿物成因为目的的成因分类方案等。此外，还有以鉴定矿物为目的而主要依据各种物理性质的分类方案。

13.3   本教材的矿物分类

本教材采用一般通用的以晶体化学为基础的分类方案，既考虑了矿物化学组成的特点，也考虑了晶体结构的特点。这有利于阐明各种矿物本身及相互间的内在规律性的联系，是比较适合于教学之用的分类方案。

本分类方案首先根据化学组成的基本类型，将矿物分为五个大类。大类以下，根据阴离子(包括络阴离子)的种类分为类及亚类。类及亚类以下，一般即为族。矿物族的概念一般是指化学组成类似并且晶体结构类型相同的一组矿物。但是为了便于说明某些矿物种之间的联系，有时我们也把某些同质多象变体或者化学成分上近似但结构类型有一定差异的一组矿物，归之于同一个族。前者如石英族，后者如针铁矿-纤铁矿族。但有时为便于讲述，还将族再分为亚族。族(或亚族)以下，一般即为种。

矿物种是对矿物进行具体阐述的基本单位。在种以下有时我们列出了亚种，有时则未将所阐述矿物的所有亚种一律列出，具体情况视需要而定。

最后，需要说明的是，有些矿物类，如硒化物、碲化物、锑化物、铋化物、溴化物、碘化物、碘酸盐等，以及有机化合物大类的矿物，由于在自然界较罕见，同时在本教材中对于它们所属的矿物种也未进行具体的阐述，因此在本教材的分类中，都未予列入。

现将本教材所用矿物分类(族和种从略)列出如下：

第一大类   自然元素
第二大类   硫化物及其类似化合物
            第一类   单硫化物及其类似化合物
            第二类   对硫化物及其类似化合物
            第三类   含硫盐
第三大类   卤素化合物
            第一类   氟化物
            第二类   氯化物
第四大类   氧化物和氢氧化物

　　　　第一类　简单氧化物
　　　　第二类　复杂氧化物
　　　　第三类　氢氧化物
第五大类　含氧盐
　　　　第一类　硝酸盐
　　　　第二类　碳酸盐
　　　　第三类　硫酸盐
　　　　第四类　铬酸盐
　　　　第五类　钨酸盐和钼酸盐
　　　　第六类　磷酸盐、砷酸盐和钒酸盐
　　　　第七类　硅酸盐
　　　　　　　　第一亚类　岛状结构硅酸盐
　　　　　　　　第二亚类　环状结构硅酸盐
　　　　　　　　第三亚类　链状结构硅酸盐
　　　　　　　　第四亚类　层状结构硅酸盐
　　　　　　　　第五亚类　架状结构硅酸盐
　　　　第八类　硼酸盐
　　　　　　　　第一亚类　岛状结构硼酸盐
　　　　　　　　第二亚类　环状结构硼酸盐
　　　　　　　　第三亚类　链状结构硼酸盐
　　　　　　　　第四亚类　层状结构硼酸盐
　　　　　　　　第五亚类　架状结构硼酸盐

13.4　矿物的命名

　　人类在长期的生产斗争和科学实验中，接触并使用了种种不同的矿物，为了区别和认识这些不同的矿物，对每种矿物都曾给予了一定的名称。在这方面，我国有着悠久的历史。如水晶、雄黄等，就是两千多年以前我国人民所创造的矿物名称。在我国现在所用的矿物名称中还沿用了某些我国古代矿物名称的字尾，如"石""矿""玉""晶""砂""华""矾"等。一般非金属矿物名称用"石"，如滑石、方解石；金属矿物名称用"矿"，如方铅矿、黄铜矿；可作为宝石的矿物名称用"玉"，如刚玉、硬玉；呈透明晶体的矿物名称用"晶"，如水晶、黄晶；经常以细小颗粒出现的矿物名称用"砂"，如硼砂、辰砂；在地表附近形成且呈松散状的矿物名称用"华"，如钴华、镍华；易溶于水的矿物名称用"矾"，如胆矾、明矾。

　　至于每个矿物种的具体命名，一般是以该矿物的化学成分、物理性质、形态特点，或结合两种特点而命名的，此外还有一些是以该矿物的首先发现地或人名而命名的。这种情况可从下列举例中见到：

　　(1)以化学成分命名的，如自然金、硼砂，这两种矿物分别以金和硼作为主要成分。

(2)以物理性质命名的,如电气石、橄榄石,前者具有显著的热电性,后者颜色呈橄榄绿色。

(3)以形态特点命名的,如方柱石、石榴子石,前者的晶形常呈四方柱状,后者常呈四角三八面体或菱形十二面体的粒状集合体而状如一团石榴子。

(4)结合两种特点命名的,如方铅矿,既表明其常呈立方体的形态并具立方体解理,又表明以铅为其主要成分。

(5)以地名命名的,如香花石,是以该矿物的发现地点(香花岭)而命名的。

(6)以人名命名的,如章氏硼镁石(按英文名称 Hungchsaoite 转译可称为鸿钊石),是纪念我国地质学前辈章鸿钊而命名的。

我国目前在矿物学中所用的大量矿物名称,其来源不一。有些是沿用我国固有的名称,如辰砂、水晶、雄黄等;有的是由我国学者首创命名的名称,如香花石、包头矿等;有些是借用日文中的汉字名称,如绿帘石、天河石、冰长石等;更多的是历年来我国矿物学工作者各自从不同的外文矿物名称转译而来的。

由于现代矿物学研究的发展,某些名称已不尽适用,同时,由于其他种种原因,在译名中还存在着某些混乱和不当之处,给矿物学的学习和研究均带来不便,甚至可能造成错误。因此,似应对我国当前使用的矿物名称进行一次整理工作。

本教材所用的矿物名称,绝大部分是沿用已久的名称,少数为改用的已被接受的名称。

思考题

13-1　矿物的晶体化学分类与化学成分分类两种方案间最主要的区别是什么?

13-2　本书的矿物分类方案中将矿物分为几大类?你认为这样的方案合理程度如何?

13-3　矿物是如何命名的?其总的原则是什么?

13-4　属于不同晶系的晶体,有无可能属于同一个矿物种?为什么?

13-5　$(Mg,Fe)_2[Si_2O_6]$ 与 $(Fe,Mg)_2[Si_2O_6]$ 是同一种辉石还是两种不同的辉石?为什么?

13-6　铁闪锌矿应是矿物种还是亚种?为什么?

13-7　根据你已学得的矿物知识,你认为方铅矿、黄铜矿、磁铁矿三者中文命名的共同原则是什么?

第14章 矿物分述

14.1 自然元素矿物大类

14.1.1 概述

在自然界中已知有 20 种左右的金属和半金属元素呈单质形式独立出现，而非金属元素中主要以碳和硫呈固态自然元素矿物出现。金属元素之所以能呈单质出现，与它们的电离势有关，电离势较大的元素较难失去电子，如 Au、Pt 等，它们往往呈自然元素状态存在。

目前已知的自然元素矿物近 90 种，这是因为某些元素可形成两种或两种以上的同质多象变体。例如，碳有金刚石和石墨两种同质多象变体，硫有三种同质多象变体，而另一系列的元素可以形成类质同象混晶和金属互化物，前者如银金矿(Au，Ag)、钯铂矿(Pt，Pd)，后者如锑钯矿(Pd_3Sb)、砷铜矿(Cu_3As)。

自然元素矿物占地壳总重量不足 0.1%，并且在地壳中的分布是很不平均的，其中的某些可以有显著的富集，甚至形成矿床(铂、金、硫、金刚石、石墨)。

1. 化学成分

组成自然元素矿物的元素，在金属元素中以铂和金最为主要，其次是铜和银，而铅、锡、锌等只是在极少见情况下偶尔产出。铁、钴、镍往往呈类质同象混入其他金属元素中，它们呈单质形式独立出现主要见于铁陨石中。由于元素类型的相同和半径上的近似，这些金属元素可呈类质同象混晶出现，例如(Ag，Au)、(Pt，Fe)、(Pt，Ir)、(Os，Ir)、(Pt，Pd)、(Fe，Co，Ni)等。

半金属元素砷、锑、铋中，非金属性以砷最强，锑次之，铋最弱。这些元素虽然化学性质有某些共同点，一般却不一起出现，仅在某些情况下，砷和锑会构成金属互化物 AsSb。

在非金属元素中碳和硫呈固态形式出现，至于性质与硫近似的硒和碲，只是在极少见情况下出现，通常呈类质同象混于自然硫中。

2. 晶体的化学特征

按元素原子间的结合键来说，金属元素具典型金属键，它们的结构类型有铜型(原子呈立方最紧密堆积，配位数为 12)、锇型(原子呈六方最紧密堆积，配位数为 12)、铁型(原子按立方体心式紧密堆积，配位数为 8)。半金属元素则由金属键逐步向多键性转变(既有金属键亦有共价键)，其结构类型为砷型(在形式上可视为由立方面心格子沿三次轴发生畸变而呈略现层状的菱面体格子）。非金属元素中金刚石具共价键，结构类型为金刚石型；自然硫具分子键，呈分子型结构；石墨具层状结构，层内为共价键-金属键，层与层之间为分子键。

3. 物理性质

由于金属、半金属和非金属自然元素的原子性质、晶体结构类型和键性不同，它们的物理性质存在着很大的差异。

金属自然元素的物理性质：呈金属色、对光的反射力强而不透明、具金属光泽、强延展性、具导电性和导热性、硬度低（锇、铱例外）、无解理、相对密度大。

半金属元素中金属性较强者，其物理性质趋向于接近金属自然元素，但由于晶格中存在不同的键性，产生{0001}面网上的解理。随着铋、锑、砷三元素非金属性的增加，晶格畸变的程度和键性的变化愈大，而解理的完好程度也愈显著。同时，随着非金属性的增加，从铋至砷硬度趋向于增大，脆性趋向于增高，金属光泽则趋向于减弱，相对密度趋向于降低。

非金属元素矿物中的金刚石和石墨，虽然成分相同，但由于它们的结构类型和键性差异极大，因而物理性质很不相同。金刚石具共价键、无色透明、具金刚光泽、硬度大、不导电；石墨具多键性，层状结构中层内表现出部分金属键，因而能导电，层间为分子键而出现完全的解理，此外，其硬度低、具半金属光泽、呈黑色而不透明。

自然硫为分子键结合，表现为导电导热性极弱、硬度低、相对密度小、性脆、熔点低并易升华。

4. 成因

自然元素矿物在成因上是很不相同的。铂族元素与基性、超基性岩浆有成因上的联系，常见于岩浆矿床中。金属、半金属元素往往为热液成因的，而铜和银除了热液成因的以外，更主要的见于硫化物矿床氧化带中，系含铜或含银硫化物氧化后所形成的硫酸铜，或硫酸银溶液被其他硫酸盐或硫化物所还原，如 $Ag_2SO_4+2FeSO_4 \longrightarrow 2Ag+Fe_2(SO_4)_3$。金刚石在成因上与超基性岩有关，石墨的形成主要是变质作用的结果，自然硫的成因则主要是火山作用及生物化学作用。

5. 分类

（1）铂族：自然铂。
（2）铜族：自然铜、自然银、自然金。
（3）砷族：自然铋。
（4）硫族：自然硫。
（5）碳族：金刚石、石墨。

14.1.2 自然非金属元素矿物类

1. 硫族

自然界中的硫族矿物是基本的化工原料之一，其具有三个同质多象变体，即 α 硫、β 硫和 γ 硫。此外，还有呈胶体（非晶质）的硫。自然条件下只有正交晶系的 α 硫才是稳定的，温度高于 95.6 ℃，α 硫转变为单斜晶系的 β 硫，但当温度降低时仍恢复为 α 硫。γ 硫可结晶成单斜晶系，但 γ 硫转变为单斜晶系在常温常压下是不稳定的，继而转变为 α 硫。

自然硫　sulfur　$\alpha-S$

［**化学组成**］　硫在地壳中的丰度约为 0.06％，居第十三位。大气中的含硫量约为 8128 万吨；硫在海水中的含量约为 0.09％。自然硫的成分有时是相当纯净的，但火山作用成因的硫往往含有少量 Se、As、Te，有时 Se 的含量达 5％，则称为硒硫。由生物化学作用沉积的自然硫则夹杂有泥质、有机质和地沥青等混入物。

［**晶体参数和结构**］　正交晶系，对称型 $3L^2 3PC$，$a_0=1.0437$ nm、$b_0=1.2845$ nm、$c_0=2.4369$ nm。自然硫具分子构型，晶体结构中硫分子由八个原子组成，原子上下交替排列，构成环形（见图 14-1），因而硫分子通常以 S_8 表示。单位晶胞由 16 个硫分子所组成，彼此之间以微弱的分子键结合。

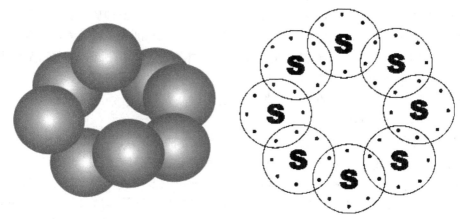

图 14-1　硫的八原子环构成硫分子

［**形态**］　晶形常呈双锥状或厚板状，由菱方双锥、菱方柱、板面等组成。矿物通常呈块状、粉末状。

［**物理性质**］　带有各种不同色调的黄色，晶面呈金刚光泽，而断面显油脂光泽。贝状断口，硬度 1～2，性脆，解理不完全，相对密度为 2.05～2.08。

［**成因和产状**］　自然硫见于地壳的最上部分和其表部，其形成有着不同的途径，最主要的是由生物化学作用形成的和火山成因的自然硫矿床。此外，在硫化物矿床氧化带下部，其由金属硫化物，主要是由黄铁矿分解而成。在某些沉积层中，由石膏分解而成，例如一些盐丘顶部的石膏，由硫细菌作用而被分解，形成自然硫。

［**鉴定特征**］　呈硫黄色、棕黄色，透明-半透明，具树脂-金刚光泽，低硬度（1～2），性脆，熔点低，易燃烧（燃点为 113 ℃），有硫化氢臭味。

［**主要用途**］　硫的主要工业用途是制造硫酸，据统计，目前世界上用二氧化硫生产硫酸的用硫量占硫总消耗量的 85％ 以上，再就是造纸工业也需要用到少量二氧化硫。元素硫和二氧化碳主要用在农业、橡胶、人造纤维的生产等方面，其消耗量不到硫总消耗量的十分之一。

世界上的硫酸半数以上用于生产化学肥料，主要是制造磷肥。随着现代农业的发展，磷肥需求量一直稳步上升。硫酸除用于生产化肥外，其余大多用来生产各种化工产品，其中包括染料、油漆、洗涤剂、塑料、合成纤维、合成橡胶等，石油工业和钢铁工业也需要用到少量硫酸。

近年来，根据硫的特殊物理性能，其又被用于生产硫泡沫保温材料、硫混凝土、硫-沥青铺路材料、交通划线用漆和表面喷漆等。随着生产技术的发展，硫的应用范围将日益广泛。

此外，硫作为着色剂可产生金黄色和琥珀色，可与硫化镉一起用于生产硒宝石红玻璃。

2. 碳族

碳族矿物包括物理性质截然不同的碳的两个同质多象变体：金刚石和石墨。

金刚石   diamond   C

[**化学组成**]   金刚石中 C^{12}/C^{13} 的比值为 $89.24\sim89.78$，亦即碳同位素比值的变动范围很小。在金刚石中，几乎总是含有 Si、Al、Ca、Mg 和 Mn 等元素，经常发现有 Na、Ba、B、Fe、Cr、Ti 等元素。在某些晶体的外缘部分，即所谓有壳的晶体部分，Fe、Ti 等元素杂质的含量显著增高。N 的含量可在很宽的范围内变动，N 在金刚石结构中组成各种缺陷中心，这些中心有些要引起顺磁共振。此外，金刚石的半导体性质与 N、B、Al 的含量有关。

[**晶体参数和结构**]   金刚石是碳的结晶体，为等轴晶系，对称型 $3L^44L^36L^29PC$，$a_0=0.356$ nm。金刚石的晶体结构表现于碳原子位于立方晶胞的八个角顶和六个面中心，并在其八个小立方格的半数中心相间地分布着四个碳原子，每个碳原子都与周围四个碳原子相连接，并且每两个相邻碳原子之间的距离均相等（0.154 nm）。金刚石结构中碳原子形成四个共价键，键角为 $109°28'16''$。有人认为金刚石属 $3L_i^44L^36P$ 对称型，依据是在金刚石中有时发现有四面体的晶形。但这种论点却遭到一些人的反对，他们认为金刚石出现四面体晶形是由八面体中四个相应的晶面延伸而成的，其顶角都被八面体中另四个不大的晶面不同程度地钝化，而带有尖锐顶角的典型四面体还未见到过。

此外，还确定金刚石有六方晶系 2H 型的多型现象，并赋予它一个名称——六方金刚石，其系陨石撞击地表时所形成的。

[**形态**]   晶形呈八面体、菱形十二面体，较少呈立方体，依(111)面呈双晶。晶面常弯曲，晶形轮廓则常呈浑圆状（见图 14-2），晶体一般都不大。金刚石晶体的晶面上，常常由于生长或溶蚀形成阶梯状或凹凸不平的"晶面雕刻像"。自然界中金刚石大多数呈圆粒状或碎粒状。

[**物理性质**]   呈无色透明或带有蓝、黄、褐和黑色。透明金刚石会发出不同颜色（大多数为蓝色、天蓝色、黄绿色）的荧光，具标准金刚光泽。折光率 $N=2.40\sim2.48$，具强色散性，硬度为 10，性脆，平行$\{111\}$面网解理中等，相对密度为 $3.50\sim3.52$，金刚石是自然界中最硬的矿物。

依据其成分和某些物理性质(发光性、光导性等)的不同，金刚石分为Ⅰ型和Ⅱ型。Ⅰ型金刚石成分中含元素氮的混入物，对波长短于 300 nm 的紫外线呈不透明状；在 $4\sim5$ μm 和 $8\sim10$ μm 波长范围内吸收红外线；在紫外光照射后能发出淡紫色磷光。Ⅱ

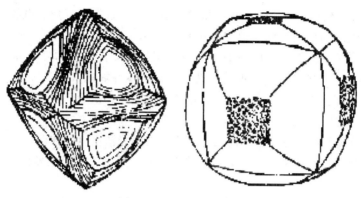

图 14-2　金刚石的晶形

型金刚石不含氮；对紫外线呈透明状；只在 $4\sim5\ \mu m$ 波长范围内吸收红外线；不发光。自然界金刚石绝大部分为Ⅰ型。由于Ⅱ型金刚石具有较理想的物理性质，目前均趋向于合成Ⅱ型金刚石。

[成因和产状]　金刚石是岩浆作用的产物，见于超基性岩的金伯利岩（即角砾云母橄榄岩）中。金刚石结晶发生于高温高压下，其是岩浆中最早的结晶产物之一。与金刚石共生的矿物有橄榄石、镁铝榴石、铬透辉石等。

当含金刚石的岩石遭受风化后，可以形成金刚石砂矿。

[鉴定特征]　金刚石有极高的硬度，具标准金刚光泽，晶形轮廓常呈浑圆状，显磷光。

[主要用途]　根据对金刚石的用途和品质要求，可将其分为宝石级金刚石和工业级金刚石。宝石级金刚石都是天然的，而人造金刚石由于颗粒一般细小、脆性大，目前只能做低品级工业金刚石。

宝石级金刚石光彩夺目，硬度极大，是宝石中最珍贵的一种，誉为"宝石之王"，可以琢磨成各式各样的装饰品，价格十分昂贵。其质量的一般要求：颗粒越大越贵重，最小不得小于 0.1 克拉；晶体完整，或最小的两个垂直径长之比不小于 1∶2 的晶体碎块；颜色以无色、天蓝色和浅粉红色最佳，鲜艳的蓝色、粉红色也较好，浅黄色较次；透明度越高越好，半透明的也可以；高档宝石级金刚石不允许有裂纹、色斑和包裹体；若晶体表面有裂纹、色斑和包裹体，就降为低档宝石级金刚石。

工业级金刚石被广泛应用于地质勘探、石油和矿山开采、机械制造、光学仪器加工、电子工业和空间技术等现代工业和尖端科学技术中。用于工业上的金刚石占世界金刚石总产量的 75% 以上。

Ⅰ型金刚石的用途非常广泛，主要用途如下。

（1）金刚石车刀广泛用于汽车、航空工业，可对发动机的关键部件，如连杆、活塞、气门等做最终的表面加工；在机械、化学、电气工业中可用来加工不锈钢、非铁金属、塑料及陶瓷等非金属材料。使用金刚石车刀车出的零件均匀、光滑、质量好，而且能大大提高车床的生产率。例如，加工塑料时，用金刚石车刀的成品率要比用碳化物车刀的成品率高 900 倍。用来做车刀的金刚石要求晶形完整，0.7～3 克拉，晶体内部无裂纹、包裹体和气泡。用于刻划精密仪器、代表刻度和雕刻用的金刚石刻线刀，其要求：晶形完整，形状为长形；晶体一端不允许有裂纹和包裹体；重量为 0.1～0.55 克拉。

（2）金刚石拉丝模主要用于电气和精密仪表工业，以拉制灯丝、电线、钢缆等各种金属丝和织物丝。用金刚石拉丝模能拉出特别光滑而均匀的金属丝，而且能加快拉制速度，提高生产效率。做拉丝模用的金刚石应采用完整的各种单形及聚形，其重量为0.1～1.5克拉，无色或浅色，透明，无裂纹、包裹体等缺陷。

（3）砂轮刀用金刚石主要用于修整砂轮的工作表面，一般要求每个晶体至少有三个棱角，顶角处不允许有裂纹和包裹体，其重量为0.3～3克拉。

（4）金刚石测量仪器主要用作硬度计压头、表面光洁度测量仪测头、自动测量用的探头等。制作硬度计压头的金刚石，要求晶形完整、无裂纹、无包裹体，其重量为0.1～0.3克拉。

（5）制造金刚石钻头是金刚石的重要用途，其消耗量占工业金刚石总消耗量的15％～20％。金刚石钻头主要用于地质勘探、石油钻井和打爆破眼等。钻头用的金刚石以近似球形的为好，其重量为0.01～3克拉。制造孕镶钻头用的金刚石也可采用较粗粒度的磨料级金刚石。

（6）颗粒较大的金刚石还可制作玻璃刀、雕刻笔、唱针、喷嘴、轴承和光学元件等。

（7）磨料级金刚石除主要用于制作金刚石砂轮外，还用于锯片、磨头、研磨油石、砂带等。

随着科学技术的迅速发展，金刚石的用途越来越广泛且重要，例如用作原子能工业上的高温半导体、国防工业上的红外光谱仪等尖端产品的原料。

Ⅱ型金刚石的主要工业用途和技术要求如下。

Ⅱ型金刚石在电子工业和空间技术上具有特殊用途。Ⅱa型金刚石用作人造卫星、宇宙飞船和远程导弹上的红外激光器的窗口材料、微型或高功率电子器件的散热片材料等。Ⅱb型金刚石可用作通信卫星和大功率半导体器件、灵敏温度计、计数器和辐射探测器等的材料。

石墨 graphite C

[**化学组成**]   石墨中成分纯净者极少，往往含10％～20％的各种杂质。

[**晶体参数和结构**]   石墨在自然界有两种不同的多型：六方晶系2H型，对称型$L^6 6L^2 7PC$，$a_o = 0.246$ nm、$c_o = 0.670$ nm；三方晶系3R型，对称型$L^3 3L^2 3PC$，$a_o = 0.246$ nm、$c_o = 1.004$ nm。后一种多型较少见。石墨的晶体结构表现于碳原子成层排列，每一层中的碳原子按六方环状排列，每个碳原子与相邻的三个碳原子之间的距离均相等（0.142 nm）；而上下两层中的碳原子之间的距离（0.342 nm）比同一层内的碳原子之间的距离要大得多。2H型石墨，其层状结构的特点是第三层与第一层完全重复，而3R型石墨，其层状结构的特点则是第四层才与第一层重复。石墨是一种多键型的晶体，它不像金刚石那样只具单一的共价键，它在层内主要为共价键，但也表现出部分的金属键，这是因为每一碳原子最外层有四个电子，除去已用于形成层内共价键的三个外，尚多余一个，此电子可以在层内移动，类似金属中的自由电子，而层与层之间则为分子键。

如果将金刚石的{111}面网方向处于水平置位，则可以发现它与石墨有着相似的六方环所组成的面网，所不同的是构成六方环的碳原子不位于同一平面上，而是其中三个碳原子较其他三个碳原子的位置稍高。

[形态]　单体呈片状或板状，但完整的却极少见。通常为鳞片状、块状或土状集合体。

[物理性质]　石墨矿物呈铁黑、钢灰色，条痕呈光亮黑色，具金属光泽，隐晶质集合体呈土状者光泽暗淡，不透明。硬度为 $1\sim2$，平行 $\{0001\}$ 面网解理极完全，薄片具挠性，有滑感，易污手，相对密度为 $2.21\sim2.26$，具导电性。

[成因和产状]　石墨往往在高温下形成，见于各种成分的岩浆岩中。岩浆成因的石墨除少量从岩浆熔融体中析出外，往往与岩浆对碳酸盐岩石或沥青质岩石的同化作用有关。

接触变质成因的石墨，见于侵入体与碳酸盐岩石的接触带，是碳酸盐岩石分解的结果。

分布最广的是沉积变质成因的石墨，系富含有机质或碳质的沉积岩受区域变质作用而形成的。另外，由于强烈的区域变质，发生了围岩重熔和注入等作用，使部分层状石墨发生转移成为各种脉状体。

石墨矿石分为晶质石墨和隐晶质石墨两大类。我国石墨矿产资源丰富，储量大、种类齐全、质量良好、开采及运输条件较好，是我国具优势的矿产资源之一。

[鉴定特征]　石墨呈黑色、硬度低、相对密度小、有滑感。如果将硫酸铜溶液润湿锌粒滴在石墨上，则可析出金属铜的斑点，在与石墨相似的辉钼矿上则无此种反应。

[主要用途]　石墨由于其熔点高（3700 ℃）、耐腐蚀、不溶于酸等特性，是自然界最好的耐火材料，用于制作冶炼用的高温坩埚及新型陶瓷热压烧结的模具；具滑感，作为机械工业的润滑剂，在解决导弹和电弧炉所遇到的超高温问题方面，有十分突出的作用；导电性良好，又可制作电极等。高碳石墨可做原子能反应堆中的中子减速剂供国防工业应用。此外，随着碳材料研究的不断深入，利用石墨可人工合成纳米碳管。目前，我国纳米碳管的研究处于世界较领先地位，其是明显具有层状结构的单个石墨晶片构成的六角网络，并卷曲成直径为纳米量级的碳管，可分为单层管和多层管，一般直径在几到几十纳米，是典型的一维材料。这种纳米碳管由于引人注目的物理性质（如高强度、特异的电子输送性能）而成为科学家们研究的热点。石墨还可以制成 C_{60} 团簇，纯的 C_{60} 团簇固体是绝缘体，碱金属掺杂后成为导体，适当的调整掺杂成分可以使其成为超导体。

在石墨材料的发展研究中，近年来又取得了新的重大成果——石墨烯。实际上石墨烯本来就存在于自然界，只是难以剥离出单层结构。将片状的石墨烯一层层叠起来就是石墨，厚 1 mm 的石墨中大约包含 300 万层石墨烯。铅笔在纸上轻轻划过，留下的痕迹就可能是几层石墨烯。2004 年，英国曼彻斯特大学的两位科学家安德烈·盖姆（Andre Geim）和康斯坦丁·诺沃肖洛夫（Konstantin Novoselov）发现能用一种非常简单的方法得到越来越薄的石墨薄片。他们从高定向热解石墨中剥离出石墨片，然后将薄片的两面粘在一种特殊的胶带上，撕开胶带，就能把石墨片一分为二，不断地这样操作，于是薄片越来越薄，最后，他们得到了仅由一层碳原子构成的薄片，这就是石墨烯。这以后，制备石墨烯的新方法层出不穷。2009 年，安德烈·盖姆和康斯坦丁·诺沃肖洛夫在单层和双层石墨烯体系中分别发现了整数量子霍尔效应及常温条件下的量子霍尔效应，他们也因此获得 2010 年度诺贝尔物理学奖。2018 年 3 月 31 日，中国首条全自动量产石墨烯有机太阳能光电子器件生产线在山东菏泽启动，该项目主要生产可在弱光下发电的石墨烯有机太阳能电池，破解了应用局限、对角度敏感、不易造型这三大太阳能发电难题。

石墨烯是已知强度最高的材料之一，同时还具有很好的韧性，且可以弯曲，石墨烯的理论杨氏模量达 1.0 TPa，固有的拉伸强度为 130 GPa。石墨烯是一种零距离半导体，因为其传导和价带在狄拉克点相遇。在室温下，石墨烯的载流子迁移率约为 15000 $cm^2/(V \cdot s)$，这一数值超过了硅材料的 10 倍，是之前已知载流子迁移率最高的物质锑化铟(InSb)的两倍以上，同时，石墨烯具有非常好的热传导性能。纯的无缺陷的单层石墨烯的导热系数高达 5300 W/(m·K)，是目前为止导热系数最高的碳材料，高于单壁碳纳米管(3500W/(m·K))和多壁碳纳米管(3000 W/(m·K))的导热系数。而利用氢等离子改性的还原石墨烯也具有非常好的强度，平均模量可达 0.25 TPa。石墨烯具有优异的光学、电学、力学特性，在材料学、微纳加工、能源、生物医学和药物传递等方面具有重要的应用前景，被认为是未来的一种革命性新材料。

14.2 硫化物及其类似化合物矿物大类

14.2.1 概述

硫化物及其类似化合物包括一系列金属元素与硫、硒、碲、砷等相化合的化合物，因此除硫化物外，还有硒化物(如硒铜矿 Cu_2Se)、碲化物(如碲金矿 AuTe)、砷化物(如红镍矿 NiAs)。至于锑化物(红锑镍矿 NiSb)和铋化物(等轴钯铋矿 $PdBi_2$)，其矿物种数仅只一两种而已。

硫化物及其类似化合物的矿物种数有 350 种左右，而其中硫化物就占 2/3 以上。且铁的硫化物占了绝大部分。

1. 化学成分

与硫组成化合物的最主要元素为铁、钴、镍、钼、铜、铅、锌、银、汞、镉、铋、锑、砷等，而镓、铟、铼等元素，主要以类质同象混入物形式存在于其他硫化物中。

与硒组成化合物的元素主要为铜、银、铅、汞、铋、钴、镍等。此外，硒本身往往成为硫的类质同象混入物，出现于硫化物中。

与碲组成化合物的元素主要为铜、银、金、铅、铋、镍、铂、钯等。

与砷组成化合物的元素主要为有铁、钴、镍、铂。

以上列举的组成硫化物及其类似化合物的阳离子，几乎都属于铜型离子和接近铜型离子的过渡型离子，它们与硫、硒、碲等元素的离子具有显著的亲和力，所形成的化合物几乎都不溶于水。

作为阴离子元素部分的硫、硒、碲、砷等，往往具有不同的价态：S^{2-}(方铅矿 PbS)、S_2^{2-}(黄铁矿 FeS_2)、Se^{2-}(硒铅矿 PbSe)、Se_2^{2-}(硒镍矿 $NiSe_2$)、Te^{2-}(碲铅矿 PbTe)、Te_2^{2-}(斜方碲铁矿 $FeTe_2$)、As^{3-}(红镍矿 NiAs)、As_2^{2-}(砷铂矿 $PtAs_2$)、

As_4^{4-}（方钴矿 $Co_4[As_4]_3$）。此外，还存在一系列复杂的络阴离子，如 $[AsS_3]^{3-}$、$[SbS_3]^{3-}$ 等。

2. 晶体化学特征

硫化物及其类似化合物应属离子化合物，但它们却以一系列性质上的特点区别于标准离子晶格的晶体，这种状态是由硫化物及其类似化合物成分中元素的电负性所决定的。由于元素之间的电负性相差很小，在这种情况下，二者吸引电子的能力相近，价电子近于共用，键型向共价键过渡，如 ZnS、HgS、CdS、AsS 等；当二者排斥电子的能力相似时，价电子类似自由电子，键型向金属键过渡，如 PbS、$CuFeS_2$、NiAs、$PtAs_2$ 等。所以，在硫化物及其类似化合物晶格中键型明显带有过渡性，分别向共价键和金属键过渡。

在硫化物及其类似化合物中，阳离子的配位多面体以八面体和四面体为主。属于八面体配位结构的有方铅矿、磁黄铁矿、红镍矿、黄铁矿等，而属于四面体配位结构的有闪锌矿、纤锌矿、黄铜矿等。此外，还有其他的配位多面体存在，故在结构类型上还有链状、层状等，前者如辉锑矿、辉铋矿，后者如辉钼矿、铜蓝、雌黄。

硫化物及其类似化合物矿物中的类质同象，往往取决于结构中离子的配位数。例如，闪锌矿 ZnS 中的 Zn^{2+} 和 Fe^{2+}，在高温时可以充分互相置换，因为高温时，Fe^{2+} 趋向于 4 次配位，因而能置换 Zn^{2+}。但当温度降低时，Fe^{2+} 的配位数增大为 6，FeS 逐渐游离出来，形成细分散相磁黄铁矿于闪锌矿中。

3. 物理性质

硫化物及其类似化合物矿物的物理性质由其成分、结构及键型特征所决定。

趋向金属键过渡的硫化物，具金属光泽、金属色、导电性，不透明。

趋向共价键过渡的硫化物，具金刚光泽，半透明、不导电。

在硫化物、硒化物和碲化物中，矿物的金属性由硫化物至碲化物逐渐增强，如方铅矿 PbS、硒铅矿 PbSe、碲铅矿 PbTe，三者的反射率依次增高，分别为 42.4%、50.4%、63.2%。

硫化物及其类似化合物矿物的硬度比较低，一般为 2～4。其中，具层状结构的硫化物，其硬度甚至降低到 1～2；具对阴离子 S_2^{2-}、Se_2^{2-}、Te_2^{2-}、As_2^{2-}、$(As-S)^{3-}$ 等的对硫化物及其类似化合物，如黄铁矿-白铁矿族、辉砷钴矿-毒砂族、方钴矿族的矿物，硬度增高至 5～6.5。

这一大类矿物的相对密度一般在 4 以上。

4. 成因

硫化物及其类似化合物矿物的形成温度范围是相当大的。岩浆成因的硫化物矿物系由岩浆熔离作用生成的。在高温高压下，在基性、超基性岩浆中可溶解一部分硫化物熔体，但当温度下降时，硫化物的溶解度迅速降低，原来的硫化物-硅酸盐岩浆则分解为两种互不溶解的熔体，如基性、超基性岩中的铜镍硫化物即为这种作用形成的。

绝大部分的硫化物及其类似化合物矿物与热液过程紧密联系，因为它们的绝大部分都聚集于热液成因的金属矿床中。就是在接触交代作用成因的夕卡岩中，硫化物的富集亦是晚期热液阶段的产物。

此外，某些硫化物矿物系沉积形成的，因为在某些地层中具有工业价值的铜、铅、锌、镍等硫化物，其分布有一定的层位，它们形成于有硫化氢存在的还原条件下。

在风化过程中，硫化物矿物是很不稳定的，它们几乎全部被氧化、分解，最初形成易溶于水的硫酸盐（唯有硫酸铅不溶于水，呈铅矾产出），然后形成氧化物（如赤铜矿）、氢氧化物（如针铁矿）、碳酸盐（如孔雀石）和其他含氧盐矿物，组成了硫化物矿床氧化带的特有矿物成分。

如果当硫酸盐溶液（主要是硫酸铜、偶尔为硫酸银溶液）下渗至氧化带的深部（地下水面附近），在氧不足的还原条件下，硫酸铜、硫酸银溶液就与原生硫化物相作用，形成次生的铜或银的硫化物（次生辉铜矿、螺状硫银矿、铜蓝）。

5. 分类

按硫化物及其类似化合物的阴离子类型，本类矿物相应地分为以下几种。

1）单硫化物及其类似化合物矿物类

a. 辉银矿族：辉银矿、螺状硫银矿。

b. 辉铜矿族：辉铜矿。

c. 斑铜矿族：斑铜矿。

d. 闪锌矿-纤锌矿族：闪锌矿、纤锌矿、硫镉矿。

e. 黄铜矿族：黄铜矿、黝锡矿。

f. 方铅矿族：方铅矿。

g. 辰砂族：辰砂。

h. 磁黄铁矿族：磁黄铁矿、红镍矿。

i. 镍黄铁矿族：镍黄铁矿。

j. 硫钴矿族：硫钴矿。

k. 辉锑矿族：辉锑矿、辉铋矿。

l. 雄黄族：雄黄。

m. 雌黄族：雌黄。

n. 辉钼矿族：辉钼矿。

o. 铜蓝族：铜蓝。

2）对硫化物及其类似化合物矿物类

a. 黄铁矿-白铁矿族：黄铁矿、白铁矿

b. 辉砷钴矿-毒砂族：辉砷钴矿、毒砂

c. 方钴矿族：方钴矿、砷钴矿、砷镍矿

3）含硫盐矿物类

a. 硫砷银矿族：硫砷银矿、硫锑银矿

b. 硫锑铅矿族：硫锑铅矿、脆硫锑铅矿

c. 黝铜矿族：黝铜矿、砷黝铜矿

14.2.2　单硫化物及其类似化合物矿物类

属于单硫化合物及其类似化合物矿物类的化合物，其成分中阴离子为 S^{2-}、Se^{2-}、Te^{2-} 等简单阴离子。但个别矿物族，如铜蓝族，其成分中除简单阴离子外，尚有对阴离子如 S_2^{2-} 的存在，因而从阴离子而言，可视为单硫化物与对硫化物之间的过渡矿物族。

在结构类型上，辉锑矿族属链状结构，雌黄族、辉钼矿族、铜蓝族属层状结构，雄黄族属分子结构型，其他各族均属配位结构型。

1. 闪锌矿-纤锌矿族

本族化合物属 AX 型，包括结晶成等轴晶系、结构属闪锌矿型的硫化物及其类似化合物，以及结晶成六方晶系、结构属纤锌矿型的硫化物及其类似化合物。

ZnS 有等轴的 β-ZnS 变体(闪锌矿)和六方或三方的 α-ZnS 变体(纤锌矿)，其中纤锌矿还包括一系列的多型。

虽然根据实验，从等轴的 β-ZnS 变体转变为六方的 α-ZnS 变体发生在较高的温度下，从而认为闪锌矿是 ZnS 的低温相，纤锌矿是 ZnS 的高温相。但是，在自然界条件下，纤锌矿往往形成于低温条件下，这可能与氧的活度增高(ZnO 具纤锌矿型结构，置换 ZnS 中硫的少量氧能稳定纤锌矿的结构)及酸性介质(pH 值小)有关。

由于本族包括较多矿物，根据上述情况，可相应地分为闪锌矿亚族和纤锌矿亚族，前者包括闪锌矿、方硒锌矿 ZnSe、方硫镉矿 CdS 等，后者包括纤锌矿、硫镉矿 CdS、镉硒矿 CdSe 等。

这里仅描述闪锌矿、纤锌矿两种。

闪锌矿　sphalerite ZnS

[化学组成]　Zn 占 67.1%、S 占 32.9%，通常含有各种类质同象混入物，其中 In、Ti、Ag、Ga、Ge 则以 $Me^+ + Me^{3+} \longrightarrow 2Zn^{2+}$ 的形式置换。实验证明 ZnS 和 MnS 或 CdS 可成连续类质同象系列。至于闪锌矿中 Mn 和 Cd 的有限含量则与这些元素在成矿介质中的不足有关。

闪锌矿的成分与其形成条件之间的关系是复杂的。一般而言，较高温度下形成的闪锌矿，其成分中 Fe 和 Mn 的含量增高。压力增加则降低 Fe 的含量(因为 Fe^{2+} 在闪锌矿中，其配位数为 4，在磁黄铁矿中，其配位数为 6，压力的增高扩大了后者的稳定范围)。硫的活度增高同样降低了 Fe 在闪锌矿中的含量，这可用下列反应式表示：

$$2(Zn_{0.5}Fe_{0.5})S + S \longrightarrow ZnS + FeS_2$$

介质 pH 值的增高可使闪锌矿中 Fe 的含量减低，这已由实验证明(pH 值增高降低了 Fe 的活度)。闪锌矿富含铁的亚种，称为铁闪锌矿(Fe 含量大于 8%)和黑闪锌矿(Fe 含量可达 26%)。

[晶体参数和结构]　等轴晶系，对称型 $3L_i^4 4L^3 6P$，$a_0 = 0.53985$ nm(纯闪锌矿)。晶体结构表现于硫离子按立方最紧密堆积，锌离子充填于半数的四面体空隙中，每个锌离子被四个硫离子包围形成四面体配位。阴阳离子的配位数均为 4。各个四面体恒居同一方位。反映在形态上，闪锌矿常呈四面体晶形。

[形态]　晶形常呈四面体(见图 14-3)，正形和负形往往在光泽和蚀象上有所不同，有时呈菱形十二面体(通常为低温下形成)；依(112)晶面呈双晶，双晶轴平行 [111]晶棱时呈聚片双晶。常见闪锌矿呈粒状块体，偶尔呈隐晶质的肾状形态。

[物理性质]　由于含铁量的不同直接影响闪锌矿的颜色、条痕色、光泽和透明度。当含铁量增多时，颜色由浅变深，从浅黄、棕褐直至黑色(铁闪锌矿和黑闪锌矿)；条痕由白色至褐色；光泽由松脂光泽至半金属光泽；从透明至半透明。闪锌矿硬度为

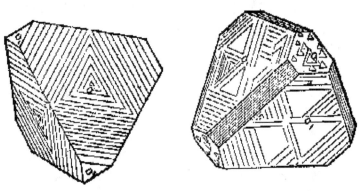

图 14-3　闪锌矿晶形

3.5～4，解理平行{110}完全，相对密度为 3.9～4.1，随含 Fe 量的增加而降低。闪锌矿具荧光和摩擦磷光性。

[成因和产状]　闪锌矿常见于各种热液成因矿床中，是分布最广的含锌矿物。在高温热液矿床中，闪锌矿成分中通常富含 Fe、In、Se 和 Sn；在中低温热液矿床中则富含 Cd、Ga、Ge 和 Tl。在前者情况下铁闪锌矿与毒砂、磁黄铁矿，有时与黄铜矿、方黄铜矿等共生；在后者情况下闪锌矿往往与方铅矿共生，有时还出现各种硫盐矿物，如硫锑铅矿等。

中国铅锌矿产地以云南金顶、广东省韶关市仁化县凡口矿、青海锡铁山等最著名，世界上著名的铅锌矿产地有澳大利亚的布罗肯希尔、美国的密西西比河谷地区等。

此外，闪锌矿还有表生沉积成因的。

在氧化带，闪锌矿氧化成易溶于水的硫酸锌，并往往随地表水而运移，在适当地点形成菱锌矿 $Zn[CO_3]$ 等次生矿物。

在变质作用下，闪锌矿不稳定而转变为红锌矿 ZnO、锌铁尖晶石 $ZnFe_2O_4$ 等矿物。

[鉴定特征]　以菱形十二面体完全解理、有光泽及经常与方铅矿密切共生作为鉴定特征。

[主要用途]　闪锌矿是最重要的锌矿石，几乎总与方铅矿共生，是提炼锌的主要矿物原料，其成分中所含的镉、铟、镓等稀有元素也可以综合利用。闪锌矿的单晶可用作紫外半激体激光材料。世界上锌的全部消耗中大约有一半用于镀锌，约 10% 用于铸造黄铜和青铜，不到 10% 用于锌基合金，约 7.5% 用于化学制品。通过在熔融金属槽中将锌热浸镀在需要保护的材料和制品上，可防止其被腐蚀。对金属制品，可分批镀锌；对轧制钢带卷，可连续镀锌。近年来，钢带热浸镀锌量有显著增长。对于与水连续接触的物体，如船舶、桥梁和近海油气井架的大的钢构件，只须和大的锌块连接，便可得到保护，不过锌块要定期更换。压铸是锌的另一个重要应用领域，该方法可用于汽车、建筑、部分电气设备、家用电器、玩具等的零部件生产。锌也常和铝制成合金，以获得强度高、延展性好的铸件。在制成薄板时（一般是用连铸连轧法生产薄板），锌还常和少量铜和钛制成合金，以获得必须的抗蠕变性能。锌能和许多有色金属形成合金，其中，锌与铝、铜等组成的合金，广泛用于压铸件；锌与铜、锡、铅组成的黄铜，用于机械制造业。含少量铅镉等元素的锌板可制成锌锰干电池负极、印花锌板、

有粉腐蚀照相制版和胶印印刷板等。

纤锌矿 wurtzite ZnS

[化学组成] 成分同闪锌矿，不过 Fe 最大含量未超过 8%，常含较多的 Cd（1%～3.7%）。

[晶体参数和结构] 属六方晶系，对称型 $L^6 6P$，$a_o = 0.382$ nm，$c_o = 0.625$ nm。纤锌矿的晶体结构（见图 14-4）表现于硫离子按六方最紧密堆积，锌离子充填半数四面体空隙，每个锌离子被四个硫离子包围形成四面体配位，阴阳离子的配位数均为 4。

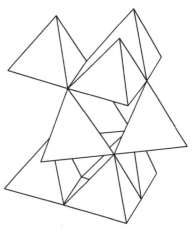

图 14-4 纤锌矿配位结构

纤锌矿，除六方晶系 2H 型外，还有 4H、6H、8H、10H 及三方晶系 3R、9R、12R、15R、21R 等多型存在。

与纤锌矿同结构的物质有很多，常见的有红锌矿（ZnO）、碳化硅（SiC）和氮化铝（AlN）等，它们的一个共同特点是都是半导体。

[形态] 单晶体呈尖锥状、偶尔呈板状，其上下两端由不同晶面组成。

[物理性质] 颜色视铁的含量而变化，由浅色至棕色或棕黑色变化。条痕白色至褐色，具树脂光泽，硬度为 3.5～4，解理平行 $\{10\bar{1}0\}$ 中等，相对密度为 4.0～4.1。

[成因和产状] 天然纤锌矿少见，纤锌矿在自然界中的分布远不如闪锌矿普遍，它通常从酸性溶液中析出，偶尔见于某些热液矿床中。

[鉴定特征] 致密块状的纤锌矿在外表特征上与闪锌矿相似，唯在显微镜下因其光性非均质可与闪锌矿相区别。

[主要用途] 结构类型常常应用于半导体材料及其研究方面，个别矿床中纤锌矿有大量积聚则具实际应用意义。

2. 黄铜矿族

本族化合物包括黄铜矿、黝锡矿等矿物。在自然界发现的黄铜矿和黝锡矿均具有两种同质多象变体：低温四方晶系和高温等轴晶系。二者的转变温度，黄铜矿为 550 ℃，黝锡矿为 420 ℃。高温变体的阳离子在结构中呈无序分布且具闪锌矿型结构。低温四方晶系变体，阳离子在结构中呈有序分布，因而与高温变体比较，其对称性则降低了。

3. 方铅矿族

方铅矿 galena PbS

[化学组成] Pb 占 86.6%、S 占 13.4%，成分中常含 Ag、Bi、Sb、Se 等元素。在 350 ℃ 以上时硫银铋矿 $AgBiS_2$ 具有与方铅矿完全相似的等轴晶系的晶体结构，二者可形成固溶体。但随着温度的降低，当低于 210 ℃ 时，硫银铋矿便转变为正交晶系变体，从方铅矿中离溶出来。Se 以类质同象置换 S，存在着 PbS-PbSe 完全类质同象系列。

[晶体参数和结构]　　方铅矿呈等轴晶系，对称型 $3L^44L^36L^29PC$，$a_o=0.593$ nm。晶体结构属 NaCl 型（见图 14-5），表现于硫离子按立方最紧密堆积，而铅离子充填于所有八面体空隙中，阴阳离子的配位数均为 6。

[形态]　　常呈立方体晶形，有时以八面体与立方体聚形出现。通常呈粒状、致密块状集合体。

[物理性质]　　呈铅灰色，条痕灰黑色，具金属光泽，硬度为 2～3，解理平行 $\{100\}$ 极完全。含 Bi 的亚种，则见有平行 $\{111\}$ 裂理纹。相对密度为 7.4～7.6。具弱导电性和良检波性。

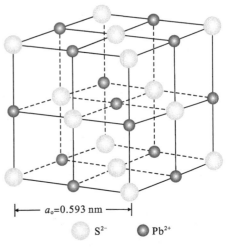

$a_o=0.593$ nm

○ S^{2-}　　● Pb^{2+}

图 14-5　方铅矿晶体结构

[成因和产状]　　方铅矿是自然界分布最广的含铅矿物，形成于不同温度的热液过程，其中以中温热液过程最为主要，经常与闪锌矿一起形成铅锌硫化物矿床。

在大多数铅锌矿床中，方铅矿、闪锌矿经常与黄铁矿、黄铜矿、黝铜矿等矿物共生。此外，方铅矿还有表生沉积成因的。

在氧化带，方铅矿不稳定，转变为铅矾、白铅矿等一系列次生矿物。

只要是热液成因的方铅矿，几乎总是与闪锌矿共生，且在地表易风化成铅矾和白铅矿。方铅矿易在变质岩和火山硫化物矿床中形成，且与铜矿混合在一起。珊瑚礁石灰岩和白云灰岩中也会有方铅矿形成。铅锌矿在中国的产地以云南金顶、广东凡口、青海锡铁山等地最著名，其最大产地是美国的新密苏里，仅铅的储量就达 3000 万吨。此外，英国的康沃尔、德国的弗赖贝格、澳大利亚的布罗肯希尔等也是其很著名的产地。

[鉴定特征]　　呈铅灰色，具金属光泽，立方体完全解理，相对密度大，加 KI 及 $KHSO_4$ 与矿物一起研磨后显黄色。

[主要用途]　　方铅矿是提炼铅最重要的矿物原料，而 Ag、Bi、Se 有时可作为提炼的副产品。其在陶瓷釉中作为熔剂可适量代替 PbO。铅的用途既古老又广泛，如铅字印刷、铅皮包电缆、钢板镀铅锡合金、铅笔芯等。铅是制造兵器必不可少的原料，其可以作为屏蔽放射性核辐射的材料，在动力机械方面也可以作为蓄电池、电极板等的制作原材料。目前，铅已广泛应用于冶金工业、国防、科技、电子工业等领域，同时，铅也是一种毒性很强的重金属元素，对环境和人类的生活生产有不利的一面，使用时应多加注意。

4. 磁黄铁矿族

本族化合物属 AX 型，主要矿物为磁黄铁矿和红镍矿，晶体结构属红镍矿 NiAs 型。

磁黄铁矿的成分近似于 FeS，一般用 $Fe_{1-x}S$ 表示，它有两个同质多象变体：高温六方晶系变体（对称型 L^66L^27PC，$a_o=0.343$ nm、$c_o=0.569$ nm）和低温单斜晶系变体

（对称型 L^2PC，$a_o=0.595$ nm、$b_o=0.343$ nm、$c_o=0.569$ nm、$\beta=90°24'$）。高温六方磁黄铁矿的成分相当于 FeS 和 Fe_7S_8 之间的高温固溶体。单斜磁黄铁矿的成分为 Fe_7S_8，其稳定于 225 ℃以下。

低温磁黄铁矿除单斜磁黄铁矿外，还存在一系列其他超结构类型，如 $2A5C(Fe_9S_{10}$ 六方晶系）、$2A11C(Fe_{10}S_{11}$ 正交晶系）、$2A6C(Fe_{11}S_{12}$ 六方晶系）等（其中 A、C 系指最简单红镍矿型的基本晶胞棱长）。不同超结构类型的产生是由结构中铁离子缺位的有序排列所引起的。

目前有人认为磁黄铁矿的化学式应以 Fe_nS_{n+1} 代替 $Fe_{1-x}S$，因为，根据穆斯堡尔谱，磁黄铁矿中不存在 Fe^{3+}，并不如先前认为的以 $3Fe^{2+}\longrightarrow 2Fe^{3+}$ 的置换方式使结构中的铁离子缺位，而是由于结构中部分 S^{2-} 被 S_2^{2-} 代替而出现硫离子缺位所致。

属于本族矿物的还有陨硫铁 FeS、硒铁矿 FeSe、六方硒钴矿 CoSe、红锑镍矿 NiSb 等，不过它们在自然界是极为稀见的。

14.2.3 对硫化物及其类似化合物矿物类

对硫化物及其类似化合物矿物类中的化合物与上一节所描述的单硫化物及其类似化合物的不同在于其成分中存在着 S_2^{2-}、Se_2^{2-}、Te_2^{2-}、As_2^{2-}、$(As-S)^{3-}$、$(Sb-S)^{3-}$ 等对阴离子，因此，它们相应地称为对硫化物、对硒化物、对碲化物、对砷化物、硫砷化物和硫锑化物。

与这些对阴离子结合的阳离子，主要是 Fe、Co、Ni、Pt 等的过渡型离子，而基本上缺乏在单硫化物中所常见的 Cu、Pb、Zn 等的铜型离子，唯一例外的是 1972 年发现的属黄铁矿型结构的方硒铜矿 $CuSe_2$。

本类化合物的晶体结构是由哑铃状对阴离子近似于按立方最紧密堆积而成的，但由于对阴离子的存在，与单硫化物的相同结构的矿物比较，则降低了对称性。例如，黄铁矿与单硫化物中的方铅矿均属 NaCl(PbS)型，但方铅矿的对称性（$3L^44L^36L^29PC$）却高于黄铁矿的（$4L^33L^23PC$）。

本类化合物与单硫化物及其类似化合物相比较，硬度显著增大，一般为 5～6.5。这是对阴离子本身之间具有强烈的共价键而使其间的距离大为缩短所致的，例如对硫离子中 S-S 之距离（0.205 nm）小于二倍硫离子半径之距离（0.35 nm），因而相应地使金属阳离子与这些对阴离子之间的距离亦缩短，使晶体结构趋向于紧密。本类化合物缺乏解理或解理不完全，这是对阴离子呈哑铃状在结构中较均匀配置，使各方向键力比较相近所造成的；具弱电性，这是对阴离子本身呈现明显的共价键所致的。

1. 黄铁矿-白铁矿族

本族化合物属 AX_2 型，其中 FeS_2、$CoSe_2$、$NiSe_2$ 均具两种同质多象变体。等轴晶系变体，其结构属黄铁矿型；正交晶系变体，其结构属白铁矿型。由于这二者都包括一系列矿物，因而本族化合物则相应地分为黄铁矿亚族和白铁矿亚族。

黄铁矿亚族主要包括 Fe、Co、Ni 对硫化物，Co、Ni 对硒化物和 Pt 对砷化物，如黄铁矿 FeS_2、方硫铁镍矿（Fe，Ni）S_2、方硫镍矿 NiS_2、方硫钴矿 CoS_2、硒镍矿 $NiSe_2$、硬硒钴矿 $CoSe_2$、砷铂矿 $PtAs_2$ 等。本亚族中，Fe、Co、Ni 可成广泛类质同象，尤其是 FeS_2-NiS_2 系列，随着矿物成分中 Ni 含量的增高，a_o 值趋向增大，而相对密度趋向降低。对于 $FeS_2 - CoS_2$ 系列亦完全具有类似的情况。此外，在对硫化物与对硒化物之间，部分硫被硒类质同象置换，如方硫镍矿的含硒亚种 $Ni(S，Se)_2$，它们之间的成分中 $S：Se ≈ 4：1$。

白铁矿亚族主要包括 Fe、Co、Ni 对硒化物及对砷化物，如斜方硒铁矿 $FeSe_2$、白硒钴矿 $CoSe_2$、斜方硒镍矿 $NiSe_2$、斜方砷铁矿 $FeAs_2$、斜方砷钴矿 $(Co，Fe)As_2$、斜方砷镍矿 $NiAs_2$。对碲化物的唯一代表是斜方碲铁矿 $FeTe_2$。

在白铁矿亚族中，Fe、Co、Ni 的对硒化物彼此间常形成类质同象，而 Fe、Co、Ni 的对砷化物则以 Fe 与 Co 呈广泛类质同象置换，而 Ni 与 Fe 或 Co 之间的类质同象置换却往往是有限的。

在黄铁矿-白铁矿族中，仅描述黄铁矿矿物。

黄铁矿 pyrite FeS_2

[**化学组成**]   Fe 占 46.55%、S 占 53.45%，混入物有 Co、Ni、As、Sb、Cu、Au、Ag 等，其中，Co、Ni 等往往系类质同象混入物。

[**晶体参数和结构**]   属等轴晶系，对称型 $4L^33L^23PC$，$a_o = 0.54176$ nm。晶体结构（见图 14-6）与方铅矿相似，即哑铃状对硫离子代替了方铅矿结构中简单硫离子的位置，铁离子代替了铅离子的位置，但由于哑铃状对硫离子的伸长方向在结构中交错配置，使各方向键力相近，因而黄铁矿缺乏解理，而且硬度显著增大。

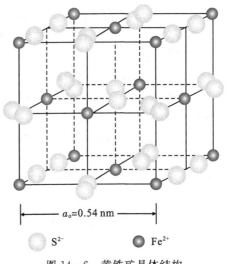

$a_o = 0.54$ nm

○ S^{2-} ● Fe^{2+}

图 14-6 黄铁矿晶体结构

[**形态**]   晶形常呈立方体、五角十二面体，较少呈八面体（见图 14-7）。在立方体晶面上常能见到晶面条纹，这种条纹的方向在两相邻晶面上相互垂直，和所属对称型相符合。双晶主要依 (110) 和 (111) 而成。集合体常呈致密块状、散染粒状。

[**物理性质**]   呈浅黄铜色，表面带有黄褐色的锖色。条痕绿黑色，具金属光泽，硬度为 6～6.5，性脆，相对密度为 4.9～5.2，断口参差状。黄铁矿在高温的情况下，所捕获的电子易于流动，并有方向性，形成电子流，产生热电动势而具热电性。

图 14-7 黄铁矿的三种晶形

[成因和产状]　黄铁矿的英文名称源于希腊字"pry"，意思为"火"，因为用锤子敲击黄铁矿会产生火星。黄铁矿因其浅黄铜色和明亮的金属光泽，常被误认为是黄金，故又称为"愚人金"。黄铁矿是地壳中分布最广的硫化物，形成于各种不同地质条件下。成分中富含 Ni 的黄铁矿见于铜镍硫化物岩浆矿床；成分中含 Co 的黄铁矿则常见于接触交代矿床；在多金属热液矿床中，黄铁矿成分中的 Cu、Zn、Pb、Ag 等含量均有所增多；与火山作用有关的矿床中，黄铁矿成分中的 As、Se 含量有所增多。黄铁矿含量最大的矿床是产于火山岩系中的含铜黄铁矿层，矿石中黄铁矿是最主要的矿物成分，含量可达 70%～90%，其次为黄铜矿，并含有少量闪锌矿等其他硫化物，其成因就目前多数人的看法，即认为是由火山沉积和火山热液作用所形成的。

外生成因的黄铁矿见于沉积岩、沉积矿石和煤层中，往往呈结核状和团块状。

此外，在一些热液矿床和热泉沉积中，常见膜状、粉末状的 FeS_2 的胶状物质，称为胶黄铁矿。

在氧化带，黄铁矿易于分解而形成各种铁的硫酸盐和氢氧化物。铁的硫酸盐中以黄钾铁矾为最常见；铁的氢氧化物则为褐铁矿。

世界著名黄铁矿产地国有西班牙、捷克共和国、斯洛伐克、美国和中国。我国黄铁矿的探明资源储量居世界前列，著名产地有广东英德和云浮、安徽马鞍山、甘肃白银等。

[鉴定特征]　黄铁矿以其晶形、晶面条纹、颜色、硬度等特征可区别于与其相似的黄铜矿、磁黄铁矿。

[主要用途]　一般将黄铁矿作为生产硫磺和硫酸的原料，而不是用作提炼铁的原料。含金或钴、镍的黄铁矿应注意综合利用。黄铁矿可将硫引进硒宝石红玻璃中，同时其也是生产硫酸和硫酸亚铁的原料，主要应用于琥珀玻璃着色，以及用作树脂结合磨具和闸衬的填充剂。

2012 年 4 月，剑桥大学的研究团队通过电子结构计算，探究了黄铁矿的催化活性，研究人员重点关注了黄铁矿与空气污染物之一的氮氧化物(NO_x)之间的反应。

14.3　卤化物矿物大类

14.3.1　概述

卤化合物是金属元素阳离子与卤族元素(氟、氯、溴、碘)阴离子化合而成的化合物。卤化物矿物的种数约为 120 种，其中，主要是氟化物和氯化物矿物，而溴化物矿物和碘化物矿物则极为少见。

1. 化学成分

组成卤化物的阳离子主要是属于惰性气体型离子的钾、钠、钙、镁、铝等元素的离子，它们组成了自然界常见的矿物。还有一部分是属于铜型离子的银、铜、铅、汞等元素的离子，它们所组成的卤化物矿物如碘银矿 AgI、羟铜铅矿 $Pb_2CuGl_2(OH)_4$、汞膏 HgCl 等，在自然界则极为少见，只有在特殊的地质条件下才能形成。此外，某些卤化物常含有$(OH)^-$附加阴离子或 H_2O 分子。

2. 晶体化学特征

在卤素化合物中，它们的阴离子 F^-、Cl^-、Br^-、I^- 在周期表上同属 $Ⅶ_B$ 族，有其相似的性质，但这些阴离子半径的大小（nm）却不相同：

F^-	Cl^-	Br^-	I^-
0.125	0.172	0.188	0.213

这些离子半径大小的不同显著影响着化合物形成时对阳离子的选择。F^- 半径最小，它主要与半径较小的阳离子 Ca^{2+}、Mg^{2+} 等组成稳定的化合物，并且大都不溶于水；而 Cl^-、Br^-、I^- 的离子半径较大，它们总是与半径较大的阳离子 K^+、Na^+ 等形成易溶于水的化合物。

在晶体结构中，由于阳离子性质的不同，结构中所存在的键型也就不同。轻金属的卤化物中，如石盐表现为典型的离子键；而在重金属的卤化物中，如角银矿则存在着共价键。

3. 物理性质

卤化物矿物的物理性质和它们的组成成分及晶体结构有密切的关系。由惰性气体型离子所组成的典型离子键的矿物所表现出的物理性质一般为透明无色、具玻璃光泽、相对密度小、导电性差，其中氯化物、溴化物和碘化物均易溶于水。而由铜型离子所组成的，存在有共价键的矿物，则一般为浅色、透明度降低、具金刚光泽、相对密度增大、导电性增强，并具延展性。

氟化物的硬度一般比氯化物、溴化物和碘化物高，其中氟镁石 MgF_2 的硬度为 5，是本大类矿物中硬度最大的。这是因为 Mg^{2+} 和 F^- 的离子半径在卤素化合物的阳离子和阴离子中均较小，同时 Mg^{2+} 的电价又较高，形成了较强的结合力。金属和碱土金属所组成的氯化物，如石盐、角银矿等的硬度最低，为 $1.5\sim2$。

4. 成因

卤化物矿物主要形成于热液和风化过程中，在热液过程中往往形成大量的萤石，却没有发现有氯化物、溴化物等的沉淀，这是因为其溶解度较氟化物大。

在风化过程中，氯具有很好的迁移能力，它往往与钠、钾等组成溶于水的化合物，而在干涸的含盐盆地中，形成相应化合物的沉淀和聚积。但氟化物在含盐的沉积岩中却较少出现。

铜型离子（银、铜、汞等的离子）所组成的卤化物只见于干热地区金属硫化物矿床的氧化带中，系由含这些元素的硫化物经氧化后与下渗的含卤族元素的地面水反应而成的。

5. 分类

本大类的矿物，按下列分类进行讲述。

1）氟化物矿物类

a. 萤石族：萤石。

b. 冰晶石族：冰晶石。

2）氯化物矿物类

a. 石盐族：石盐、钾盐。

b. 光卤石族：光卤石。

c. 角银矿族：角银矿。

14.3.2 氟化物矿物类

氟化物矿物在自然界的分布量不多，与氟组成化合物的元素种类约 15 种，形成的矿物种类约 25 种。其中以钙起着独特的作用，形成较为常见的萤石。

1. 萤石族

本族矿物是简单的氟化物矿物，我们仅述其中的主要矿物萤石。

萤石 fluorite CaF_2

萤石又称氟石，是自然界较为常见的矿物之一，是一种光学上各向同性的矿物。萤石的开采大约在 1775 年始于英国，到 1800 年至 1840 年间美国的许多地方也相继开采，但大量开采乃是在发展和推广平炉炼钢以后。1886 年法国化学家亨利·莫瓦桑 (H. Moissan) 首次从萤石中分离出气态的氟元素，揭示出萤石是由钙元素和氟元素化合组成的矿物，定名为氟化钙 (CaF_2)。

[化学组成] Ca 占 51.33%、F 占 48.67%，其中 Ca 可以被 Y、Ce 和其他稀土元素所置换，含量占比 (Y，Ce)∶Ca＝1∶6。F 可以为 Cl 所置换。

[晶体参数和结构] 属等轴晶系，对称型 $3L^4 4L^3 6L^2 9PC$，$a_0 = 0.5452$ nm。

萤石的晶体结构相当于钙离子呈立方最紧密堆积，而氟离子位于所有四面体空隙位置上，阴阳离子的配位数分别为 4 和 8。以配位立方体形式表示（见图 14-8），则氟离子位于每一立方体的角顶，钙离子位于立方体的中心。在萤石晶体结构中{111}面网的面网间距虽非最大，但在这个方向上存着互相毗邻的同号离子层，由于静电斥力起着主要作用，导致萤石有平行八面体{111}的完全解理。

[形态] 萤石常呈立方体{100}、八面体{111}、菱形十二面体{110}的单形及聚形，在立方体面上有时出现镶嵌式花纹。双晶较常见，是由两个立方体相互贯穿而成的（见图 14-9），双晶面为(111)面。集合体为粒状或块状。高温形成的萤石多为八面体。

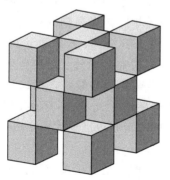

图 14-8 萤石的晶体结构

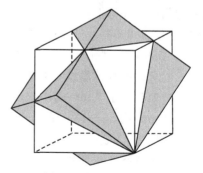

图 14-9 萤石的双晶

[物理性质] 萤石的颜色是多种多样的。晶体生长的实验表明，萤石颜色与其生长过程中温度的变化有密切关系：当晶体生长时，如温度高出熔点很多，而降温速度过快，生成的萤石多为紫红色；如降温十分缓慢则为无色；如生长时温度勉强达到熔

点而降温，多为绿色、蓝色。萤石颜色不仅与晶体生长时的温度变化有关，也常因含有其他离子而呈色。自然界的萤石在含有 Nd^{3+} 时即为紫红色。此外，无色透明的晶体，可因金属钙蒸气的作用或带有自由电子的阴极射线的作用而出现紫色，这又可能与其结构中存在中性原子有关。萤石其他的物理性质：具玻璃光泽，硬度为4，性脆，解理平行{111}完全，相对密度为3.18，具显著的萤光性。

[亚种] 含钇的萤石称为钇萤石，钇的含量常在10%以上，其化学组成为$(Ca, Y)F_{2\sim3}$，即当 Y^{3+} 置换 Ga^{2+} 时，要导入一个额外的 F^- 以补偿晶体中电荷的不平衡。钇萤石的光学性质类似于一般萤石，但其硬度较高，解理不发育，机械性能远比一般萤石优良，更适于制造光学镜头。

[成因和产状] 萤石大部分形成于热液过程中，有时形成巨大的聚集并作为独立矿床出现。有时也大量出现于铅锌硫化物矿床中，而沉积成因者则很少。

萤石的开采及挖掘起源于古埃及时期，当时的人们广泛地用萤石制作塑像及圣甲虫形状的雕刻。古罗马时期，萤石作为名贵石料广泛地用于酒杯和花瓶的制作，古罗马人甚至相信萤石酒杯会使人千杯不醉。

[鉴定特征] 属立方体晶形，八面体完全解理，加热时通常劈裂或爆裂。

[主要用途] 萤石可分为冶金级萤石、制酸(化工)级萤石、陶瓷级萤石、光学萤石、工艺萤石等不同级别。其在冶金工业中用作熔剂，在化学工业中用作制取氢氟酸的原料等，在搪瓷中用作乳浊剂和助熔剂，在玻璃中用作乳浊剂，在陶瓷中用作辅助熔剂。

光学领域对于萤石的需求量较大，其人工合成晶体长大后可以制成多种透镜，如用萤石制造的照相机镜头，因其具有非常低的色散，所以由其打磨成的镜片比选用普通玻璃的镜头具有更少的色差。萤石的颜色鲜艳丰富，晶体光滑无瑕，被称为"世界上最鲜艳的宝石"，但因其硬度低，所以通常情况下不能被用作珠宝。但正因萤石质地柔软，所以当出现足够大的晶体时，便可以相对容易地用它来雕刻装饰物。萤石在矿石收藏家中十分受欢迎，尤其是一些品相良好的标本可以卖出很高的价格。

冶金级萤石(熔剂萤石) 在冶金炉中加入萤石可以起助熔，降低熔炼温度和增加硅酸盐熔渣的流动性并将钢液中的硅、硫、磷等杂质排除，提高钢的纯度的作用。这类萤石要求 CaF_2 含量不得小于75%、SiO_2 含量不得大于20%、S含量小于1.5%、其他杂质(如磷、钡和重金属硫化物等)含量应尽量少或没有。此外，对冶金用萤石的块度也有相应的要求，即其粒度以不被吹出炉膛为限度，我国一般要求以10~15 mm的小块为宜，其中如有小于3 mm的小粒，其数量不得超过3%。国外有的要求萤石块度要达到30~100 mm 或 30~150 mm，当时的苏联要求萤石块度要大于5 mm，其中小于5 mm的应不超过10%。

制酸(化工)级萤石 主要用于化工和炼铝工业，即从萤石中提取氟，生产氢氟酸和氟化学制品、人造冰晶石(Na_3AlF_6)等。化工用萤石的要求比较严格，如生产 HF，萤石中 SiO_2 的含量不能高，因为如果多含一个单位重量的 SiO_2，就要大约多耗费3.9个单位重量的萤石，所以，SiO_2 是用酸分解萤石制取 HF 时的最有害的杂质。方解石(常与萤石共生)也是有害杂质，如含量稍高，在用酸分解萤石制取 HF 时，$CaCO_3$便首先与酸起反应，必然会使酸(H_2SO_4)的消耗量增加，同时产生大量 CO_2，这不但会使已形成的 HF 受到损失（进入大气中），而且会造成环境污染，所以化工用萤石一般要求 CaF_2 含量在 95％以上。用于生产人造冰晶石时，电解铝时用作氧化铝的熔解剂的萤石含 CaF_2 要达到 98％，SiO_2 含量要小于 1％，$CaCO_3$ 含量应不超过 1.25％，CaO 含量应小于 1％，S 含量不应大于 0.05％，$BaSO_4$、Pb、Zn 等杂质含量要求应都小于 1％。此外，化工用萤石的粒度要求为 100～200 目（0.074～0.150 mm），这样的粒度可以促使化学反应完全并使反应速度加快。

陶瓷级萤石　主要用于陶瓷、玻璃和搪瓷等工业生产中的矿化剂，这方面要求萤石含 CaF_2 达到 95％～96％，SiO_2 含量不超过 2.5％～3％，Fe_2O_3 含量小于 0.12％，$CaCO_3$ 含量小于 1.0％，不含 Pb、Zn、S、$BaSO_4$ 等有害杂质，粒度应在 100（0.150 mm）目左右。对于水泥工业中所用的萤石，一般没有特别严格的要求，CaF_2 含量在 45％以上的低品级矿石即可。在水泥炉料中加入少量萤石（如 5％）可以降低混料的烧结温度，同时可以提高水泥炉的生产效率和降低能源消耗量。

光学萤石　无色透明的萤石在自然界的分布非常少，而能用于光学工业中的萤石更少，因为其对萤石的要求极为严格。这种萤石必须是极纯净的无色、完全透明、不含包裹体或云雾、无裂隙和无气泡的晶体或晶块，其无缺陷部分最小不能小于 6 mm×6 mm×4 mm。

工艺萤石　那些光泽或透明度好、色彩鲜艳、晶体或晶块大的萤石可用于制作艺术饰品。

此外，萤石亦可作为电解法提取铝土矿中铝的熔剂，其在硅酸盐工业中被认为是玻璃和珐琅配料中最稳定的氟化物，在生产中起乳浊剂和助熔剂的作用，还可用作砂轮填充剂和焊条助熔剂，以及牙科黏合剂的矿化成分。

2. 冰晶石族

本族矿物系复杂氟化物矿物，我们仅述其中主要矿物冰晶石。

冰晶石　cryolite　Na_3AlF_6

[**化学组成**]　Na 占 32.86％、Al 占 12.85％、F 占 54.29％，有时含混入物 Fe。

[**晶体参数和结构**]　属单斜晶系，对称型为 L^2PC，$a_o = 0.546$ nm、$b_o = 0.560$ nm、$c_o = 0.780$ nm、$\beta = 90°11'$。当温度达 560 ℃时转变为等轴晶系。

冰晶石的晶体结构（见图 14-10）是由九个 $Al-F_6$ 八面体和十个 Na 原子所构成的，九个 $Al-F_6$ 八面体位于菱方柱的角顶和中心，四个 Na 原子位于柱棱的中点，两个 Na 原子位于底轴面的中心，两个 Na 原子位于两个柱面中线 1/4 处，两个 Na 原子位于另两个柱面中线的 3/4 处。

[**形态**]　当底轴面｛001｝和菱方柱｛110｝发育近于相等时，则冰晶石呈假立方体形外貌（见图 14-11）。冰晶石双晶常为复杂的聚片双晶，接合面一般为（110），有时为（001）或（$\bar{1}$01）。通常呈块状或粒状。

[**物理性质**]　一般为无色至白色，常染为淡红、淡黄或褐色，具玻璃至油脂光泽，硬度为 2～3，无解理，参差状断口，相对密度为 2.97，可溶于水。

[**成因和产状**]　冰晶石的矿床极为稀少，主要见于花岗-伟晶岩脉内。以单斜形式存在的商用冰晶石，仅在格陵兰岛有发现。

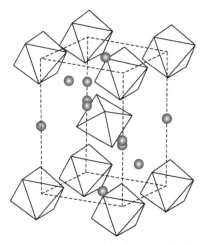

图 14-10   冰晶石晶体结构

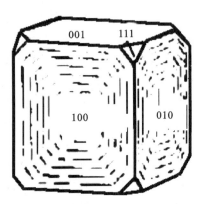

图 14-11   冰晶石晶形

[鉴定特征]   属假立方体晶形，硬度低，无解理。以突起更低、很弱的干涉色及假立方体解理，可与萤石区别。细粒需用光性测定和 X 射线粉末法进行鉴定。

[主要用途]   主要用作电解铝的助熔剂；也用作研磨产品的耐磨添加剂，可以有效提高砂轮的耐磨能力和切削力，延长砂轮的使用寿命和存储时间；可作为铁合金及沸腾钢的熔剂、有色金属熔剂、铸造的脱氧剂、链烯烃聚合催化剂，以及用于玻璃抗反射涂层、搪瓷的乳化剂、玻璃的乳白剂、焊材的助熔剂、陶瓷的填充剂、农药的杀虫剂等。

14.3.3   氯化物矿物类

在自然界，与氯组成化合物的元素约 16 种，其中以钠、钾和镁最为主要，其次为重金属元素中的铜、银和铅等，所形成的矿物种类远比氟化物多，约达 60~70 种。

1. 石盐族

本族中的主要矿物为石盐和钾盐，它们的晶体结构同属氯化钠型，是许多 AX 型化合物的典型结构。同时，钠和钾在化学元素周期表上又同属 IA 族，它们的有些化学性质相同，因而在石盐和钾盐这两个矿物之间有着不少相似的性质，但是由于 Na^+（0.110 nm）和 K^+（0.146 nm）的半径相差过大，不能形成连续的类质同象系列。

石盐   halite   NaCl

[化学组成]   Na 占 39.4%、Cl 占 60.6%，常含卤水、气泡、泥质和有机质等混入物，又名"钠盐"。

[晶体参数和结构]   属等轴晶系，对称型 $3L^4 4L^3 6L^2 9PC$，a_0=0.5628 nm。

[形态]   单晶体呈立方体形。盐湖中形成的晶体，在{100}面网常有漏斗状阶梯凹陷，特称漏斗晶体，见图 14-12。我国西北部盐湖中的有些石盐，盐粒如珠，特称珍珠盐。集合体常呈块状、球状或疏松状盐华。

［**物理性质**］　纯净者无色透明，结构中存在中性钠原子时呈蓝色。机械混入物则使石盐出现各种颜色：灰色（泥质细点）、黄色（氢氧化铁）、红色（氧化铁）和黑褐色（有机质）。具玻璃光泽，风化面现油脂光泽，硬度为 2，性脆，解理平行｛100｝完全，次贝状断口，相对密度为 $2.1\sim2.2$，易溶于水，味咸，烟色浓黄，具低导热性和顺磁性。

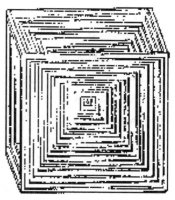

图 14-12　石盐的漏斗晶体

［**成因和产状**］　盐是动物生活中的生理必需品，所以石盐是早期人类第一批寻找和交换的矿物之一。从前，人类的食用是石盐最主要的用途，而今天，和工业用途相比，这只是占比较少的了。目前，石盐已是化学工业大宗的原料，它是民用和工业上无数产品生产中要用到的钠和氯的来源。大量的石盐还用于食品加工工业。海水溶解有大约 3％ 的氯化钠，人们有目的地使海水蒸发以获取石盐，但是在整个地质过程中，海水由于自然原因而蒸发，石盐作为一种沉积岩覆盖着地球表面的广大地区，它是最丰富的蒸发岩，在海水中矿物沉淀的顺序上，其在石膏和硬石膏的后面，因此，常常在石盐之下找到石膏和硬石膏。有些地方的石盐不纯，和石盐互层的还有其他沉淀矿物，如方解石和钾盐及砂子和黏土。有 75 个以上的国家在大量开采石盐，如果石盐层在地下不深处，可挖竖井到达石盐层，用地下开矿的方法开采。沙漠地带盐泽中石盐则呈粉末状或土状皮壳。此外，少量的石盐系火山喷发作用的产物，与其他氯化物一起出现于火山口附近。

石盐是典型的化学沉积成因的岩盐矿物，在干燥炎热气候条件下常沉积于各个地质年代的盐湖和海滨浅水潟湖中，与钾盐、光卤石、杂卤石、石膏、硬石膏、芒硝等共生或伴生，广泛分布于世界各地。中国青海、淮安、四川、应城、江西等地都有大规模石盐矿床。

［**鉴定特征**］　立方体完全解理，易溶于水并带咸味。

［**主要用途**］　盐是人类生活的必需品，其在工业和农业及其他领域也有着广泛的用途。石盐除加工成精盐可供食用外，还是化学工业最基本的原料之一，被誉为"化学工业之母"。石盐经干燥、电解可制取金属钠和氯气。金属钠在无机工业中可作为制取钠化合物的原料，在冶金工业中用于还原钛、锆等的化合物，在炼油工业中又是良好的脱硫剂。氯气可用于生产次氯酸钠、三氯化铝、三氯化铁等无机化工产品，还可用于生产氯乙酸、一氯代苯等有机氯化物。盐卤水经提纯、电解、加水分解后，可生产烧碱、纯碱等用途非常广泛的化工产品。石盐也用于生产人工海水和电化学蚀剂，以及用于溶解开采法或水冶金法以提取金属矿体边界的有用金属等。据统计，在工农业中应用的盐及其衍生物有 15000 种之多，可见，石盐开发的前景十分广阔。

钾盐　sylvine　KCl

［**化学组成**］　K 占 52.5％、Cl 占 47.5％，Br 和微量 Rb、Cs 可以类质同象方式置换 Cl 和 K，常含液态和气态的包裹体及 Fe_2O_3 等，又名"钾盐"或"钾石盐"。

[晶体参数和结构]　属等轴晶系，对称型 $3L^4 4L^3 6L^2 9PC$，$a_0 = 0.6278$ nm，氯化钠型结构。

[形态]　单晶体呈立方体形，或立方体与八面体的聚形。双晶常见，依(111)面成双晶。集合体为致密块状。

[物理性质]　纯净者无色透明。由于存在细微气态包裹体而呈白色，存在 Fe_2O_3 混入物而呈红色。具玻璃光泽，硬度为 2，脆性比石盐小，解理平行{100}完全，参差状断口，相对密度为 1.97~1.99，易溶于水，味咸且涩。钾盐矿物具有易溶于水、物理性质相似、化学稳定性差的特点。

[成因和产状]　钾在地壳元素中的克拉克值约为 3‰，丰度居第七位。钾盐的成因与石盐极为相似，是由海水、大陆水或深渊卤水经自然蒸发浓缩形成的化学沉积物。全球钾盐资源储量近 3000 亿吨，但其数量远比石盐少。我国是钾盐的"贫穷"国，但钾盐的需求量却较大，因此寻找钾盐矿床是矿物工作者的重任。由于氯化钾的溶解度较大，并为地表植物大量吸收，因而钾和钠的克拉克值虽然近似，但进入海水中的钾却远比钠少。

[鉴定特征]　与石盐颇为相似，但以紫色火焰与石盐(浓黄)相区别。

[主要用途]　植物生长需要一定量的钾元素，其作用主要是发展根系，土壤中钾主要有三种赋存状态：①迟效性钾，主要为长石及云母中的钾，约占地壳中含钾总量的 80%；②缓效性钾，主要为黏土矿物中的钾，约占总量的 2%~8%；③速效性钾，主要为离子状态钾及有机分解物，约占总量的 0.1%~0.2%。只有速效性钾才能直接被植物所吸收；缓效性钾是速效性钾的直接补充来源；迟效性钾不能被植物吸收，只有当岩石长期风化，钾从长石、云母中释放出来，转化为缓效性和速效性钾以后，才能起到肥料的作用，这一过程在自然界中进行是相当缓慢的。

我国土壤的含钾状况，除西北及东北部分土壤含速效性和缓效性钾量较多外，大部分地区，特别是沿海和中原地区土壤缺钾严重。造成这种状况的主要原因是这些地区长期以来复种率较高，作物秸秆又不能还田，且又多施用氮肥、磷肥，极少或基本不施用钾肥，从而造成长期缺钾的状况。这种状况如果继续发展下去，不仅达不到预期增产效果，反而会增加病虫害使品种退化。

国外数十年对肥料的研究证实，只有对不同作物、不同土质按比例合理地施用氮肥、磷肥、钾肥才能收到良好的增产效果，所以，钾盐可用于制造钾肥和化学工业中的钾的化合物。

钾盐也可用于搪瓷中作为钛珐琅的絮凝剂，但对搪瓷面的光泽有不利的影响。

2. 光卤石族

本族矿物包括含结晶水的氯化物，其中以光卤石为主。

光卤石　carnallite　$KMgCl_3 \cdot 6H_2O$

[化学组成]　Mg 占 8.7%、K 占 14.1%、Cl 占 38.3%，Br 和 Rb、Cs、Tl、NH_4 可以类质同象方式置换 Cl 和 K 而存在；Fe^{2+} 可以置换 Mg^{2+}。

[晶体参数和结构]　属正交晶系，对称型 $3L^2 3PC$，$a_0 = 0.954$ nm、$b_0 = 1.602$ nm、$c_0 = 2.252$ nm。晶体结构尚未十分清楚。

〔形态〕 单晶体少见。当{110}面网和{010}面网发育得相近时，则呈假六方双锥形（见图 14-13）。通常呈致密块状或粒状集合体。

〔物理性质〕 纯净者无色至白色，含 Fe_2O_3 者显红色。新鲜面具玻璃光泽，在空气中很快出现油脂光泽。硬度为 2～3，性脆，无解理，在空气中极易潮解，易溶于水，难以包装运输，味辛咸，具强荧光性。

〔成因和产状〕 是富含镁、钾盐湖蒸发岩中最后形成的矿物之一，因而出现于岩层的上部，并与石盐、钾盐等共生。

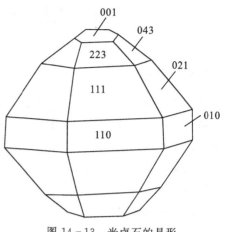

图 14-13 光卤石的晶形

〔鉴定特征〕 以其在空气中极易潮解、具强荧光性和无解理与石盐、钾盐相区别。

〔主要用途〕 可利用水采方法采矿，矿石中 K_2O 品位为 10%～16%，因矿石中的 $MgCl_2$ 而不能直接用作肥料。可以采用热分解或冷分解法进行加工，加工成本较高。

光卤石可用于制造钾肥和提取金属镁。

3. 角银矿族

本族矿物包括银的氯化物和溴化物，二者之间存在着完全类质同象关系。阴离子以 Cl^- 为主者称角银矿 AgCl，以 Br^- 为主者称为溴银矿 AgBr，其中间成员称为氯溴银矿 Ag(Cl, Br)。本族矿物晶体结构虽然与石盐族相似，但键型则不相同，石盐族矿物属离子键，而本族矿物则属共价键。此外，银和钠、钾的地球化学特性有别，银集中于热液作用过程而呈硫化物出现，所以银的氯化物和溴化物只见于干热地区含银硫化物矿床的氧化带中。

角银矿 chlorargyrite AgCl

〔化学组成〕 Ag 占 75.3%、Cl 占 24.7%，类质同象混入物有 Hg 和 Br。

〔晶体参数和结构〕 属等轴晶系，对称型 $3L^4 4L^3 6L^2 9PC$，$a_0 = 0.5547$ nm，结构属氯化钠型。

〔形态〕 单晶体呈立方体形，极少见，通常呈皮壳状或角质状块体。

〔物理性质〕 新鲜者无色，或微带黄色，一经在日光中暴露即变为暗色，直至紫褐色。新鲜晶体具金刚光泽，角质状块则具蜡状光泽。硬度为 1.5～2，具塑性和柔性，无解理，相对密度为 5.55。

〔成因和产状〕 产于干热地区银的硫化物矿床氧化带中，系含银矿物氧化后与下渗含氯的地下水作用而成。

〔鉴定特征〕 以其角状外貌、柔性和颜色作为鉴定特征。

〔主要用途〕 大量产出者可作为提炼银的矿物原料，同时在陶瓷工业中也可作为制备黄色釉、洒金紫和银色光泽彩料。

14.4 氧化物和氢氧化物矿物大类

14.4.1 概述

氧化物和氢氧化物是一系列金属和非金属元素阳离子与氧阴离子或氢氧阴离子化合而成的化合物，其中包括含水的氧化物，种数约 200 种。氧是地壳中分布量最多的元素，按重量约占地壳总重量的 47%，这和石英、磁铁矿、赤铁矿等氧化物在地壳中的广泛分布是密切相关的。

1. 化学成分

组成本大类矿物的阴离子是 O^{2-} 和 $(OH)^-$，而与 O^{2-} 和 $(OH)^-$ 化合的阳离子的元素则达 40 种左右，最主要的有硅、铝、铁、锰、钛、铬、铌、钽、锡、铀等的阳离子，其中除锡离子、铀离子外，都属于惰性气体型离子和靠近惰性气体型离子一边的过渡型离子。至于某些属于铜型离子的元素如铜、铅、锑、铋等的氧化物，往往是这些元素的硫化物经过氧化后所形成的次生产物。此外，在少数氧化物中还含有水分子。

2. 晶体化学特征

在本大类矿物的晶体结构中，阴离子 O^{2-} 和 $(OH)^-$ 具有几乎相同的离子半径，分别为 0.132 nm 和 0.133 nm。在晶体结构中，二者一般按立方或六方最紧密堆积，而阳离子则充填于其四面体或八面体的空隙中，因此阳离子的配位数主要是 4 和 6。但是由于氧化物在成分上和结构上复杂化所引起的配位数的变化，也并非罕见，如赤铜矿中铜离子的配位数为 2，属于萤石型结构的晶质铀矿中铀离子的配位数为 8，钙钛矿中钙离子的配位数则为 12。不仅如此，同样的阳离子在不同的结构中，其配位数仍然是有变化的，如方钙石 CaO 中钙的配位数为 6，而在上述的钙钛矿中则为 12。

至于氧化物和氢氧化物晶体的键型，一般以离子键为主，如刚玉、方镁石 MgO 等。但是，由于金属离子性质和结构类型的不同，也会出现其他种类的键型，如方锑矿 Sb_2O_3 属于共价键，而具层状结构的氢氧化物水镁石，其层内为离子键，层间为分子键。

3. 物理性质

在本大类矿物的物理性质方面，以硬度最为突出，一般均在 5.5 以上，而石英、尖晶石、刚玉依次为 7、8、9，达到了仅次于金刚石的各级硬度。从成分上比较类似的氧化铝和氢氧化铝的矿物来看，不难看出，$(OH)^-$ 的加入导致了晶体结构的改变，从而引起了矿物硬度的变化。

其次，在相对密度方面，从统计资料来看，硬度的递增一般伴随着相对密度的递增。而相对密度的递增，一方面是由于阳离子原子量的增大所致，另一方面，金红石、板钛矿、锐钛矿三个矿物，它们是成分相同的三个同质多象变体，而结构上的微小差别，仍然在相对密度上反映出了差别，依次为 4.23、4.14、3.90。

此外，在光学性质方面，阳离子的类型起着显著的作用。镁离子、铝离子、硅离子等惰性气体型离子组成的氧化物和氢氧化物，通常呈浅色或无色，半透明至透明，以玻璃光泽为主。而铁离子、锰离子、铬离子等过渡型离子则呈深色或暗色，不透明至微透明，表现出半金属光泽或金属光泽，且磁性增高。

4. 成因

在本大类的矿物中，氧化物可以形成于各种地质作用之中。磁铁矿、铬铁矿等作为岩浆成因的矿物出现于基性和超基性岩中；铌铁矿和钽铁矿往往是与酸性岩浆有关的伟晶岩中的矿物；磁铁矿、赤铁矿等在火山沉积作用和热液作用中形成巨大的铁矿；铁、铜、锑等的硫化物在风化作用中通过氧化而形成相应的氧化物；区域变质作用中则往往将氢氧化物或含水氧化物转变为无水氧化物。至于氢氧化物，虽然绝大部分形成于风化作用和沉积作用，但其中水镁石、羟锰矿等矿物却是典型的热液作用的产物。

某些变价元素如铁，在不同的氧化-还原条件下，易于相互转变为不同价次的氧化物。如在自然条件下，当氧的浓度增大时，磁铁矿可转变成赤铁矿，在仍然保持磁铁矿晶形的情况下，则称其为假象赤铁矿。如情况相反，当氧的浓度减小时，赤铁矿可以还原为磁铁矿，并保持其原来的形状，这种磁铁矿特称为穆磁铁矿。

5. 分类

本大类矿物，将按下列分类进行讲述。

1) 简单氧化物矿物类

a. 赤铜矿族：赤铜矿。

b. 刚玉族：刚玉、赤铁矿。

c. 金红石族：金红石、板钛矿、锐钛矿、锡石、软锰矿。

d. 晶质铀矿族：晶质铀矿、方钍石。

e. 石英族：α 石英、β 石英、β_2 鳞石英、β 方石英、蛋白石。

2) 复杂氧化物矿物类

a. 钛铁矿族：钛铁矿。

b. 钙钛矿族：钙钛矿。

c. 尖晶石族：尖晶石、磁铁矿、铬铁矿。

d. 金绿宝石族：金绿宝石。

e. 褐钇铌矿族：褐钇铌矿。

f. 铌铁矿族：铌铁矿、钽铁矿。

g. 铌钇矿族：铌钇矿。

h. 易解石族：易解石。

k. 黑稀金矿族：黑稀金矿、复稀金矿。

l. 烧绿石族：烧绿石、细晶石。

3) 氢氧化物矿物类

a. 水镁石族：水镁石。

b. 三水铝石——水铝石族：三水铝石、一水硬铝石、一水软铝石。

c. 纤铁矿-针铁矿族：纤铁矿、针铁矿。

d. 水锰矿族：水锰矿。

e. 硬锰矿族：硬锰矿。

14.4.2   简单氧化物矿物类

简单氧化物是由一种金属阳离子与氧化合而成的化合物，由于阳离子价次的不同，可以组成 A_2X、AX、A_2X_3、AX_2 型化合物。简单氧化物矿物晶体大多结构比较简单，只有石英族矿物较为复杂。

1. 赤铜矿族

赤铜矿   Cuprite Cu_2O

[化学组成]   含 Cu 量为 88.82%，常含自然铜机械混合物。

[晶体参数和结构]   属等轴晶系，对称型 $4L^33L^26P$，$a_0=0.426$ nm。晶体结构如图 14-14 所示，氧离子位于单位晶胞的角顶和中心，铜离子取四面体排列而配置于相互错开的晶胞八面体的四个中心。铜和氧的离子配位数分别为 2 和 4。

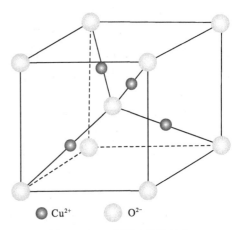

[形态]   单晶体呈八面体形，偶有呈八面体或立方体及菱形十二面体的聚形，有时呈针状或发状。集合体呈致密粒状或土状。

[物理性质]   呈暗红色，条痕褐红，具金刚光泽或半金属光泽，薄片微透明，硬度为 3.5～4.0，性脆，解理平行{111}不完全，相对密度为 6.14。

图 14-14   赤铜矿晶体结构

[成因和产状]   赤铜矿形成于外生条件下，主要见于铜矿床的氧化带，系含铜硫化物氧化的产物，常与自然铜、孔雀石等伴生。

[鉴定特征]   具金刚光泽，暗红色和褐红条痕色。

[主要用途]   大量产出时可作为提炼铜的矿物原料。

2. 刚玉族

本族化合物属 A_2X_3 型，主要矿物有刚玉 $\alpha-Al_2O_3$ 和赤铁矿 $\alpha-Fe_2O_3$，二者均结晶成三方晶系，晶体结构均属刚玉型。不过，在自然界，Al_2O_3 或 Fe_2O_3 还存在有其他同质多象变体。对于 Al_2O_3 来说，除了形成于 500～600 ℃温度范围内，在自然条件下稳定的刚玉以外，还形成有 $\beta-Al_2O_3$，其结晶呈六方晶系，仅在极高温度下才稳定。在 1500～1800 ℃时 $\alpha-Al_2O_3$ 可转变为 $\beta-Al_2O_3$，并且这一变体只能当 Al_2O_3 熔体极缓慢结晶时才能形成。此外，将一水软铝石 AlO(OH)灼烧时，可获得 $y-Al_2O_3$，但灼烧温度至 950 ℃，$y-Al_2O_3$ 不稳定而转变为 $\alpha-Al_2O_3$。对于 Fe_2O_3，除赤铁矿外，还有 $y-Fe_2O_3$ 结晶成等轴晶系，具磁性，因此 $y-Fe_2O_3$ 称为磁赤铁矿。

虽然刚玉和赤铁矿具有相同的晶体结构，但由于阳离子性质的不同，因此二者的物理性质具有很大的差异。

刚玉   corundum Al_2O_3

[化学组成]   含 Al 量为 52.91%，有时含微量 Fe、Ti 或 Cr 等。

[**晶体参数和结构**]　　属三方晶系，对称型 $L^3 3L^2 3PC$，$a_。= 0.475$ nm、$c_。=$ 1.297 nm。晶体结构如图 14-15 所示，在垂直三次轴平面内，O^{2-} 呈六方层最紧密堆积；而 Al^{3+} 则在两 O^{2-} 层之间，充填三分之二的八面体空隙，组成 $[AlO_6]$ 八面体，两个较为靠近的 Al^{3+} 之间发生了斥力，因而两组 O^{2-} 层之间的 Al^{3+} 并不处于同一水平面内。

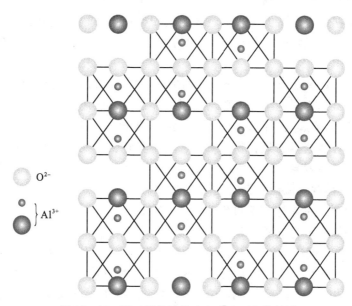

O^{2-}
$\left.\right\}Al^{3+}$

图 14-15　刚玉晶体结构在 $(10\bar{1}1)$ 面上的投影

[**形态**]　　一般呈近似腰鼓状晶形，常依 $\{10\bar{1}1\}$ 面网、较少依 $\{0001\}$ 面网呈聚片双晶，以致在晶面上常出现相交的几组条纹（见图 14-16 右图）。集合体呈粒状或致密块状。

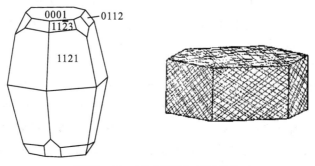

图 14-16　刚玉晶形和晶面条纹

[**物理性质**]　　一般为蓝灰、黄灰色，含铁者呈黑色，具玻璃光泽，硬度为 9，在温度达到 1000 ℃附近硬度不发生变化。无解理，常因聚片双晶产生 $\{0001\}$ 面网或 $\{10\bar{1}\}$ 面网的裂理，相对密度为 3.95～4.10。单晶刚玉抗张强度可与软钢相比，耐压强度比软钢还高。刚玉对化学侵蚀的抵抗性良好，特别是对酸类有很高的耐蚀性，对紫外光

的透过性远比其他材料要好。

[亚种]   含铬而呈红色的刚玉称为红宝石，含钛呈蓝色者称为蓝宝石。在有些红宝石和蓝宝石的{0001}面网上可以看到六个呈针状放射形的包裹体，称为星彩红宝石或星彩蓝宝石。上述这些亚种都是名贵的宝石。

[成因和产状]   刚玉可以形成于富 Al_2O_3 贫 SiO_2 的岩浆的结晶作用中，因而见于刚玉正长岩和斜长岩中，或刚玉正长岩质伟晶岩中。接触交代作用形成的刚玉，见于火成岩与灰岩的接触带。黏土质岩石经区域变质作用则可以形成刚玉结晶片岩。由于刚玉具有很大的化学稳定性，各种成因的含刚玉矿床或岩石，遭受风化破坏时，刚玉往往转入砂矿之中。

[鉴定特征]   以其晶形、双晶条纹和高硬度(仅次于金刚石)作为鉴定特征。

[主要用途]   作为工业原料的高纯度刚玉都是用天然原料(如铝土矿、矾土矿)或高铝工业废渣(高铝粉煤灰、高铝炉渣)通过湿法或干法制备出来的。刚玉在地壳上是次于二氧化硅较容易获得的氧化物，所以，利用其特性可制备各种工业材料，用途颇为广泛。由于刚玉硬度高、绝缘性好，可作为研磨材料、刀具和精密仪器的轴承及绝缘陶瓷(火花塞、高铁镇流器外壳)和基板的原料。

色彩明丽的刚玉单晶体一般可作为宝石(红宝石、蓝宝石、黄玉、绿玉等)，至于作为激光材料的红宝石，则系人工的产品。

用纯氧化铝烧结而成的多晶质刚玉陶瓷(烧结温度大于 1750 ℃)可用作高档耐火材料，因其不含玻璃相而呈现良好的物化性质和热稳性。实验证明，在配方中引入适量的复合添加剂，可将坯体的烧结温度降至 1300～1400 ℃，如添加 4% 的 $(MnO+TiO_2)$。

刚玉还可以与金属复合形成氧化铝金属陶瓷。

[一般用途]   由于刚玉具有优良的高温性质及机械强度等性能，因而被广泛应用到了冶金、机械、化工、电子、航空和国防等众多工业领域，其主要用途如下所述。

(1)由于具有耐高温、耐腐蚀、强度高等性能，故用于冶炼稀贵金属、特种合金、高纯金属，制作激光玻璃的坩埚及器皿；用于各种高温炉窑，如用于耐火材料、陶瓷、炼铁高炉的内衬(墙和管)；用作理化器皿、火花塞、耐热抗氧化涂层材料。SiO_2 含量低于 0.5% 的低硅烧结刚玉砖是炭黑、硼化工、化肥、合成氨反应炉和气化炉的专用炉衬。

(2)由于具有硬度大、耐磨性好、强度高的特点，在化工系统中，用作各种反应器皿、管道，以及化工泵的部件；用作机械零部件、各种模具，如拔丝模、挤铅笔芯模嘴等的材料；用作刀具、磨具磨料、防弹材料、人体关节、密封磨环等的材料。

(3)由于具有高温绝缘性，故被用作热电偶的套丝管和保护管材料。原子反应堆中其绝缘性依旧优良，加之损耗不大，介电常数也不大，在电子工业中被广泛用作固体集成电炉基板管座、外壳、瓷架、导弹雷达天线保护罩等的材料。

(4)刚玉制品气密性好，即使在高温下也严密不透气，因此在电真空中得到了广泛应用，如用刚玉制作各种大型电子管壳、固体微电路中的双列直插式封装外壳。

(5)刚玉保温材料，如刚玉轻质砖、刚玉空心球和纤维制品，广泛应用于各种高温炉窑的炉墙及炉顶，既耐高温又保温。

(6)透明刚玉制品可制作灯管、微波整流罩。另外，$Na-\beta-Al_2O_3$ 制品是制造钠硫电池的电解质材料。

[**特征用途**]　刚玉作为磨料的一种，在磨料磨具中被广泛应用，其中刚玉的种类也有很多，不同种类的刚玉的用途也是不一样的。

(1)黑刚玉，属于棕刚玉的派生品种，外观呈黑色，硬度较低但韧性好。

黑刚玉多用于自由研磨，如制品电镀前的打磨或粗磨，也用于制作涂附磨具、树脂切割片、抛光块等。

(2)烧结刚玉，用矾土或铝氧粉的细料烧结而成，特点是韧性好，可制成各种特殊形状和尺寸的磨粒。

烧结刚玉主要用于重负荷磨削钢锭砂轮，适用于荒磨不锈钢钢锭等。

(3)锆刚玉，特点是硬度略低，但韧性值大、强度较高，通常晶体尺寸较小，耐磨性能好。

国外锆刚玉磨料主要用于重负荷磨削，适合于磨削耐热合金钢、钛合金和奥氏体不锈钢等。

(4)铬刚玉，为白刚玉的派生品种，外观呈玫瑰色，硬度与白刚玉相近，韧性略高于白刚玉且强度高，磨削性能好、磨削精度高。用这种磨料制成的磨具其形状保持性好。

铬刚玉应用范围与白刚玉相似，尤其适于各种刀具、量具、仪表零件的精磨和成型磨，通常铬刚玉较白刚玉具有更好的磨削性能。

(5)微晶刚玉，属于棕刚玉的派生品种，外观色泽和化学成分均与棕刚玉相似，特点是晶体尺寸小($50 \sim 280~\mu m$)，磨粒韧性好，强度大且自锐性好。

微晶刚玉适合磨不锈钢、碳素钢、球磨铸铁等，磨削方式适于成型磨、切入磨、精磨和重负荷磨削。

(6)单晶刚玉，其磨料的颗粒是由单一晶体组成的，并具有良好的多棱切削刃、较高的硬度和韧性，磨削能力强、磨削发热量少，缺点是生产成本较高，生产中有废气、废水产生，产量较低。

单晶刚玉可用于磨削较硬且韧性好的难磨金属材料，如不锈钢，高钒高速钢，耐热合金钢及易变形、易烧伤的工件，考虑到单晶刚玉磨料受生产条件的限制，一般只推荐用于耐热合金和难磨金属材料的磨削。

(7)白刚玉，硬度略高于棕刚玉，但韧性稍差，磨削时易切入工件，自锐性较好、发热量小、磨削能力强、效率高，价格高于棕刚玉。

白刚玉适合磨削硬度较高的钢材，如高速钢、高碳钢、淬火钢、合金钢等。

(8)棕刚玉，外观为棕褐色，Al_2O_3 含量为 $94.5\% \sim 97\%$，具有硬度高、韧性大、颗粒锋锐、价格比较低廉的特点，适合磨削抗张强度高的金属，在缺少其他磨料的情况下，一般可由其代替。

棕刚玉广泛用于普通钢材的粗磨，如碳素钢、一般合金钢、可锻铸铁、硬青铜等。棕刚玉的二级品磨料常用于磨削米砂轮、树脂切割砂轮、砂瓦、砂布、砂纸等。

赤铁矿　hematite　Fe_2O_3

[**化学组成**]　含 Fe 量为 69.94%，有时含 TiO_2、SiO_2、Al_2O_3 等混入物。

[晶体参数和结构]　属三方晶系，对称型 $L^3 3L^2 3PC$，$a_o = 0.5029$ nm、$c_o = 1.373$ nm，晶体结构属刚玉型。

[形态]　单晶体呈板状习性的菱面体，在 {0001} 面网上常出现由 {10$\bar{1}$1} 双晶条纹组成的三角形条纹。集合体呈各种形态：常见者有片状集合体、鳞片状集合体、鲕状集合体、具放射状构造的肾状集合体、块状或粉末状集合体。

[物理性质]　结晶质的赤铁矿呈铁黑至钢灰色，隐晶质的鲕状或肾状者呈暗红色，块状或粉末状者呈褐黄色。具金属光泽至半金属光泽或土状光泽，条痕樱红色，不透明，硬度为 5.5～6，土状者硬度显著降低，性脆，无解理，相对密度为 5.0～5.3。

[亚种]　具金属光泽的玫瑰花状或片状集合体的赤铁矿称为镜铁矿，常因含磁铁矿细微包裹体而具较强的磁性，主要见于热液脉中。火山喷发过程中的 $FeCl_3$ 和 H_2O 相互作用也可形成镜铁矿。

具金属光泽的晶质细鳞片状的赤铁矿称为云母赤铁矿，其是区域变质作用的产物。

呈鲕状或肾状的赤铁矿称为鲕状或肾状赤铁矿，其是沉积作用的产物。

[成因和产状]　世界著名赤铁矿床有美国的苏必利尔湖、巴西的迈那斯格瑞斯等。中国著名产地有辽宁鞍山、甘肃镜铁山、湖北大冶、湖南宁乡和河北宣化。赤铁矿是自然界中分布很广的铁矿物之一，是构成地壳的氧化物中，次于 SiO_2、Al_2O_3 的多量组分，可形成于各种地质作用中，但以热液作用、沉积作用和区域变质作用为主。

[鉴定特征]　樱红色条痕是鉴定赤铁矿的最主要特征。此外，其菱面体的晶形可与磁铁矿、钛铁矿相区别。

[主要用途]　赤铁矿容易被还原，是提炼铁最主要的矿物原料之一，可用作矿物颜料（赭土）。Fe_2O_3 含量为 65％～72％时，可用于油漆、木材、纸张、橡胶、塑料等的上色。其还可被使用于防锈、船底涂料等方面。

3. 金红石族

本族化合物属 AX_2 型，主要包括金红石、锡石和软锰矿，它们的晶体结构均属金红石型。另外，还包括 TiO_2 的其余两个同质多象变体锐钛矿和板钛矿，它们的晶体结构存在着一定的差异，但结构中 [TiO_6] 八面体的形状基本上是相同的（板钛矿的 [TiO_6] 八面体有畸变），只是连接的方式有所不同。

在具有金红石型晶体结构的矿物中，特别是金红石与锡石之间，在晶形、双晶及某些物理性质方面，都极其相似。

锐钛矿转变为金红石的温度，当有 H_2O 存在的条件下，低于 400 ℃；当有熔剂存在的条件下，接近于 400 ℃；而在没有熔剂的情况下，则为 915 ℃。一般认为板钛矿在通常条件下属亚稳定相，其与锐钛矿或金红石之间的转变温度，目前尚无确切数据，但在自然界中这三者可在近似条件下形成。

金红石　rutile　TiO_2

[化学组成]　含 Ti 量为 60％，常含 Fe、Nb、Ta、Cr、Sn 等混合物。钛在构成地壳的元素含量中占第九位，甚至比常见的铜、铅的含量还多，在地壳的分布相当广泛。

[晶体参数和结构]　属四方晶系，对称型 $L^4 4L^2 5PC$，$a_o = 0.459$ nm、$c_o = 0.296$ nm。

　　金红石的晶体结构中，氧离子近似呈六方最紧密堆积，而钛离子位于八面体空隙中，并构成[TiO$_6$]八面体的配位，因此，钛离子的配位数为 6，氧离子的配位数为 3。在金红石的晶体结构中，[TiO$_6$]八面体沿 c 轴呈链状排列（见图 14-17），并与其上下的[TiO$_6$]八面体各有一条棱共用。

　　[形态]　单晶体常呈针状和柱状，常见晶形为四方柱{110}、{100}和四方双锥{111}和{101}。双晶依(011)面呈膝状双晶和三连晶（见图 14-18）及环状六连晶，依(031)面呈心状双晶者少见。有时呈致密块状。

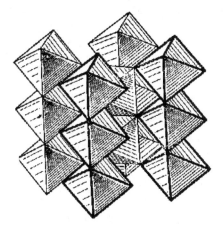　　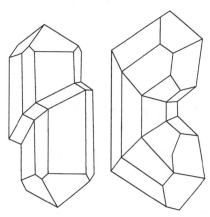

图 14-17　金红石晶体结构中八面体的连接方式　　　图 14-18　金红石的双晶

　　[物理性质]　通常呈褐红色，条痕浅褐，具金刚光泽，微透明，硬度为 6，性脆，解理平行{110}中等，相对密度为 4.2~4.3。以金红石状态存在的 TiO$_2$ 虽为高绝缘性材料，但被还原的部分则变成了半导体，其导电性同还原的程度有关（晶格中氧不足形成缺陷）。金红石的介电常数较大，可耐到 10^{12} 频率级的超高频，具高介电性、耐高温、耐低温、耐腐蚀、高强度、相对密度小等优异性能。

　　[亚种]　富含 Fe 的金红石称为铁金红石，富含 Nb 和 Ta 者称为铌钽金红石。铁金红石和铌钽金红石均为黑色，不透明。铁金红石的相对密度可达 4.4，铌钽金红石的相对密度可达 5.6。

　　[成因和产状]　金红石在火成岩中作为副矿物出现，偶见于伟晶岩脉中；针状、柱状晶体常见于变质岩系的含金红石石英脉中；此外，常呈粒状见于片麻岩和片岩中。金红石由于其化学稳定性大，在岩石风化后常转入砂矿。

　　[鉴定特征]　以其四方柱形、双晶、颜色及相对密度小于锡石和锆石为鉴定特征。

　　[主要用途]　用氧化镁制出的高钛矿渣 MgO·2TiO$_2$ 是一种钛含量高的化合物，熔点较低，氧化钛矿渣是提炼钛的重要原料。金红石在陶瓷坯体和釉中作为着色剂，是构成钛结晶釉的原料，同时也是玻璃和搪瓷工业的着色剂，其最大用途在于焊条涂层的组成。金红石针状晶体常被包裹于石英、金云母、刚玉等晶体中，尤其在刚玉中呈六射星形分布形成星光红宝石和星光蓝宝石；可制造光触媒产品；有少量金红石可用作宝石，还可用作半导体和检波器的原材料。

　　金红石是一种重要的金属和非金属矿物，从其中提炼的金属钛，具有耐高温、耐低温、耐腐蚀、高强度、相对密度小等优异性能。由于我国金红石供应严重短缺，金红石型钛白粉的生产极其有限，绝大部分依赖国外进口，价格高达每吨 20000 元以上。我国金红石年生产量仅数千吨，而需求量已达十万吨以上，除了花费巨额外汇大量进口外，不足部分仍需用成本不菲的人造金红石等代替，因此，有关部门把金红石列入我国严重依赖国外资源的 14 种战略储备矿种之一。需要特别指出的是，我国金红石的主要消费领域是电焊条领域，国际上则主要用于生产金红石型高档钛白粉。

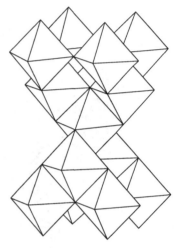

　　锐钛矿 anatase TiO₂

　　[**化学组成**]　同金红石。

　　[**晶体参数和结构**]　属四方晶系，对称型 $L^4 4L^2 5PC$，$a_o = 0.373$ nm、$c_o = 0.937$ nm。晶体结构中，氧离子呈立方紧密堆积，钛离子位于八面体空隙中，配位数同金红石，每一[TiO₆]八面体与其邻接的四个[TiO₆]八面体各有一个共用棱（见图 14-19）。

图 14-19　锐钛矿晶体结构

　　[**形态**]　单晶体常呈双锥形，少数呈板状或柱状（见图 14-20）。

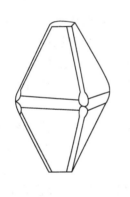
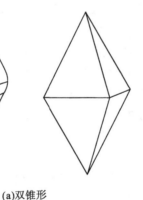
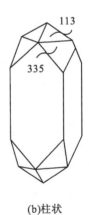

(a)双锥形　　　　　　　　　　(b)柱状

图 14-20　锐钛矿的晶形

　　[**物理性质**]　通常为褐黄色，也有蓝灰和黑色者。条痕无色至浅黄，具金刚光泽，硬度为 5.5～6，性脆，解理平行{001}和{011}完全。相对密度为 3.9，不具介电性。

　　[**成因和产状**]　完好的晶体常见于变质岩系的石英脉中，有时呈晶簇出现于伟晶岩脉内，在火成岩和变质岩中作为副矿物出现。锐钛矿是砂矿中的重要矿物。

　　[**鉴定特征**]　以其双锥形晶体，平行{011}和{001}完全解理与金红石、板钛矿相区别。

　　[**主要用途**]　在搪瓷、陶瓷釉、玻璃中做乳浊剂和颜料。

板钛矿　brookite　TiO_2

[**化学组成**]　同金红石。

[**晶体参数和结构**]　属正交晶系，对称型 $3L^23PC$，$a_o=0.544$ nm、$b_o=0.917$ nm、$c_o=0.5135$ nm。晶体结构(见图 14-21)中，氧离子呈六方最紧密堆积，而钛离子位于八面空隙中，配位数同金红石。每一[TiO_6]八面体与其邻接的三个[TiO_6]八面体各有一个共用棱。

[**形态**]　单晶体常呈板状，偶有呈短柱状(见图 14-22)者。

图 14-21　板钛矿晶体结构

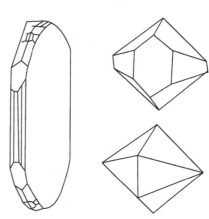

图 14-22　板钛矿的晶形

[**物理性质**]　黄褐至深褐色，条痕无色至黄色，具金刚光泽，硬度为 5.5～6，相对密度为 4.14，不具介电性。

[**成因和产状**]　完好的晶形见于变质岩系的石英脉中，与石英、锐钛矿、榍石、金红石等共生，作为副矿物见于火成岩与变质岩中，是砂矿中常见的矿物。

[**鉴定特征**]　以其板状晶体与金红石、锐钛矿相区别。三种不同晶型的主要区别见表 14-1。

表 14-1　金红石、锐钛矿、板钛矿三种晶型的主要区别

晶型	晶系	密度/ (kg/m^3)	莫氏硬度	折射率	转化温度/℃	介电常数(室温，1 MHz)	温度系数/ ($10^{-6}\cdot℃^{-1}$)	线膨胀系数/ ($10^{-6}\cdot℃^{-1}$)	介质损耗/10^{-4}
板钛矿	斜方	4.0～4.23	5～6	2.58～2.741	650	78	—	14.5～22.0	—
锐钛矿	四方	3.87	5～6	2.493～2.544	915	31	—	4.68～8.14	—
金红石	四方	4.25	6	2.616～2.903	—	89	-800	8.14～9.19	3～5

[**主要用途**]　同金红石。

锡石　cassiterite　SnO_2

[**化学组成**]　含 Sn 量为 78.8%，常含 Fe、Ti、Nb、Ta 等元素，这些元素往往以

自己的固体矿物相（如铌–钽铁矿）呈超显微包裹体存在于锡石中。

[晶体参数和结构]   属四方晶系，对称型 $L^4 4L^2 5PC$，$a_o = 0.472$ nm、$c_o = 0.317$ nm。晶体结构属金红石型。

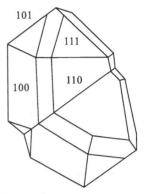

图 14 - 23　锡石的膝状双晶

[形态]   晶体呈四方双锥{111}、{101}和四方柱{110}、{100}所成之双锥柱状或双锥状聚形，以{101}为双晶面之膝状双晶常见（见图 14 - 23）。锡石的形态随形成温度、结晶速度、所含杂质的不同而异。在伟晶岩中产生的锡石呈双锥状；气化–高温热液矿床中产出的锡石呈双锥柱状，并且常具双晶；在锡石硫化物矿床中锡石往往呈长柱状或针状，而且晶体很细小（见图 14 - 24）。集合体呈不规则粒状。

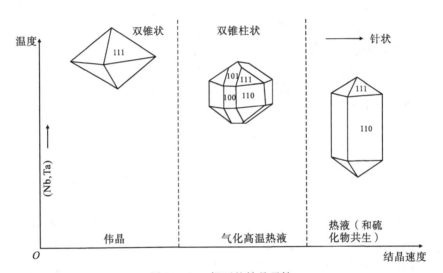

图 14 - 24　锡石的结晶习性

[物理性质]   一般为红褐色，无色者极为少见，含钨者呈黄色。条痕淡黄，具金刚光泽，断口具油脂光泽。透明度随颜色的深浅而异，为半透明至不透明。硬度为 6～7，性脆，解理平行{110}不完全，贝状断口，相对密度为 6.8～7.0。

[亚种]   含有 Nb 和 Ta 的锡石称为铁钽锡石，Ta_2O_5 含量可达 9%。颜色呈深褐至沥青黑色。

[成因和产状]   锡石矿床在成因上与花岗岩有密切的关系，其中以气化–高温热液成因的锡石石英脉和热液锡石硫化物矿脉最有价值。锡石的化学性质非常稳定，当原生锡矿床经风化破坏后，常形成砂矿。

[鉴定特征]   锡石的晶形、双晶及颜色相似于金红石、磷钇矿和锆石，但其相对密度远较后三者的大。如果颗粒过小，不能估量相对密度时，可将矿物细小颗粒放置于锌片上，滴一滴 HCl，经过数分钟后，如果是锡石，则在颗粒表面形成一层淡灰色金属锡膜，而金红石、磷钇矿和锆石均无此反应。

[主要用途] 是提炼锡最重要的矿物原料；在陶瓷釉中和搪瓷中可作为重要的乳浊剂，在玻璃中是重要的添加剂，使玻璃有抗溶解性，可被用于制造特殊用途的耐火材料。

软锰矿 pyrolusite MnO_2

[化学组成] 含 Mn 量为 63.19%，常含 Fe_2O_3、SiO_2 等机械混入物，并含一定量的 H_2O。

[晶体参数和结构] 属四方晶系，对称型 $L^4 4L^2 5PC$，$a_0 = 0.439$ nm、$c_0 = 0.287$ nm。晶体结构属金红石型。

[形态] 单晶体少见，有时呈针状，结晶完善的长柱状晶体称为黝锰矿。常呈肾状、结核状、块状或粉末状集合体。

[物理性质] 常呈黑色。条痕黑色，有时微现蓝色。具半金属光泽至暗色，不透明。硬度视结晶程度而异，从 6 可降至 2。性脆，解理平行{110}完全。晶体相对密度为 5，块状者相对密度降至 4.5。

[成因和产状] 软锰矿是氧化条件下所有锰矿物中最稳定的矿物，是沉积成因的锰矿床的主要矿物之一。矿床氧化带部分的软锰矿，系所有原生低价锰矿物氧化的产物，有时呈水锰矿、黑锰矿等的假象，并可形成锰帽。

[鉴定特征] 软锰矿以其黑色、条痕黑色、性脆、晶体者有平行柱面完全解理、隐晶质者硬度低易污手为特征。此外，滴 H_2O_2（过氧化氢，称双氧水）剧烈起泡。

[主要用途] 是提炼锰的重要矿物原料，在玻璃中用作着色剂和漂白剂，在陶瓷中用作矿化剂和着色剂，在搪瓷中用作氧化剂。

随着现代工业的快速发展，工业废气排放量也越来越大，其中 SO_2 对大气的污染已经危及环境的生态平衡和经济的可持续发展。国内外研究开发了许多烟气脱硫技术，美国和法国多采用抛弃法，而我国国土资源宝贵，大多采用吸收法。我国采用的"石灰乳吸收法"和"钠碱法"，投资和运行费用高，且脱硫副产品的价格低，经济效益不明显，因此，进一步开发低成本，能回收高价值副产品的脱硫技术成为当务之急。软锰矿浆是一种很好的 SO_2 吸收剂，近年来，作者团队进行了软锰矿浆吸收 SO_2 废气的实验研究，结果显示，"软锰矿浆吸收法"可以较好地解决 SO_2 废气对环境的污染问题，而且副产品硫酸锰又有较高的应用价值，该方法真正能做到了"综合治理、变废为宝"。

4. 石英族

本族矿物包括 SiO_2 成分的一系列同质多象变体：α 石英、β 石英、α 鳞石英、$β_1$ 鳞石英、$β_2$ 鳞石英、α 方英石、β 方英石、科石英、斯石英等。为了教学上的方便，我们把含水的 SiO_2 的一种矿物——蛋白石，也合并在本族内进行讲述。

石英族中主要矿物 α 石英、β 石英、$β_2$ 鳞石英、β 方英石等在温度和压力场中的分布范围见图 14-25，各种变体之间的转变情况，留待以后叙述。

SiO_2 在地壳中的重量比例高达 59.08%，由它单独形成的最常见矿物为石英，地壳中的石英含量大约为 12%，仅次于长石族矿物的含量。石英是石英砂、石英砂岩、石英岩和脉石英的最主要矿物组分，它们广泛应用于制造各种平板玻璃、工业技术玻璃、仪器玻璃、器皿玻璃及各种特种玻璃（如基板玻璃），也是制备陶器、炻器、瓷器、功能陶瓷等材料必不可少的原料。此外，高纯超细的石英粉是制造光纤、新一代隐身涂层的优质原料，同时，石英晶体具压电效应，广泛应用于民用、国防、军事领域之中。

石英族矿物的晶格属架状结构，在其结构中硅和氧组成四面体，而各四面体彼此以角顶相连，每一硅离子被位于四面体各角顶的四个氧离子所包围，而每一氧离子则与两个硅离子相连接。但由于硅氧四面体在空间上的连接形式有所差异，因而表现出一系列同质多象变体，反映在形态和某些物理性质上（如相对密度）则有所不同。

α石英在自然界最为常见，是多种火成岩、变质岩及沉积岩的重要矿物成分。β石英晶体是 SiO_2 在 573 ℃ 以上的一种同质多象变体，见于酸性喷出岩或浅成岩中。β_2 鳞石英和 β 方英石则很少见，仅发现于高温低压下形成的酸性喷出岩中。另有两种 SiO_2

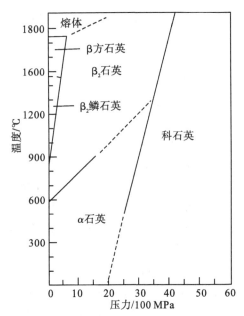

图 14 - 25   主要 SiO_2 同质多象变体在温度-压力场中的分布

的高压变体科石英和斯石英，科石英在温度与压力场中与 α 及 β 石英的界限见图 14 - 25。但斯石英与科石英的界限尚未十分清楚。这两种高压石英在美国亚利桑那州陨石坑中均有发现，系巨大陨石撞击和爆破所产生的高压使砂岩变质而成。人们估计，在地表以下 60～100 km 和 400～600 km 深处，如有 SiO_2 存在时，当以科石英和斯石英的稳定形式出现，前者仍为四面体的 Si - O 配位，而后者则为八面体的 Si - O 配位。

α 石英   α - quartz SiO_2

[**化学组成**]   含 Si 量为 46.7％，在不同颜色的亚种中，常含不同数量的气态、液态和固态物质的机械混入物。

[**晶体参数和结构**]   属三方晶系，对称型 $L^3 3L^2$，$a_o = 0.4904$ nm、$c_o = 0.5397$ nm。其晶体结构见图 14 - 26，其中，硅氧四面体以其角顶与邻接四面体角顶相连，按同一方向围绕三次轴旋转排列。石英晶体之所以有左晶和右晶之分，即视螺线之左旋或右旋而定。

[**形态**]   单晶体很常见，通常呈六方柱 $\{10\bar{1}0\}$ 和菱面体 $\{10\bar{1}1\}$、$\{01\bar{1}1\}$ 等单形所成之聚形，柱面上常具横纹。有时还出现三方双锥 $\{11\bar{2}1\}$ 或 $\{2\bar{1}\bar{1}1\}$ 和三方偏方面体 $\{51\bar{6}1\}$ 或 $\{6\bar{1}51\}$ 单形的小面。随着形成时温度、过饱和程度的不同，晶体习性也不同（见图 14 - 27）。

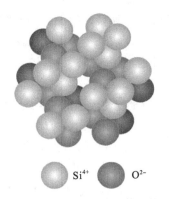

Si^{4+} O^{2-}

图 14 - 26   α 石英的晶体结构

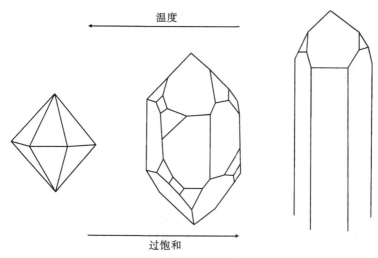

温度

过饱和

图 14-27 α石英的晶体习性

α石英有左晶和右晶的区别，其识别标志是根据三方偏方面体所在的位置来决定的，如果三方偏方面体位于柱面{10$\bar{1}$0}的右上角，单形符号为{51$\bar{6}$1}者，是为右形；位于柱面的左上角，单形符号为{6$\bar{1}$51}者，是为左形。相应地，整个晶体就有左形晶体和右形晶体之分。

α石英常呈双晶，正确鉴别它具有实用意义，因为双晶的存在直接影响到石英的用途，常见双晶有道芬双晶、日本双晶和巴西双晶。集合体呈粒状、致密块状或晶簇。

[物理性质] 纯净α石英无色透明，称为水晶，各种染色亚种见下述内容。具玻璃光泽，断口呈油脂光泽，硬度为7，无解理，贝状断口，相对密度为2.65，具压电性。

[亚种] 呈紫色水晶者称为紫水晶，其常呈晶体出现，也有呈粒状者，加热时有时能使紫色消退。其呈色原因一般认为是含 Fe^{3+} 所致，也有人认为是含 Ti^{4+} 所致。紫水晶形成于相当低的温度与压力条件之下，在热液矿脉中与重晶石、方解石、萤石等共生；在玄武岩洞穴中与沸石、石髓等共生；有时也见于花岗伟晶岩的晶洞之中。

呈浅红色者称为蔷薇石英，在空气中加热至 575 ℃时，红色即消褪，在日光下长期暴露时红色即逐渐变淡，其呈色原因一般认为是含 Ti 或 Mn 所致。有些蔷薇石英中含有细微的金红石包体。蔷薇石英常呈巨大块体出现于某些花岗伟晶岩的核心部位。

呈烟黄至深褐色者称为烟水晶，常含多量流态气体，其颜色可能由于流态气体所致，也有人认为是含自由 Si 所致。将其加热至 225 ℃以上时开始褪色，但褪色速度极为缓慢，随着温度的增高，褪色速度即可加快。烟水晶形成于较高的温度条件下，常见于花岗岩的晶洞之中，也见于变质岩系的石英脉中。

呈乳白色者称为乳石英，呈色原因是含有细小分散的气态或液态包体所致。通常呈块状，见于各种石英脉和石英岩中。

隐晶质的石英称为石髓(玉髓)，外形常呈肾状、钟乳状、葡萄状、皮壳状等，一般为淡黄、灰蓝、乳白等色，偶有红褐(光玉髓)、苹果绿(绿玉髓)、绿色中夹红色斑点(血玉髓)者。具蜡状光泽，微透明，硬度为 6.5。由于多少有孔隙存在，相对密度略小于石英,为 2.57~2.64。石髓形成于相当低的温度和压力条件下,主要有两种成因,低温热液成因的见于喷出岩的空洞、热液脉或温泉沉积中;风化沉积成因的见于风化壳、碎屑沉积物中。

具有不同颜色而呈带状分布的石髓称为玛瑙,通常沿岩石的空洞或空隙周围向中心填充,形成同心层状或平行层状的块体,按其花纹和颜色的不同,而有带状玛瑙、苔纹玛瑙、碧石玛瑙等名称,成因同石髓。

[成因和产状]   α 石英在自然界分布极广,其形成于各种地质作用中。

[鉴定特征]   α 石英以其晶形、无解理、锯状断口、硬度 7 为鉴定特征。

[主要用途]   α 石英的用途很广。水晶单晶中没有任何包裹体、双晶或裂缝的部分可用作压电石英,用这种单晶片制成高精度、高比值的压电石英元件(如谐振器、滤波器等),具有最高的频率稳定性,是现代国防、电子工业中的重要部件。水晶主要见于伟晶岩的晶洞中和中低温热液脉中及砂矿中,用于国防工业、无线电工业等方面,还用于制造透镜、棱镜等光学仪器。熔炼石英用于制造石英灯泡、耐酸和耐高温的化学器材。玛瑙和石髓可作为精密仪器的轴承和高级研磨器材。玛瑙、蔷薇石英等还可作为工艺雕刻品的材料,也是搪瓷、陶瓷、玻璃及新材料和高科技领域中最重要的原料。

压电石英可用作谐振器、滤波器,二者广泛用于自动武器、超音速飞机、导弹、核武器、电子显微镜、计时仪、电子计算机、人造地球卫星等的导航、遥控、遥测、电子、电动设备中。

β 石英   β - quartz SiO_2

[化学组成]   同 α 石英。

[晶体参数和结构]   属六方晶系,对称型 $L^6 6L^2$,$a_0 = 0.501$ nm、$c_0 = 0.547$ nm。晶体结构中硅氧四面体的连接方式系按六次螺旋转轴旋转排列,见图 14-28。

[形态]   单晶体常呈完好的六方双锥。最常见的双晶是由两个六方双锥依($30\bar{3}2$)而呈接触的双晶。此外,另一些接触双晶则依($20\bar{2}1$)、($21\bar{3}1$)或($21\bar{3}3$)面而成。

[物理性质]   在一个大气压下 β 石英的稳定相限于 573~870 ℃,常温下均转变为 α 石英,此时其物理性质与 α 石英相同。

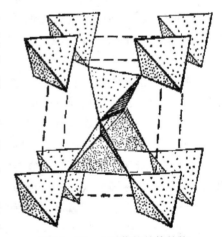

图 14-28   β 石英的晶体结构

[成因和产状]   主要作为酸性火山岩的斑晶而出现于流纹岩和英安岩中。

[鉴定特征]   以六方双锥的晶形和双晶与 α 石英相区别。

β₂ 鳞石英   β₂ - tridymite SiO_2

[化学组成]   同 α 石英,常含 Al 和 Na。

[晶体参数和结构]   属六方晶系,对称型 $L^6 6L^2 7PC$,$a_0 = 0.503$ nm、$c_0 = 0.822$ nm。

晶体结构中六个硅氧四面体呈六方环状连接，其中相间的三个顶端向上，而另外相间的三个顶端则向下，再分别与上下环中四面体的顶端连接，见图 14-29。β_2 鳞石英在冷却过程中，至 163 ℃以下时转变为亚稳状态的 β_1 鳞石英（中温鳞石英），进一步至 117 ℃以下时转变为亚稳状态的 α 鳞石英（低温鳞石英）。

[**形态**]　单晶体呈六方板状。集合体呈扇形或球形。最常见的双晶是依 $(10\bar{1}6)$ 而成的接触双晶。

[**物理性质**]　一般已转变为 α 石英者，其物理性质与 α 石英相同。

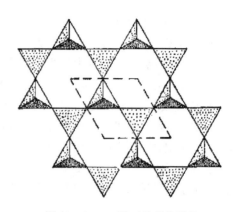

图 14-29　β_2 鳞石英晶体结构

[**成因和产状**]　主要见于中、酸性火山岩的洞穴和基质中，但在第三纪以前的火山岩中极为少见。也可以是火成岩中硅质包体或接触带砂岩中石英受高温影响重新结晶的产物。

[**鉴定特征**]　以其板状晶形和双晶为鉴定特征，进一步的精确鉴定须借用光学仪器测定。

β **方英石**　β-cristobalite　SiO_2

[**化学组成**]　同 α 石英。

[**晶体参数和结构**]　属等轴晶系，对称型 $3L^4 4L^3 6L^2 9PC$，$a_0 = 0.716$ nm。晶体结构中硅离子在立方晶胞中呈类似于金刚石的结构，氧离子位于每两个硅离子之间，硅离子位于四个氧离子中组成硅氧四面体，连接方式如图 14-30 所示。β 方英石在冷却过程中，至 275～200 ℃以下时转变为亚稳状态的 α 方英石（低温方英石）。

[**形态**]　晶形呈细小八面体，少数为立方体或骸晶；集合体呈具有纤维放射状的球形；双晶依 (111) 而呈聚片双晶。

[**物理性质**]　一般已转变为 α 石英者，其物理性质与 α 石英相同。

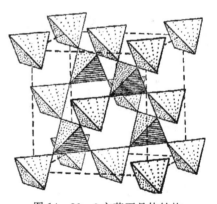

图 14-30　β 方英石晶体结构

[**成因和产状**]　β 方英石常呈自形晶体出现于安山岩、粗面岩和流纹岩气孔中，是在高温下形成的高温方英石，一般均会转变为 α 石英。此外，作为细脉、洞穴充填物、结核或泉华，甚至生物化学沉积物出现的块状隐晶质的低温方英石，其成分中富含水，处于亚稳状态，易转变为 α 石英。陶瓷在生产过程中可于大部分坯体中生成此类型的方英石。

[**鉴定特征**]　以其八面体晶形，立方体骸晶为鉴定特征，进一步的精确鉴定须借用光学仪器测定。

蛋白石　opal　$SiO_2 \cdot nH_2O$

[化学组成]　通常认为属于非晶质矿物，但有的资料说明蛋白石系由极微小的低温方英石晶粒所组成，成分中的吸附水含量不定，并常含 Fe、Ca、Mg 等混入物。

[形态]　无一定的外形，通常为致密块状、钟乳状、结核状、皮壳状等。

[物理性质]　颜色不定，通常为蛋白色，因含各种混入物而呈现不同颜色。无色透明者罕见，通常微透明。具玻璃光泽或蛋白光泽，并具变彩特点，硬度为 5～5.5，相对密度视含水量和吸附物质的多少为 1.9～2.9。

[亚种]　半透明带有乳光变彩的蛋白石称为贵蛋白石。半透明带有红色、橘红或黄色变彩的蛋白石则称为火蛋白石。另一种黄褐色而具木质结构的木质硅化物质称为木蛋白石。

[成因和产状]　从火山温泉中沉淀而成的称为硅华，在外生条件下其可由硅酸盐矿物遭受风化分解而产生的硅酸溶液凝聚而成。其被带至海水中的硅酸溶液中，被硅藻、放射虫等生物吸收后构成硅质骨骼，生物死后其可堆积成为硅藻土。

蛋白石经过晶化作用能逐渐变为隐晶质的石髓。

[鉴定特征]　以其蛋白光泽和变彩为鉴定特征，有时类似于石髓，但硬度较石髓低。

[主要用途]　贵蛋白石、火蛋白石等可作为名贵雕刻品材料。硅藻土质轻多孔，是重要的建筑材料和隔音材料。

14.4.3　复杂氧化物矿物类

复杂氧化物是由两种或两种以上的金属阳离子与氧化合而成的化合物，可以组成 ABX_3、AB_2X_4、AB_2X_6 型的化合物，这类矿物在成分上和结构上均比较复杂，其中包括不少铁、铬、钛及稀有元素的氧化物矿物。

1. 钛铁矿族

本族化合物属 ABX_3 型，A 代表二价的铁、镁或锰，B 代表四价的钛，X 一般为二价氧离子。

钛铁矿　ilmenite　$FeTiO_3$

[化学组成]　TiO_2 占 52.66%、FeO 占 47.34%，常含类质同象混入物 Mg 和 Mn。在 950 ℃以上，钛铁矿与赤铁矿形成完全类质同象，当温度降低时即发生离溶，故钛铁矿中常含有细鳞片状赤铁矿包裹体，而在一般温度下只能形成有限的类质同象（$Fe_2O_3 < 6\%$）。

[晶体参数和结构]　属三方晶系，对称型 L^3C，$a_0 = 0.5083$ nm、$c_0 = 1.404$ nm。晶体结构属刚玉型。所不同者，即铝的位置相间地被铁和钛所代替，因而使钛铁矿晶格的对称程度降低。

[形态]　单晶体少见，偶有呈厚板状（见图 14-31）者；其呈尖形菱面体者称为尖钛铁矿。通常呈不规则细粒，双晶依（0001）和（$10\bar{1}1$）而成。

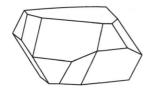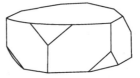

图 14-31 钛铁矿的晶形

[物理性质] 呈钢灰至黑色。条痕黑色，含赤铁矿者带褐色。具半金属光泽，不透明，硬度为 5～6，无解理，次贝壳状断口，相对密度为 4.2，具有弱磁性。

[成因和产状] 主要形成于岩浆作用，常与磁铁矿一起产于基性岩中，但与碱性岩有关的内生矿床中也常有钛铁矿产出。此外，其常见于砂矿中。

[鉴定特征] 钛铁矿可依其晶形、条痕和弱磁性与其结构相似的赤铁矿、磁铁矿相区别。此外，将钛铁矿粉末溶于磷酸中，稀释后加 Na_2O_2，可使溶液呈黄褐色。

[主要用途] 是提炼钛的重要矿物原料，可作为特种玻璃和陶瓷釉的着色剂。

钛及其合金，首先用在制造飞机、火箭、导弹、舰艇等方面，其次用于化工和石油部门。例如，在超音速飞机制造方面，由于这类飞机在高速飞行时，表面温度较高，铝合金或不锈钢在这种温度下已失去原有性能而钛合金在 550 ℃ 以上仍保持良好的机械性能，因此可用于制造超过音速 3 倍的高速飞机，这种飞机的用钛量要占其结构总重量的 95%，故有"钛飞机"之称，全世界约有一半以上的钛用来制造飞机机体和喷气发动机的重要零件。钛在原子能工业中，用于制造核反应堆的主要零件，在化学工业中，钛主要用于制造各种容器、反应器、热交换器、管道、泵和阀等。若把钛添加到不锈钢中，只添加百分之一左右就可大大提高其抗锈能力。

2. 钙钛矿族

本族化合物属 $A_2B_2O_6$ 型，A 代表 Ca^{2+}、Na^+ 和 Ce^{3+}，B 代表 Ti^{4+} 和 Nb^{5+}，有时还含有 Fe^{2+} 和 Th^{4+}。

钙钛矿 perovskite $CaTiO_3$

[化学组成] CaO 占 41.24%、TiO_2 占 58.76%。类质同象混合物有 Na、Ce、Fe、Nb。

[晶体参数和结构] 其结构通常分为简单钙钛矿结构、双钙钛矿结构和层状钙钛矿结构。具假立方体形，在低温时转变为正交晶系。对称型为 $3L^23PC$，$a_o = 0.551$ nm、$b_o = 0.553$ nm、$c_o = 0.555$ nm。在晶体结构中，钙离子位于假立方晶胞的中心，12 个氧离子包围成立方八面体，配位数为 12；钛离子位于假立方晶胞的角顶，6 个氧离子包围成八面体，配位数为 6；氧离子位于晶胞棱的中点，为四个钙和两个钛的离子所围绕（见图 14-32）。

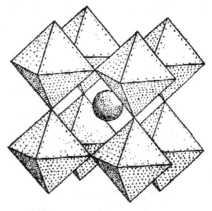

图 14-32 钙钛矿晶体结构

[形态]   呈假立方体形，富含 Ce 和 Nb 者常呈八面体形。假立方体晶面上常具平行晶棱的条纹。富含 Ce 和 Nb 者常现依(111)的穿插双晶，而一般常呈聚片双晶。

[物理性质]   颜色呈褐至灰黑，条痕白至灰黄，具金刚光泽，硬度为 5.5～6，无解理，相对密度为 3.97～4.04(含 Ce 和 Nb 者较大)。

[成因和产状]   岩浆成因的钙钛矿常呈副矿物见于碱性岩中，与黄长石、霞石、白榴石等共生。接触变质成因的见于灰岩与侵入体的接触带。此外，其在绿泥石片岩和滑石片岩中常可见到。

[鉴定特征]   假立方体的晶形及其晶面条纹。

[主要用途]   用于陶瓷锡酸盐、钛酸盐、锆酸盐坯体中，另在电子工业和通信领域也有广泛用途。在钙钛矿结构的晶体中，许多都具有特殊的物理性质，有的具铁电性，有的具超导性，等等。近年来，人们对钙钛矿型结构的研究日趋深入，新成果层出不穷。

由于钙钛矿材料特殊的结构，使其在高温催化及光催化方面具有潜在的应用前景，国内外对钙钛矿结构类型材料的研究主要集中在材料结构方面，对于其在催化方面的应用研究相对较少。另外，除晶体硅外，钙钛矿也可用来制作太阳能电池的替代材料。在 2009 年，使用钙钛矿制作的太阳能电池具备着 3.8% 的太阳能转化率，到了 2014 年，这一数字已经提升到了 19.3%，相比传统晶体硅电池超出 20% 的能效。

钙钛矿材料在太阳能电池方面的应用中，不仅能量转化率有明显优势，制作工艺也相对简单，因此，更便宜、更容易制造的钙钛矿太阳能电池，很有可能改变整个太阳能电池的格局，今后，太阳能电池的发电成本甚至有可能会比火力发电成本还低，所以，钙钛矿在太阳能发电方面的应用具有广阔的前景。钙钛矿太阳能电池还有与硅电池板相结合的潜力，可制造出转化率达 30% 甚至更高的串联电池。

钙钛矿薄膜太阳能电池具有诱人的发展前景，在现有技术基础上，进一步完善理论研究、降低成本、提高转化率和稳定性、优化实验方案及电池结构、推进其工业化，是其必然的发展趋势。钙钛矿太阳能电池未来的发展仍面临以下几个方面的问题和挑战：多孔支架层的低温制备和柔性化；廉价、稳定、环境友好的全光谱吸收钙钛矿材料的设计和开发；高效、低成本空穴传输材料的制备等。此外，发展适合工业化生产的电池制备工艺也是十分必要的。优异的性能和低廉的成本必能使钙钛矿太阳能电池成为硅电池的有力竞争者，在未来的能源结构中占有重要的地位。

3. 尖晶石族

本族化合物属 AB_2X_4 型，A 代表二价的镁、铁、锌、锰；B 代表三价的铁、铝、铬。X 一般为二价氧离子。在这些矿物之间，广泛发育着完全和不完全的类质同象。

在尖晶石族矿物中，根据其成分中三价离子的不同，分为下列三个系列：

(1)尖晶石系列(铝-尖晶石)，均属正常尖晶石型结构；

(2)磁铁矿系列(铁-尖晶石)，均属倒置尖晶石型结构(个别属正常尖晶石型者未列入)；

(3)铬铁矿系列(铬-尖晶石)，均属正常尖晶石型结构。

上述三个系列之间存在着不同的类质同象关系。铬铁矿系列与磁铁矿系列之间为连续的类质同象，铬铁矿系列与尖晶石系列之间为不连续的类质同象，尖晶石系列与磁铁矿系列之间无类质同象情况出现。

本族矿物的晶体结构均属尖晶石型。氧离子呈立方最紧密堆积,二价阳离子充填 1/8 的四面体空隙,三价阳离子充填 1/2 的八面体空隙,这种典型结构表现出配位四面体和配位八面体共有角顶的连接(见图 14-33)。磁铁矿和铬铁矿的晶体结构也属于尖晶石型结构,但磁铁矿的结构与正常尖晶石型结构有一点差别,即其是半数的三价阳离子充填 1/8 的四面体空隙,另外半数的三价阳离子与二价阳离子一起充填 1/2 的八面体空隙,这种结构称为倒置尖晶石型结构,是晶体场效应所导致的结果。

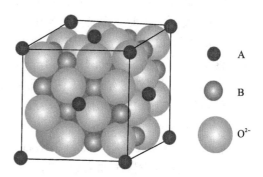

图 14-33 尖晶石晶体结构

属于尖晶石型结构的矿物,反映在形态上通常呈八面体、菱形十二面体的三向等长晶形,而在物理性质上则为硬度高、无解理等特征。

尖晶石 spinel $MgAl_2O_4$

[**化学组成**] MgO 占 28.2%、Al_2O_3 占 71.8%,常含 FeO、ZnO、MnO、Fe_2O_3、Cr_2O_3 等组分。尖晶石 $MgAl_2O_4$ 与铁尖晶石 $FeAl_2O_4$、镁铬铁矿 $MgCr_2O_4$ 之间存在着完全类质同象的关系。

[**晶体参数和结构**] 属等轴晶系,对称型 $3L^44L^36 9PC$,$a_o=0.8086$ nm。晶体结构见图 14-33,属正常尖晶石型。

[**形态**] 单晶体常呈八面体形(见图 14-34(a)),有时八面体与菱形十二面体组成聚形。双晶依尖晶石律(111)面呈接触双晶(见图 14-34(b))。

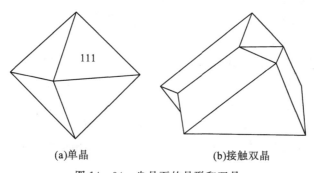

(a)单晶   (b)接触双晶

图 14-34 尖晶石的晶形和双晶

[**物理性质**] 呈无色者少见,一般呈红色(含 Cr^{3+})、绿色(含 Fe^{3+})或褐黑色(含 Fe^{2+} 和 Fe^{3+})。具玻璃光泽,硬度为 8,无解理,偶有平行(111)的裂理,相对密度为 3.55。

[**成因和产状**] 尖晶石常产于片岩、蛇纹岩及相关岩石中,大多宝石级尖晶石发现于冲积扇中。其也可以产于大理岩(矽卡岩型)中,与红宝石、蓝宝石等共生,也可以产于砂矿中。

　　尖晶石形成于高温下火成岩与白云岩或镁质灰岩的接触交代带中，与石榴子石、辉石等共生。此外，作为副矿物，其在火成岩及变质岩中有时亦有存在。由于其化学性质稳定及硬度大，因此亦常见于砂矿中。

　　[鉴定特征]　以其晶形、双晶和硬度大为鉴定特征。在本族矿物中相对密度最小。

　　[主要用途]　透明、色美的矿石可作为宝石。世界上最迷人、最著名并富有传奇色彩的红色尖晶石是"铁木尔红宝石"，此宝石重 361 克拉，产于阿富汗，颜色为深红色，没有切面，只有自然抛光面，几乎没有光泽，因而更加呈现出宝石的自然美。有人把这颗宝石称为东方的"世界贡品"。世界上最大、最漂亮的红天鹅绒色尖晶石，重 398.72 克拉，现存于俄罗斯莫斯科金刚石库中。同时，尖晶石也是优质的耐火材料，在陶瓷中主要用来生产铬砖和陶瓷颜料。此外，尖晶石型晶体还可用于耐火材料、等离子体电弧喷涂等。

磁铁矿　magnetite　Fe_3O_4

　　[化学组成]　FeO 占 31.03%、Fe_2O_3 占 68.97%，或含 Fe 72.4%，其中常含 Ti、V、Cr 等元素。与铬铁矿可以形成完全类质同象。

　　[晶体参数和结构]　属等轴晶系，对称型 $3L^44L^36L^29PC$，$a_o = 0.8374$ nm。晶体结构属倒置尖晶石型。

　　[形态]　单晶体常呈八面体，较少呈菱形十二面体；在菱形十二面体面上长对角线方向常现条纹。双晶依尖晶石律(111)呈接触双晶；集合体常呈致密块状和粒状。

　　[物理性质]　呈铁黑色，条痕黑色，具半金属光泽，不透明，硬度为 5.5～6.5，无解理，有时具{111}裂理，性脆，相对密度为 5.175，具强磁性。

　　[亚种]　钛磁铁矿 $Fe^{2+}_{(1+x)}Fe^{3+}_{(2-2x)}Ti_xO_4(0<x<1)$ 含 TiO_2 可达 12%～16%。在常温情况下，钛从其中分离成板状和柱状的钛铁矿及布纹状的钛铁晶石。

　　钒磁铁矿 $Fe^{2+}(Fe^{3+}, V)_2O_4$，含 V_2O_5 在 5% 以下。

　　钒钛磁铁矿，可能是成分上更为复杂的上述两种矿物的混溶物。

　　铬磁铁矿，含 Cr_2O_3 可达百分之几。

　　[成因和产状]　产于相对还原的环境。主要成因类型：岩浆型、接触交代型、高温热液型、区域变质型。磁铁矿形成于内生作用和变质作用过程，是岩浆成因铁砂床、接触交代铁矿床、气化-高温含稀土铁矿床、沉积变质铁矿床及一系列与火山作用相关铁矿床中铁矿石的主要矿物成分。此外，其也常见于砂矿床中。

　　[鉴定特征]　以晶形、黑色条痕和强磁性可与与其相似的矿物如赤铁矿、铬铁矿等相区别。

　　[主要用途]　钛磁铁矿是提炼铁最重要的矿物原料之一，其中所含的钒、钛、铬元素可综合利用。其在陶瓷中作为着色剂、在新材料中作为合成铁氧体磁性材料的主要物相，得到了广泛应用。

　　磁铁矿为最重要和最常见的铁矿石矿物，钛磁铁矿、钒钛磁铁矿同时亦为钛、钒的重要矿石矿物，富含 Ti、V、Ni、Co 等元素时可综合利用。药用磁铁矿名磁石，别名玄石、磁石、灵磁石、吸铁石、吸针石。磁不但在现代医学上有着重要的应用，如核磁共振成像技术及心磁图和脑磁图的应用，而且还有着悠久的应用历史。在西汉的

《史记》中的"仓公传"中便讲道：齐王侍医利用 5 种矿物药（称为五石）治病，这 5 种矿物药是指磁石（Fe_3O_4）、丹砂（HgS）、雄黄（As_2O_3）、矾石（$KAl(SO_4)_2$）和曾青（$2CuCO_3$）。随后历代都有应用磁石治病的记载。例如，在东汉的《神农本草经》中便讲到利用味道辛寒的慈（磁）石治疗风湿、肢节痛、除热和耳聋等疾病；南北朝陶弘景著的《名医别录》中讲到磁石可以养肾脏、强骨气、通关节、消痈肿等。唐代著名医药学家孙思邈著的《千金方》中还讲到用磁石等制成的蜜丸，如经常服用可以对眼力有益。北宋何希影著的《圣惠方》中又讲到磁石可以医治儿童误吞针的伤害，即将枣核大的磁石，磨光钻孔穿上丝线后投入喉内，便可以把误吞的针吸出来。

铬铁矿 chromite $(Mg，Fe)Cr_2O_4$

［**化学组成**］ 铬铁矿中，成分比较复杂，广泛存在 Gr_2O_3、Al_2O_3、Fe_2O_3、FeO、MgO 五种基本组成的类质同象置换，因而被定立的名称很多，难以统一。本书所用名称及其化学式如下：

镁铬铁矿 $MgCr_2O_4$，含 Cr_2O_3 79.04%；

铬铁矿 $(Mg，Fe)Cr_2O_4$，含 Cr_2O_3 50%～65%；

亚铁铬铁矿 $FeCr_2O$，含 Gr_2O_3 67.91%；

铝铬铁矿 $Fe(Cr，Al)_2O_4$，含 Cr_2O_3 32%～38%；

硬铬尖晶石 $(Mg，Fe)(Cr，Al)_2O_4$，含 Cr_2O_3 32%～50%；

由于通常人们所谓的铬铁矿的成分中或多或少地存在着镁，而纯净的 $FeGr_2O_4$ 在地壳中则很少见到，因此本书用铬铁矿这个常用名称称呼 $(Mg，Fe)Cr_2O_4$ 成分的铬矿物。

［**晶体参数和结构**］ 属等轴晶系，对称型 $3L^44L^36L^29PC$，$a_o=0.8305～0.8344$ nm。晶体结构属正常尖晶石型。

［**形态**］ 八面体晶形极少见，通常呈粒状和块状集合体。

［**物理性质**］ 呈黑色，条痕褐色，具半金属光泽，不透明，硬度为 5.5～6.5，无解理，性脆，相对密度为 4.3～4.8。具弱磁性，含铁量高者磁性较强。

［**成因和产状**］ 是岩浆成因的矿物，常产于超基性岩中，与橄榄石共生，也见于砂矿中。

［**鉴定特征**］ 以其黑色、条痕褐色、硬度大和产于超基性岩中为鉴定特征。

［**主要用途**］ 是提炼铬的唯一矿物原料。富含铁的劣质矿石可供制造高级耐火材料，也可作为搪瓷和玻璃的着色剂，在陶瓷生产中可作为颜料和乳浊剂使用。冶金级铬矿石主要用于冶炼各种铬铁合金。在耐火材料工业中，铬矿石主要用来制造镁铬砖、铬砖和铬铝砖等。在化学工业中，铬矿石主要用来生产重铬酸盐（铬盐），继而生产其他铬化合物产品。

14.4.4 氢氧化物矿物类

氢氧化物主要是由镁、铝、铁、锰等的阳离子与氢离子、氧离子化合而成的化合物，包括含水的氧化物。氢氧化物可分为 $R(OH)_2$、$R(OH)_3$、$RO(OH)$、$RRO_2(OH)_2$ 型，这类化合物是提取镁、铝、铁、锰的矿物原料。

1. 水镁石族

本族化合物属 R(OH)$_2$ 型，R 代表二价的镁、铁、锰、钙等。

水镁石(氢氧镁石)   brucite   Mg(OH)$_2$

[化学组成]   MgO 占 69.12%、H$_2$O 占 30.88%，有时含 FeO 量可达 10%、含 MnO 量可达 20%、含 ZnO 量可达 4%，这些氧化物组分中的阳离子系类质同象置换 Mg^{2+}。

[晶体参数和结构]   属三方晶系，对称型 L^33L^23PC，$a_o = 0.3125$ nm、$c_o = 0.472$ nm。晶体结构属层状(见图 14-35)：(OH)$^-$ 呈六方最紧密堆积，Mg^{2+} 填充于邻接的两层 (OH)$^-$ 之间的全部八面体空隙，组成配位八面体的结构层；结构层内属离子键，结构层间属分子键；上结构层下部的 (OH)$^-$ 位于下结构层上部的三个 (OH)$^-$ 之间。水镁石的层状结构决定了其片状形态和极完全的 {0001} 解理。

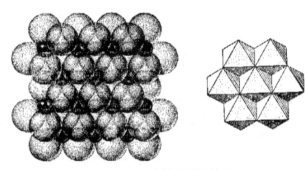

图 14-35   水镁石晶体结构

[形态]   单晶体呈厚板状。常见者为片状集合体，有时呈纤维状集合体者称纤维水镁石。

[物理性质]   呈白至淡绿色，含有锰或铁者呈红褐色，断口现玻璃光泽，解理面为珍珠光泽，解理平行 {0001} 极完全，薄片具挠性，相对密度为 2.35。

[成因和产状]   水镁石是蛇纹岩或白云岩中典型低温热液蚀变的矿物。

[鉴定特征]   以其形态、低硬度和 {0001} 极完全解理为鉴定特征，并可根据其易溶于酸与滑石、叶蜡石相区别。

[主要用途]   大量聚积时可作为提炼镁的矿物原料；在耐火材料中可作为死烧菱镁矿的材料来源；其也是焊条涂层的一种成分。

2. 三水铝石-一水铝石族

本族矿物包括三种铝的氢氧化物，即 R(OH)$_3$ 型的三水铝石和 RO(OH) 型的一水软铝石和一水硬铝石。通常所谓的铝土矿，实际上并不是一个矿物种，而是以三水铝石或一水硬铝石为主要组分，并包括一水软铝石、高岭石、蛋白石、赤铁矿等多矿物的矿石总称。

三水铝石   gibbsite   Al(OH)$_3$

[化学组成]   Al$_2$O$_3$ 占 65.35%、H$_2$O 占 34.65%，常有少量的铁和镓可以置

换铝。

[**晶体参数和结构**] 属单斜晶系，对称型 L^2PC，$a_o = 0.862$ nm、$b_o = 0.506$ nm、$c_o = 0.970$ nm。晶体结构属层状（见图 14-36）：$(OH)^-$ 呈六方最紧密堆积，Al^{3+} 填充于邻接的两层 $(OH)^-$ 之间的 2/3 八面体空隙，组成配位八面体的结构层；结构层内属离子键，结构层间属分子键；上结构层下部的 $(OH)^-$ 与下结构层上部的 $(OH)^-$ 相重叠。三水铝石的层状结构决定了其片状形态和极完全的 {001} 解理。

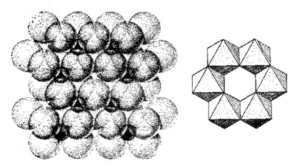

图 14-36 三水铝石晶体结构

[**形态**] 单晶体通常呈假六方形极细鳞片状，但俄罗斯乌拉尔则产有单晶达5 cm 的晶体；双晶依 [130] 呈接触双晶，并以 (001) 为接合面。通常呈结核状、豆状集合体或隐晶质块体。

[**物理性质**] 呈白色，常带灰、绿和褐色。具玻璃光泽，解理面珍珠光泽，集合体和隐晶质者暗淡。硬度为 2.5～3.5，解理平行 {001} 极完全，相对密度为 2.35。

[**成因和产状**] 主要是长石分解和水解的产物，形成于热带风化作用过程中。我国福建玄武岩风化型的铝土矿中，主要成分为三水铝石。

此外，部分三水铝石系低温热液成因的产物。在区域变质作用中，三水铝石经脱水作用变为一水硬铝石；在更深的区域变质条件下，可变为刚玉；如有 SiO_2 存在时则变为含铝硅酸盐矿物。

[**鉴定特征**] 晶体以其极完全解理、低硬度、相对密度低、具玻璃光泽为鉴定特征。但结核状集合体和隐晶质块体则难识别，可加硝酸钴溶液置于氧化焰中强热，如样品变为蓝色，证明其含铝。

[**主要用途**] 为提炼铝的主要矿物原料，也可用于制造耐火材料和高铝水泥原料。

一水软铝石 boehmite γ-AlO(OH)

[**化学组成**] Al_2O_3 占 85%、H_2O 占 15%，混入物同三水铝石。

[**晶体参数和结构**] 属正交晶系，对称型 $3L^23PC$，$a_o = 0.378$ nm、$b_o = 1.18$ nm、$c_o = 0.285$ nm。晶体结构属层状（见图 14-37）：Al^{3+} 与 O^{2-} 组成 $[AlO_6]$ 配位八面体，以角顶相连平行于 a 轴而排列成链；各链再以八面体的棱相连平行于 {010} 面网而排列成波状的层；H^+ 则位于层与层之间和一个 O^{2-} 距离较近，趋向于形成 $(OH)^-$ 的键性，但和另一个 O^{2-} 距离较远，趋向于形成 H^+ 的键性。一水软铝石的层状结构决定了其片状形态和完全的 {010} 解理。

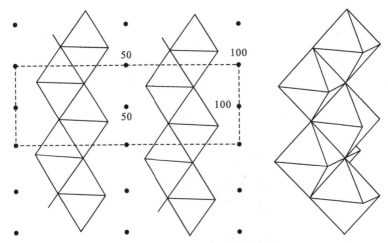

图 14 - 37   一水软铝石晶体结构

[形态]   单晶体呈细小片状，通常在铝土矿中呈隐晶质块体或胶体形成物。

[物理性质]   呈白色或微黄色，具玻璃光泽，隐晶质者光泽暗淡，硬度为 3.5，解理平行{010}完全，相对密度为 3.01～3.06。

[成因和产状]   主要产于外生成因的铝土矿矿床中，也有热液成因的，见于碱性伟晶岩洞穴中，可能系霞石蚀变的产物。

[鉴定特征]   同三水铝石一样，可加硝酸钴溶液置于氧化焰中强热，样品变为蓝色时即证明其含铝。

[主要用途]   同三水铝石。

一水硬铝石   diaspore   α - AlO(OH)

[化学组成] Al_2O_3 占 85%、H_2O 占 15%，常含铁、锰、铬等混入物。

[晶体参数和结构]   属正交晶系，对称型 $3L^23PC$，a_o＝0.440 nm、b_o＝0.939 nm、c_o＝0.284 nm。晶体结构见图 14 - 38：O^{2-} 和 $(OH)^-$ 呈六方最紧密堆积，Al^{3+} 位于其八面体空隙中组成 $[Al(O，OH)_6]$ 配位八面体；每一配位八面体以三个棱与邻接的三个配位八面体相连，组成沿 c 轴方向延伸的双链；双链之间的配位八面体角顶为 $(OH)^-$，而双链两侧的配位八面体角顶为 O^{2-}。一水硬铝石的结构具有链状向层状过渡的特征。

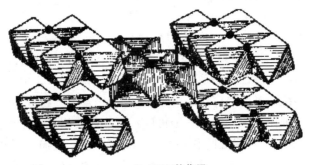

● $(OH)^-$ 的位置

图 14 - 38   一水硬铝石晶体结构

［形态］　呈沿 c 轴延伸而平行 {010} 的薄板状单晶体；呈鳞片状集合体或结核状块体。

［物理性质］　呈白色、灰色或黑褐色，晶体具玻璃光泽，解理面具珍珠光泽，硬度为 6～7，性极脆，解理 {010} 完全，相对密度为 3.3～3.5。

［成因和产状］　主要为外生成因，广泛分布于铝土矿矿床中。山东淄博地区的"一水型"铝土矿矿床中，即以一水硬铝石为主要组成成分。此外，偶见于某些接触交代矿床和热液矿床中，也见于区域变质的铝质岩石中。

［鉴定特征］　以其较高的硬度与三水铝石、一水软铝石相区别。

［主要用途］　同三水铝石，此外还可作为磨料使用。

3. 水锰矿族

本族化合物属 $RRO_2(OH)_2$ 型，R 分别代表二价和四价的锰。

水锰矿　manganite　$Mn^{2+}Mn^{4+}O_2(OH)_2$

［化学组成］　MnO 占 40.4%、MnO_2 占 49.4%、H_2O 占 10.2%，常含 SiO_2、Fe_2O_3 及微量 Al_2O_3 和 CaO 等混入物。

［晶体参数和结构］　属单斜晶系，对称型 L^2PC，$a_0=0.886$ nm、$b_0=0.524$ nm、$c_0=0.570$ nm、$\beta=90°$。晶体结构表现于 O^{2-} 和 $(OH)^-$ 按六方最紧密堆积，与一水硬铝石相似，但二者阳离子的配位八面体分布不相同。

［形态］　单晶体呈沿 c 轴伸长的柱状（见图 14-39）。表面具清晰纵纹，集合体呈束状，双晶依 {011} 而成。沉积成因的多呈隐晶质块体，也有呈鲕状或钟乳状者。

［物理性质］　呈深灰至黑色，条痕红褐至黑色，具半金属光泽，硬度为 4，性脆，解理平行 {010} 完全，平行 {110} 和 {001} 中等，相对密度为 4.2～4.33。

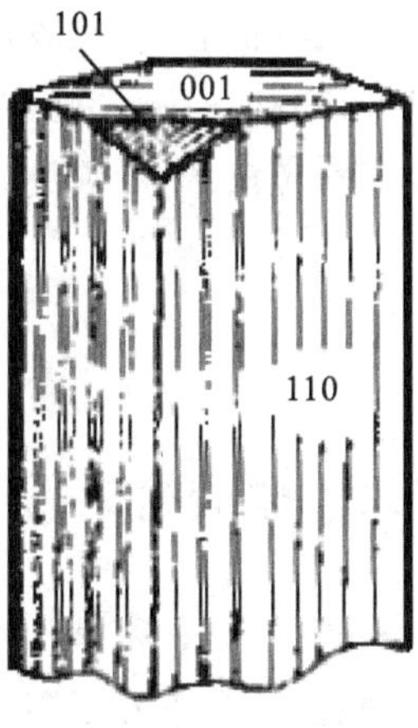

图 14-39　水锰矿晶形

［成因和产状］　水锰矿形成于氧化条件不够充分的环境，在低温热液矿脉中常呈晶簇并与重晶石、方解石共生。而外生沉积作用形成的水锰矿则常呈块状或鲕状见于锰矿床中，为四价锰矿稀（软锰矿）和二价锰矿稀（菱锰矿）之间的过渡产物。水锰矿在氧化带不稳定，易氧化成软锰矿。

［鉴定特征］　以其晶形、柱面条纹和褐色条痕为鉴定特征。与其类似矿物的可靠鉴定需用差热曲线和 X 射线数据进行。

［主要用途］　是提炼锰的重要矿物原料。

4. 硬锰矿族

本族矿物包括成分上含有 K、Ba、Ca、Pb、Zn 等元素的锰的氢氧化物或含水氧化物，它们在结构上具有相同的基本特征，即具有沿一个方向排列的 $[MnO_6]$ 或 $[Mn(O,OH)_6]$ 八面体所组成的链。

硬锰矿　psilomelane　$(Ba,H_2O)_2Mn_5O_{10}$

［化学成分］　硬锰矿的成分变化很大，其中所含的水类似于沸石水的性质，在 500 ℃

以下可以逐步脱水。虽然将其化学式写成$(Ba，H_2O)_2Mn_5O_{10}$，但除此以外，尚有以其他方式来表示的，如$Ba(Mn^{2+}，Mn^{4+})_9O_{18}\cdot2H_2O$、$(Ba，Mn^{2+})_3(OH)_6Mn_8^{4+}O_{16}$、$(Ba，Mn^{2+})_2(OH)_4Mn_8^{4+}O_{16}$。

[晶体参数和结构] 属单斜晶系，对称型L^2PC，$a_0=0.956$ nm、$b_0=0.288$ nm、$c_0=1.385$ nm、$\beta=90°30'$；或属正交晶系，对称型$3L^2$，空间群$P222$，晶系尚未最后确定。晶体结构的基本型式如图 14-40 所示，一般认为$[Mn(O，OH)_6]$配位八面体组成双链和三链沿b轴方向排列，Ba 离子和H_2O分子位于其所组成的管状通道之中。

[形态] 通常呈葡萄状、钟乳状、树枝状或土状集合体。单晶体极为罕见。

[物理性质] 呈灰黑至黑色，条痕褐黑至黑色，具半金属光泽至暗色，硬度为$4\sim6$，性脆，相对密度为$4.4\sim4.7$。

[成因和产状] 主要为外生成因，常见于锰矿床的氧化带，是褐锰矿、黑锰矿及含锰碳酸盐和硅酸盐风化的产物。此外，也常见于沉积锰矿床中。

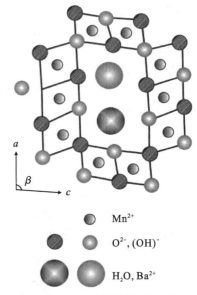

图 14-40　硬锰矿晶体结构的基本型式

[鉴定特征] 以其胶体形态、黑色条痕和硬度较高为鉴定特征。进一步的鉴定需用差热曲线和 X 射线数据与其他锰的氧化物相区别。

[主要用途] 是提炼锰的重要矿物原料。

14.5　含氧盐矿物大类

14.5.1　硝酸盐矿物类

14.5.1.1　概述

硝酸盐是金属元素阳离子和硝酸根相化合而成的盐类。由于硝酸盐在水中的溶解度很高，因而在陆地上，除少数干旱、炎热的沙漠地带外，其都难以形成和保持，所以，自然界硝酸盐矿物的数量很少，种类也不多，就目前资料显示，大约只有十几种。

1. 化学成分

在硝酸盐矿物中，与$[NO_3]^-$组成硝酸盐的阳离子，主要是Na^+、K^+，其次是Mg^{2+}、Ca^{2+}和Ba^{2+}。当其中较小的二价阳离子Mg^{2+}和Ca^{2+}与$[NO_3]^-$组成化合物时，经常会有H_2O分子存在，如钙硝石$Ca[NO_3]_2\cdot4H_2O$。至于与Cu^{2+}所组成的硝酸盐，其成分则更为复杂，经常含附加阴离子$(OH)^-$或Cl^-，有时还含有H_2O分子，如毛青铜矿$Cu_{19}[NO_3]_2(OH)_{32}Cl_4\cdot3H_2O$。此外，硝酸盐矿物中偶有$[SO_4]^{2-}$或$[PO_4]^{3-}$

存在。

2. 晶体化学特征

硝酸盐矿物的晶体结构和前几类矿物的晶体结构相比，其中的阴离子已不是单独的一种元素形成的阴离子，而是一种络阴离子$[NO_3]^-$，亦即化学上所称的硝酸根。这种络阴离子是由三个O^{2-}围绕N^{5+}而组成的三角形的阴离子团，这个阴离子团的有效半径为 0.257 nm，以此作为晶体结构的基本单元与阳离子结合而成为硝酸盐矿物。所以，在硝酸盐矿物的晶体结构中，阳离子与络阴离子之间的键型属离子键，而络阴离子本身的O^{2-}和N^{5+}之间的键型则属于共价键，因此，硝酸盐矿物的晶体结构属多键型。以后各章所讲的各类含氧盐类矿物的晶体结构，基本也是如此，均属多键型。

3. 物理性质

硝酸盐矿物中的阳离子大多属于惰性气体型离子，所以，硝酸盐矿物一般呈无色透明或白色，只有当其阳离子为Cu^{2+}时，才表现为绿色。此外，其相对密度一般偏低，为 1.5～3.5；硬度一般也较低，为 1.5～3.0；溶解度大。

4. 成因

硝酸盐矿物是在没有植物的干旱地区，通过含氮有机物质的氧化作用与土壤中的碱质（钠和钾）化合而成的。也有少部分是在高原地区由大气中的氮通过放电作用而形成的。

14.5.1.2　分述

硝石族

本族矿物包括在化合物类型上相同的钾硝石和钠硝石，但在结构上钾硝石属文石型，钠硝石属方解石型。这里只讲述钠硝石。

钠硝石（智利硝石）　sode niter　$Na[NO_3]$

［化学成分］　Na_2O 占 36.5%、N_2O_5 占 63.5%。

［晶体参数和结构］　属三方晶系，对称型$L^3 3L^2 3PC$，$a_o = 0.507$ nm、$c_o = 1.681$ nm。晶体结构属方解石型。

［形态］　通常呈致密块状、皮壳状或盐华状。单晶体呈菱面体形，但极少见。双晶依$\{01\bar{1}2\}$、$\{0001\}$或$\{02\bar{2}1\}$而成。

［物理性质］　纯净者无色或呈白色，常因含杂质而呈黄色或褐色。具玻璃光泽，硬度为 1.5～2，解理平行$\{10\bar{1}1\}$完全，性脆，相对密度为 2.24～2.29，易溶于水，味微咸。

［成因和产状］　在炎热干旱地区的土壤中，常与石膏、芒硝、石盐等一起出现，主要由腐烂有机质氧化时与土壤中的钠质化合而成。

［鉴定特征］　以易溶于水、在炭板上加热时燃烧及焰色呈浓黄色，作为鉴定特征。

［主要用途］　是氮肥的主要原料，可用于制造氮肥、硝酸、炸药和其他氮素化合物；还可用作冶炼镍的强氧化剂、玻璃生产中白色坯料的澄清剂、生产珐琅的釉药、人造珍珠的黏合剂等。本品助燃，具刺激性气味，对皮肤、黏膜有刺激性，大量口服中毒时，患者可出现剧烈腹痛、呕吐、血便、休克、全身抽搐、昏迷等症状，甚至死亡。

14.5.2　碳酸盐矿物类

14.5.2.1　概述

自然界分布最广的碳酸盐矿物是石灰岩，是一种沉积岩，其与白云岩组成了碳酸盐岩的两个基本类型。石灰岩的主要成分是碳酸钙（$CaCO_3$），$CaCO_3$ 通常以方解石出现，有时也以文石或文石的亚种出现。除碳酸钙外，石灰岩中能含有各种各样的混入物，如陆源碎屑物质和黏土矿物，最常见的混入物是砂质、粉砂质物质，黏土、燧石、白云石等。石灰岩与这些混入物能以不同的比例混合，当石灰岩中混入物含量超过岩石总量的 50% 时，则过渡为黏土岩、碎屑岩或白云岩。由上述可知，石灰岩是一种以方解石为主的，有时含有各种混入物，但含量不大于 50% 的沉积岩。多年前，我国就有利用石灰岩烧石灰的记载。石灰岩的主要用途：①在水泥和石灰工业中，石灰岩是主要原料；②在金属冶炼工业中，石灰岩作为熔剂以冶炼生铁、钢和有色金属；③在化学工业中，石灰岩可作为制造苏打、电石、漂白粉、肥料及其他化工产品的原料；④在食品工业（如制糖业）中，石灰岩广泛地用来澄清甜菜和甘蔗的液汁，在水源浑浊的地区，还可用来澄清水质；⑤在建筑工程、铁路和公路建设中，石灰岩被用来作为毛石、碎石、琢石和铺面石；⑥在农业中，石灰岩岩粉和石灰用来中和酸性土壤；⑦在环境保护方面，石灰岩作为一种吸附剂，越来越受到重视；⑧某些具有光泽和花色的石灰岩可以作为大理石——一种极好的建筑装饰材料；⑨当石灰岩中的方解石从空洞或其他孔隙的热水溶液中沉淀出来时，可以生成美丽的晶体"冰洲石"，这是一种典型的晶体光学原料；⑩其他如造纸、制革、制造染料等领域中，还用少量的石灰岩和石灰做填料。

碳酸盐矿物的成岩类型主要有竹叶状石灰岩、鲕状石灰岩、生物碎屑石灰岩、泥晶石灰岩、叠层石灰岩、白云石化石灰岩等。

1. 化学成分

在碳酸盐矿物中，可以与碳酸根化合的金属元素阳离子有二十余种，其中，最主要的是 Ca^{2+}、Mg^{2+}，其次是 Na^+、Fe^{2+} 及 Cu^{2+}、Zn^{2+}、Pb^{2+}、Mn^{2+}、TR^{3+}、Bi^{3+}。根据碳酸盐矿物的化学成分，可将碳酸盐矿物分为下列五种。

（1）无附加阴离子的无水碳酸盐，主要阳离子为 Ca^{2+}、Mg^{2+}、Fe^{2+}、Mn^{2+}、Zn^{2+}、Pb^{2+}，如方解石 $Ca[CO_3]$。

（2）具有附加阴离子的无水碳酸盐，主要阳离子为 Cu^{2+}、TR^{3+}、Ca^{2+}，其次为 Bi^{3+}、Pb^{2+}、Zn^{2+}；而附加阴离子主要为（OH）$^-$，形成所谓基性盐，如孔雀石 $Cu_2[CO_3](OH)_2$，其次是 F^-、O^{2-}、Cl^-，如氟碳铈矿（Ce，La）$[CO_3]_2F$。

（3）无附加阴离子的含水碳酸盐，主要阳离子为 Na^+，其次为 Ca^{2+}，而其他阳离子所形成的矿物相当少，并且常形成所谓酸性盐，如天然碱 $Na_3H[CO_3] \cdot 2H_2O$；或复盐，如钙水碱 $Na_2Ca[CO_3]_2 \cdot 2H_2O$。

（4）具有附加阴离子的含水碳酸盐，主要阳离子为 Mg^{2+}，其次为 Fe^{3+}、Al^{3+}、Ni^{2+}、Cr^{3+}。所形成的碳酸盐几乎均为基性盐，如翠镍矿 $Ni_3[CO_3](OH)_4 \cdot 4H_2O$，有时还形成有复盐。

(5)含铀碳酸盐，成分中除$[UO_2]^{2+}$外，主要阳离子为Ca^{2+}、Na^+，其次为Mg^{2+}、Gu^{2+}、U^{4+}，均为含水碳酸盐，而且大部分具有附加阴离子，主要为F^-、SO_4^{2-}，其次为$(OH)^-$。

2. 晶体化学特征

碳酸盐晶体结构中的基本单元络阴离子$[CO_3]^{2-}$与硝酸盐中的$[NO_3]^-$具有相同的三角形结构，并且它们的大小也相同，同为 0.257 nm。但是由于 C 比 N 具有较低的电负性，$[CO_3]^{2-}$就比$[NO_3]^-$具有较大的稳定性，因而自然界中碳酸盐矿物就比硝酸盐矿物的产出多。

碳酸盐矿物中，多数结晶成单斜晶系或正交晶系；其次为三方晶系和六方晶系；属于等轴晶系和四方晶系者则极少；目前所知的属于三斜晶系的只有一种。

碳酸盐矿物在盐酸中具有不同程度的溶解度。某些碱金属的碳酸盐矿物可溶解于水中。

3. 物理性质

碳酸盐矿物的物理性质特征：硬度不大，一般为 3 左右，最大的是稀土碳酸盐矿物的硬度，但也不超过 4.5；具非金属光泽；大多数为无色或白色，含铜者呈鲜绿或鲜蓝色，含锰者呈玫瑰红色，含稀土者或含铁者呈褐色，含钴者呈淡红色，含铀者呈黄色。

4. 成因

碳酸盐矿物的成因，主要有内生成因和外生成因两方面，但是外生成因的矿物却远比内生成因者分布得广泛。内生成因形成少量碱土金属和铁、锰的无水碳酸盐，以及含附加阴离子F^-的稀土无水碳酸盐。外生成因的碳酸盐虽然经常含$(OH)^-$和水分子，但无水碳酸盐如方解石、白云石等仍然有极其广泛的分布。

在碳酸盐矿物中常常出现不同的C^{12}/C^{13}同位素比值。白云石的该比值比较低(88.1%)，而矿床氧化带中的碳酸盐的该比值就比较高(90.7%)。至于不同成因的方解石也有不同的C^{12}/C^{13}比值，因此C^{12}/C^{13}同位素的比值可以作为方解石成因的解释。

5. 分类

(1)方解石-文石族：方解石、菱镁矿、菱锌矿、菱铁矿、菱锰矿、白云石，文石、白铅矿、碳酸锶矿、碳酸钡矿；

(2)孔雀石族：孔雀石、蓝铜矿；

(3)氟碳钡铈矿族：氟碳钡铈矿；

(4)氟碳铈矿族：氟碳铈矿。

14.5.2.2　分述

1. 方解石-文石族

本族矿物包括镁、锌、铁、锰、钙、锶、铅和钡的二价阳离子与碳酸根化合而成的无水碳酸盐矿物。随着这些阳离子大小的不同，构成了两种不同的晶体结构，一种是以方解石为代表的属于三方晶系的方解石型，另一种是以文石为代表的属于正交晶系的文石型，它们的阳离子半径大小(nm)如下：

方解石型(六次配位)	Mg^{2+}	Zn^{2+}	Fe^{2+}	Mn^{2+}	Ca^{2+}
	0.080	0.083	0.086	0.091	0.108

文石型（九次配位）	Ca^{2+}	Sr^{2+}	Pb^{2+}	Ba^{2+}
	0.126	0.137	0.141	0.155

由于 Ca^{2+} 在不同的温度和压力条件、不同的晶体结构中，以及其他因素的影响下，其有效半径是可以变化的，而其有效半径的变化范围，既适合于方解石型的结构，又适合于文石型的结构，所以 $Ca[CO_3]$ 就可以形成同质二象变体——方解石和文石。

至于方解石-文石同质二象之间的稳定关系的研究工作，已有近百年的历史，研究人员综合了许多研究者的成果所作出了方解石-文石在温度压力场中的相图，得出了如下结论：在地表条件下方解石是 $Ca[CO_3]$ 的稳定变体，而文石只有在某些变质岩的形成过程中才能出现，至于在沉积作用和生物体中形成的文石，与方解石相比较是不稳定的，终将转变为方解石。

本族矿物分为方解石亚族和文石亚族。

1）方解石亚族

本亚族矿物包括下列几种矿物：

方解石　$Ca[CO_3]$

菱镁矿　$Mg[CO_3]$

菱铁矿　$Fe[CO_3]$

菱锰矿　$Mn[CO_3]$

菱锌矿　$Zn[CO_3]$

白云石　$CaMg[CO_3]_2$

它们的晶体结构同属于方解石型，结晶成三方晶系。在对称型上，除白云石为 L^3C 外，其余同属 $L^3 3L^2 3PC$，它们的菱面体晶胞和六方晶胞的大小也极为相似。

在方解石亚族中，各矿物组分之间的类质同象置换较普遍。$Ca[CO_3]$ 与 $Mn[CO_3]$ 之间、$Mn[CO_3]$ 与 $Fe[CO_3]$ 之间、$Fe[CO_3]$ 与 $Mg[CO_3]$ 之间是完全的系列；而 $Ca[CO_3]$、$Zn[CO_3]$ 与 $Fe[CO_3]$ 之间是不完全系列。但是，由于 Ca^{2+} 和 Mg^{2+} 的离子半径相差过大，在低温条件下相互取代的能力极小，因而当 Ca^{2+} 和 Mg^{2+} 同时存在时，则形成复盐白云石。

方解石　calcite　$Ca[CO_3]$

[**化学组成**]　GaO 占 56.03%、CO_2 占 43.97%，常含锰和铁，有时含锶、锌、钴、钡等。

[**晶体参数和结构**]　晶体参数见方解石亚族描述。

方解石的晶体结构中，Ca^{2+} 呈立方最紧密堆积，$[CO_3]^{2-}$ 位于八面体空隙中，O^{2-} 位于两个 Ca^{2+} 之间，而 Ca^{2+} 位于六个 O^{2-} 之间。菱面体 Ca^{2+} 和 $[CO_3]^{2-}$ 的排列，和变形的 NaCl 型结构极为相似，即将 NaCl 结构沿一三次对称轴方向压扁后，就可以变成方解石型结构，Ca^{2+} 相当于 NaCl 中的 Na^+，而 $[CO_3]^{2-}$ 相当于其中的 Cl^-。既然压扁的立方 NaCl 结构相当于菱面体的 $Ca[CO_3]$ 结构，则 NaCl 晶体中出现 $\{100\}$ 完全解理，在 $Ca[CO_3]$ 晶体中也就相应地出现 $\{10\bar{1}1\}$ 完全解理。

[**形态**]　方解石在自然界中经常出现良好的晶形。常见的单形有 $\{10\bar{1}0\}$ 六方柱、

$\{0001\}$底面、$\{01\bar{1}2\}$和$\{02\bar{2}1\}$等菱面体，以及$\{21\bar{3}1\}$复三方偏三角面体等（见图 14 - 41）。至于像解理块那样的$\{10\bar{1}1\}$菱面体，则出现得不多。初学者易将解理块上的解理面误认为是天然晶面，宜予注意。双晶以依$\{01\bar{1}2\}$为双晶面的聚片双晶极为常见，依$\{0001\}$为双晶面的聚片双晶或接触双晶也较普遍。至于集合体的形态也多种多样，常呈晶簇、片状、粒状、块状、纤维状、钟乳状（称钟乳石）、结核状、土状等。

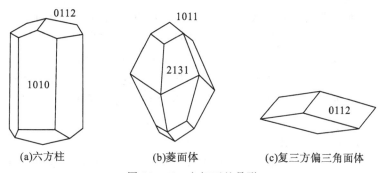

(a)六方柱　　(b)菱面体　　(c)复三方偏三角面体

图 14 - 41　方解石的晶形

　　[物理性质]　纯净的方解石无色透明，但可因含有各种混入物而呈不同的颜色，如灰、黄、浅红（微量 Co 或 Mn）、绿（微量 Cu）、蓝（微量 Cu）等色。具玻璃光泽，硬度为 3，性脆，解理平行$\{10\bar{1}1\}$完全。相对密度为 2.715，随 Fe^{2+}、Mn^{2+} 等离子置换的增大而增大，双折射率极高。遇冷稀 HCl 即剧烈起泡。

　　[亚种]　无色透明的方解石晶体称为冰洲石，是光学上制造偏光棱镜的贵重材料。2004 年 8 月，贵州省贵阳市徐氏珠宝制作室将其研琢成功的当时世界上最大的两块冰洲石宝石捐献给了中国地质博物馆珍藏。

　　[成因和产状]　方解石的成因较多。海水中溶解的重碳酸钙 $CaH_2[CO_3]_2$，由于 CO_2 的大量逸散，形成沉积的石灰岩，历经着 $CaCO_3$ 凝胶→文石→方解石的过程。风化过程中，石灰岩溶解所形成的重碳酸钙溶液，由于 CO_2 的逸散，在石灰岩溶洞或裂隙中，常形成巨大的石钟乳和石笋。我国西南广大石灰岩地区特别是桂林一带的溶洞，其中的石钟乳和石笋形成瑰丽壮观的景色，闻名世界。河流和湖泊中沉积的 $Ca[CO_3]$ 称为石灰华。生物吸取 $Ca[CO_3]$ 形成的介壳亦可在海底堆积成石灰岩。至于内生成因的方解石也是比较普遍的；岩浆成因的方解石是碱性岩浆分异的产物，或由上地幔中物质形成的碳酸盐熔融体，侵入地壳冷凝结晶而成；中低温热液矿脉中也经常伴有方解石的出现。

　　[鉴定特征]　菱面体完全解理，硬度为 3，与冷稀 HCl 相遇剧烈起泡。

　　[主要用途]　石灰岩是烧制石灰和制造水泥的原料，在冶金工业上可用作熔剂，在陶瓷坯釉、搪瓷、玻璃生产中也有广泛的应用，是硅酸盐工业的主要原料之一。

　　方解石见于石灰石山，广泛存在于第三纪及第四纪石灰岩和变质岩矿床中，是地球造岩矿石，占地壳总量之 40% 以上，其种类不低于 200 种，代表产地国有中国、墨西哥、英国、法国、美国、德国。方解石分为大方解石和小方解石及冰洲石。我国的方解石主要分布在广西、江西、湖南一带，广西方解石在国内市场因白度高、酸不溶物少而出名。在我国的华北东北一带也发现有方解石的存在，但常伴有白云石，白度一般在 94 以下,酸不溶物过高。

方解石的晶体形状多种多样,石灰岩、大理岩和美丽的钟乳石之主要矿物即为方解石。方解石在泉水中可沉积出石灰华,在火成岩内亦常为次生矿物,在玄武岩的杏仁孔穴中,沉积岩之裂缝内常有方解石充填而呈细脉,或透过生物学作用,以贝壳或岩礁的方式产出。

冰洲石因具双折射功能常被用于偏光棱镜中(具有强烈双折射功能和最大的偏振光功能,是人工不能制造也不能替代的自然晶体),如以一定的方式切割成柱状,作为显微镜之棱镜,检测矿物之光学性,其品质要件须为:无色透明,内部不含气泡或裂痕,不带双晶或歪曲,$12.5 \ mm^3$ 以上。方解石在冶金工业中用作熔剂,在建筑工业方面用来生产水泥、石灰;也用于生产纸、塑料、牙膏;在食品生产中用作填充添加剂;在玻璃生产中,加入方解石,生成的玻璃会变得半透明,特别适用于做玻璃灯罩。

白云石 dolomite $CaMg[CO_3]_2$

白云石是在 1799 年首先由多洛米厄(Dolomieu)识别出来的,是构成白云岩的基本矿物组分。

[化学组成] CaO 占 30.41%、MgO 占 21.86%、CO_2 占(烧失量)47.73%,常含铁和锰,偶含钴、锌等。含铁者,如 Fe^{2+}/Mg^{2+} 大于 1,而小于 2.6 者,即称为铁白云石 $Ca(Mg, Fe)[CO_3]_2$,如此比值大于 2.6 时可向纯净的铁云石 $CaFe[CO_3]_2$ 过渡。

[晶体参数和结构] 见方解石亚族描述。但白云石结构中的 Ca^{2+} 和 Mg^{2+} 在位置上的分布和含镁方解石结构中 Ca^{2+} 和 Mg^{2+} 在位置上的分布是不同的。前者的 Ca^{2+} 和 Mg^{2+} 沿 c 轴方向交替分布,不能错乱;而后者的 Ca^{2+} 和 Mg^{2+} 在位置上是可以任意置换的,因此,从结构上看,含镁方解石是无序的,而白云石是有序的。无序是高温的稳定状态,而有序是低温的稳定状态,所以在通常温度下,白云石远比含镁方解石常见。

[形态] 晶面常弯曲成马鞍形(见图 14 - 42),有时呈柱状$\{11\bar{2}0\}$或板状$\{0001\}$。单晶体常呈$\{10\bar{1}1\}$菱面体。双晶常见者有以(0001)、$(10\bar{1}0)$、$(11\bar{2}0)$为双晶面的聚片双晶。此外尚有机械作用所产生的滑移双晶,双晶面平行$\{02\bar{2}1\}$。集合体常呈粗粒至细粒或块状。

[物理性质] 呈无色或白色,含 Fe 者为黄褐色或褐色,含 Mn 者略现淡红色。具玻璃光泽,硬度为 $3.5\sim4$,性脆,解理平行$\{10\bar{1}1\}$完全,解理面常弯曲。相对密度为 2.36,铁白云石为 $2.90\sim3.10$,含 Mn 者可达 2.9。白云石

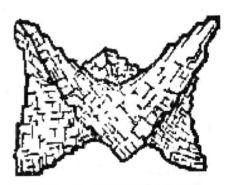

图 14 - 42 白云石的马鞍状晶形

加热到 $700\sim900 \ ℃$ 时分解为二氧化碳和氧化钙、氧化镁的混合物,称苛性镁云石,易与水发生反应。当白云石经 $1500 \ ℃$ 煅烧时,氧化镁成为方镁石,氧化钙转变为结晶 $\alpha - CaO$,结构致密,抗水性强,耐火温度高达 $2300 \ ℃$。

[成因和产状] 白云石是沉积岩中广泛分布的矿物之一,可以形成巨厚的白云岩。原生沉积的白云石是在盐度很高的海湖中直接形成的。但大量的白云石是次生的,是

石灰岩受到含镁溶液交代形成的，这种作用称为白云岩化作用。此外，在金属矿脉中也常有白云石作为脉石矿物出现。

[鉴定特征]　白云石可以借其马鞍形的晶体外形，遇冷稀 HCl 反应微弱而与方解石及菱镁矿相区别。用染色法更能明显地区分之：将样品置放在 $Co(NO_3)_2$ 溶液中大约五小时，然后用高浓度氨水处理之，则方解石呈深蓝色，而白云石无此反应。白云石和菱镁矿的区别是将样品加热到 550 ℃，经一小时，则菱镁矿将分解而生成方镁石 MgO，但白云石无此变化。方镁石属等轴晶系，易于在偏光显微镜下辨别之。菱镁矿经碱金属氢氧化物之溶液处理后，将发生分解，加入二苯卡巴肼的酒精溶液煮沸后可将其染成紫红色。白云石要在灼烧后才能染色。

[主要用途]　用作耐火材料、熔剂和化工原料，同时也是硅酸盐工业常用的基本原料。

白云石可以作为炼钢时用的转化炉的耐火内层、造渣剂、水泥原料、玻璃熔剂、窑业、建筑与装饰用石材、油漆、杀虫剂等的材料。

2）文石亚族

本亚族矿物包括下列几种矿物：

文石　　$Ca[CO_3]$

碳酸锶矿　　$Sr[CO_3]$

白铅矿　　$Pb[CO_3]$

碳酸钡矿　　$Ba[CO_3]$

它们的晶体结构同属文石型，结晶成正交晶系，同属 $3L^2 3PC$ 对称型。

在文石亚族中，各矿物组分之间的类质同象置换远比方解石亚族中的少。$Ca[CO_3]$ 与 $Sr[CO_3]$ 之间的置换是有限的，SrO 不超过 3.87%。$Sr[CO_3]$ 与 $Ba[CO_3]$ 之间，虽然在人工合成中呈完全类质同象系列，但在自然界中所出现的类质同象仍然是不完全的。

文石（霰石）　aragonite　$Ca[CO_3]$

[化学组成]　同方解石。

[晶体参数和结构]　晶体参数见文石亚族描述。

文石的晶体结构如图 14 - 43 所示，图中 Ca^{2+} 和 $[CO_3]^{2-}$ 的表示方式和方解石相同，但它们的排列方式却和方解石不同：Ca^{2+} 呈六方紧密堆积排列，而 $[CO_3]^{2-}$ 位于八面体空隙中，但 $[CO_3]^{2-}$ 不在空隙的中心，而是在 1/3 或 2/3 的高处；O^{2-} 位于三个 Ca^{2+} 之间，Ca^{2+} 位于九个 O^{2-} 之间。

[形态]　单晶体常呈柱状或尖锥状。以（110）为双晶面的接触双晶常见，并往往构成假六方柱形的贯穿三连晶。集合体常呈柱状、针状或纤维状晶簇，也呈珊瑚状、钟乳状、豆状、鲕状。

[物理性质]　呈无色或白色，具玻璃光泽，断口具油脂光泽，硬度为 3.5～4，解理平行{010}不完全，贝壳状断口，相对密度为 2.94，含铅者将更高。

[成因和产状]　在自然界，文石远比方解石少，主要形成于外生作用。作为生物化学作用的产物，见于许多动物的贝壳或骨骸之中，如头足类菊石和瓣腮类动物的外壳。珍珠的主要构成物也是文石，海水中也可直接形成，金属矿床的氧化带中也有出

现。内生成因的文石是热液作用最后阶段的低温产物，见于玄武岩、安山岩的气孔中或裂隙中，温泉沉淀物中也有文石产出。

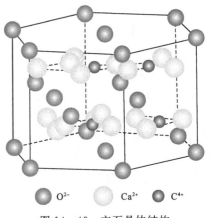

[鉴定特征] 文石与方解石及白云石的区别，可借相对密度不同区分之：将矿物颗粒置于三溴甲烷中，文石下沉，白云石及方解石均漂浮。也可以根据解理情况加以区别：文石的解理差，且为一向的{010}板面解理，而方解石及白云石则为三向{10$\bar{1}$1}菱面体完全解理。用染色法也能区分文石与方解石，如将颗粒放在 $Co(NO_3)_2$ 溶液中煮沸十分钟，则文石迅速染成丁香色或紫色，如果煮沸时间较长，则染成微蓝色。二者最简单而可靠的区分方法是将

$$\circ\ O^{2-} \qquad \circ\ Ca^{2+} \qquad \bullet\ C^{4+}$$

图 14-43 文石晶体结构

矿物颗粒置于含 $MnSO_4$ 及 Ag_2SO_4 的溶液中，文石在一分钟以后即变灰色，接着就转变成黑色；但方解石的反应很慢，一小时以后，才能呈现浅灰色。

[主要用途] 文石稀少珍贵，世界上，只有我国台湾地区的澎湖列岛和意大利的西西里岛出产文石。其中，澎湖列岛的文石因色彩鲜艳，质地优良，有天然的"猫眼"之称而驰名海内外，是收藏家争相收藏的奇石。

碳酸钡矿（毒重石） witherite $Ba[CO_3]$

[化学组成] BaO 占 77.70%、CO_2 占 22.30%，常含少量的 Ca 和 Sr。

[晶体参数和结构] 见文石亚族描述。

[形态] 常以(110)为双晶面而呈假六方双锥的三连晶(见图 14-44)。晶面常具粗的横纹。集合体常呈粒状、球状、肾状，有时呈纤维状。

[物理性质] 呈无色或白色，常带浅灰或浅黄色。具玻璃光泽，断口具油脂光泽，硬度为 3～3.5，性脆，解理平行{010}不完全，相对密度为4.29。具有相对密度大、硬度低、吸收 X 射线和 γ 射线等特性。

[成因和产状] 热液成因的碳酸钡矿与重晶石、方解石、铅锌硫化物等共生。外生成因的碳酸钡矿系含碳酸水溶液作用于重晶石而成，故常具重晶石假象。

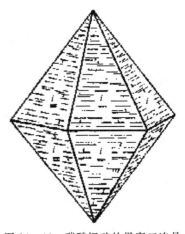

图 14-44 碳酸钡矿的贯穿三连晶

[鉴定特征] 以溶于稀 HCl 并起泡区别于重晶石。以大的相对密度区别于文石和碳酸锶矿。

[主要用途] 是提炼钡的矿物原料，在釉和珐琅中做熔剂，也用于防止黏土质坯体结构的结晶化。毒重石主要用于生产锌钡白和钡的化合物，广泛用于橡胶的胶黏剂、农药的杀虫剂、油脂的添加剂、纸张的增光剂、钻井泥浆的增重剂及电视和其他真空

管的吸气剂和黏结剂中。毒重石矿在采矿和选矿的过程中，存在着尾矿的产出和堆存。金属钡毒性很低，但可溶性钡盐的毒性很高。钡化合物的毒性大小与其溶解度有关，溶解度越高，毒性越大，可溶性钡盐如氯化钡、醋酸钡、硝酸钡等为剧毒。碳酸钡虽不溶于水，但服入后与胃酸反应生成氯化钡而有毒性。口服氯化钡 $0.2\sim0.5$ g 即可中毒，致死量约为 $0.8\sim1.0$ g。大量钡离子被吸收入血液后，可对各类肌肉组织包括骨骼肌、平滑肌及心肌产生过度兴奋作用，最后转为抑制而致人体麻痹。钡离子可进入细胞内，使血清钾降低，导致低钾血症。

2. 孔雀石族

本族矿物包括具有 $(OH)^-$ 的铜的碳酸盐矿物，主要为孔雀石和蓝铜矿，它们在晶体结构上存在着差异，但它们均是含铜硫化物矿床氧化带的风化产物，并共生在一起。

孔雀石　malachite　$Cu_2[CO_3](OH)_2$

[**化学组成**]　CuO 占 71.59%、CO_2 占 19.90%、H_2O 占 8.15%，含微量 CaO、Fe_2O_3、SiO_2 等机械混入物。

[**晶体参数和结构**]　属单斜晶系，对称型 L^2PC。晶体结构见图 $14-45$，图中 Cu^{2+} 被六个离子（O^{2-} 和 $(OH)^-$）所包围，形成八面体配位（图中未绘出 Cu^{2+} 上下两端的 O^{2-} 或 $(OH)^-$）。但六个离子有两种组合情况：一种是四个 O^{2-} 和两个 $(OH)^-$，另一种是两个 O^{2-} 和四个 $(OH)^-$。两种八面体以共用棱相连接，组成一平行于 c 轴的双链结构（垂直图面）。C^{4+} 与三个 O^{2-} 组成 $[CO_3]^{2-}$ 并连接各链。

[**形态**]　单晶体呈柱状或针状，但极少见。双晶以 (100) 为双晶面呈接触双晶。集合体常呈钟乳状或结核状。有时其内部具纤维状构造。

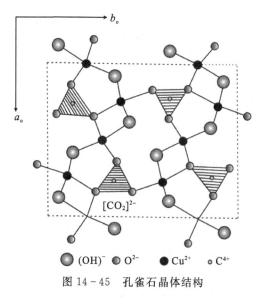

图 $14-45$　孔雀石晶体结构

（图中图例：$(OH)^-$　O^{2-}　Cu^{2+}　C^{4+}；$[CO_2]^{2-}$）

[**物理性质**]　呈深绿至鲜绿色，条痕淡绿，具玻璃光泽至金刚光泽。纤维状集合体具丝绢光泽，结核状者光泽暗淡。硬度为 $3.5\sim4$，性脆，解理平行 $\{\bar{2}01\}$ 完全，平行 $\{010\}$ 者中等，相对密度为 $3.9\sim4.0$。

[**成因和产状**]　宝石学常把孔雀石称作"蓝宝翡翠""翡翠蓝宝"和"蓝玉髓"。孔雀石是含铜硫化物矿床氧化带中的风化产物，系含铜硫化物氧化所产生的易溶硫酸铜与方解石（脉石矿物、或碳酸盐围岩的矿物成分）相互作用而成，或系其与含碳酸水溶液作用的结果。孔雀石经常与蓝铜矿共生。

[**鉴定特征**]　以其绿色、淡绿色条痕和钟乳状等为鉴定特征。

[**主要用途**]　量多时可作为提炼铜的矿物原料；质纯色美者可作为细工石料；亦可做颜料。

孔雀石做宝石不耐用，硬度低，不能长时间保持好的光泽，只能用作串珠和胸针。俄罗斯人喜欢把孔雀石用作建筑物内部的装饰材料，圣彼得堡的圣伊萨克大教堂的大圆柱上就镶着孔雀石。孔雀石也用于雕刻各种礼拜用品和装饰品，并作为壁炉和桌面的镶嵌物等。

14.5.3　硫酸盐矿物类

14.5.3.1　概述

硫酸盐是金属元素阳离子和硫酸根化合而成的盐类。由于硫是一种变价元素，故其在自然界以不同的价态形成不同的物质，它既以中性原子形式 S^0 出现为自然硫，又以阴离子形式 S^{2-} 和 S_2^{2-} 出现形成单硫化物和对硫化物，还以最高的价态 S^{6+} 与四个 O^{2-} 结合成硫酸根$[SO_4]^{2-}$，$[SO_4]^{2-}$ 再与金属元素阳离子化合形成硫酸盐。目前已知的硫酸盐矿物种数有 190 余种。

1. 化学成分

在硫酸盐矿物中，可以与硫酸根化合的金属阳离子有二十余种，其中，最主要的是 Ca^{2+}、Mg^{2+}、K^+、Na^+、Ba^{2+}、Sr^{2+}、Pb^{2+}、Fe^{3+}、Al^{3+}、Cu^{2+}。

根据硫酸盐矿物的化学成分，可将其分为下列四种类型。

(1)无附加阴离子的无水硫酸盐矿物，主要阳离子为 Ca^{2+}、Ba^{2+}、Sr^{2+}（形成广泛分布的硬石膏、重晶石、天青石）、Pb^{2+}（铅矾）、Na^+（无水芒硝 $Na_2[SO_4]$）；其次是 K^+、Mg^{2+}，如无水钾镁矾 $K_2SO_4 \cdot 2MgSO_4$；而 Cu^{2+}、Zn^{2+}、Mn^{2+}、Fe^{3+} 仅形成个别稀少矿物。

(2)具有附加阴离子的无水硫酸盐矿物，主要阳离子为 Cu^{2+}、Fe^{3+}、Pb^{2+}、Al^{3+} 及 K^+ 和 Na^+，前四种阳离子往往形成不稳定硫酸盐，易于水解，如羟胆矾 $Cu_4[SO_4]$ $(OH)_6$；而 K^+ 和 Na^+ 则与上述阳离子组成复盐或更复杂的盐类，如明矾石 KAl_3 $[SO_4]_2(OH)_6$。附加阴离子主要是 $(OH)^-$，所以它们往往为基性盐。其他的附加阴离子有 $[AsO_4]^{3-}$、$[CO_3]^{2-}$、$[PO_4]^{3-}$、Cl^-、F^-。

(3)无附加阴离子的含水硫酸盐矿物，主要阳离子为 Mg^{2+}、Ca^{2+}、K^+、Na^+，其次为 Fe^{2+}、NH_4^+ 及 Cu^{2+}、Al^{3+}、Fe^{3+}、Ni^{2+} 等。

(4)具有附加阴离子的含水硫酸盐矿物，主要阳离子为 Al^{3+}、Mg^{2+}，其次为 K^+、Fe^{3+}、Cu^{2+}、Fe^{2+}、Na^+ 等。附加阴离子有 Cl^-、$(OH)^-$。

2. 晶体化学特征

硫酸盐晶体结构中的基本单元是络阴离子$[SO_4]^{2-}$，其与前面所讲的$[CO_3]^{2-}$ 和 $[NO_3]^-$ 完全不同，$[SO_4]^{2-}$ 是由四个 O^{2-} 围绕 S^{6+} 而形成的四面体状，从几何性质上来说，在空间上其具有等轴性，也就是三向等长。硫酸盐矿物（无水）的晶体习性之所以常呈等轴状、厚板状或短柱状出现，与此几何性质有一定的联系。同时，在晶体的光学性质上，其与碳酸盐、硝酸盐矿物相比较也有明显的差别，后两者重折射率很高，而硫酸盐矿物的则相当低。

硫酸盐矿物多数是成分比较复杂的盐类，其晶体结构中的对称性反映出其多数矿物的对称程度较低。硫酸盐矿物主要属单斜晶系（三分之一以上）和正交晶系（六分之一左右），其次为三斜晶系(十种左右)、三方晶系和六方晶系(二十五种左右)，而等轴晶系和四方晶系者仅寥寥几种而已。

3. 物理性质

硫酸盐矿物最突出的物理性质是低硬度，一般为 $2\sim3.5$，还有不少只有 1.5，最高的为 4.5，如钠铜矾 $NaCu_2[SO_4]_2(OH)\cdot H_2O$。硫酸盐矿物的硬度之所以低，主要与大多数硫酸盐矿物含 H_2O 有关。其相对密度一般不大，为 $2\sim4$，含钡和铅的矿物可高至 4 以上，甚至可以达到 $6\sim7$，最高的是汞矾 $Hg_3[SO_4]O_2$ 的，达 8.18；颜色一般为无色或白色，含铁者为黄褐或蓝绿色，含铜者为蓝绿色，含锰或钴者为红色。

4. 成因

硫酸盐矿物的形成条件为氧浓度大和低温，因此地表部分是最适宜于形成硫酸盐矿物的地方，在这里可以出现大量的本类矿物，包括内生成因的和外生成因的。

在本类矿物中，外生成因的矿物远比内生成因的重要，其中，由原生金属硫化物氧化后而成的硫酸盐矿物，在种类上几乎占本类矿物的半数。

在海盆中，化学沉积的硫酸盐矿物主要是钾、钠、钙、镁、钡、铝的含水硫酸盐矿物，在重量上它们居于前位。硫酸盐矿物常与卤化物和碳酸盐矿物共生，在温度和压力增高时，所含的水分子即逐步减少，如

$$MgSO_4\cdot 7H_2O\rightarrow MgSO_4\cdot 6H_2O\rightarrow MgSO_4\cdot 5H_2O\rightarrow MgSO_4\cdot H_2O$$
$$\text{泻利盐}\qquad\quad\text{六水泻盐}\qquad\quad\text{五水泻盐}\qquad\quad\text{水镁矾}$$

至于内生热液成因的硫酸盐矿物，主要是钡、钙、锶、铝等的无水硫酸盐矿物，常见于低温热液脉中或是低温热液围岩蚀变的产物。另在火山喷气作用中可以形成铜锭石 $Cu[SO_4]$、重钾矾 $KH[SO_4]$ 等。

5. 分类

(1) 硬石膏族：硬石膏。

(2) 重晶石族：重晶石、天青石、铅矾。

(3) 石膏族：石膏。

(4) 芒硝族：芒硝。

(5) 胆矾族：水绿矾、胆矾。

(6) 明矾石族：明矾石、黄钾铁矾。

14.5.3.2　分述

1. 硬石膏族

石膏和硬石膏是两种天然的硫酸钙矿物。石膏是二水硫酸钙，化学式为 $CaSO_4\cdot 2H_2O$，理论成分为 CaO 占 32.6%、SO_3 占 46.5%、H_2O 占 20.9%；硬石膏是无水硫酸钙，化学式为 $CaSO_4$，理论成分为 CaO 占 41.2%、SO_3 占 58.8%。石膏和硬石膏在自然界中蕴藏颇丰，其中硬石膏占绝大部分，但两种石膏常伴生产出，它们在地质作用中是可以互相转化的，通常所说的石膏矿或硬石膏矿，乃指的是矿石中的主要矿物成分。就工业利用来讲，目前仍以石膏为主，但实际上所用的矿石中有时多少会含有一些硬石膏。石膏又有纤维石膏、透明石膏、雪花石膏、普通石膏、泥质石膏等类型，它们既是商品名称，也可以作为矿石类型的名称。纤维石膏又称纤膏，是一种纤维状结晶的纯净的二水石膏集合体。透明石膏又称透石膏，也是一种纯净的二水石膏，是

由石膏形成的巨大的无色或略带淡红色，呈玻璃光泽的透明和半透明晶体。雪花石膏又称结晶石膏，是一种粗晶二水石膏集合体，其纯净度也很高。普通石膏是指细晶的二水石膏致密块状集合体，有时含有硬石膏，呈浅灰色，常含一定量的黏土矿物和碳酸盐矿物，大多数矿床常以这种矿石为主。泥质石膏简称泥膏，是一种含有较多黏土矿物杂质的土状柔软的二水石膏矿石。石膏一词泛指时也包括硬石膏在内。石膏在我国古籍中有凝水石、太阴玄精石、玄精石、玄英石、盐根等名称，其在我国古代主要用作药石，晋代名医陶弘景、明代名医李时珍对之均有记述。石膏在现代工业中的最主要用途是作为一种优质的建筑材料，主要消耗于三个方面。其一是作为水泥的缓凝剂，目前这一项消耗量约占世界石膏总产量的50%。其二是用来制作建筑用的石膏预制品，其中大部分作为轻质墙体材料石膏板，这方面的用量今后将日趋增长，目前在发达国家中这一项用途在石膏的消耗结构中已占很大比重，如美、法等国做建筑预制品的石膏的消耗量约占石膏总消耗量的70%。其三是用作建筑业的胶结材料即灰泥，其消耗量约占石膏总消耗量的百分之几。石膏在现代工业中的第二大用途是在农业上用作土壤改良剂和肥料，印度是世界上农用石膏消耗量较大的国家，约占总消耗量的40%，其他国家一般为百分之几。石膏在现代工业中的第三大用途是用作各种工业填料，其消耗量约占总消耗量的百分之十。石膏供不同用途使用时，有的需煅烧，有的不需煅烧。

本族矿物硬石膏，其化合物类型与重晶石族矿物相同，但二者晶体结构则显然有别。当温度高于1193 ℃时，本族矿物则转变为高温六方晶系变体。

硬石膏 anhydrite Ca[SO$_4$]

[**化学组成**] CaO占41.19%、SO$_3$占58.81%，常含Sr。

[**晶体参数和结构**] 属正交晶系，对称型$3L^2 3PC$，$a_o = 0.697$ nm、$b_o = 0.698$ nm、$c_o = 0.623$ nm。晶体结构如图14-46所示：在(100)和(010)面上Ca^{2+}和[SO$_4$]$^{2-}$分布成层，而在(001)面上[SO$_4$]$^{2-}$则不成层；Ca^{2+}居于四个[SO$_4$]$^{2-}$之间而为八个O^{2-}所包围，故配位数为8；每个O^{2-}则与一个S^{6+}和两个Ca^{2+}相连接，故配位数为3。这种结构决定了其解理的特征。

[**形态**] 单晶体呈等轴状或厚板状。双晶依(011)呈接触双晶或聚片双晶。集合体常呈块状或粒状，有时呈纤维状。

[**物理性质**] 纯净者透明，一般无色或呈白色，常因含杂质而呈暗灰色，有时微带红色或蓝色。具玻璃光泽，解理面显珍珠光泽。

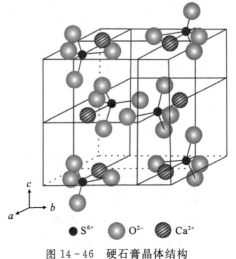

● S^{6+} ◯ O^{2-} ⊘ Ca^{2+}

图14-46 硬石膏晶体结构

硬度为3~3.5。解理平行{010}和{100}完全，平行{001}中等。三组解理面相互垂直，可裂成火柴盒状小块。相对密度为2.9~3.0。

[成因和产状] 石膏、硬石膏资源在世界上是比较丰富的，从元古代、寒武纪直至第三纪都有其矿床形成。与我国不同的是，其他主要产地国家一般以二叠纪为其主要成矿期，美国与英国、德国、荷兰、丹麦、波兰、俄罗斯等国的巨型工业矿床大都在这一时期形成。我国石膏、硬石膏资源丰富、分布均衡，储量居世界前列，且产量的年递增率远远大于世界各国。由于近年来我国建筑业飞速发展，因此今后一段时间内石膏、硬石膏的需求量与产量亦仍将保持高速增长的势头。但随着化学工业的发展，化工副产品石膏必须找寻出路，必然将取代一部分天然石膏，又由于石膏、硬石膏储量丰富，已开发的矿山众多而尚有生产潜力可挖，因此，近期内除个别缺膏地区及个别开采条件极好的矿床外，不宜再大量投资进行石膏开采，特别是硬石膏矿床的勘探工作。但我国纤维石膏的产量有缺口，保有储量也不多，因此对纤维石膏含量高的石膏矿床开展勘探、开发还是必要的。

硬石膏主要产于蒸发作用所形成的盐湖沉积物中，这时既可形成硬石膏，也能形成石膏，或者二者共生。当温度在 42 ℃以上时，海水中可以直接有硬石膏的形成，如果海水的盐度较高，则形成温度可以低于 42 ℃。但是温度低而盐度也低时，则仅能有石膏形成。也有人认为海水不能直接形成硬石膏，只能由石膏经过脱水作用而形成。硬石膏层在接近地表的露头部分，由于上部压力的减小和遭受水化作用，则转变为石膏。二者的相互转变，阳离子 Ca^{2+} 起着很大的作用，因为 Ca^{2+} 的大小在不同的外界条件下是介于组成无水硫酸盐的大阳离子与组成含水硫酸盐的小阳离子之间的，这就可以促使硬石膏与石膏的相互转变。此外，石灰岩或白云岩受热液交代而形成的硬石膏及金属矿矿脉中的硬石膏，均可能是含硫酸溶液作用的产物。

[鉴定特征] 以三组相互垂直的解理作为其鉴定特征。与方解石等碳酸盐矿物的区别是解理的分布方向不同，且遇 HCl 不起泡。

[主要用途] 用于造型塑像、医疗、造纸等方面，用量最大的是水泥工业。

2. 重晶石族

本族矿物包括重晶石、天青石和铅矾，它们结晶成正交晶系，同具对称型 $3L^23PC$，晶体结构同属于重晶石型。

在同型的晶体结构中，如果阴离子也是相同的（这里指 $[SO_4]^{2-}$），那么随着阳离子半径的增大，晶胞也就相应地增大。

在本族矿物中，$Ba[SO_4]$ 和 $Sr[SO_4]$ 之间存在着完全的类质同象系列，其中间成员称为钡天青石；$Ba[SO_4]$ 和 $Pb[SO_4]$ 之间可能只发生有限的类质同象；在北投石（一种含 Pb 和 Ra 的重晶石）中，PbO 的含量达 17%～22%，而钡铅矾中含 BaO 达 8.45%；$Sr[SO_4]$ 和 $Pb[SO_4]$ 之间基本上不存在类质同象。以上事实表明，离子类型所起的作用似乎要比离子大小更为重要。

本族矿物均有其高温的变体。当温度分别高于 1149 ℃和 1152 ℃时，重晶石和天青石即转变为高温六方晶系变体。当温度高达 864 ℃时，铅矾即转变为高温单斜晶系变体，而在 900～1000 ℃则发生分解。

重晶石 baryte $Ba[SO_4]$
[化学组成] BaO 占 65.70%、SO_3 占 34.30%，常含 SrO 和 CaO。

[**晶体参数和结构**]　晶体参数见重晶石族描述。

重晶石的晶体结构如图 14 - 47 所示：Ba^{2+} 处于七个 $[SO_4]^{2-}$ 之间而被它们当中的十二个 O^{2-} 所包围，故其配位数为 12；O^{2-} 则与一个 S^{6+} 和三个 Ba^{2+} 接触，故其配位数为 4；粗线 $[SO_4]$ 四面体位于 b_o 的 1/4 位置，细线 $[SO_4]$ 四面体位于 b_o 的 3/4 位置，点线的 $[SO_4]$ 四面体则位于 b_o 以外的后面。

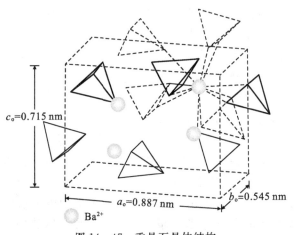

图 14 - 47　重晶石晶体结构

[**形态**]　常以良好的单晶体出现，一般为平行于 {001} 的板状或厚板状，有时为沿 a、b 轴延长的粗柱状。通常板状晶体聚成晶簇，并常呈块状、粒状、结核状、钟乳状集合体。

[**物理性质**]　常呈无色或白色，有时呈黄、褐、淡红等色，具玻璃光泽，解理面显珍珠光泽，硬度为 3～3.5，性脆，解理平行 {001} 和 {210} 完全，平行 {010} 中等，相对密度为 4.5 左右。

[**亚种**]　我国台湾地区所产的一种含 Pb 和 Ra 的重晶石称为北投石。

[**成因和产状**]　热液成因的重晶石见于中、低温热液金属矿脉中与硫化物共生，或以单一的重晶石脉出现。在气候干燥地区，岩石或矿床的风化带中，常有次生重晶石的形成，这是含 Ba 的原生矿物风化后，形成含 Ba 的水溶液遇到了可溶性硫酸盐相互反应而成的。此外，沉积成因的重晶石呈透镜体状和结核状见于沉积锰矿、铁和浅海相沉积中。

[**鉴定特征**]　以其相对密度较大、解理和晶形为鉴定特征。

[**主要用途**]　重晶石在工业上的应用非常广泛，其物理性质及化学性质，如物理上的高相对密度、低硬度、颜色白，化学上的惰性、X 射线和伽马射线的高度吸收性及某些钡化合物的毒性都具有极大的实用意义。重晶石在石油工业中可以用作钻探泥浆的加重剂，以防止具有较高压力的原油和天然气的冲击。由于重晶石价格低廉、相对密度大、洁净，所以是各种重矿物粉中最适用的重物质。重晶石可用于化学、烟火制造、制糖、制革、玻璃、陶瓷等工业，制成各种钡化合物、钡盐、消毒剂和药品、精制煤油的沉淀剂等。重晶石还可用来生产白色颜料锌钡白，还可与其他颜料混合使用。在高级橡胶物品（如汽车轮胎、橡胶席垫、内胎等）、某些品级的纸张和硬板及塑

料中，重晶石可用作惰性的重填料，也可用作人造象牙和纽扣的填料。重晶石还用于墙壁喷漆或高密度混凝土的配料，用来代替铅板构筑核电站、科研机构和医院的防 X 射线的建筑物。纯重晶石粉可用于医疗诊断中的消化道造影，稀少的无色重晶石晶体大都用作光学原料。总之，重晶石和钡化合物具 2000 多种用途。

天青石　celectine　$Sr[SO_4]$

[**化学组成**]　SrO 占 56.42%、SO_3 占 43.58%，常含少量 CaO 和 BaO。富含 Ba 的，称钡天青石，BaO 可达 20%～26%；富含 Ca 的，称钙天青石。

[**晶体参数和结构**]　见重晶石族描述。

[**形态**]　与重晶石极为相似，常呈厚板状或粗柱状，集合体呈粒状、纤维状、结核状等。

[**物理性质**]　常呈浅蓝白色或蓝灰色，有时无色透明，具玻璃光泽，解理面显珍珠变彩，硬度为 3～3.5，性脆。解理平行{001}和{210}完全，平行{010}中等。相对密度为 3.94～4.0。

[**成因和产状**]　天青石以外生沉积成因为主，见于白云岩、石灰岩、泥灰岩及含石膏的黏土中，与石膏、硬石膏、石盐和自然硫等共生，也见于盐丘的顶帽中。热液成因的天青石细脉常含硫化物，也见于基性喷出岩的洞穴中。

[**鉴定特征**]　在外表特征上，天青石与重晶石难以区别，但以矿物小片置火焰上烧灼，天青石的焰色呈深红色（锶的反应），而重晶石的焰色则呈黄绿色（钡的反应）。

[**主要用途**]　是提炼锶的主要矿物原料，也是生产电视机显像管玻璃及红色焰火和信号弹等的重要原料，也可作为水晶玻璃的澄清剂，可降低对坩埚的腐蚀。此外，质地好的天青石常常用作名贵的宝石。

铅矾　anglesite　$Pb[SO_4]$

[**化学组成**]　PbO 占 3.6%、SO_3 占 26.4%。有时含 BaO，称为钡铅矾。

[**晶体参数和结构**]　见重晶石族描述。

[**形态**]　单晶体呈厚板状或粗柱状，但少见。常呈块状或致密粒状包裹在方铅矿外表。

[**物理性质**]　无色透明或呈白色，具金刚光泽，硬度为 2.5～3.0。解理平行{001}和{210}中等，平行{010}不完全。相对密度为 6.1～6.4。

[**成因和产状**]　为方铅矿氧化的产物，但铅矾遭受含碳酸水溶液作用时，易变为白铅矿。铅矾常见于安徽铜陵、辽宁开原关门山、江西九江城门山、浙江黄岩五部、湖南花垣鱼塘、新疆哈巴河阿舍勒、青海海西等地区。

[**鉴定特征**]　以其相对密度大和金刚光泽为鉴定特征。与白铅矿的区别在于与 HCl 作用不起泡。

[**主要用途**]　铅矾主要产于硫化矿床氧化带中，常由方铅矿氧化形成。铅矾受碳酸溶液的作用易变成白铅矿，伴生矿物有褐铁矿、白铅矿、孔雀石、异极矿、钼铅矿等，是深部原生硫化物矿体的指示性矿物。若单体或晶簇形态美好，色彩鲜艳时可作观赏标本。在氧化带有大量富集时，与其他铅矿物一起可构成铅的氧化矿石，具开采价值。

3. 石膏族

本族矿物石膏是钙的含水硫酸盐，其与硬石膏在成分和结构上均存在着差异。石膏随着温度的升高而发生脱水作用，加热至 $80\sim90\ ℃$ 时开始失水，$100\ ℃$ 时成为亚稳态 $\gamma\text{-}CaSO_4$，$150\ ℃$ 时完全成为 $\beta\text{-}CaSO_4$（硬石膏），$1193\ ℃$ 以上最终成为 $\alpha\text{-}CaSO_4$。

石膏　gypsum　$Ca[SO_4]\cdot2H_2O$。

[化学组成]　CaO 占 32.57%、SO_3 占 46.50%、H_2O 占 20.93%，常含黏土、细砂等机械混入物。

[晶体参数和结构]　属单斜晶系，对称型 L^2PC，$a_0=0.576\ nm$、$b_0=1.515\ nm$、$c_0=0.628\ nm$、$\beta=113°50'$。晶体结构见图 14-48：Ca^{2+} 联结 $[SO_4]$ 四面体构成双层结构层，而 H_2O 分子则分布于双层结构层之间；Ca^{2+} 的配位数为 8，除与属于相邻的四个 $[SO_4]^{2-}$ 中的 6 个 O^{2-} 相联结外，还与 2 个 H_2O 分子联结；结构层平行 {010}，所以石膏就常具 {010} 的板状形态和极完全解理。

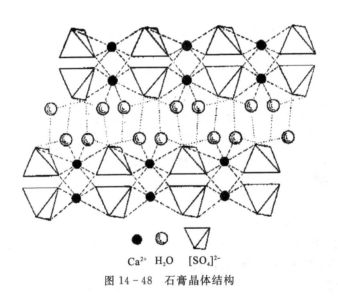

Ca²⁺　H₂O　[SO₄]²⁻

图 14-48　石膏晶体结构

[形态]　单晶体常呈 {010} 板状。双晶以 (100) 为双晶面呈燕尾双晶。集合体常为块状、纤维状、片状或粉末状。

[物理性质]　呈无色或白色，有时透明，具玻璃光泽，解理面显珍珠光泽，纤维石膏呈丝绢光泽，硬度为 2。解理平行 {010} 极完全，平行 (100) 和 {011} 中等，解理块上的 {010} 面呈平行四边形状。薄片具挠性，相对密度为 $2.30\sim2.37$。

[亚种]　透明而呈月白色反射光的石膏晶体称透石膏。纤维状集合体而呈丝绢光泽的石膏称纤维石膏。细粒致密块状的石膏称雪花石膏。

[成因和产状]　石膏广泛形成于沉积作用，如海盆或湖盆中化学沉积的石膏常与石灰岩、红色页岩、泥灰岩等成互层出现。在风化过程中硫化物矿床氧化带中的硫酸水溶液在与石灰岩作用时也可形成石膏。热液成因的石膏比较少见，通常见于某些低温热液硫化物矿床中。此外，硬石膏在压力降低与地下水相遇时也可形成石膏，其体积可增大 30%。

　　[鉴定特征]　以其低硬度和具有{010}极完全解理为鉴定特征。与碳酸盐矿物的区别在于遇 HCl 时不产生气泡。

　　[主要用途]　可用于水泥、造型和造纸等工业。在硅酸盐工业中也得到了广泛应用，可用作陶瓷釉的添加剂、坯体的增强剂、玻璃生产中的澄清剂、打磨和抛光平板玻璃的底衬和平整剂、光学玻璃的固定剂等。

14.5.4　铬酸盐矿物类

14.5.4.1　概述

　　铬酸盐是金属元素阳离子和铬酸根化合而成的盐类。铬是一种变价元素，在自然界以不同价态出现并形成不同矿物。一方面它以三价阳离子 Cr^{3+} 的形式参与氧化物（主要为铬铁矿等）和硅酸盐（主要为石榴子石、辉石、云母等）的组成成分；另一方面，又以六价阳离子 Cr^{6+} 的形式和四个 O^{2-} 结合而成铬酸根 $[CrO_4]^{2-}$，再与金属元素阳离子形成铬酸盐。

1. 晶体化学特征和化学成分

　　铬酸根 $[CrO_4]^{2-}$ 是呈四面体状的络阴离子，它的半径为 3.00 Å，是岛状络阴离子中较大者之一，因而与铬酸根结合的阳离子就要求是具较大半径的阳离子，才能形成无水铬酸盐，其中最主要的是 Pb^{2+}，可形成铬铅矿 $Pb[CrO_4]$。至于钾或钙的铬酸盐，如黄铬钾石 $K_2[CrO_4]$ 和黄铬钙石 $Ca[CrO_4]$ 则极为稀少。Cu^{2+} 可以和 Pb^{2+} 一起组成铬酸盐，但此时有 $(OH)^-$ 和 $[PO_4]^{3-}$ 或 $[AsO_4]^{3-}$ 的参加，如磷铬铜铅矿 $Pb_2Cu[PO_4][CrO_4]$ (OH)、铬砷铅铜矿 $Pb_2Cu[AsO_4][CrO_4](OH)$，严格地说，这些矿物已经不是单纯的铬酸盐了。此外，个别铬酸盐矿物的化学成分中还含有 H_2O 分子，例如水铬铅矿 $Pb[CrO_4] \cdot H_2O$。

2. 物理性质

　　铬酸盐矿物在物理性质方面最显著的特点是具有鲜明的颜色，通常为黄色、橘红色或褐红色，在含铜时则为绿色；硬度一般不高，为 2~3；相对密度一般不高，为 2~3，但凡是含铅的铬酸盐则显著增高至 5.5~6.5。

3. 成因

　　铬酸盐矿物往往是风化条件下形成的产物，常见于矿床的氧化带，而铬酸则是围岩中含铬硅酸盐和铬尖晶石分解后而成的。

　　下面只讲述铬铅矿族。

14.5.4.2　分述

　　铬铅矿族矿物铬铅矿是铬酸盐中唯一的较为常见的矿物。

　　铬铅矿　crocoite　$Pb[CrO_4]$

　　[化学组成]　PbO 占 69.06%、Gr_2O_3 占 30.94%，常含少量的 SO_3，偶含少量 Ag 和 Zn。

　　[晶体参数和结构]　属单斜晶系，对称型 L^2PC，$a_0 = 0.711 \text{ nm}$、$b_0 = 0.741 \text{ nm}$、$c_0 = 0.681 \text{ nm}$、$\beta = 102°33'$，晶体结构尚不清楚。根据实验资料表明，在高温条件下该晶体有两种变体：一种是正交晶系的，与 $Pb[SO_4]$ 组成类质同象系列，其晶体结构同

$Ba[SO_4]$；另一种是四方晶系的，与$Pb[MoO_4]$组成类质同象系列。

[形态]   单晶体常呈沿c轴方向伸长的柱状，有时由菱方柱$\{110\}$和轴面$\{\bar{1}01\}$组成尖锐的假菱面体状，在岩石裂隙中常呈晶簇出现。

[物理性质]   呈鲜橘红色，条痕橘黄色，具金刚光泽，硬度为$2.5\sim3.0$，性脆，解理平行$\{110\}$中等，相对密度为5.99，溶于热HCl中并放出氯气。

[成因和产状]   产于超基性岩附近的含铅矿床的氧化带中。

[鉴定特征]   铬酸铅矿以其柱状形态、橘红色、金刚光泽和相对密度大为鉴定特征。

[主要用途]   如有大量聚积时可作为提炼铬和铅的矿物原料，也可作为陶瓷釉中的色料，以产生绿、浅红、珊瑚红和红色调。

14.5.5   钨酸盐和钼酸盐矿物类

14.5.5.1   概述

钨酸盐和钼酸盐是金属元素阳离子分别与钨酸根和钼酸根相化合而成的盐类。钼和钨在化学元素周期表上同属第Ⅵ副族，由于镧系元素的收缩，二者原子半径和离子半径却相同，并且钨酸根$[WO_4]^{2-}$和钼酸根$[MoO_4]^{2-}$性质也极为相似，因而通常在矿物学中把钨酸盐矿物和钼酸盐矿物归为一类。

但是钼和钨的地球化学性质却有显著的不同，前者具亲硫性，后者具亲氧性，因而它们在自然界出现的矿物也就有明显的不同。钼主要与硫相结合形成硫化物辉钼矿，而钼酸盐只是辉钼矿氧化的产物，且在自然界的分布很少。与此相反，钨与硫相结合而形成的矿物，就目前所知，仅有一种极为罕见的硫钨矿WS_2，而绝大部分的钨则形成钨酸盐矿物，并常富集成矿床。

本类矿物的种类不多，仅有二十余种。

1. 晶体化学特征和化学成分

钨酸盐和钼酸盐晶体结构中的基本单元分别是络阴离子$[WO_4]^{2-}$和$[MoO_4]^{2-}$，但是$[WO_4]$和$[MoO_4]$在几何性质上却不同于$[SO_4]$、$[CrO_4]$和$[PO_4]$等的四面体，$[SO_4]$、$[CrO_4]$和$[PO_4]$等的四面体是等轴四面体，而$[WO_4]$和$[MoO_4]$则系沿四次倒转轴方向被压扁了的短轴的四方四面体。由于这一原因，同时由于它们的体积较大，所以在钨酸盐和钼酸盐的矿物晶格中，$[WO_4]^{2-}$和$[MoO_4]^{2-}$就不能被$[SO_4]^{2-}$、$[CrO_4]^{2-}$和$[PO_4]^{3-}$等的络阴离子所置换。至于$[WO_4]^{2-}$和$[MoO_4]^{2-}$之间的类质同象间的相互置换，一般来说，彼此取代的量也不大。

钨酸盐矿物中，与$[WO_4]^{2-}$相结合的阳离子种数不多，主要是Ca^{2+}、Fe^{2+}、Mn^{2+}、Pb^{2+}，其次为Cu^{2+}、Zn^{2+}、Al^{3+}等。而与$[MoO_4]^{2-}$相结合的阳离子种数则更少，主要是Ca^{2+}、Pb^{2+}，其次为U^{4+}、Fe^{2+}等。此外，有时还存在$(OH)^-$或H_2O分子。

2. 物理性质

钨的原子量很大(183.8)，因而一般钨酸盐矿物的相对密度为$6\sim7.5$。同时铅的原子量(207.2)更大，所以钨铅矿$Pb[WO_4]$的相对密度高至8.13，是钨酸盐矿物中最高的相对密度。至于钼酸盐矿物的相对密度，由于钼的原子量(95.96)远比钨小，所以一般地说，其矿物的相对密度比钨酸盐矿物的小，如钼钙矿$Ca[MoO_4]$的仅为4.32，但钼铅矿的相对密度却可增大至 $6.5 \sim 7.0$。钨酸盐和钼酸盐矿物的硬度一般都不高，不超过 4.5；含水者则很低，如水钨铝矿 $Al[WO_4](OH) \cdot H_2O$ 的硬度只有 1。

本类矿物的颜色，除黑钨矿为深褐红色至黑色，钨铅矿为深红褐色，黑钼铀矿 $U_2[MoO_4]_3(OH)_2$ 为黑色外，其余多为淡色，如白钨矿为白色、钼铅矿为黄色等。

3. 成因

在本类矿物中，无水钨酸盐矿物均属内生成因，主要见于气化-高温热液矿床和接触交代矿床中。至于钼酸盐矿物则均属外生成因，出现于氧化带中。

4. 分类

（1）白钨矿族：白钨矿、钼铅矿。

（2）黑钨矿族：黑钨矿、钨锰矿、钨铁矿。

14.5.5.2　分述

1. 白钨矿族

本族矿物主要包括白钨矿和钼铅矿，它们都具有相同的晶体结构：结晶成四方晶系，同属 L^4PC 对称型，白钨矿的 $a_o = 0.525$ nm、$c_o = 1.140$ nm；钼铅矿的 $a_o = 0.543$ nm、$c_o = 1.211$ nm。

白钨矿　scheelite　$Ca[WO_4]$

［化学组成］　CaO 占 19.47%、WO_3 占 80.53%。白钨矿和钼钙矿呈有限的类质同象置换，其中 MoO_3 达 24% 者，称钼白钨矿 $Ca[(W, Mo)O_4]$；偶含铜者称铜白钨矿 $(Ca, Cu)[WO_4]$，其 CuO 含量可达 7%。

［晶体参数和结构］　晶体参数见白钨矿族描述。白钨矿的晶体结构（见图 14-49）：Ca^{2+} 和 $[WO_4]^{2-}$ 均沿轴呈四次螺旋轴排列，而在轴方向上 Ca^{2+} 和 $[WO_4]^{2-}$ 则相间分布；$[WO_4]$ 四面体的短轴均与 c 轴平行；Ca^{2+} 与周围四个 $[WO_4]^{2-}$ 中的八个 O^{2-} 相结合，配位数为 8。

［形态］　单晶体呈近于八面体的四方双锥形（见图 14-50），以 {112} 最为发育，其晶面上常现斜的条纹。双晶依（110）常见。通常为粒状或块状集合体。

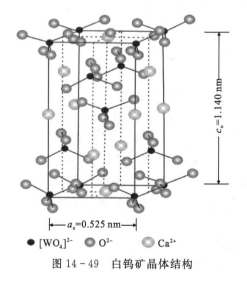

图 14-49　白钨矿晶体结构

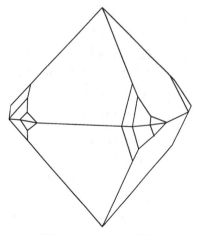

图 14-50　白钨矿晶形

[**物理性质**]　通常为白色，有时微带浅黄或浅绿。具油脂光泽或金刚光泽，硬度为 4.5，性脆，解理依{101}中等，参差状断口。相对密度为 6.1，随 Mo 含量的增加而减小。在 X 射线、阴极射线和短波长的紫外线照射下均发出淡蓝色萤光，若含 Mo 时，则随着 Mo 含量的增高萤光转呈白色或黄白色。所有的白钨矿均具有这一发光性，且颜色固定。

[**成因和产状**]　白钨矿主要产于接触交代矿床中，与石榴子石、透辉石、符石山、萤石、辉钼矿等矿物伴生，或产于气化-高温热液脉及其蚀变围岩中，与黑钨矿、锡石等共生。

[**鉴定特征**]　白钨矿以色浅、具油脂光泽、相对密度大为鉴定特征。其在紫外线照射下发出特有的浅蓝色或白色萤光，此特性不仅可作为鉴定白钨矿的依据，并可应用于找矿中。

[**主要用途**]　是炼钨的重要矿物原料。也可间接地用作陶瓷的蓝色釉，又可作为结晶釉的一个品种。另一方面，可作为催化剂加速蓝晶石、方石英的形成。

世界上开采出的白钨矿，80％用于优质钢的冶炼，15％用于生产硬质钢，5％用于其他用途。白钨矿可以制造枪械、火箭推进器的喷嘴，也可以用来切削金属，是一种用途较广的金属。白钨矿以纯金属状态和合金系状态广泛应用于现代工业中，合金系状态中最主要的是合金钢、以碳化钨为基的硬质合金、耐磨合金和强热合金。

2. 黑钨矿族

本族矿物包括钨锰矿和钨铁矿及由这两种矿物作为端员所组成的完全类质同象系列的中间成员黑钨矿。在这一系列中，含 $Mn[WO_4]$ 分子在 80％以上者称为钨锰矿，含 $Fe[WO_4]$ 分子在 80％以上者称为钨铁矿，介于二者之间者则通称为黑钨矿。钨锰矿和钨铁矿均结晶成单斜晶系，同属 L^2PC 对称型。

黑钨矿(钨锰铁矿)　wolframite　$(Fe, Mn)[WO_4]$
钨锰矿　hubnerite　$Mn[WO_4]$
钨铁矿　ferberite　$Fe[WO_4]$

[**化学组成**]　钨锰矿：MnO 占 23.42％、WO_3 占 76.58％；钨铁矿：FeO 占 23.65％、WO_3 占 6.35％。黑钨矿一般 FeO 含量介于 4.8％～18.9％、MnO 含量介于 4.7％～18.7％。三者都常含 Mg、Ca、Nb、Ta、Sn、Zn 等。

[**晶体参数和结构**]　晶体参数见本族描述。

黑钨矿的晶体结构表现(见图 14-51)：六个 O^{2-} 围绕 $Mn^{2+}(Fe^{2+})$ 构成 $[Mn(Fe)O_6]$ 八面体，它们以平行 c 轴方向以棱相连接呈锯齿形的链体分布；而 $[WO_4]$ 四面体由于其畸变程度比白钨矿更甚，W^{6+} 除与其周围四个 O^{2-} 连接外，还与其周围的另两个较远的 O^{2-} 连接，形成 $[WO_6]$ 八面体，它们亦同样构成链体，并位于 $[Mn(Fe)O_6]$ 八面体所成的链体之间，以其四个角顶相连接，因而晶体结构可以看为平行于轴的次链状或平行于{100}的次层状结构。以上结构特征说明了本族矿物为何常呈沿轴延长而平行于{100}的板状晶形。

[**形态**]　单晶体常呈沿 c 轴延伸的{100}板状或短柱状，[001]晶带中的晶面上常具平行于轴的条纹。双晶常依(100)或(023)呈接触双晶。集合体为片状或粗粒状。

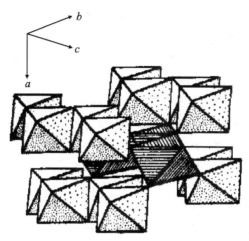

图 14-51　黑钨矿晶体结构

[**物理性质**]　呈红褐色(钨锰矿)至黑色(钨铁矿),条痕黄褐色(钨锰矿)至褐黑色(钨铁矿),具树脂光泽(钨锰矿)至半金属光泽(黑钨矿、钨铁矿),硬度为 4~4.5,性脆,解理平行{010}完全,相对密度为 7.12(钨锰矿)至 7.51(钨铁矿)。钨铁矿具弱磁性。

[**成因和产状**]　黑钨矿是主要由气化-高温热液作用形成的矿物,以产于高温热液石英脉及脉旁云英岩化花岗岩中者最为常见,在成因上与花岗岩有联系,其常与锡石、辉钼矿、毒砂、黄晶、萤石、电气石、绿柱石等共生。此外,在硫化物矿脉和伟晶岩中,有时亦有少量黑钨矿产出,我国华南一带是著名的黑钨矿产区。钨锰矿和钨铁矿则形成于较低的温度条件下。

[**鉴定特征**]　黑钨矿以其板状形态、褐黑色、{010}完全解理和相对密度大为鉴定特征。

[**主要用途**]　是提炼钨的最主要的矿物原料,用于生产钨的各种深加工产品。钨的特种合金钢被用于制造高速切削工具、炮膛、枪管、火箭发动机、火箭喷嘴、坦克装甲等。钨还用于制造灯丝及 X 射线发生器的阴极材料。合成材料碳化钨硬度很高,仅次于金刚石,可用作钻头、车刀等。

14.5.6　磷酸盐、砷酸盐和钒酸盐矿物类

14.5.6.1　概述

磷酸盐、砷酸盐和钒酸盐是金属元素阳离子分别与磷酸根、砷酸根或钒酸根化合而成的盐类。磷、砷和钒在化学元素周期表上同属第 V 族,它们与 O^{2-} 结合而成的磷酸根$[PO_4]^{3-}$、砷酸根$[AsO_4]^{3-}$ 和钒酸根$[VO_4]^{3-}$ 的性质也极为相似,因而通常在矿物学中将三者的矿物归为一类。本类矿物的品种较多,已知者达三百余种,其中磷酸盐矿物近二百种,砷酸盐矿物百余种,钒酸盐矿物约二三十种,但它们中除极少数矿物在自然界有广泛分布外,大多数量都极少,总重量仅占地壳重量的 0.7%。

1. 化学成分

本类矿物中，由于磷酸根、砷酸根和钒酸根都是半径较大的络阴离子，因而要求半径较大的三价阳离子与之结合，才能形成稳定的无水盐，例如磷钇矿 $Y[PO_4]$ 等；二价阳离子以半径较大的 Ca^{2+}、Pb^{2+} 等与之所组成的化合物为最稳定，矿物的种别也较多，但往往带有附加阴离子，例如磷灰石 $Ca_2[PO_4](F, Cl, OH)$ 等；半径较小的二价阳离子如 Fe^{2+}、Co^{2+}、Ni^{2+} 等与之结合时，则往往形成含水盐，例如钴华$(Co, Ni)_3$ $[AsO_4]_2 \cdot 8H_2O$ 等；一价阳离子如 Na^+、Li^+ 等一般只能与 Al^{3+} 形成复盐，如磷锂铝石 $LiAl[PO_4](F, OH)$ 等。此外，本类矿物中还可存在有$[UO_2]^{2+}$，这时往往形成复杂的含水盐，如铜铀云母 $Cu[UO_2]_2[PO_4]_2 \cdot 12H_2O$ 等。

2. 晶体化学特征

在本类矿物中，络阴离子$[PO_4]^{3-}$、$[AsO_4]^{3-}$ 或$[VO_4]^{3-}$ 的四面体是其晶体结构中的基本单元。$[PO_4]$ 四面体的半径为 3.00 Å，$[AsO_4]$ 四面体的为 2.95 Å，$[VO_4]$ 四面体与$[AsO_4]$ 的相似。$[PO_4]^{3-}$ 与$[AsO_4]^{3-}$ 之间、$[AsO_4]^{3-}$ 与$[VO_4]^{3-}$ 之间可以有部分的相互置换形成有限类质同象，但$[PO_4]^{3-}$ 与$[VO_4]^{3-}$ 之间则不能相互混溶。至于$[PO_4]^{3-}$ 还可被电价不同的$[SO_4]^{2-}$ 或$[SiO_4]^{4-}$ 所置换，这在其他含氧盐中是很少见的。异价置换时的电荷平衡可以通过两种方式来达到，一种是$[SO_4]^{2-} + [SiO_4]^{4-} \longrightarrow 2[PO_4]^{3-}$；另一种是在络阴离子置换的同时还伴随有阳离子之间的置换，例如 $Th^{4+} + [SiO_4]^{4-} \longrightarrow Tb^{3+} + [PO_4]^{3-}$ 及 $Ca^{2+} + [SO_4]^{2-} \longrightarrow Tr^{3+} + [PO_4]^{3-}$，以此来补偿电荷使之达到平衡。阳离子间本身的类质同象置换现象以稀土元素间的置换，以及 $Ca^{2+} + Th^{4+} \longrightarrow 2Tr^{3+}$、$Na^+ + Y^{3+} \longrightarrow 2Ca^{2+}$ 等的置换较为常见。

本类矿物由于是比较复杂的化合物，因而晶体对称性低的就比较多。绝大多数（四分之三以上）属正交晶系和单斜晶系，其余的分别属三斜晶系、三方和六方晶系、四方晶系，而属于等轴晶系者仅寥寥几种。

3. 物理性质

本类矿物，由于成分比较复杂，种类也较多，在物理性质方面的变化范围也较大。硬度方面以无水磷酸盐为最高，如块磷铝矿 $Al[PO_4]$ 为 6.5，磷灰石为 5；其次为无水砷酸盐，如砷铋矿 $Bi[AsO_4]$ 为 4～4.5；钒酸盐则更低，如钒铅矿 $Pb[VO_4]$ 为 2.5～3。

相对密度方面，主要视其组成中所含元素的原子量大小而定，其变化也是很大的，如纤水磷铍石 $Be_2[PO_4](OH) \cdot 4H_2O$ 只有 1.81，而砷铅矿 $Pb[A_3O_4]$ 则高达 7.24。

颜色方面，凡含色素离子，如铁、锰、钴、镍、铜、铀等的离子，均出现较为明显的颜色。此外，大多数矿物均具玻璃光泽。

4. 成因

由于本类矿物成分中的磷、砷和钒有着不同的地球化学性质，因而它们在成因上也就有所不同。磷几乎都形成了磷酸盐矿物，它们有内生成因的，也有外生成因的。内生成因的，大部分形成于岩浆作用和伟晶作用，也可形成于接触交代和热液作用；外生成因的，有由复杂的生物化学作用所形成的，或者是作为由内生成因的磷酸盐矿物经变化后所形成的次生矿物而存在。按矿物的种数而言，外生成因的磷酸盐矿物比内生成因的多。

砷不同于磷，其往往以砷化物形式出现，而所有的砷酸盐矿物几乎都是由砷化物遭受氧化而形成的次生矿物。

钒在内生作用过程中往往呈分散状态以混入物的方式存在于钒钛磁铁矿等一些矿物之中。在外生条件下，钒部分地被有机物所吸收而存在于有机残余物中，其余部分则分散在岩石风化的产物之中，所以钒形成的独立矿物出现得不多。

5. 分类

(1)独居石族：独居石、磷钇矿。

(2)磷灰石族：磷灰石、磷氯铅矿、砷铅矿、钒铅矿。

(3)磷锂铝石族：磷锂铝石。

(4)臭葱石族：臭葱石。

(5)绿松石族：绿松石。

(6)蓝铁矿族：蓝铁矿、钴华、镍华。

(7)铀云母族：铜铀云母、钙铀云母、钒钾铀矿。

14.5.6.2　分述

1. 独居石族

本族矿物是稀土元素的磷酸盐矿物，包括以轻稀土元素(Ce 和 La 等)为主的独居石和以重稀土元素(Y 等)为主的磷钇矿等矿物。

独居石(磷铈镧矿)　monazite　(Ce，La，…)[PO_4]

[**化学组成**]　Ce_2O_3 占 20%～30%、$(La，Nd)_2O_3$ 占 30%～40%、P_2O_5 占 22%～31.5%。常含有 Y_2O_3，含量可达 5%，ThO_2 含量达 4%～12%，有时含 ZrO_2 达 7%，含 SiO_2 达 6%，以及含有少量的 CaO 和 SO_3。因此，某些独居石亚种的化学式可以写为(Ce，La，Th，Ca)[(P，Si，S)O_4]。

[**晶体参数和结构**]　属单斜晶系，对称型 L^2PC，$a_0=0.678$ nm、$b_0=0.699$ nm、$c_0=0.645$ nm、$\beta=76°22'$。晶体结构(见图 14-52)表现于沿 c 轴方向由两个[PO_4]$^{3-}$ 与两个 Ce^{3+} 相间排列而成。

[**形态**]　单晶体常呈平行于{100}的板状，有时呈楔状或等轴状，晶面常粗糙。双晶依(100)呈接触双晶，在砂矿中常呈粒状。

[**物理性质**]　呈黄褐色或红褐色，条痕白色，具树脂光泽或蜡状光泽，硬度为 5～5.5，解理平行{100}中等，贝状断口至参差状断口，有时具平行{001}的裂理，性脆。相对密度为 5～5.3，随钍含量增加而增大。具放射性，常呈变生非晶质。

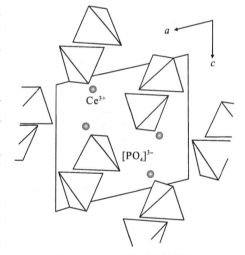

图 14-52　独居石晶体结构

[**成因和产状**]　独居石呈分散细粒状见于花岗岩、正长岩和片麻岩中；较大的晶体见于花岗岩或正长岩相关的伟晶岩中。此

外，独居石还产于一种在成因上和空间上均与碱性岩密切相关的碳酸盐岩中，与烧绿石、氟碳铈矿等矿物共生，成为重要的稀土矿床。含独居石的岩石和矿石当遭到风化破坏时，独居石往往转入砂矿。

[鉴定特征]   以其板状晶形，黄褐至褐红色，具树脂光泽及在紫外线中呈鲜绿色萤光为鉴定特征。

[主要用途]   是提炼稀土元素的重要矿物原料，含钍者亦可综合利用。

2. 磷灰石族

本族矿物为含有附加阴离子的磷酸盐矿物、砷酸盐矿物和钒酸盐矿物，它们都具有与磷灰石相同的晶体结构：结晶成六方晶系，同属 L^6PC 对称型。

磷灰石   apatite $Ca_2^{IX} Ca_3^{VII}[PO_4]_3(F，Cl，OH)$

[化学组成]   CaO 占 54.82%、P_2O_5 占 41.04%、F 占 1.25%、Cl 占 2.33%、H_2O 占 0.56%，其中 F^-、Cl^-、$(OH)^-$ 以等比计算。偶见稀土元素离子以类质同象方式置换 Ca^{2+}。在不同亚种中还含有各种其他成分。

[晶体参数和结构]   晶体参数见磷灰石族描述。磷灰石的晶体结构（见图 14-53）比较复杂：一种 Ca^{2+} 位于上下两层的六个[PO_4]四面体之间，与六个[PO_4]四面体当中的九个角顶上的 O^{2-} 相连接，这种 Ca^{2+} 的配位数为 9，这样连接的结果是在整个晶体结构中形成了平行于 c 轴的较大通道；附加阴离子（F^-、Cl^-、OH^-）则与其上下两层的六个 Ca^{2+} 组成[F（或 Cl，OH）Ca_6]配位八面体并位于通道之中；[FCa_6]配位八面体角顶上的 Ca^{2+} 则与其邻近的四个[PO_4]$^{3-}$ 中的六个角顶上的 O^{2-} 及 F^- 相连结，这种 Ca^{2+} 的配位数为 7。磷灰石的晶体结构很好地阐明了为何其常以六方柱的晶形出现。

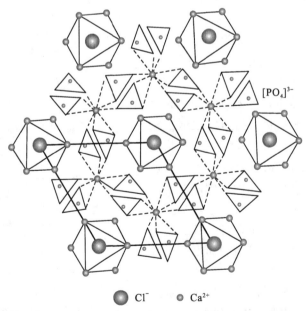

图 14-53   磷灰石晶体结构在(0001)面上的投影

[形态]　单晶体常见，呈六方柱状或厚板状（见图14-54）。集合体常呈块状、粒状、结核状等。

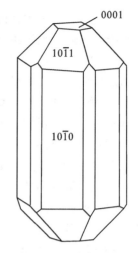

图 14-54　磷灰石晶形

[物理性质]　磷灰石的颜色多种多样，其成因不一，一般呈黄绿色或绿黄色。当卤族元素的原子位置上出现呈色中心时则呈蓝色；Mn^{2+} 置换 Ca^{2+} 时呈玫瑰红色、紫色；含 Fe^{2+} 时呈烟灰色；赤铁矿包体的存在则使之呈暗红或红褐色。在磷块岩中，黑色系有机质所引起；而灰色或褐色则系泥质或氢氧化物的杂质所引起。具玻璃光泽，硬度为5，解理平行{0001}不完全，参差状或贝状断口，断口面呈油脂光泽，相对密度为2.9。

[亚种]　磷灰石按附加阴离子的不同可分为氟磷灰石 $Ca_5[PO_4]_3F$、氯磷灰石 $Ca_5[PO_4]_3Cl$、羟磷灰石 $Ca_5[PO_4]_3(OH)$ 三种亚种，相互间成类质同象关系，通常以氟磷灰石为主。此外还有碳磷灰石 $Ca_5[PO_4, CO_3(OH)]_3(F, OH)$，其以成分中含 $[CO_3]^{2-}$ 为特征；锰磷灰石 $(Ca, Mn)_5[PO_4]_3(F, OH)$，其中 MnO 含量达 7.50%。

纤核磷灰石（磷钙石）产于沉积岩中，是以结核状出现的磷灰石。胶磷石是呈隐晶质或胶状构造的磷灰石，其中常含其他杂质，实际上其是以磷灰石为主的多种矿物混合体。

[成因和产状]　岩浆成因的磷灰石一般呈细小晶体状，并作为副矿物见于许多火成岩中。有时在碱性岩中及与之密切相关的碳酸盐岩中可以形成有经济价值的磷灰石矿床。在伟晶岩和高温热液矿脉中有时也有磷灰石生成，此时往往可见粗大的柱状晶体。海相沉积成因的主要形成胶磷石，往往富集成最有经济价值的巨大磷矿床。胶磷矿受区域变质作用后可变为显晶质细粒磷灰石。

[鉴定特征]　磷灰右以其柱状晶形、光泽和硬度作为鉴定特征。但对于纤核磷灰石和胶磷石则不易识别，可用 HNO_3 滴于其上，再加少许钼酸铵粉末，如粉末由白色变为黄色，则指示有磷的存在，即可将这两种矿物与磷灰石区别开。

[主要用途]　用于制造磷肥及化学工业用的各种磷盐和磷酸。在陶瓷生产中用来取代骨灰，在玻璃工业中用于制造乳白玻璃；颜色好结晶好的磷灰石可作为宝石或装饰材料；伴生元素多的磷灰石可以综合利用。磷灰石是人与动物硬体（牙、骨、结石）部分的主要无机物，也是一种重要的生物材料。磷灰石加热后常会发出磷光，在各种火成岩中都有磷灰石的存在。

3. 绿松石族

本族矿物是含水的铜、铁、铝的基性磷酸盐。

绿松石　turquoise　$CuAl_6[PO_4]_4(OH)_8 \cdot 4H_2O$

[化学组成]　CuO 占 9.78%、Al_2O_3 占 37.60%、P_2O_5 占 34.90%、H_2O 占17.72%。含铁的亚种称铁绿松石，其中 Fe_2O_3 含量可达 20%～21%。

[晶体参数和结构]　属三斜晶系，对称型 C_i，$a_0=0.747$ nm、$b_0=0.993$ nm、$c_0=0.767$ nm、$\alpha=111°39'$、$\beta=115°23'$、$\gamma=69°26'$，晶体结构尚不清楚。

[形态]　通常呈致密的隐晶质块体，或呈皮壳状，单晶体极少见。

[物理性质]　呈苹果绿或蓝绿色，条痕白色或淡绿色，具蜡状光泽，硬度为 5～6。解理平行 {001} 完全，平行 {010} 中等，相对密度为 2.6～2.8。

[成因和产状]　绿松石系含铜地表水溶液与含铝（如长石等）和含磷（如磷灰石等）岩石作用而形成的，常与褐铁矿、高岭石及蛋白石等一起出现。绿松石储量巨大，不仅中国有，埃及、伊朗、美国、俄罗斯、智利、澳大利亚、秘鲁、南非、印度、巴基斯坦等国都有充足的矿藏储量。

[鉴定特征]　以其色绿、硬度较高和蜡状光泽为鉴定特征，但与硅孔雀石需用化学方法测定才能准确地区别。

[主要用途]　颜色美好者可作为雕刻材料。优质旺安绿松石主要用于制作弧面形戒面、胸饰、耳饰等。质量一般者，则用于制作各种款式的项链、手链、服饰等。块度大者用于雕刻工艺品，多表现善与美的寓意，如佛像、仙人、仙鹤、仙女、山水亭榭、花鸟虫鱼、人物走兽等。

14.5.7　硅酸盐矿物类

14.5.7.1　概述

硅酸盐矿物种类很多且分布极广，约占矿物总种数的四分之一，构成地壳总重量的 75%，是火成岩和变质岩最主要的造岩矿物，在沉积岩中也起着显著的作用。同时，它们之中有许多是极为重要的非金属矿产，如云母、石棉、高岭石等又是一系列稀有金属的重要矿物原料，如绿柱石（含铍）、锆石（含锆）等。

1. 化学成分和晶体化学特征

在硅酸盐矿物的晶体结构中，硅氧四面体 $[SiO_4]$ 是其基本构造单元。硅氧四面体在结构中可以孤立地存在，也可以以其角顶相互连接，即每一硅氧四面体可与一个、两个、三个甚至四个硅氧四面体相连，从而形成多种复杂的络阴离子。根据硅氧四面体在晶体结构中连接方式的不同，主要有下列五种类型的络阴离子。

1）岛状络阴离子

这种络阴离子的表现形式是单个硅氧四面体 $[SiO_4]$ 或是每两个四面体以一个公共角顶相连组成双四面体 $[Si_2O_7]$（见图 14-55）在结构中孤立存在，它们彼此间靠其他金属阳离子来连接，自身并不相连，因而呈孤立的岛状，例如镁橄榄石 $Mg_2[SiO_4]$、钪钇石 $Sc_2[Si_2O_7]$ 中的络阴离子。此外，孤立四面体和孤立双四面体还可以同时存在于同一晶体结构中，组成二者的混合型结构，例如绿帘石 $Ca_2(Al, Fe)_3[SiO_4][Si_2O_7]O(OH)$。

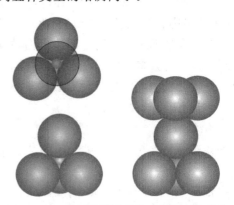

图 14-55　岛状络阴离子的硅氧四面体结构
（孤立四面体和孤立双四面体）

2)环状络阴离子

这种络阴离子包括由三个、四个或六个硅氧四面体所组成的封闭的环，按环中四面体的数目及所连成的形状，可分别称为三方环、四方环和六方环（见图 14-56）。环内每一四面体均以两个角顶分别与相邻的两个四面体连接；而环与环之间则依靠其他金属阳离子来连接。它们的络阴离子分别可用 $[Si_3O_9]^{6-}$、$[Si_4O_{12}]^{8-}$ 和 $[Si_6O_{18}]^{12-}$ 表示，如蓝锥石 $BaTi[Si_3O_9]$、斧石$(Ca，Mn，Fe)_3Al_2[Si_4O_{12}](BO_3)(OH)$ 和绿柱石 $Be_3Al_2[Si_6O_{18}]$ 中的络阴离子即分别为三方环、四方环和六方环的实例。此外，在整柱石 $KCa_2AlBe_2[Si_{12}O_{30}]$ 的晶体结构中还有一种由十二个硅氧四面体构成的环状络阴离子，其是由两个六方环上下相联而成的双层六方环。

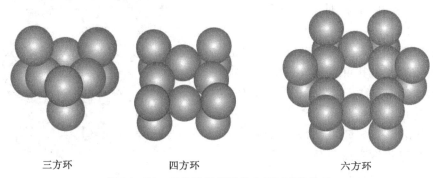

三方环　　　　　四方环　　　　　　　六方环

图 14-56　环状络阴离子的硅氧四面体结构

3)链状络阴离子

链状络阴离子包括单链和双链。单链系每一硅氧四面体以两个角顶分别与相邻的两个硅氧四面体连接成一维无限延伸的连续链，例如辉石中的单链（见图 14-57(a)），其络阴离子可以用 $[Si_2O_6]_n^{4n-}$ 表示。双链相当于由两个单链组合而成，例如角闪石中的双链（见图 14-57(b)），其络阴离子可以用 $[Si_4O_n]_n^{6n-}$ 表示。无论是单链或双链，链与链之间都是通过其他金属阳离子而相互联系的，例如透辉石 $CaMg[Si_2O_6]$、透闪石 $Ca_2Mg_5[Si_4O_{11}]_2(OH)_2$ 中的络阴离子即为链状络阴离子的代表。在单链结构中，除了上述辉石中的单链外，在另外一些矿物中还存在有其他形式的单链，它们之间的差别主要是组成链的各个硅氧四面体彼此连接时的空间取向有所不同。在辉石的单链中，每两个硅

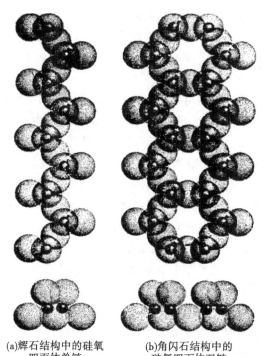

(a)辉石结构中的硅氧　　　(b)角闪石结构中的
　　四面体单链　　　　　　　硅氧四面体双链

图 14-57　链状络阴离子的硅氧四面体结构

氧四面体重复一次，而在硅灰石 $Ca_3[Si_3O_9]$ 的单链中，则分别为每三个硅氧四面体重复一次。至于双链结构，类似地，除了角闪石中的双链以外，也存在有其他形式的双链。角闪石的双链可以看成是由互成镜像反映关系的两个辉石型单链组合而成，如果两个互成旋转 180°关系的硅灰石型单链相组合，便成了另外一种形式的双链，后者在硬钙硅石 $Ca_6[Si_6O_{17}]O$ 的晶体结构中已有存在。

4）层状络阴离子

每一硅氧四面体均以三个角顶分别与相邻的三个硅氧四面体相连接，组成在二维空间内无限延展的层，例如滑石 Mg_3 $[Si_4O_{10}](OH)_2$ 中的层（见图 14 - 58），其络阴离子可以用 $[Si_4O_{10}]_n^{4n-}$ 来表示。滑石型的硅氧四面体层是硅酸盐矿物中最常见的层状络阴离子，其可以看成是由一系列角闪石型双链相互结合而形成的层。此外，也还有其他形式的层状络阴离子，如水硅钙石 $Ca_3[Si_6O_{15}] \cdot 6H_2O$ 结构中的层即为一例。此种层状络阴离子是由一系列互成镜像反映关系的硅灰石型单链相互结合而成的。在层状络阴离子内的每个硅氧四面体中，有三个角顶上的氧离子都是为相邻

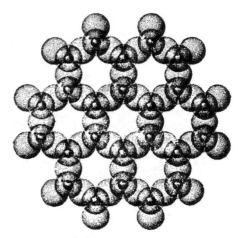

图 14 - 58　层状络阴离子的硅氧四面体结构

接的两个四面体所共有的，其电荷已达到平衡；但另一个角顶上的氧离子其电荷则尚未达到平衡，处于活性状态，所以能与其他金属阳离子相结合。对于滑石型的硅氧四面体层而言，所有活性氧都位于层的同一侧。

5）架状络阴离子

这种络阴离子每一硅氧四面体均以其全部四个角顶与相邻的四面体连接，组成在三维空间中无限扩展的骨架。此时，其中的每个氧离子都为相邻的两个四面体所共有，电荷已达到平衡。前面学过的石英即具有这种架状结构。但在硅酸盐中，这种骨架并不表现为全部由硅氧四面体所构成，而必须有一部分的硅氧四面体被铝氧四面体 $[AlO_4]$（个别情况下可为铍氧四面体 $[BeO_4]$ 等）所代替，这样才能出现过剩的负电荷，成为架状络阴离子，这种络阴离子可以用 $[(Al_xSi_{n-x})O_{2n}]^{x-}$ 来表示，并由一定的阳离子进入晶格使其剩余的负电荷得到平衡，正长石 $K[AlSi_3O_8]$、钙长石 $Ca[Al_2Si_2O_8]$ 等晶格中的络阴离子即是如此。图 14 - 59 为方钠石结构中架状络阴离子的硅氧四面体结构。

硅酸盐矿物中，铝可有两种不同的存在形式。一种是铝替代部分硅氧四面体中的硅，形成 $[AlO_4]$ 四面体，与 $[SiO_4]$ 一起，参与构成络阴离子，由此组成的硅酸盐称为铝硅酸盐。此外，铝也可以以金属阳离子的形式存在，通常构成 $[AlO_6]$ 配位八面体，少数情况下构成其他形状的配位多面体，它们与络阴离子相结合组成铝的硅酸盐，在一个晶体结构中，如果同时存在有上述两种形式的铝时，则可称为铝的铝硅酸盐。白云母 $KAl_2[AlSi_3O_{10}](OH)_2$ 即为一例。架状结构硅酸盐，除个别外，均属铝硅酸盐。这就是说，铝在硅酸盐中起着双重作用，多年来，一直用离子半径比值法则来解释此

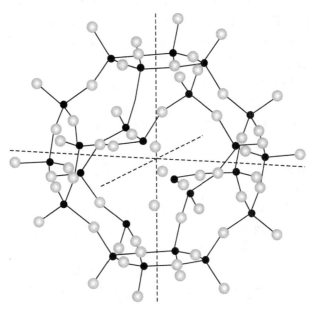

图 14-59 架状络阴离子的硅氧四面体结构

种情况，即从 Al^{3+} 的半径大小来看，其既能填充八面体空隙，也能进入四面体空隙。但在硅酸盐矿物中，络阴离子团内的中心阳离子与配位氧之间是以共价键性质的化学键连接的，而络阴离子团与团外阳离子主要以离子键结合。从晶体化学的理论可知，半径比值法则只适用于离子键而不适用于共价键，用该法则解释 Al^{3+} 进入八面体空隙是正确的。根据实验资料，Al—O 之间的键是共价键性质的，所以用此法则说明 Al^{3+} 进入四面体空隙的做法是不妥的。

Al—O 成键性质：Al 的电子构型为 $3s^2 3p^1$，与 Si 的电子构型 $3s^2 3p^2$ 是相似的。从杂化轨道原理分析，当 Al 失去价电子后，空出能量相近的 s、p 轨道，从而能以 sp^3 杂化轨道形式与四个配位氧形成四个 σ 轨道，Al—O 以 σ 键结合，故 Al^{3+} 像 Si^{4+} 一样，也能作为中心阳离子存在于氧四面体空隙中，构成[AlO_4]四面体。从分子轨道的成键特点看，根据 Al 的 3s、3p 轨道能量和对称性与四个配位氧的 2s、2p 轨道能量和对称性关系，二者可以发生轨道重叠而形成四个 σ 轨道(不考虑 π 轨道的形成与否)，其各自朝四面体角顶取向分布，从而形成[AlO_4]四面体。

除了上述各种形式的络阴离子以外，在硅酸盐晶体结构中还常出现一些附加阴离子，其中最常见的有 F^-、Cl^-、$(OH)^-$、O^{2-} 等，它们在结构中一般占据空隙位置，用以平衡电荷，其中$(OH)^-$有时也可替代[SiO_4]四面体中的 O^{2-}，但后者如系两个四面体角顶上公用的 O^{2-}，则不能被$(OH)^-$所取代。

硅酸盐晶体结构中还常可存在水分子，而且存在的方式是多种多样的，例如在异极矿中存在有结晶水，在蒙脱石等一些层状结构矿物中存在有层间水，在沸石族矿物中存在有沸石水，等等。此外，还有以$(H_3O)^+$形式存在的化合水，实质上它已不是水分子，而是一种带正电荷的阳离子了，此种离子称为氢合水离子。一些层状硅酸盐矿物，在水化过程中，常可有氢合水离子的带进以替代被带出的碱金属离子，亦即

$(H_3O)^+ \rightarrow K^+$，Na^+。硅酸盐矿物中沸石水或层间水的逸失，一般并不引起晶体结构的破坏，甚至部分或全部结晶水的逸失，也可能并不引起结构的明显变形，其原因就在于决定这些矿物稳定性的主要因素是由络阴离子所组成的骨架或层，而水分子的存在与否，对结构的影响不如在其他矿物中那样显著。

构成硅酸盐矿物的主要阳离子依常见的配位数区分时，可分为下列几类：

配位数为 4：B^{3+}、Be^{2+}、Al^{3+}、Ti^{4+}、Fe^{3+}、Zn^{2+}。

配位数为 6：Al^{3+}、Ti^{4+}、Mg^{2+}、Li^+、Zr^{4+}、Mn^{2+}、Ca^{2+}、Fe^{2+}、Sc^{3+}。

配位数为 8：Zr^{4+}、Na^+、Ca^{2+}、Fe^{2+}、Mn^{2+}。

此外还有配位数为 12 的 K^+ 和 Ba^{2+}，以及特殊的配位数如 9、7、5 等的离子，这些仅见于个别矿物中。

由于硅酸盐矿物中络阴离子的形式多样，因而晶体结构的型式和特性也就不同，有的松散，有的紧密，有的在某些方向或某个方向上紧密，而在其他方向上则较松散，这样就要求有不同大小的阳离子来填塞其空隙。另外，又由于硅氧四面体相互连接方式的不同，因而还会出现不同的电价。如果 $[SiO_4]$ 的所有角顶均彼此连接起来，其自身的正负电荷已经平衡，即使能够形成空隙，也无需其他阳离子进入，石英的情况便是这样。根据上述两方面的因素可知，在硅酸盐的结构中，络阴离子内部硅氧四面体的连接方式愈是复杂，结构便愈疏松，留下的空隙可以很大，而络阴离子中剩余的负电荷则愈少，因而当结构由岛状向架状过渡时，一般可以看到阳离子的出现情况有所不同：岛状硅酸盐中，可以出现配位数偏低、正电荷偏高的阳离子，如 Zr^{4+}、Ti^{4+}、Sc^{3+} 等，它们可以形成一些独立矿物，如锆石、榍石、钪钇矿等，但这些离子却不会成为架状硅酸盐中的主要阳离子，更难以形成独立的架状硅酸盐矿物，如果存在，也只是以少量的类质同象置换方式取代其他的某些阳离子而已；反之，K^+、Na^+、Ba^{2+}、Ca^{2+} 等较大的阳离子，尤其是 Rb^+、Cs^+、Ba^{2+} 等特大的离子，往往填塞在架状硅酸盐所形成的特大空腔中，这些元素如果形成独立的硅酸盐矿物，也多属于架状结构。至于中间类型的离子如 Fe^{2+}、Mg^{2+}、Al^{3+} 等，半径大小与电价的大小，均属中间状态，所以分布范围就比较广，在岛状硅酸盐中可以存在，在链状、层状硅酸盐中则大量出现，即使在架状硅酸盐中也能见及。

2. 物理性质

由于硅酸盐矿物有上述的晶体结构特点和组成特点，因而在形态及物理性质方面也各有不同的特性。岛状结构硅酸盐多属三向等长的粒状，如石榴子石、橄榄石等。如果在不同方向上出现键力的差异时，则可以表现为非粒状，如蓝晶石呈柱片状。环状结构硅酸盐中，由于垂直方向上环与环之间的联结力一般较强，故呈柱状形态，如绿柱石、电气石等。至于链状结构的辉石或角闪石，都是呈平行于链的方向的柱状形态，甚至可以成为纤维状，如角闪石石棉。硅线石也属链状，所以也可有纤维状的集合体。层状结构的云母、绿泥石平行于其结构层而呈片状，少数层状结构硅酸盐呈纤维状者，是由于结构层卷曲所致。架状结构硅酸盐比较复杂，主要取决于 $[SiO_4]^{4-}$ 和 $[AlO_4]^{5-}$ 骨架内部的连接形式，例如沸石族矿物，由于其骨架内部有的沿一个方向联结力特强而相似于链状，有的在某一平面内联结力特强而相似于层状，有的则呈典型的架状，所以晶形有呈三向等长的方沸石、菱沸石，有呈片状的片沸石，也有呈柱状乃至纤维状的钠沸石和钙沸石。

硅酸盐矿物的解理性质与结构类型的关系，也可用其结构特点加以说明。岛状硅酸盐之三向等长者，一般无完全解理；链状者多为平行于链的柱状解理；环状者如有解理，则属柱状或平行于底轴面的解理；层状硅酸盐几乎无例外地都具完全的底面解理；架状硅酸盐中，则视其格架之属于何种类型而有所不同，其完全程度也视键力情况而不同。

硅酸盐矿物的相对密度大小，主要的决定因素有二：一是结构紧密的程度；二是主要阳离子原子序数的大小。架状者和岛状者有显著的不同，前者结构疏松，空隙大，主要阳离子多系半径大而原子序数小的元素如 K^+、Na^+、Ca^{2+} 等，后者则相反，多作最紧密堆积，原子序数偏高的阳离子如 Zr^{4+}、Zn^{2+}、Ti^{4+} 等多在其中出现，故而前者相对密度小，后者相对密度大。例如长石、沸石的相对密度不超过 2.8（钡长石除外），而锆石等的相对密度可大于 4。至于介乎其间的链状、层状或环状硅酸盐，其相对密度也介乎其间，约为 3～3.5。

硅酸盐矿物的光泽、颜色、条痕、透明度等有关光学性质也与其结构及所含原子的类别有密切关系。硅酸盐矿物可以有不同的透明度，但在薄片中没有不透明者，因而不会出现金属或半金属光泽。至于其颜色的深浅，则主要取决于所含色素离子。一般说来，含铁族元素的硅酸盐往往带色，因而岛状、层状、链状和环状硅酸盐中，此类矿物很多，而且可以是深色的；架状者含色素离子量较少，因而多呈浅色。尽管颜色有深有浅，但硅酸盐矿物的条痕都很浅，呈白色或灰白色，极少例外。

硅酸盐矿物的硬度一般均较高，仅层状者为例外。岛状结构硅酸盐，由于结构紧密，故硬度最高，可达 6～8；环状者大体相似，链状者稍低，为 5～6；而在架状结构硅酸盐中，结构虽疏松，可是 $[SiO_4]$ 四面体的连接都很牢固，故而硬度并不低，仍为 5～6。只有层状结构硅酸盐，因层与层之间的联结力极弱，因而使其硬度降低很多，最低者如滑石、高岭石等，仅 1 左右；云母族矿物升高到 2.5 左右；到脆云母族时，由于层间出现了二价阳离子，联结力加强，硬度可升高到 5 左右，在层状结构硅酸盐中已属最高者之列。

值得指出的是水的作用。当架状结构硅酸盐晶格中存在水分子时，一般都表明其结构相当疏松，因而普遍地表现出硬度下降，相对密度变小。此外，由于联结力下降的影响，相应地会引起解理的发生。

3. 成因

由于硅酸盐矿物是最主要的造岩矿物，除个别岩石，如碳酸盐岩、硅质岩及磷块岩等不以硅酸盐矿物为主外，差不多整个三大岩类岩石，它们的矿物成分无不以硅酸盐矿物为主。从成因上看，由岩浆作用到表生作用、变质作用等所有成矿成岩的过程中，均普遍地有硅酸盐矿物的形成。就岩浆作用而言，随着结晶分异作用的演化发展，其结晶顺序有自岛状、链状向层状及架状过渡的趋势。在岩浆期后的自变质作用阶段及各种热液作用阶段，均出现一系列蚀变作用，如钠长石化、绢云母化、蛇纹石化等，所有这些蚀变作用，只不过是使早已存在的矿物转化为上述作用中的相应矿物而已，这是一种交代改造过程。

变质作用也同样是一种改造过程。如在区域变质作用中，当岩石发生进向变质时，相对密度低、结构疏松的矿物会向结构紧密、相对密度高的矿物方向转化，从而出现石榴子石、蓝晶石、红柱石、十字石等变质矿物，而许多层状矿物如绿泥石、高岭石等则消失。角闪石在进向变质时，可以转化为辉石。如果出现退向变质，情况则恰恰相反。辉石会向角闪石转化，角闪石又可向黑云母转化，这种变化规律大体也有由岛状经链状向层状过渡的趋势。

表生条件下大量存在的黏土矿物，绝大多数属于层状结构硅酸盐。如果硅酸盐矿物抵抗风化力特强者，则可以成为砂矿，或者成为沉积岩中的碎屑物质，如石榴子石、锆石等。显然，这些碎屑物中以岛状结构硅酸盐最占优势，这也与其结构及组成成分有关。至于长石砂岩中的长石碎屑，许多砂岩中的白云母鳞片，也屡见不鲜，前者反映了在特殊的沉积环境，即气候条件相对干旱，而且是急速堆积的情况下，长石不易被风化。

4. 分类

硅酸盐矿物按结构中络阴离子的不同，分为五种类型，因此在分述中，按照这五种类型相应地分成五个亚类。

1)岛状结构硅酸盐亚类

(1)锆石族：锆石。

(2)橄榄石族：橄榄石。

(3)蓝晶石族：蓝晶石、红柱石、硅线石。

(4)石榴子石族：铁铝榴石、钙铁榴石、镁铝榴石、锰铝榴石、钙铝榴石、钙铬榴石。

(5)硅镁石族：粒硅镁石、硅镁石。

(6)黄晶族：黄晶。

(7)十字石族：十字石。

(8)硬绿泥石族：硬绿泥石。

(9)楣石族：楣石。

(10)异极矿族：异极矿。

(11)绿帘石族：黝帘石、斜黝帘石、绿帘石、红帘石、褐帘石。

(12)符山石族：符山石。

(13)黄长石族：黄长石。

2)环状结构硅酸盐亚类

(1)绿柱石族：绿柱石。

(2)堇青石族：堇青石。

(3)电气石族：电气石。

(4)斧石族：斧石。

3)链状结构硅酸盐亚类

(1)辉石族：顽辉石、紫苏辉石、透辉石、钙铁辉石、普通辉石、霓石、霓辉石、硬玉、锂辉石。

(2)角闪石族：直闪石、铝直闪石、透闪石、阳起石、普通角闪石、蓝闪石、钠闪石。

（3）硅灰石族：硅灰石。

（4）蔷薇辉石族：蔷薇辉石。

4）层状结构硅酸盐亚类

（1）滑石族：滑石。

（2）叶蜡石族：叶蜡石。

（3）蛇纹石族：蛇纹石。

（4）高岭石族：高岭石。

（5）埃洛石族：埃洛石、硅孔雀石。

（6）蒙脱石族：蒙脱石。

（7）云母族：白云母、金云母、黑云母、鳞云母、铁锂云母。

（8）海绿石族：海绿石。

（9）蛭石族：蛭石。

（10）伊利石族：伊利石。

（11）绿泥石族：绿泥石。

（12）葡萄石族：葡萄石。

5）架状结构硅酸盐亚类

（1）长石族：透长石、歪长石、正长石、微斜长石、钠长石、更长石、中长石、拉长石、培长石、钙长石。

（2）霞石族：霞石。

（3）钙霞石族：钙霞石。

（4）方柱石族：方柱石。

（5）白榴石族：白榴石。

（6）方钠石族：方钠石、黝方石、蓝方石、香花石。

（7）日光榴石族：日光榴石、铍榴石、锌日光榴石。

（8）沸石族：方沸石、交沸石、钙交沸石、浊沸石、菱沸石、钠沸石、钙沸石、杆沸石、丝光沸石、片沸石、斜发沸石、束沸石。

14.5.7.2　分述

14.5.7.2.1　岛状结构硅酸盐

岛状结构硅酸盐的络阴离子有两种形式：一种为孤立的硅氧四面体$[SiO_4]$；另一种为孤立的硅氧双四面体$[Si_2O_7]$。有时二者共存于同一种矿物的结构中，如绿帘石。本亚类矿物种族较多，其组成成分特征：首先是络阴离子以$[SiO_4]$四面体为主，极少被$[AlO_4]$四面体所替换，仅个别矿物如钙铝黄长石的结构中，才有$[AlO_4]$四面体，而称作铝硅酸盐；其次是阳离子远较其他亚类的硅酸盐矿物复杂多样，除了经常出现的Ca、Mg、Fe、Mn、Al 等的阳离子外，还可有 Nb、Ta、Zr、Hf、TR、U、Th 及 Cu、Pb、Zn、Sn 等的阳离子，反之，在其他亚类中分布较普遍的K^+、Na^+等，在本亚类中则不占主导地位，仅出现于个别矿物中。

1. 锆石族

锆石　zircon　$Zr[SiO_4]$

[化学组成]　ZrO_2 占 67.01%（含 Zr 49.5%）、SiO_2 占 32.99%。由于 Zr 和 Hf 的

化学性质很接近，所以锆石中经常含有一定数量的 Hf，正常情况下 Hf/Zr 比接近于 0.007，但在个别情况下可高达 0.6。锆石中还经常含有少量的 Fe、TR、Th、U 及 Sn、Nb、Na、Ca、Mn 等元素，ThO_2 的含量可达 15%，而 UO_2 可达 5%。结构中的 $[SiO_4]^{4-}$ 可被极少量的 $[PO_4]^{3-}$ 所取代。电荷的平衡则用 TR^{3+} 取代 Zr^{4+} 作为补偿。由于锆石中存在少量放射性元素，因而可以发生玻璃化现象。玻璃化的锆石，相对密度有明显的下降，只有经过高热处理，才能恢复原来的结晶状态。随着玻璃化作用的由弱至强，乃有变锆石、曲晶石和水锆石等亚种出现。在玻璃化过程中，会伴有氧化作用，而且有水分子的加入，含水高者可达 10%~12%，故名水锆石。

[晶体参数和结构]   属四方晶系，对称型 $L^4 4L^2 5PC$，$a_o = 0.659$ nm、$c_o = 0.594$ nm。结构中 $[SiO_4]^{4-}$ 是孤立的（见图 14-60），彼此间借 Zr^{4+} 连接起来，Zr^{4+} 的配位数为 8。

[形态]   单晶体通常呈柱状（见图 14-61）。最常出现的单形是 {110}、{100}、{111}、{101}、{331} 和 {311}。值得注意的是锆石中无 {001} 底轴面，所以完好的晶体总是呈带双锥的柱状。有依 {101} 而形成的膝状双晶，但是极为罕见。常现环带构造。

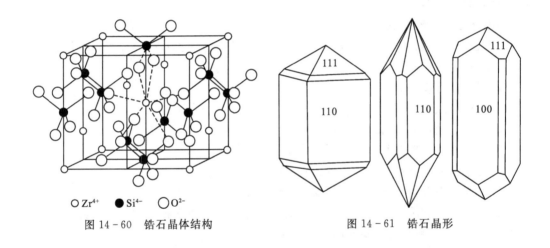

$\bigcirc Zr^{4+}$ $\bullet Si^{4+}$ $\bigcirc O^{2-}$

图 14-60   锆石晶体结构   图 14-61   锆石晶形

[物理性质]   呈红棕色、黄色、灰色、绿色甚至无色。具金刚光泽，有时现油脂光泽。硬度为 7.5，含水者可降低至 6。{110} 解理不完全。相对密度为 4.6~4.7，玻璃化者降低到 4 左右。熔点在 3000 ℃ 以上，故属难熔物质，在国防尖端工业中利用这一性质可将其作为保护人造卫星的外罩材料。

[成因和产状]   锆石又称锆英石，是火成岩中常见的副矿物之一，通常作为早期结晶产物，包含在其他造岩矿物之中。由于锆石中含有 U、Th 等放射性元素，因而在锆石的周围可以形成一个晕圈，颇为特征。岩浆结晶晚期也可以有锆石的形成，如玄武岩中即有所见。根据锆石产出特征的不同，其晶体在长宽比、形态、光泽和颜色及 Hf/Zr 比值等方面也有差异。作为岩浆成因的花岗岩类岩石，其中的锆石无论从形态特征、颜色、长宽比等各方面对比时，均有一定程度的共同性。但是作为花岗岩化或混合岩化成因的花岗岩类岩石，会显出较大的差异性，因而根据锆石的研究，可以从一个侧面来推论岩石的成因。如果能够发现次生加大的现象，更有利于说明其非岩浆

成因。

　　锆石的相对密度大，抵抗风化能力也强，因而也是沉积岩中的常见的副矿物之一，富集时，可以形成砂矿。鉴于锆石时常有良好的晶形、特殊的晶体习性，以及特殊的颜色与环带等现象，而且它们随着形成环境的不同，会有不同的特点，因而在进行沉积岩层对比时，往往利用锆石的上述特征作为依据，以辅助研究人员的石油地质勘探工作。

　　变质岩中，锆石一般作残留物存在。但在高级变质阶段如辉石角岩相中，会使锆石原来圆形的颗粒变成自形程度良好的颗粒。

　　[鉴定特征] 锆石常以其呈四方柱及四方双锥的聚形为特征，与金红石、磷钇矿的区别是锆石具较大的硬度及较高的相对密度；与锡石的区别是二者相对密度不同，锡石远大于锆石，也可以简易的化学反应测试有无锡的存在；与独居石的区别是形态不同，独居石呈板状，硬度也略低。

　　[主要用途] 锆石是工业生产中常用原料之一，也是提炼锆和铪最重要的矿物原料，又是近代尖端工业中不可缺少的矿物材料之一。在硅酸盐工业中，锆石有着很大的应用价值，可以作为乳浊剂应用于陶瓷釉和乳浊玻璃中，质地纯净者可作为宝石。

　　锆石极耐高温，其熔点达 2750 ℃，并耐酸腐蚀。世界上有 80％的锆石可直接用于铸造、陶瓷、玻璃工业及制造耐火材料。少量的锆石可用于铁合金、医药、油漆、制革、磨料、化工及核工业。极少量的锆石可用于冶炼金属锆。

　　含 ZrO_2 65％～66％的锆英石砂因其耐熔性(熔点 2500 ℃以上)可直接用作铸造厂铁金属的铸型材料。锆英石砂具有较低的热膨胀性、较高的导热性，而且较其他普通耐熔材料有较强的化学稳定性，因此优质锆英石和其他各种黏合剂相比有良好的黏结性而用于铸造业。锆英石砂也可用作玻璃窑的砖块。

　　锆英石和白云石在高温下反应生成二氧化锆或锆氧(ZrO_2)。锆氧也是一种优质耐熔材料，虽然其晶形随温度而变。稳定的锆氧还含有少量的镁、钙、钪或钇的氧化物，熔点接近 2700 ℃，抗热震，在一些冶金应用中比锆英石反应差。

　　金属形式存在的锆，主要用于化学工业和核反应堆工业，以及用于要求耐蚀、耐高温、具特殊熔合性能或吸收特殊中子的其他工业。

　　90％以上的海绵锆可作为核反应堆中结构和包壳材料的锆基合金的原料。金属锆在化工、农药、印染等行业中可用来制造耐腐蚀的反应塔、泵、热交换器、阀门、搅拌器、喷嘴、导管和容器衬里等，其还可作为炼钢过程中的脱氧剂、脱氮剂，铝合金中的晶粒细化剂。锆丝可作为栅板支架、阴极支架和栅板的材料，以及可作为空气等离子切割机的电极头。锆粉主要在军火工业上用作爆燃剂，在电子器件内可作为消气剂，也可用其制作引火物、烟花和闪光粉。

　　2. 橄榄石族

　　本族包括一组成分相似、同属正交晶系的矿物，一般化学式可用 $X_2[SiO_4]$ 的形式表示，其中 X 通常为 Mg^{2+}、Fe^{2+}、Mn^{2+} 等(但当有 Ca^{2+} 作为其组成成分时，则形成复盐)。Mg^{2+}、Fe^{2+} 是橄榄石族最常见的组成成分，可以形成以镁橄榄石 $Mg_2[SiO_4]$

及铁橄榄石 $Fe_2[SiO_4]$ 为两个端员组分的完全类质同象系列，其中间成员，最常见的是橄榄石。除此之外，还有一种锰橄榄石 $Mn_2[SiO_4]$，其与铁橄榄石也能形成类质同象，但不完全，锰铁橄榄石即为这一类质同象系列的中间成员。锰橄榄石与镁橄榄石之间的类质同象置换范围更窄。Ca^{2+} 也能在本族矿物中出现，形成所谓的钙铁橄榄石 $CaFe[SiO_4]$ 和绿粒橄榄石 $CaMn[SiO_4]$。应当指出，钙铁橄榄石和绿粒橄榄石中的 Ca^{2+}，因离子半径特大，并不能任意取代 Mg^{2+}、Fe^{2+}、Mn^{2+} 等离子在结构中的位置，犹如碳酸盐矿物中的方解石、菱镁矿与白云石之间的关系一样。

橄榄石　olivine　$(Mg，Fe)_2[SiO_4]$

[**化学组成**]　主要是由 $Mg_2[SiO_4]$ 和 $Fe_2[SiO_4]$ 两个端员组分所形成的完全类质同象混晶。在富铁的成员中有时有少量的 Ca^{2+} 及 Mn^{2+} 取代其中的 Fe^{2+}，而富镁的成员则可有少量的 Cr^{3+} 及 Ni^{2+} 取代其中的 Mg^{2+}。此外还可含有微量的 Fe^{3+}、Zn^{2+} 等。

[**晶体参数和结构**]　属正交晶系，对称型 $3L^2 3PC$。晶胞参数：

	镁橄榄石	铁橄榄石	锰橄榄石
a_o/nm	0.4756	0.4817	0.486～0.490
b_o/nm	1.0195	1.0477	1.060～1.062
c_o/nm	0.5981	0.6105	0.622～0.625

橄榄石的结构(见图 14-62)表现为孤岛状的 $[SiO_4]^{4-}$ 由金属阳离子 Mg^{2+}、Fe^{2+} 等连接起来。氧离子 O^{2-} 接近呈六方最紧密堆积，八面体空隙被二价阳离子占据。由于结构中各方向的键力相差不大，故呈等轴状，亦无完好的解理。

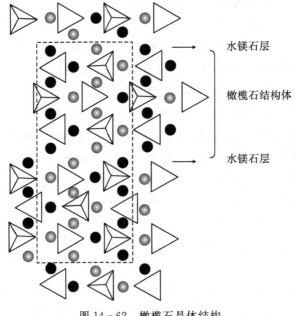

水镁石层

橄榄石结构体

水镁石层

图 14-62　橄榄石晶体结构

［形态］ 单晶体少见，呈三向等长形或稍稍扁平，扁平方向多平行于{100}或{010}，依(012)和(011)可形成贯穿双晶，但均罕见。集合体呈粒状。

［物理性质］ 镁橄榄石色浅，通常为白色至浅黄色，含 Fe 量愈高则颜色愈深，一般呈黄绿色或橄榄绿色，锰橄榄石呈灰色。具玻璃光泽或油脂光泽，断口呈次贝状，硬度为6～7，{010}、{100}解理不完全。镁橄榄石的相对密度为3.222，铁橄榄石的为4.392，锰橄榄石的为3.78～4.1。

［成因和产状］ 橄榄石是地幔岩的主要组成之一，因此，来自地幔物质所形成的岩石往往含有橄榄石。地壳中与地幔物质有紧密关系的各种基性、超基性岩石，无论是喷出岩还是侵入岩，都含有橄榄石，其是主要造岩矿物之一，随着岩石基性程度的增加，镁的含量增高。富铁的橄榄石可以在一些酸性或碱性的富钠火山岩中见到，但量不大，已属非主要造岩矿物。应该指出的是，一种含铌、钽极富的钠质花岗岩，其中含有富铁橄榄石、钠铁闪石和钙铁辉石，这种富含铌、钽和稀土元素的花岗岩，可构成规模特大的矿床。

在接触变质和区域变质过程中，镁质碳酸盐岩层会因变质作用而生成橄榄石。

在自变质、热液蚀变及风化等过程中，橄榄石极易蚀变，最常见的蚀变产物是蛇纹石、碳酸盐、滑石、鲍林皂石和伊丁石等。鲍林皂石和伊丁石实际上并非单矿物，而是一种由多种矿物组成的集合体，由于颗粒极细，光学方法无法辨识，故笼统地称作伊丁石或鲍林皂石。玄武岩中的橄榄石大多会伊丁石化，肉眼观察时呈砖红色。鲍林皂石呈绿色，一般多见于浅成的基性侵入体中。

［鉴定特征］ 橄榄石以其黄绿色、粒状、解理性差、难熔为特征。其与绿帘石的区别是绿帘石有沿 *b* 轴延伸为长柱状的形态；与硅镁石应依据光性方位的不同加以区别。

［主要用途］ 一直以来，玄武岩及其矿物是探究岩浆过程、地幔热状态及地幔端元组成等问题的主要手段。橄榄石作为地幔橄榄岩最主要的组成矿物和岩浆最早期结晶的矿物，其微量元素含量可以提供关于地幔部分熔融和岩浆早期结晶过程，以及地幔交代作用的有效信息。

镁橄榄石产生在变质的不纯白大理岩中，其是地幔岩的主要成分。镁橄榄石受热液作用或风化容易发生变化，比较常见的是由镁橄榄石变化而来的矿石，称为蛇纹石。国内镁橄榄石的主要产地是宜昌、商南、南阳等地。橄榄石的用途很多，其耐火性强，可作为耐火材料。我国生产的钢件大都采用了镁橄榄石、砂等原料，具有耐高温、抗腐蚀、稳定性好的特点。贫铁富镁的纯橄榄岩或橄榄岩，以及作为其变化产物的蛇纹岩，可用作耐火材料和宝石。

3. 蓝晶石族

蓝晶石族矿物，包括蓝晶石、硅线石、红柱石三个在不同温度压力条件下形成的同质多象变体，它们的化学成分都是 Al_2SiO_5。对这个矿物族的称呼，各国尚不统一，如俄罗斯称蓝晶石族矿物，澳大利亚称硅线石族矿物，法国称红柱石族矿物，美国则使用蓝晶石族和硅线石族两个名称，在我国称蓝晶石族矿物，简称"三石"。不同国家叫法上的不统一，多是反映了这个国家在开发利用资源上的特点。蓝线石和黄玉虽不属简单的铝硅酸盐矿物，但在高温下挥发掉硼和氟，则铝含量分别为 69%、72%，均可作为高铝耐火材料的原料，因此在一些工业矿物和耐火材料著作中与蓝晶石族矿物一并加以叙述。蓝晶石族矿物，于 20 世纪 20 年代初，印度产的聚晶状含刚玉蓝晶石、矽线石矿石已在欧美一些国家作为耐火材料使用，当时主要用于玻璃和陶瓷方面，由于其成分中含 Al_2O_3 较多（多在 60% 以上），有害杂质含量低，使用厂家多将其锯成各种块料直接砌炉。这种天然矿物质料虽然存在着组分不均匀性，但与当时使用的耐火砖相比，具有操作工艺简单、耐火度高、热态机械性能稳定、使用寿命长等优点，受到用户的欢迎。

本族矿物的化学成分为 Al_2SiO_5，有三种不同的同质多象变体：一是蓝晶石 $Al_2^{VI}[SiO_4]O$，二是红柱石 $Al^{VI}Al^V[SiO_4]O$，三是硅线石 $Al^{VI}[Al^{IV}SiO_4]O$。图 14-63、14-64、14-65 是三者的晶体结构在垂直 c 轴平面上的投影，它们的共同点是 Si^{4+} 均与 O^{2-} 形成 $[SiO_4]$ 四面体，有半数的 Al^{3+} 与 O^{2-} 结合成 $[AlO_6]$ 八面体，此种八面体，两两相接，共用一棱边，形成平行于 c 轴的链。图 14-66 是硅线石的立体透视图，可以清楚地看出八面体上下叠置的关系。在蓝晶石中半数的 Al^{3+} 仍作六次配位，形成 $[AlO_6]$ 八面体，依旧组成平行于 c 轴的链。在红柱石里，Al^{3+} 则出现配位数为 5 的罕见情况，与 $[SiO_4]^{4-}$ 一道使 $[AlO_6]^{4-}$ 的链彼此相连。硅线石中，这一半的 Al^{3+} 作四次配位，形成 $[AlO_4]$ 四面体，与 $[SiO_4]$ 四面体上下相接，一侧相连，共用两个角顶，所以构成了一种特殊的双链，链的方向与 $[AlO_6]$ 八面体链彼此平行并相互衔接。根据这样的认识，应将硅线石归之于链状硅酸盐中，而且属于铝硅酸盐之列。但是根据硅线石与蓝晶石、红柱石的关系，无论从化学组成，还是从成因产状等方面考虑时，三者似应归之于同一族为宜，因此我们将硅线石一并在此描述。由于这三个矿物都有平行于 c 轴的 $[AlO_6]$ 八面体链存在，因而都呈平行 c 轴延伸的柱状晶体，甚至呈纤维状晶体，解理方向亦都平行于 c 轴。

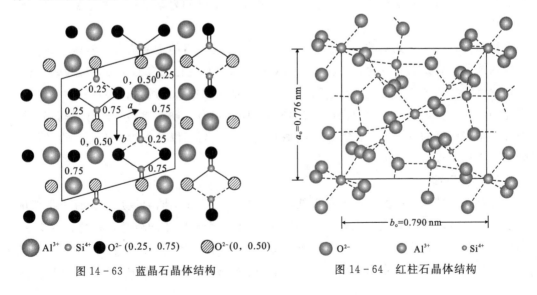

图 14-63　蓝晶石晶体结构　　　　　图 14-64　红柱石晶体结构

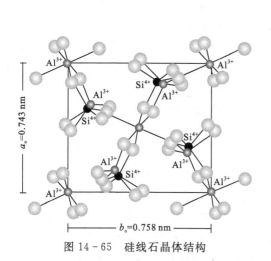

图 14-65　硅线石晶体结构

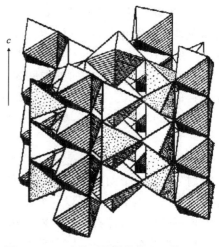

图 14-66　硅线石晶体结构的立体透视图

　　三个矿物的相对密度分别为：红柱石 3.13～3.16、蓝晶石 3.53～3.65、硅线石 3.23～3.27。根据这三个不同的相对密度数据，可以推想三者结构的紧密程度是大不相同的。蓝晶石最紧密，其结构表现为氧离子作最紧密堆积；硅线石结构则略松；红柱石结构的紧密程度最差，导致其中的 Al^{3+} 作罕见的五次配位。此种松紧程度的差异，恰好说明了三者产状之不同。这可用相关相图进行说明：由于红柱石的堆积紧密程度最小，所以其仅出现在低级变质的相带里；压力增高时，将向蓝晶石转化，故在中高级区域变质带中，或者是低温高压的蓝片岩相中，会出现蓝晶石。如果压力仍然相当低，但温度增高较显著时，将会出现富铝红柱石。如果变质作用既有高温又有高压时，显然以硅线石出现的可能性最大。因此，在区域变质分带过程中，硅线石带较蓝晶石带的变质程度深，而红柱石带则较浅。

　　蓝晶石　kyanite　$Al_2[SiO_4]O$

　　[**化学组成**]　Al_2O_3 占 63.1%、SiO_2 占 36.9%。能以类质同象取代的组分极少，仅有 Fe^{3+}，但也不超过 1%～2%。有时含有少量的 Cr 及微量的 Na、K 等元素。天然产出的蓝晶石，往往接近于纯种。

　　[**晶体参数和结构**]　属三斜晶系，对称型 C，$a_o=0.710$ nm、$b_o=0.774$ nm、$c_o=0.557$ nm、$\alpha=90°5\frac{1}{2}'$、$\beta=101°2'$、$\gamma=105°44\frac{1}{2}'$。

　　[**形态**]　单晶体常平行于结构中链的方向，因而多呈平行于{100}的长板状或刀片状，常见晶形如图 14-67 所示。主要单形有{100}、{010}、{001}、{110}和{1$\bar{1}$0}等。双晶常见，通常以(100)为双晶面。[**物理性质**]　一般呈蓝色，也可呈白色、灰色、黄色、浅绿色。具玻璃光泽，解理面上有时现珍珠

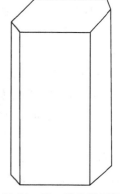

图 14-67　蓝晶石晶形

光泽。{100}解理完全，{010}解理中等到完全，另有平行{001}的裂理。硬度为 5.5～7，表现出极其显著的各向异性，故蓝晶石又名二硬石。据测试结果，有一种带淡蓝色的绿色蓝晶石晶体，在(100)晶面上平行 c 轴方向的硬度为 5.5，垂直方向的硬度为 6.5；在(010)晶面上，平行 c 轴方向的硬度为 6，垂直方向的硬度为 7；而在(001)晶面上，平行 b 轴方向的硬度为 5.5，平行 a 轴方向的硬度则为 6.5。显然这是由于沿链的方向，链与链之间联结力较弱，垂直于链的方向联结力较强而引起的。蓝晶石相对密度为 3.53～3.65，是一种耐火度高、高温体积膨胀大的天然耐火原料矿物。

[成因和产状]　蓝晶石是典型区域变质矿物之一，多由泥质岩或碎屑岩变质而成，是一个划分变质相带的标志矿物。所谓的蓝晶石带介乎十字石带和硅线石带之间，如果是进向变质，则十字石可以与共生的石英反应转化成蓝晶石。如果是退向变质，则硅线石也可转化成蓝晶石。热变质作用条件下产生的红柱石，如果受到强烈的应力作用时，也会转化成蓝晶石，因此蓝晶石通常都被看成是典型的应力矿物。不过也曾发现过非应力条件下生成的蓝晶石，如云母片岩中有切穿片理的蓝晶石石英脉。此外，其在伟晶岩中也有存在。

蓝晶石的蚀变产物为绢云母或叶蜡石。

[鉴定特征]　根据其颜色、硬度的各向异性、完好的解理性、刀片状或板状形态，易识别。

[主要用途]　由于蓝晶石矿物的特性，故用来制造优良的高级耐火材料、耐火砂浆、水泥、塑料捣打混合料、技术陶瓷、汽车发动机的火花塞、绝缘体、球磨机球体、试验器皿、耐震物品等，并可用于在电热法中炼制硅铝合金，以用于飞机、汽车、火车、船舶的部件上。随着钢铁工业的发展，此类矿以耐火砖、型材等形式制造热风炉、热风塔、再热炉、均热炉等的关键部位，并可用于制造窑炉设施、各种辅助性浇注和操作设备；生产喷镀薄膜，制造结晶氟石和超音速飞机的前缘、宇宙飞船的金属附件，部分还可用作宝石和研磨料。

工业领域方面的应用：

(1)利用蓝晶石高温一次永久性膨胀特性，直接将其加入不定形耐火材料，如浇注料、可塑料、胶泥中做高温膨胀剂，只要加入 5%～15%就能提高制品的荷重软化温度及耐压强度，消除不定形耐火材料在高温和冷却过程中产生的收缩裂纹、剥落及影响使用寿命等弱点，从而延长炉衬寿命。

(2)用蓝晶石高铝矿物生产的铝酸盐纤维可用于制造汽车、宇宙飞船和雷达的零部件。

(3)用蓝晶石煅烧形成的莫来石制作高级耐火材料，用于高温炉可使其炉龄延长 5～6 年，并可节约能源。

(4)高铝水泥中加入 5%～15%的蓝晶石可制成蓝晶石水泥，耐火温度高达 1650 ℃，可应用于军工建筑。

蓝晶石矿物主要有生产耐火材料、氧化铝、硅铝合金和金属纤维等用途，因此世界各国对蓝晶石类矿物的开发利用越来越重视，特别是几个发达国家。在日本，蓝晶石是耐火混凝土、可塑料、高铝水泥的重要原料。美国和一些国家用蓝晶石预烧制成各种牌号的莫来石质熟料，广泛地应用于陶瓷和精密铸造等部门。俄罗斯用蓝晶石-硅线石精矿制造轻质砖。采用蓝晶石做膨胀剂配制的不定型耐火材料在加热炉上的试用是成功的，其表面裂纹少，使用中跑火现象也少，使用效果较好。总之，蓝晶石是不定型耐火材料良好的膨胀剂。

耐火材料方面的性能及应用：

(1)在高温下体积稳定、不收缩。

(2)比其他高铝耐火材料生产成本低。

(3)性能好，比黏土砖的损耗率低 43%，耐火度高达 1825 ℃以上。

(4)节约能源，热容比黏土砖高 12%，用于马丁炉可缩短冶炼时间，能耗少。

(5)加入不定形耐火材料中做高温膨胀剂，可使产品在高温下不产生收缩和剥落。主要应用于冶金、建材、机械、化工、轻工、核工业等行业。

硅铝合金和金属纤维方面的应用：

(1)比用合成法(熔炼金属硅和电解铝)或用电热还原高岭土等成本低，经济效益高。

(2)可满足制造汽车、宇宙飞船和雷达部件的特殊技术要求，广泛用于冶金、机械、宇航等工业部门。

红柱石　andalusite　$Al_2[SiO_4]O$

[**化学组成**]　红柱石的化学组成接近于纯种，可以有微量的 Fe 及 Na、K 元素存在。有一种含锰、铁的亚种叫作锰红柱石，含 MnO 量达 7.66%，含 Fe_2O_3 量可达 9.60%。另一种含碳质物包裹体的红柱石，特名空晶石，碳质物在其中作定向排列。

[**晶体参数和结构**]　属正交晶系，对称型 $3L^2 3PC$，$a_o=0.778$ nm、$b_o=0.792$ nm、$c_o=0.557$ nm，晶体结构见蓝晶石族描述。

[**形态**]　单晶体呈柱状，横切面接近于正方形，类似四方柱(见图 14-68)。很少呈双晶，双晶面为 (101)。集合体呈放射状或粒状。

[**物理性质**]　呈灰白色、肉红色，但也有呈白色、蓝色、绿色或紫色者。具玻璃光泽，硬度为 6.5~7.5。{110}解理完全，解理交角为 90°48′，{100}解理不完全。相对密度为 2.13~3.16，不溶于酸。

[**成因和产状**]　红柱石是典型的中低级热变质作用的产物，常见于接触变质带的泥质岩石中。所谓斑点状构造中的斑点球粒，可由红柱石或堇青石组成。随着变质作用的加强，早期阶段结晶出来的细小而无晶形的红柱石，很快会转化成柱状晶体。在其结晶加粗时，会将许多杂质排挤出去，少量的碳质物则仍可残留在晶体的特定方向上，从而形成空晶石。如果变质程度再稍增强，则所有杂质均被排出，形成不含包裹物的红柱石。在高温高压条件

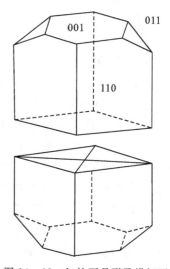

图 14-68　红柱石晶形及横切面上的十字形包裹体

下红柱石不稳定，会转化成蓝晶石或硅线石。如果一个地区的变质岩，在变质过程中温度压力不均匀，这种不均匀性既可以有时间上的差异，又可以有空间上的差异，因而可以出现红柱石与硅线石、蓝晶石共存的现象。此外，红柱石还可形成砂矿。

红柱石易蚀变成绢云母。

[鉴定特征]　柱状形态、解理交角近于垂直、常呈肉红色为其鉴定特征。

[主要用途]　鉴于红柱石具有的物理化学性能，故其是已知的优质耐火材料之一，除用作冶炼工业的高级耐火材料、技术陶瓷工业的原料以外，还可冶炼高强度轻质硅铝合金，制造金属纤维及超音速飞机和宇宙飞船的导向材料。据报道，国外有利用富铝红柱石进行煤的气化和制造雷达天线罩者。一部分结晶良好、色泽鲜艳的红柱石也可制造工艺品和装饰品。从20世纪70年代开始，红柱石已广为我国工业生产所重视，其应用领域也在迅速扩大。红柱石经过煅烧后形成的莫来石具有很高的耐火度、化学稳定性和机械强度，因此在冶金、建材及其他工业部门得到了广泛应用。

红柱石耐火材料。不定形耐火材料不经烧成而直接利用，可节约燃料能源，且其在高温下体积稳定，则其使用寿命可大大延长。实践中，若浇注料和可塑料按配比使用时，会含有一定量的黏土和无机物结合剂，因而造成不定形耐火材料在高温和冷却过程中收缩，出现裂缝和剥落，缩短其使用寿命。为了控制和减少耐火材料制品在长期高温下的收缩，若在配料中加入定量的红柱石，利用其膨胀稳定的特性，就可消除不定型材料的上述收缩现象，可延长材料的使用寿命达五年之久。

红柱石耐火砖。红柱石煅烧后制成的型材，可用于热风炉、热风塔、再热炒等的关键部位，也可用于各种辅助性浇注和操作设备。使用红柱石制成的耐火纤维做炉衬，比耐火土或轻质砖炉衬节能30%～50%。利用红柱石耐火砖除可减少燃料消耗，增加材料稳定性外，还可节约40%以上一般耐火材料的消耗。

红柱石是生产硅铝合金、氧化铝和铝金属的原料：因红柱石 Al_2O_3 含量高，铁、钛和钙等氧化物杂质含量低，用于生产含铝60%的硅铝合金时，可以省去铝的氧化步骤，既可简化生产程序又可提高生产工效。

硅线石(矽线石)　sillimanite　$Al[AlSiO_4]O$

[化学组成]　组分中有时含 Fe、Ca 及 K、Na 元素，可能与杂质有关。

[晶体参数和结构]　属正交晶系，对称型 $3L^2 3PC$，$a_o = 0.744$ nm、$b_o = 0.759$ nm、$c_o = 0.575$ nm，晶体结构见蓝晶石族描述。

[形态]　单晶体很难见到，一般呈针状集合体或纤维状集合体。有时被包含于其他矿物中呈毛发状或放射状，之所以呈如此形态，与其链状结构密切相关。

[物理性质]　通常呈灰白色，但也可因杂质而呈黄、棕、灰绿、蓝绿等色。具玻璃光泽，硬度大，{010}解理完全，相对密度为 3.23～3.27，不溶于酸，难熔。

[亚种]　富铝红柱石的物理性质与结构均与硅线石相似，当硅线石加热至 1545 ℃时即可转化成富铝红柱石并析出石英，所以富铝红柱石是一种极高温度下的产物，多见于耐火材料或陶瓷产品中，在自然界目前仅发现于火山岩的泥质俘房体中，化学成分为 $Al_6Si_2O_{13}$。

[成因和产状]　硅线石是典型的高温变质矿物，产于泥质岩的高级热变质带中，

如产于硅线石堇青石片麻岩或黑云母硅线石角岩中。通常多系由云母分解而成，但也可由低级相带中的十字石、红柱石或蓝晶石等转化而成。但是由于蓝晶石转化迟缓，因此在高级相带中可以有二者共存的现象发生。

[鉴定特征] 呈针状、放射状或纤维状形态，具完全解理。

[主要用途] 硅线石主要用于制造高铝耐火材料和耐酸材料，也用于制造技术陶瓷，内燃机火花塞的绝缘体，铸钢坩埚，高温测定管及飞机、汽车、火车、船舰部件用的硅铝合金。色泽艳丽的硅线石是宝石的原料。与世界先进国家相比，我国硅线石的开发应用起步较晚，在 20 世纪 60 年代，当时福建莆田将盛产的白云母硅线石片岩直接切割加工成各种形状、尺寸的耐火材料销售到省内外。在 70 年代末，上海宝钢主要将硅线石应用在均热炉、加热炉关键部位的高铝砖及 300 吨钢包钢玉质上下滑板中。

应用实例：

(1)复方硅线石预制式整体坩埚。其特征是采用白刚玉、电熔莫来石、刚玉粉、锆英石和硅线石粉等材料将坩埚预制成型，坩埚内表面为球底柱形，外表面为圆柱形。本实用新型预制的坩埚(包括 0.3 吨至 5 吨的酸性、碱性和中性坩埚)的使用炉次可达 40 炉以上，安全系数大幅提高，大幅缩短工序周期及降低原材料费用。

(2)一种直径为 60～70 mm 的硅线石质耐火球。主要适用于 500 m³ 以下炼铁高炉球式热风炉上部的热交换材料。该耐火球通过合理的配料、均匀混炼、半干机压成型、烧成等工序制作而成，具有热震稳定性好、热容大、抗侵蚀、球间不黏结、不易炸裂和剥落、能提高热风炉换热效率等优点，是 500 m³ 以下炼铁高炉球式热风炉上部理想的热交换材料。

(3)硅线石、红柱石微粉结合的耐火球。以重量百分比表示，该耐火球原料中含有高铝料 40%～60%、气化 SiO_2 微粉 1%～5%、硅线石 2%～8%、红柱石 2%～14%、焦宝石 10%～30%、白干黏土 8%～15%，另外加入了占原料总重 2%～8%的外加剂。本耐火球具有以下优点：

①其高温蠕变率在 0.2 MPa×1400 ℃×5 h 条件下，可降低到 0.3%以下。

②耐压强度高，达到 2.5 万 N/球。

③抗高温性能好，1500 ℃高温下，球体不变形、不软化。

④产品寿命长，一次炉役在 5 年以上，节省了检修费用，具有较好的经济和社会效益。

14.5.7.2.2 环状结构硅酸盐分述

在硅酸盐概述中曾指出过，环状结构硅酸盐可分三方环、四方环、六方环和双层六方环等几种。属于三方环的矿物很少，且不常见，故不作介绍；属于六方环的常见矿物有绿柱石、堇青石和电气石；属于四方环者有斧石。

1. 绿柱石族

绿柱石 beryl $Al_2[Si_6O_{18}]$

[化学组成] BeO 占 14.1%、Al_2O_3 占 19.0%、SiO_2 占 66.9%。绿柱石又称为"绿宝石"，绿柱石中经常含有碱金属，自 Li 至 Cs 均可存在，含量高者可达 5%～7%。绿柱石中往往含有相当数量的水。除此之外，少量的 Fe^{3+} 可以置换 Al^{3+}，微量的 Mg^{2+} 也可置换 Be^{2+}。其他还有 Cr、Zr、Nb、Sn 等元素，但含量极为微小。

[**晶体参数和结构**]　属六方晶系，对称型 L^66L^27PC，$a_0=0.9188$ nm、$c_0=0.9189$ nm。晶体结构如图 14-69 所示：硅氧四面体组成六方环，环与环之间借 Be^{2+}、Al^{3+} 相连；Be^{2+} 作四次配位，形成扭曲了的 $[BeO_4]$ 四面体，Al^{3+} 作 6 次配位，形成 $[AlO_6]$ 八面体。绕 c 轴方向，上下叠置的六方环错开一定角度；环平面本身就是水平方向的对称面所在，上下叠置的环内形成了一个巨大的通道，个体较大的阳离子如 K^+、Cs^+ 等即可置放其中，此外，还可以有 H_2O 及 He_2 等存在。绿柱石的结构特征清楚地说明了何以绿柱石呈六方柱状晶体，并具有 $\{10\bar{1}0\}$ 及 $\{0001\}$ 的解理。

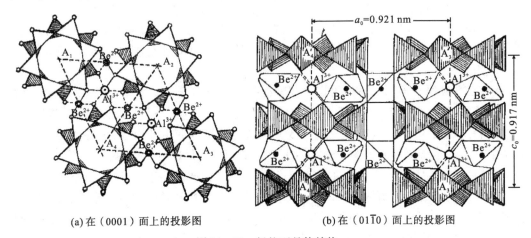

(a) 在（0001）面上的投影图　　　　　(b) 在（01$\bar{1}$0）面上的投影图

图 14-69　绿柱石晶体结构

[**形态**]　单晶体多呈长柱状，通常发育完整，以 $\{10\bar{1}0\}$ 及 $\{0001\}$ 最为发育（见图 14-70)，柱面上有细纵纹。绿柱石的形成温度稍低时，则可呈短柱状甚至板状。集合体呈散染状或晶簇状，偶见柱状集合体。

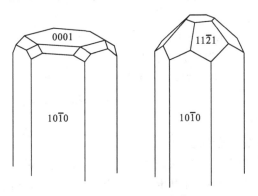

图 14-70　绿柱石晶形

[**物理性质**]　呈不同色调的绿色，但也有白色、浅蓝色、深绿色、玫瑰色或无色透明者。根据颜色的不同，有不同的亚种名称，如祖母绿呈翠绿色，水蓝宝石因含 Fe 呈透明的深蓝色，铯绿柱石含 Cs 而呈玫瑰色，黄透绿柱石含 U 而呈黄色，具玻璃光泽，硬度为 7.5～8，相对密度为 2.66～2.83。

[**成因和产状**]　绿柱石主要产于花岗伟晶岩中，气体-高温热液或热液矿床中也有

产出。共生矿物除长石、石英外，尚有黄晶、锂辉石、锡石、铌铁矿、细晶石、电气石等。伟晶岩中的绿柱石单晶体，个体可以很大，重达数十吨。砂矿中有时也能发现之。绿柱石家族主要以祖母绿最为著名，海蓝宝石次之，二者属绿柱石族中的佼佼者。祖母绿名称来源于古波斯语的译音，优质的祖母绿绿色纯正、匀净、透明，宝石级重量一般为 0.2～0.3 克拉，大于 0.5 克拉者为优质品，2 克拉以上者极为稀少，色正优质透明的大晶体极为罕见。1956 年发现于南非的一颗优质祖母绿晶体，重量达 24000 克拉，为世界上最大的祖母绿晶体，哥伦比亚穆佐矿山也发现了一颗重达 16020 克拉的祖母绿晶体，名列世界第二。

［**鉴定特征**］　绿柱石以形态和颜色作为鉴定特征。与磷灰石相比时，有较高的硬度且柱面上有纵纹出现；与金绿宝石和似晶石相比，则相对密度较低。

［**主要用途**］　是提炼铍的最主要的矿物原料，主要用于某些火花塞陶瓷和陶瓷色釉中；可作为活性助熔剂用于高温电瓷及坩埚坯体中；还用于制造硼硅酸盐玻璃，质地好的可做宝石。

2. 堇青石族

堇青石　cordierite　$(Mg, Fe)_2 Al_3 [Si_5 AlO_{18}]$

［**化学组成**］　堇青石的组成中，含量变化最大的是 Mg、Fe，通常以含 Mg 为主，含 Fe 为主者较少。堇青石中也含有少量的 Ti、Mn。由于它的晶体结构与绿柱石相似，所以在结构的通道中，可有 H_2O、Na、K 等的存在。

［**晶体参数和结构**］　属正交晶系（假六方晶系），对称型 $3L^2 3PC$，$a_0 \approx 1.71$ nm、$b_0 \approx 0.97$ nm、$c_0 \approx 0.94$ nm。堇青石的晶体结构类同于绿柱石，所不同的地方是 $[BeO_4]^{6-}$ 被 $[AlO_4]^{5-}$ 所取代，$[AlO_6]^{9-}$ 则被 $[(Mg, Fe)O_6]^{10-}$ 所取代，电荷的不平衡导致在环状络阴离子里有一个 $[SiO_4]^{4-}$ 被 $[AlO_4]^{5-}$ 所置换，置换的结果是使六方环稍稍变形，致使堇青石变成假六方的正交晶系。但是在高温条件下，六方环中的 $[AlO_4]^{5-}$ 可以作无序分布，所以高温条件下的堇青石与绿柱石成等结构关系。低温条件下则其结构有序，成为正交晶系，其间还有过渡类型存在。高温六方晶系的堇青石又叫作印度石。

［**形态**］　单晶体少见，呈柱状。双晶常呈假六方形，类同于碳酸盐中的文石。集合体呈致密块状或不规则的散染粒状。双晶很普遍，依(110)或(130)而成的双晶最常见，可形成简单的接触双晶或三连晶或聚片双晶。

［**物理性质**］　微带蓝色或紫蓝色者最为常见，但也有呈深蓝色或灰色的，经受风化后则颜色变浅，呈黄白色或褐色。具玻璃光泽，硬度为 7。{010}解理中等，{001}、{100}解理不完全。贝壳状断口，相对密度为 2.53～2.78。由于堇青石有像蓝宝石一样的蓝色，有人称之为"水蓝宝石"。堇青石具有明显的多色性（三色性），在不同方向上会发出不同颜色的光。

［**成因和产状**］　堇青石可以在许多不同的地质条件下形成。在热变质作用过程中，由泥质沉积岩变质而成的角岩中经常含有堇青石。并且自低级变质阶段的斑点状板岩到高级变质阶段的辉石角岩中，均可产生堇青石。斑点本身可以由堇青石或红柱石等组成。堇青石在辉石角岩中可与硅线石、钾长石、白云母等共生。如果原岩缺 SiO_2，则其可与刚玉、尖晶石和碱性长石共生。除泥质岩外，砂质岩石经热变质作用也能形

成堇青石。

区域变质作用形成的片岩、片麻岩中也可以形成堇青石。

当酸性侵入岩或基性侵入岩侵入泥质岩层中时，由于同化混染作用，亦可以形成堇青石。

[鉴定特征] 与石英的区别是其颜色显浅蓝色，具玻璃光泽而非油脂光泽。确切的鉴定应借光性测定。

[主要用途] 颜色美丽透明者，可作为宝石。一般宝石级的堇青石多呈蓝色和紫罗兰色，其中蓝色堇青石还被誉为"水蓝宝石"的美名。

堇青石最大的特性是热膨胀系数小，因此广泛应用于热稳陶瓷、泡沫陶瓷、玻璃中，可提高材料抗急冷急热的能力；也可用来制造功能陶瓷和功能玻璃，以及广泛用于汽车净化器载体基本材料中。

3. 电气石族

电气石 tourmaline (Na，Ca)(Mg，Fe，Li，Al)$_3$Al$_6$[Si$_6$O$_{18}$](BO$_3$)$_3$(OH，F)$_4$

电气石最早发现于斯里兰卡，当时被视为与钻石、红宝石一样珍贵的宝石。人们注意到这种宝石在受热时会带上电荷，这种现象称为热释电效应，故得名电气石。电气石可分为晶体电气石、纤维电气石、工艺品电气石(碧玺)、黑色电气石、粉红色电气石等。

[化学组成] 电气石是一种成分比较复杂的矿物，以含 B 为特征，主要有三个端员组分：

锂电气石　Na(Li，Al)$_3$Al$_6$[Si$_6$O$_{18}$](BO$_3$)$_3$(OH，F)$_4$

黑电气石　NaFe$_3$Al$_6$[Si$_6$O$_{18}$](BO$_3$)$_3$(OH，F)$_4$

镁电气石　NaMg$_3$Al$_6$[Si$_6$O$_{18}$](BO$_3$)$_3$(OH)$_4$

电气石如果以通式表示时，则应为 NaR$_3$Al$_6$[Si$_6$O$_{18}$](BO$_3$)$_3$(OH)$_4$，其中 R 只为 Mg^{2+}、Fe^{2+} 或(Li$^+$＋Al^{3+})。若含 Mn^{2+}，称之为锰电气石。如果镁电气石组分中的 Na$^+$、Al^{3+} 被 Ca^{2+}、Mg^{2+} 所置换时，则形成钙镁电气石 CaMg$_4$Al$_5$[Si$_6$O$_{18}$](BO$_3$)$_3$(OH)$_4$。黑电气石与镁电气石之间及黑电气石与锂电气石之间，均为完全类质同象系列。但锂电气石和镁电气石之间，则为不完全类质同象。此外，电气石中尚可含有少量的 Cr^{3+}、Fe^{3+}、K$^+$。K$^+$ 取代 Na$^+$，而 Cr^{3+} 及 Fe^{3+} 则取代其中的 Mg^{2+}、Fe^{2+} 和 Al^{3+}。附加阴离子一般以(OH)$^-$为主，但亦可有 F$^-$ 的存在，尤其是锂电气石中，含 F$^-$ 较高。

[晶体参数和结构] 属三方晶系，对称型 $L^3 3P$，晶胞参数分别为：

锂电气石　a_o＝1.581 nm、c_o＝0.7085 nm

黑电气石　a_o＝1.591 nm、c_o＝0.7210 nm

镁电气石　a_o＝1.600 nm、c_o＝0.7135 nm

电气石的晶体结构，经不同学者分析，结果颇有分歧，但是大家都肯定其是由硅氧四面体连接成的六方环，因此是环状结构硅酸盐。关于电气石结构的解释，已知有三种模式，今介绍比较公认的模式如下：[SiO$_4$]四面体组成[Si$_6$O$_{18}$]$^{12-}$六方环，而 Mg^{2+} 与 O^{2-} 及(OH)$^-$组成层状的氢氧镁石型结构，三个[MgO$_4$(OH)$_2$]八面体与六方环相接，共用[SiO$_4$]$^{4-}$角顶上的一个 O^{2-}；三个八面体的交点位于六方环的中轴线上，被(OH)$^-$所占据；在该(OH)$^-$的对角处，也是(OH)$^-$的所在；六方环与氢氧镁石层之间，有呈三次配位的[BO$_3$]$^{3-}$三角形存在其间，与八面体层共用一个 O^{2-}，如图 14-71

(a)所示。这样复杂的络阴离子，彼此间又借 Al^{3+} 相连；Al^{3+} 作六次配位，形成[Al-$O_5(OH)$]八面体，其与八面体层上的[$MgO_4(OH)_2$]八面体共用一棱，如图 14-71(b)所示。整个结构沿 c 轴方向的排布情况见图 14-71(c)，由图中可明显地看到，c 轴方向是一个三次螺旋轴，配位数为 9 的 Na^+ 位于六方环的上方空隙处。以上的结构分析是基于镁电气石的资料作出的，其由[SiO_4]四面体所形成的六方环呈复三方形。但是对锂电气石的分析结果证明六方环是正六方形而非复三方形，如图 14-71(e)所示，而镁电气石的晶体结构，则如图 14-71(d)所示。如果这两种结构分析正确的话，那就表明，由于 Li^+、Al^{3+} 与 Mg^{2+} 不同，对晶格会产生不同的影响，所以有此种差别。而一般的黑电气石，其组分介于二者之间，其结构可能两种情况都有。

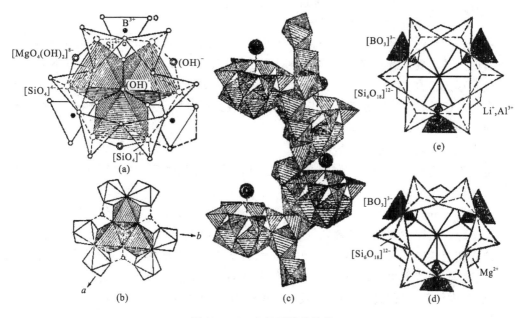

图 14-71 电气石晶体结构

[**形态**] 单晶体呈短柱状、长柱状或针状。最常见的单形是{$10\bar{1}0$}、{$11\bar{2}0$}两种柱面，前者为三方柱，后者为六方柱。柱面上常有纵纹，并因而使晶体的横断面呈弧线三角形（见图 14-72）。集合体呈放射状或纤维状，少数情况下呈块状或粒状。

[**物理性质**] 电气石的颜色多种多样，与所含成分有关。含 Fe 高者显黑色，所以黑电气石一般呈绿黑色至深黑色。锂电气石常呈蓝色、绿色或淡红色，也有呈无色者。锂电气石之所以呈红色是因为含 Mn^{2+}，而呈绿色是因为含少量 Fe^{2+}，呈黄绿色则是因为含微量的 Fe 中又以 Fe^{3+} 为主。镁电气石的颜色变化于无色到暗褐色之间，也是由于含 Fe 量不同所致，纯粹的镁电气石无色，随着 Fe 含量的增高而逐步变深。电气石又可因呈现的颜色不同而分出若干亚种，如无色电气石（白碧玺）、红电气石、蓝电气石等。此外，在同一个电气石晶体上，还会出现不同颜色所组成的水平环带，或 c 轴的两端呈现不同的颜色，此种现象在其他矿物中较为少见。电气石具玻璃光泽，硬度为 7，无解理，参差状断口，相对密度为 3.03~3.10（锂电气石）、3.10~3.25（黑电气石）、3.03~3.15（镁电气石）。电气石还有明显的压电性。

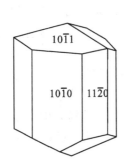 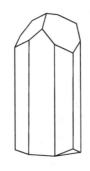 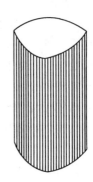

图 14-72   电气石晶形

[**成因和产状**]   锂电气石和黑电气石主要产于花岗伟晶岩和气体-高温热液脉中。电气石的大量出现，意味着硼的作用强烈。在伟晶岩形成的不同阶段，会有不同颜色的电气石形成。高温时生成黑电气石，低至 290 ℃左右时形成绿色电气石，更低至 150 ℃左右时则形成红色电气石。伟晶岩的分带现象很普遍，在不同的带中，往往出现不同色调的电气石。

镁电气石一般存在于变质岩中。

电气石作为碎屑矿物见于沉积岩中，也可在自生作用过程中围绕先前形成的颗粒加大。

电气石可分为红色电气石(亦称红碧玺)、绿色电气石(亦称绿碧玺，即浅绿、绿、深绿、蓝绿、黄绿或棕绿色的锂电气石宝石)、蓝色电气石(亦称蓝碧玺，即纯蓝至深紫蓝或碧蓝色，以及浅蓝至浅绿蓝色的电气石宝石)、纯蓝色电气石(为稀有高档宝石)、黄色电气石(亦称黄碧玺)、紫色电气石(亦称紫碧玺)、无色电气石(亦称无色碧玺)、黑色电气石(亦称黑碧玺)，以及多色电气石(亦称多色碧石、杂色碧玺)和电气石猫眼等。

[**鉴定特征**]   电气石以其形态、横切面形状、柱面上的纵纹作为鉴定特征。色泽鲜艳者、颜色有带状分布规律者，更易识别。

[**主要用途**]   是制造特种陶瓷和功能陶瓷常用的原料，色泽美丽的电气石可做宝石。

14.5.7.2.3   链状结构硅酸盐

链状结构硅酸盐有单链双链之别。辉石族是单链的典型代表，此外还有硅灰石、蔷薇辉石等。角闪石族是双链的典型代表。硅线石按结构特征亦属双链之列，但根据化学组成、产出条件等因素考虑，将其放在岛状结构硅酸盐的蓝晶石族中一并描述更为合适。

1. 辉石族

辉石族矿物是最主要的造岩矿物之一。中基性深成岩、各种火山岩及许多变质岩中均含有辉石。辉石可以结晶成正交晶系或单斜晶系，因此可以进一步分为两个亚族，一个是正辉石亚族，另一个是斜辉石亚族。

辉石族矿物的一般化学式可以用 $W_{1-p}(X, Y)_{1+p}Z_2O_6$ 表示。式中：$W = Ca^{2+}$、

Na^+，$X=Mg^{2+}$、Fe^{2+}、Mn^{2+}、Ni^{2+}、Li^+，$Y=Al^{3+}$、Fe^{3+}、Cr^{3+}、Ti^{3+}，$Z=Si^{4+}$、Al^{3+}。正辉石亚族的化学组成比较简单，其中 $p\approx1$，亦无较大的阳离子存在，Al^{3+}、Fe^{3+} 等三价阳离子也极少，Z 中也仅有 Si^{4+} 而已。但斜辉石亚族就比较复杂，p 的变化自 0 到 1，X 及 Y 的组分均广泛地存在着类质同象置换现象，由于 W 及 X、Y 的变化，相应地需要有部分的 Si^{4+} 被 Al^{3+} 所取代，故斜辉石中出现了铝硅酸盐分子。如果从类质同象关系上进行分析时，可以把辉石族矿物大体上分为下列 9 个端员组分。

① $Mg_2[Si_2O_6]$　　　　　顽辉石或斜顽辉石
② $Fe_2[Si_2O_6]$　　　　　正铁辉石或斜铁辉石
③ $CaMg[Si_2O_6]$　　　　透辉石
④ $CaMn[Si_2O_6]$　　　　钙锰辉石
⑤ $CaFe[Si_2O_6]$　　　　 钙铁辉石
⑥ $LiAl[Si_2O_6]$　　　　　锂辉石
⑦ $NaAl[Si_2O_6]$　　　　 硬玉
⑧ $NaFe[Si_2O_6]$　　　　 霓石
⑨ $NaCr[Si_2O_6]$　　　　 陨铬辉石

根据结构中阳离子的特点，顽辉石与正铁辉石结晶成正交晶系，紫苏辉石是二者的类质同象混晶，但所有这 9 个端员都可结晶成单斜晶系，多数端员和端员之间又可形成类质同象混晶，使斜辉石的成分复杂化。以上 9 种组分最常见的是斜顽辉石、斜铁辉石、透辉石及钙铁辉石 4 种。

锂辉石 $LiAl[Si_2O_6]$ 和产自陨石中的极为稀见的陨铬辉石 $NaCr[Si_2O_6]$ 与其他成员之间没有类质同象关系。从地质意义上看，二者的产出条件也与以上其他组分很不相同，因而宜分别对待。陨铬辉石属于陨石矿物，在地质体中很少遇到，故不作介绍。

辉石晶体结构最突出的地方是每一硅氧四面体均以两个角顶与相邻的硅氧四面体连接，形成沿一个方向无限延伸的单链。链与链之间借 Mg^{2+}、Fe^{2+}、Ca^{2+}、Al^{3+} 等金属阳离子相连。链的方向即 c 轴的方向。链上的重复周期约 0.53 nm，与辉石的晶胞参数 c_0 相当。链与链之间有两种不同大小的空隙，小者记为 M_1，大者记为 M_2。如果阳离子大小相当，则任意占据某一空隙；若阳离子大小不等，则较大的阳离子优先占有 M_2，Na^+、Ca^{2+} 即如此，而 Mg^{2+}、Fe^{2+} 则占有 M_1。阳离子大小不同时，会影响晶胞参数和晶体的对称程度，所以只有不含或少含 Ca^{2+}、Na^+ 等阳离子的辉石，才有可能结晶成正交晶系，否则就会结晶成单斜晶系。

由于不同阳离子占据 M_1 和 M_2 位置时有选择性，因此辉石晶体结构可有不同的有序度。

辉石以上的这些结构特征，很好地说明了辉石的晶体形态呈柱状延伸，且 {110} 晶面发育完全，以及有较好的柱面解理；当组成成分不同的辉石在高温条件下混溶，而到低温阶段离溶时，它们能沿 {100} 或 {001} 方向形成有规律的连生体。

2. 正辉石亚族(斜方辉石亚族)

本亚族矿物是由顽辉石 $Mg_2[Si_2O_6]$ 和正铁辉石 $Fe_2[Si_2O_6]$ 两个端员组分构成的完全类质同象系列，其中间成员为古铜辉石和紫苏辉石。

顽辉石　enstatite　$Mg_2[Si_2O_6]$

古铜辉石　bronzite　$(Mg，Fe)_2[Si_2O_6]$

紫苏辉石　hypersthene　$(Mg，Fe)_2[Si_2O_6]$

[化学组成] $Fe_2[Si_2O_6]$分子含量在顽辉石中小于10％，在古铜辉石中为10％～30％；在紫苏辉石中则为30％～50％。本亚族矿物组成成分中经常含有 Al、Ca、Mn、Fe、Ti、Cr、Ni 等元素，但这些元素的总量均不超过10％。Cr 及 Ni 在富镁的成员中含量较高，而 Mn 则在富铁的成员中含量较高。正辉石结晶温度较高者含 Ca 略高，反之则低。一般情况下，正辉石含 Al_2O_3 仅在3％～4％以下，但在个别变质岩中，有含量高达8％以上者。

[晶体参数和结构]　属正交晶系，对称型 $3L^23PC$。顽辉石的晶胞参数为 $a_o=1.8228$ nm、$b_o=0.8805$ nm、$c_o=0.5185$ nm。正铁辉石的晶胞参数为 $a_o=1.8433$ nm、$b_o=0.9060$ nm、$c_o=0.5258$ nm。古铜辉石和紫苏辉石的参数介乎其间，随组分中铁含量的增大而稍有增大。顽辉石的晶体结构（见图 14-73）中的 $[Si_2O_6]$ 链沿 c 轴方向无限延伸，链与链之间形成的空隙，被二价阳离子占据。

[形态]　单晶体通常呈平行 c 轴延伸的短柱状。常见单形有 $\{100\}$、$\{210\}$、$\{010\}$、$\{001\}$、$\{110\}$、$\{211\}$等。在岩石中常呈不规则的粒状，散布于整个岩石中。常与斜辉石亚族矿物形成有规则的定向附生体。

[物理性质]　颜色随 Fe 含量的增高而加深。顽辉石为无色或带浅绿的灰色，也有呈褐绿色或褐黄色者；紫苏辉石呈绿黑色或褐黑色；古铜辉石则呈特征性的古铜色，故名古铜辉石。具玻璃光泽，硬度为5～6，$\{210\}$解理完全。相对密度随含 Fe 量的增高而增大，顽辉石在3.15左右，紫苏辉石为3.3～3.6，古铜辉石介于两者之间，至于正铁辉石则可达3.9。

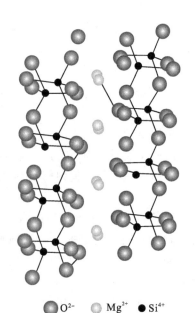

○ O^{2-}　　◎ Mg^{2+}　　● Si^{4+}

图 14-73　顽辉石晶体结构

[成因和产状]　顽辉石和紫苏辉石是正辉石亚族中最常见的矿物。正辉石亚族是由顽辉石 $Mg_2[Si_2O_6]$ 和正铁辉石 $Fe_2[Si_2O_6]$ 两个端员组分构成的完全类质同象系列，其中间成员为古铜辉石和紫苏辉石。$Fe_2[Si_2O_6]$ 分子含量10％以下者为顽辉石，10％～30％为古铜辉石，30％～50％者为紫苏辉石，50％以上者为正铁辉石，它们既可是岩浆结晶作用的产物，也可是变质作用的产物。在岩浆岩中，随着 SiO_2 含量的增高，正辉石亚族矿物成分中 Fe 的含量将有所增加，Mg 的含量将有所降低。因此在纯橄榄岩或苦橄岩中，以顽辉石、古铜辉石为主，在辉石岩、斜长岩中，则以古铜辉石、紫苏辉石为主。正辉石亚族矿物也经常在钙碱性火山岩，如安山岩及粗面岩中产出。

正辉石亚族矿物也是变质程度较深的变质岩中常见的矿物。此外，当泥质岩石遭受接触变质时，原来存在的绿泥石或黑云母等矿物将会分解，并形成本亚族矿物。因此在接触变质带里，它们的出现，表明变质程度已经转入较高级阶段。

本亚族矿物，尤其是富镁的，时常蚀变成蛇纹石，有时可以形成带有古铜色光泽的纤维蛇纹石集合体（特称为绢石），有时蚀变成浅绿色纤维状的角闪石集合体（特称为纤闪石），这几种蚀变产物在岩石中经常呈辉石的假象。辉石是主要的造岩矿物之一。

〔鉴定特征〕 以其短柱状形态、两组近于正交的完好解理为鉴定特征。但与斜辉石亚族矿物的区别，一般须依靠光性测定。

3. 斜辉石亚族（单斜辉石亚族）

透辉石 diopside $CaMg[Si_2O_6]$

钙铁辉石 hedenbergite $Ca(Mg, Fe)[Si_2O_6]$

〔化学组成〕 透辉石与钙铁辉石形成完全类质同象，其中间成员为次透辉石和铁次透辉石。本亚族矿物组成中经常混有一定数量的 Al 与 Mn，Mn 的含量随原组分中 Fe 含量的增高而增高，此外还可含有少量的 Cr、Ni、Zn 等。

〔晶体参数和结构〕 属单斜晶系，对称型 L^2PC，$a_o=0.973$ nm、$b_o=0.891$ nm、$c_o=0.525$ nm、$\beta=105°50'$。

透灰石晶体结构如图 14-74 所示，结构中存在两种空隙类型：一种是较小的 M_1 空隙；另一种是较大的 M_2 空隙。M_1 空隙被 Mg^{2+}、Fe^{2+} 占据，M_2 空隙被 Ca^{2+} 占据。M_1 中的 Mg^{2+} 作六次配位，而 M_2 里的 Ca^{2+} 则作八次配位。这里仅将单位晶胞中的部分结构绘在图上。图 14-74(d)表示的是晶体发育的解理方位，其中折线的方向是 $\{110\}$ 解理所在，因为只有沿着这个方向才较易分裂，可以看出，该矿物发育出两组解理。

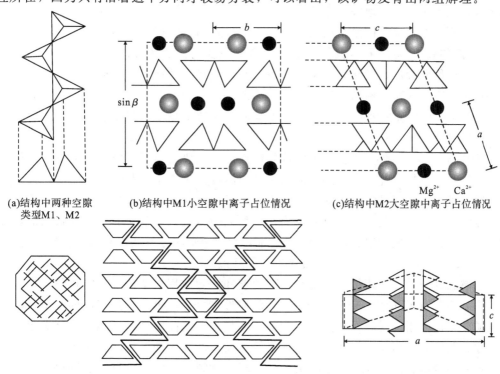

(a)结构中两种空隙类型M1、M2　(b)结构中M1小空隙中离子占位情况　(c)结构中M2大空隙中离子占位情况

(d)晶体发育的解理方位（两组）　　(e)单晶体表面的聚片双晶

图 14-74 透灰石晶体结构

[形态]   单晶体呈短柱状。由于{100}、{010}及{110}晶形特别常见，所以横切面多呈正方形或截角的正方形。常依(100)呈接触双晶或聚片双晶，也有依(001)呈双晶者，但较少见。集合体呈致密块状或粒状。

[物理性质]   纯粹的透辉石应为无色，含杂质时可染成其他颜色，如含 Fe 稍高，则呈绿色。钙铁辉石因含铁量高，多呈深绿色至墨绿色，氧化后呈褐色或褐黑色。色浅者透明度较高。透辉石的条痕为白色，而绿色钙铁辉石的条痕则微具浅绿色。此类矿物具玻璃光泽，硬度为 5.5～6。{110}解理中等至完全，解理交角 87°。有时具(100)裂理，特别称为异剥石。相对密度随组分中的 Fe 含量多寡而有增减，透辉石为 3.22～3.38，钙铁辉石为 3.50～3.60。透辉石与萤石、磷灰石、方解石等矿物一样，属于荧光矿物。

透辉石外观呈灰白色，烧后呈洁白色，是一种非常接近理论成分，有害杂质和烧失量极低的优质透辉石。有的透辉石也可能具备有猫眼的现象，例如石英、绿柱石、金绿石等，如果将它们琢磨出适当的凸圆面，在圆面的中央会有线状的光线聚集处，形成一条白色亮带，于是整个宝石看起来就像是猫的眼睛一般，所以称为猫眼。

[成因和产状]   透辉石是典型的变质矿物之一。当碳酸盐岩层遭受接触变质时，经常形成大量的透辉石或次透辉石。一般都认为早期透辉石的形成代表了干矽卡岩化阶段。透辉石形成的同时，在镁质大理岩中，也可以有镁橄榄石的形成。如果温度更高，透辉石与镁橄榄石又可相互作用形成钙镁橄榄石。

区域变质作用中很少有透辉石形成，但是在较高级的变质相中，也会有次透辉石的形成，只不过不及普通辉石那样普遍而已。

透辉石著名产地：巴西、意大利、缅甸、南非、西伯利亚、巴基斯坦、印度等。

[鉴定特征]   透辉石以其特有的辉石型解理及短柱状形态、较浅的颜色为特征。钙铁辉石则颜色较深，风化表面常呈褐色。与同族矿物的区别，一般宜用光性数据作识别依据，有时还需要借助化学分析，才能准确区分。

[主要用途]   是一种新型的节能矿物原料，主要应用于陶瓷工业，对发展建材工业有一定意义。

透辉石于 20 世纪 70 年代在国外首先被使用，主要原因是当时国外陶瓷工业面临三大问题：一是拥有优质高岭土的国家所产的高岭土主要用于制造工业而使陶瓷工业的原料日渐枯竭；二是陶瓷工业本身面临能源问题，需要寻找节能原料；三是用于陶瓷工业的长石原料不足，而且价格较贵，虽然人们也找到了硅灰石作为其代用品，并能实现低温快烧，但硅灰石也不能满足需求，因此透辉石才开始被利用。直到 20 世纪 80 年代末 90 年代初，我国才在陶瓷工业中使用透辉石。

透辉石建筑陶瓷。透辉石是具有独特功能和广阔应用前景的多功能材料。在升温过程中，透辉石无晶型转变，无烧失，热膨胀性能好，能迅速促进坯体的烧结，起到了强矿化剂的作用。透辉石能实现陶瓷的低温快烧，提高陶瓷的性能，广泛应用于电瓷、建筑陶瓷和日用陶瓷工业，是一种很好的新型节能添加剂和陶瓷原料。在建筑陶瓷工业中，透辉石的综合性能比硅灰石好；对于高频瓷，透辉石瓷比滑石更优良。人们应进一步对透辉石进行开发和研究，以拓宽其应用范围，更好地利用这一自然界非再生的、重要的矿产资源。

采用透辉石-高岭石-石英系列配方研制低温二次快烧釉面砖,素烧温度为 1080～1120 ℃,素烧时间为 80 min,釉烧温度为 1040～1080 ℃,釉烧时间为 80 min,所研制的透辉石釉面砖各项性能指标都达到 GB4100—1983《白色陶质釉面砖》标准要求。与黏土-叶腊石配方相比,素坯烧成温度降低 70～90 ℃,釉烧时间相比于多孔窑减少 16～18 h,素烧时间相比于倒焰窑减少约 70 h,节能效益明显。加入 40% 透辉石的釉面砖素烧周期为 12 h,釉烧周期为 8 h,素烧温度为 1080 ℃,釉烧温度为 1040 ℃,比传统的长石质釉面砖烧成周期缩短 30%～50%,烧成温度降低 100～200 ℃,具有抗折强度高、热膨胀系数低、收缩小等优良特性,经济效益十分可观。

在具有 20 世纪 80 年代国际先进水平,年产 100 万 m² 的高级釉面砖生产线上的试产阶段,原配方烧成过程经常出现风惊,产量达不到设计能力,同时产品湿膨胀较大,后龟裂严重,质量难以提高。新配方以红黏土和 30% 的透辉石为主要原料,解决了试产阶段遇到的难题,提高了产品质量,降低了坯体素烧温度和单位产量煤耗,缩短了素烧、釉烧时间,产品抗压强度提高,超过原设计能力的 20%,创下了年产 120 万 m² 的新纪录,并使产品打入了国际市场,企业获得了明显的经济效益和社会效益。

在瓷质砖中加入 7%～15% 的透辉石,坯体瓷化温度低,烧成范围宽(1160～1180 ℃),坯釉结合性能好,坯体尺寸规整不变形。由于透辉石为粒状,不含结晶水和挥发物,具有良好的热膨胀特性和助熔效果,有利于快速升温和成瓷后的快速冷却,更易于加工和粉碎,缩短了坯料球磨时间,减少了原料加工过程中的能耗,故可显著缩短烧成周期,降低成本。

透辉石是釉面砖卫生陶瓷低温快烧的理想原料,而用于釉面砖的熔块却较少。如在釉面砖熔块中用透辉石代替方解石、滑石和部分石英则有利于熔块熔制、降低釉烧温度和釉的膨胀系数、降低釉料成本。透辉石低温低膨胀乳浊釉的釉烧温度为 1040～1080 ℃,釉烧时间为 90～120 min,釉面白度为 78～79,釉面光泽度为 90%～100%,热膨胀系数为 $7.14 \times 10^{-6}/℃$,无色差,对透辉石素坯有良好的适应性,热稳定性好。

在主要含石英、伊利石、高岭石和赤铁矿的红黄黏土外墙配料中,引入 10% 的透辉石,组分中 CaO、MgO 含量显著上升,Al_2O_3 含量下降,原配方中主要以 K_2O-Na_2O-Fe_3O_4 形成低共熔物,新配方中主要以 CaO-MgO-K_2O-Na_2O-Fe_2O_3 形成低共熔物,其助熔效果明显增强,烧成温度由 1130 ℃ 下降到 1100 ℃,烧成周期为 45 min,由于透辉石烧失量小,无多晶转变,晶体呈柱状,可使配料脱水快、喷雾产量提高、生坯料易成型和干燥,提高了产品的合格率。透辉石的引入,使产品的吸水率由 8.15% 下降到 5.93%,抗弯强度由 27.82 MPa 提高到 29.97 MPa,从而改善了产品质量。

以质量百分比:透辉石 30%～40%、叶蜡石 10%～20%、长石 5%～15%、软质黏土 20%～30%、砂石 5%～10%,制成的无釉瓷质砖,烧成温度为(1170±10)℃,烧成周期为 48 min。其吸水率为 0.1%～0.2%,抗折强度为 45～50 MPa,总收缩率为 5%～6%。热稳定性:经 20～30 次急冷急热循环未出现炸裂或裂纹。因此,透辉石的引入,可降低生产成本、节约能源、缩短烧成周期,热稳定性好,可提高砖的机械强度。

透辉石日用瓷器。透辉石既能应用于建筑卫生陶瓷工业中,也能应用于日用陶瓷工业中。在高岭石、瓷石中加入 5%～15% 的透辉石，SiO_2/Al_2O_3 控制在 4.23% 以下，在 1240～1280 ℃ 的烧成范围内，制品可达到日用细瓷的标准。坯料在低温还原烧成制定下烧成的大型扁平制品具有较高的透明度，釉面白中泛青，具有景德镇的传统风味。烧成温度降低到 1260 ℃ 左右，在节能与提高窑具使用寿命方面，将具有显著的经济效益。

透辉石工业电瓷。由于透辉石是一种熔剂性矿物，可对高压电瓷坯料的成瓷过程和瓷体性能产生较好的促进作用。在高压电瓷坯料中加入 3%～5% 的透辉石，就可降低 100 ℃ 的烧成温度。若加入 10%～20% 的透辉石，使之作为电瓷坯料主要原料之一时，在降低烧成温度的同时还可改善电瓷的介电损耗、体积电阻率、工频电强度等电气性能，使瓷体强度提高 16%～74%。

纯度较高(>90%)的透辉石矿代替滑石作为高频瓷的主要原料时，生产工艺和设备无需改变，烧成温度可降低 50℃ 左右，产品的各项性能指标均能符合技术要求。适当降低配料中碳酸钡的用量和增加透辉石原料用量，可以增大熔体的温度黏度，从而将坯体烧结范围拓宽到 30～40 ℃。透辉石瓷与滑石瓷相比的优点还在于其不存在老化问题，大大提高了瓷件的可靠性和使用寿命。透辉石瓷优良的介电性能和较好的机械性能归结于其晶相的稳定和细长的针晶特征。

普通辉石 augite $(Ca，Mg，Fe，Al)_2[(Si，Al)_2O_6]$

[化学组成]   普通辉石的化学式也有写成 $Ca(Mg，Fe，Al)[(Si，Al)_2O_6]$ 的，这是因为，从晶体结构上讲，这种写法比较合理，说明 Ca^{2+} 不能被 Mg^{2+}、Fe^{2+} 等取代，但是实际分析资料表明，其组成中 Ca^{2+} 的原子个数往往不足 1，而在 0.8 左右，有时可以低到 0.6 以下，因而一般采用 $(Ca，Mg，Fe，Al)_2[(Si，Al)_2O_6]$ 的写法，这样可以表现出晶体结构中 Ca^{2+} 的不足部分将被 Mg^{2+}、Fe^{2+} 等离子填补。正常的普通辉石可以看成是由透辉石组分作主体，混入了一定量的 $(Mg，Fe)_2[Si_2O_6]$ 分子和 $Al_2[Al_2O_6]$ 分子而形成的。由于后两者的加入，Mg^{2+}、Fe^{2+} 及 Al^{3+} 的含量增高，Ca^{2+} 及 Si^{4+} 的含量降低。通常普通辉石中 Al_2O_3 的含量在 2.5%～4.0% 范围内，如果普通辉石中 Fe 的含量超过 Mg 时，Al_2O_3 的含量则降至 1.5%～3.0%。个别的普通辉石含 Al_2O_3 特高，可以达到 8% 以上，与此相应，Fe^{3+} 和 Ti^{3+} 的含量也有所增高，因此可以推断，这种特高的 Al_2O_3 含量，其中当有一部分 Al^{3+} 取代 $[SiO_4]^{4-}$ 中的 Si^{4+} 用以平衡电荷之不足。普通辉石中含钛高者，又名钛辉石。钛辉石中 TiO_2 含量一般为 3%～5%，少数特高者可以达到 8% 以上。

普通辉石中常含有 Fe^{3+}，其 Fe_2O_3 含量往往不超过 3%。深成岩中普通辉石的 Fe^{3+} 含量往往不及喷出岩中 Fe^{3+} 的含量高。

此外，在普通辉石中尚可有 Cr、Mn、Ni 等元素出现。富镁的普通辉石可含有较多的 Cr 及 Ni，富铁者则可含有较多的 Mn。由于富镁的普通辉石结晶早，因而可以含有较多的 Cr、Ni、V、Co、Cu 等元素，而富铁的普通辉石结晶较晚，因此在岩浆晚期较富集的元素如 Li、Y、La 等元素，就相对地富集于富铁的普通辉石中。

[晶体参数和结构]   属单斜晶系，对称型 L^2PC，$a_0 \approx 0.98$ nm、$b_0 \approx 0.90$ nm、$c_0 \approx 0.525$ nm、$\beta = 105°$。普通辉石的晶体结构与透辉石相似，但由于组成成分的变化，

遂引起晶胞参数的变化，值得注意的是这种变化对 c_0 的影响很不明显，对 b_0 的影响则比较显著，对 a_0 也有影响，因此根据 b_0 的变化可以测知其组成成分。

[形态]　单晶体呈短柱状（见图 14 - 75）或呈平行 {100} 的板状，少数呈三向等长形。与透辉石不同之点是 {110} 柱面较 {100} 及 {010} 轴面更加发育，所以横切面常近于呈正八边形。依 (100) 而成的简单接触双晶或聚片双晶较常见；依 (001) 而成的聚片双晶则较少见。集合体呈粒状块体。

[物理性质]　呈绿黑色或黑色，少数情况下呈暗绿色或褐色。具玻璃光泽，硬度为 5.5～6。{110} 解理完全或中等，交角 87°。有时见到有 {100} 或 {010} 的裂理。斜辉石具有密集的 (100) 裂理者，统称为异剥石。

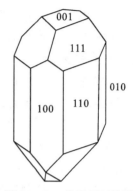

图 14 - 75　普通辉石晶形

[成因和产状]　普通辉石是火成岩中极为普遍的造岩矿物之一，尤其在辉长岩-玄武岩类岩石中最为常见。此外，在某些超基性或中性岩石内也广泛出现。有些岩石中可以同时有两种辉石存在，其中之一多属普通辉石，而另一种则往往是正辉石或贫钙的斜辉石。在岩浆结晶分异过程中，早期析出的辉石往往富镁，越晚则越富铁。

普通辉石在月岩中较常见，但在陨石中很少见。

普通辉石常蚀变为绿泥石和纤闪石。蚀变作用初沿边缘或解理缝或其他裂隙进行，强烈时，则全部发生交代作用，形成假象。其晶体可用于磨制黑宝石。

[鉴定特征]　普通辉石常以其短柱状形态、横切面常近于呈正八边形、黑色和 {110} 解理交角接近直角作为鉴定特征。普通辉石最易与普通角闪石相混，仔细观察其解理角的不同，是比较可靠的识别依据。至于普通辉石与同族其他矿物的区别，需借光性测定。

锂辉石　spodumene　$LiAl[Si_2O_6]$

[化学组成]　锂辉石的组成往往接近于理想情况，分析资料证明其中的 Si 很少被 Al 所置换。锂辉石中可以含有少量的霓石和硬玉分子，此外也可以含微量的 K。

[晶体参数和结构]　锂辉石的晶体结构及晶系等，均与透辉石相同，但晶胞参数相差较大，$a_0 \approx 0.950$ nm、$b_0 \approx 0.830$ nm、$c_0 \approx 0.524$ nm、$\beta \approx 110°20'$。锂辉石受热至 900 ℃ 以上时可以转变成四方晶系的 β 锂辉石，因此常温常压下的锂辉石又名 α 锂辉石。

[物理性质]　呈无色或灰白色，可因含杂质而带有其他色调，如黄、绿、紫等色。有一种翠绿色的锂辉石，名叫翠绿锂辉石，呈色的原因是含微量的 Cr。另一种紫锂辉石呈紫色，是因含少量的 Mn 所致。锂辉石硬度为 6.5～7。{110} 解理完全或中等，解理交角同其他斜辉石，可有 (100) 裂理。相对密度为 3.03～3.22。

[成因和产状]　锂辉石产于花岗伟晶岩中，与绿柱石、电气石、锂云母、钠长石、石英等共生，多见于核心带与边缘带之间的过渡带内，是伟晶岩中锂矿化阶段的产物。有时可以形成粗大晶体。

[鉴定特征]　锂辉石色浅，仅产于伟晶岩中，与硬玉的区别，可以借焰色反应（染火焰呈红色，系锂的反应）进行区分；与浅色的角闪石和磷锂铝石可以解理交角相区别。

[主要用途]　是提炼锂的矿物原料之一。色彩鲜艳且透明的锂辉石，如紫锂辉石和翠绿锂辉石，可作宝石。可作为助熔剂应用于普通陶瓷、电瓷、特种陶瓷、功能陶瓷材料及玻璃材料中。

在陶瓷胚体中的应用。在陶瓷胚体中加入锂辉石，既可做助熔剂，同时又是保证生成低热膨胀晶体的重要组分。

传统陶瓷常因石英和方石英的相转变所生产的体积变化产生内应力而使抗热振性变差。在坯体中加入经煅烧后转变为 β 锂辉石的原料，其晶格结构可吸纳高岭石相变游离出来的 SiO_2 和外加的 SiO_2 而成固溶体（而透锂长石的结构却不允许），可使石英不断熔解于熔体中，抑制残余石英向热膨胀系数比石英高得多的方石英转化，还可降低 β 石英向 α 石英的晶型转变温度，使低热膨胀系数的 β 石英在更宽广的温度区域内稳定，加之锉辉石有助于在较低温度下形成莫来石以增加坯体强度。这些作用使锂辉石质陶瓷具有低热膨胀性而有广泛、特殊的用途：良好的抗热展性，可使其广泛用于窑具、感应加热部件、高温夹具、电阻丝线圈、高压输电绝缘子、家庭用耐火餐具，以及热电偶保护套等；极低或零的热膨胀系数，可使其用于叶轮机片、喷气发动机部件、喷嘴衬片、内姗机部件及要求尺寸很稳定的高精度电子元部件；高温化学稳定性，可使其用于金属浇铸桶、实验室用燃烧舟和燃烧管等。

用锂辉石与钾长石（或钠长石）混合制成的瓷器坯料比只用长石制成的坯料的吸水率低。试验表明，坯料内含有 20％霞石正长岩及 10％锂辉石时，可将坯体的烧成温度降低为 1050 ℃。坯体中加入锂辉石，采用普通的日用陶瓷制造工艺，生产出的新型耐热陶瓷炊餐具，具有强度高、抗热振好，20 ℃～510 ℃/450 ℃一次热交换不裂等特性，且生产成本低较低，可用于各种温度下的炸、炒、炖、煮。利用锂辉石矿物，采用普通日用瓷生产工艺和设备，可生产出具有低膨胀系数的微晶陶瓷电磁灶面板，产品性能完全符合国家标准，可以与国外的微晶玻璃及耐热玻璃媲美，且与微晶玻璃相比具有烧成温度低、工艺简单、成本低廉、易于推广的特点。此外，利用其微晶内瓷膨胀系数低、抗热振性好、电气绝缘性和化学稳定性良好的特点，在制造金属过滤器、热变换器等方面也有广泛的应用前景。

对于制造电工陶瓷的长石原料，其碱金属氧化物的比值有严格要求。电工陶瓷的介电性能、机械强度和热稳定性都取决于所采用原料的组成、性能和品位，用锂辉石完全代替长石生产绝缘子可大大提高其机械强度和绝缘强度，降低其热膨胀系数及烧成温度，提高其热稳定性。

在陶瓷砂锅中的应用。在传统砂锅工艺的基础上，在材料中按一定比例加入锂辉石，利用锂辉石稳定、耐热的特性，可弥补传统砂锅干烧易裂的缺陷。这类砂锅叫作新一代陶瓷砂锅，将该砂锅烧至 600 ℃后投入 20 ℃的水中不裂。锂辉石质耐热砂锅可直接在微波炉内使用，也可在冰箱中冷藏，在各种热源下炸、炒、炖、煮食品，经受长期急冷急热条件的考验仍完好无损，具有良好的热稳定性能。

在配饰的应用。锂辉石有多种色彩，可以作为手链、项链或者衣服配饰的材料。

在其他领域中的应用。锂辉石的应用于玻璃和搪瓷工业中。在玻璃和搪瓷釉配方中引入锂辉石，可在较宽成分范围内获得 β 锂辉石和凯石英两种低膨胀晶体，并无需引用晶核，晶种就可同时均匀结晶，从而提高其机械强度和抗热振性。由于锂辉石是最主要的锂工业矿物来源，一般也用来制取化学原料中的锂。例如，用包括煅烧、热水淋滤、蒸发-结晶的工艺从锂辉石中生产锂的氢氧化物；有的则先煅烧锂辉石，然后再使之与硫酸反应生成硫酸锂，或者用苏打将其转化为碳酸锂，再用电解法制得金属锂。

除陶瓷工业外，碳酸锂也以日益增长的速度应用于铝工业中。当将锂加入铝的还原电解槽中时，可增加熔池的导电性，降低操作温度并使产量增加。

氢氧化锂用作碱性蓄电池的配料可增加电池的使用寿命。用氢氧化锂与脂肪酸作用，可生成一新型润滑脂，该润滑脂在很宽的温度范围内可以保持其黏度，并在水的存在条件下保持其稳定性，所以润滑脂已成为军事和汽车等方面润滑领域中的标准产品。脱水的氢氧化锂具有吸附大量二氧化碳的能力，这种性能已在"阿波罗"登月舱的空气再生系统中得到利用。

4. 角闪石族

角闪石族矿物属典型的双链结构，成分复杂，既可以结晶成正交晶系，也可以结晶成单斜晶系，前者属于正闪石亚族，后者属于斜闪石亚族。与辉石族矿物相比较，本族矿物无论在结构上、组成成分上及物理性质等方面均有许多类似之处。

角闪石族矿物的晶体结构以透闪石 $Ca_2Mg_5[Si_4O_{11}]_2(OH)_2$ 为例来说明，本族其余的矿物，仅组分有某些差异，或是结构有少许变化而已。

图 14-76(a) 是以 $[(Si, Al)_4O_{11}]$ 配位多面体形式绘制而成的简图，从图中可以看出，链与链之间是借位于 A、M_1、M_2、M_3、M_4 上的阳离子相互连接起来的，而链与链之间联结最弱的地方则如图 14-76(c) 中折线所示之处，从宏观上看，折线所代表的平面即 {110} 方向，其间夹角等于 56°，这便是角闪石族矿物特征的解理交角。A、M_1、M_2、M_3、M_4 等实际上是链与链之间的空隙。可以看出，这几种空隙并不相同：M_1 及 M_2 正好位于四面体角顶相对的位置上，空隙最小；M_3 位于角顶相对的空间里，但适处中心，偏离角顶较远，故空隙略大；M_4 是四面体底面相对的位置，空间比前几种均大；A 位于两个相邻的 M_4 之间，空隙最大。由于这些空隙大小不同，因此不同大小的阳离子就会分别占有不同的空隙。在透闪石里，最大的阳离子是 Ca^{2+}，占据 M_4；Mg^{2+} 则占据 M_1、M_2、M_3 等三种较小的空隙；A 的位置是空缺的。但是在一些碱性角闪石里，会出现半径较大而电荷又较小的 Na^+，这种离子一般占有最大的空隙。所以，角闪石的晶体结构可以看成是由两层角顶相对的 $[(Si, Al)_4O_{11}]$ 链，夹有"氢氧镁石"型结构层作夹心的结构单位组成的。这种结构单位相互堆砌，彼此间借较大的阳离子如 Ca^{2+}、Na^+ 等及阴离子 $(OH)^-$ 连接起来，其中以 Ca^{2+} 为主。Ca^{2+} 体积较大，适应于 M_4 的位置，这种结构属单斜晶系。如果组成成分中缺少 Ca^{2+}，而仅有 Mg^{2+} 时，所有的 M_1、M_2、M_3 及 M_4 均被 Mg^{2+} 占据，就 M_1、M_2、M_3 而言，由于空隙大小相差不大，所以仍能保持原有透闪石的结构，但是占有 M_4 时，由于 Mg^{2+} 的体积较小，就不

再能保持原有透闪石的结构了，于是堆积方式必须作适当调整，这样就使原来属于单斜晶系的结构转变成正交晶系。这种调整，实质上只是结构单位在平行于(010)的方向作适当位移而已，从整个结构来说，变化并不大，所以正闪石和斜闪石的 b_0、c_0相近。

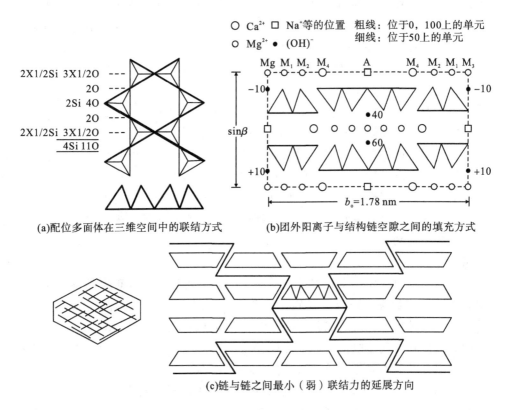

图 14 - 76   透闪石晶体结构

角闪石族矿物的化学式可以根据上述结构情况，用 $X_{2\sim3} Y_5 Z_8 O_{22} (OH)_2$ 表示，式中：X＝Ca、Na、K、Mn 的阳离子，相当于 M_4 和 A 位置中半径较大的阴离子；Y＝Mg、Fe、Al、Ti、Cr、Li 等的阳离子，相当于 M_1、M_2 和 M_3 位置中半径较小的阳离子；Z＝Si^{4+} 及 Al^{3+}，但 Al^{3+} 的含量不超过 $Si^{4+}＋Al^{3+}$ 总数的 1/4。此外 $(OH)^-$ 附加阴离子有时可被 F^-、Cl^-，甚至 O^{2-} 等所置换。

角闪石族矿物成分之间的类质同象置换现象极其复杂多样，除了 Fe↔Mg 之间的置换之外，还有其他的许多置换形式。如果以透闪石作基础，通过不同置换，可以演化成多种其他组分。

5. 斜闪石亚族(单斜角闪石亚族)

透闪石   tremolite $Ca_2 Mg_5 [Si_4 O_{11}]_2 (OH)_2$

阳起石   actinolite $Ca_2 (Mg，Fe)_5 [Si_4 O_{11}]_2 (OH)_2$

[化学组成]   透闪石、阳起石化学组成的差异在于 Fe 含量的不同。如果 Fe/(Mg＋Fe)<10％时，属透闪石；大于 10％时则属阳起石。因此这一系列矿物，实质上应视为 $Ca_2 Mg_5 [Si_4 O_{11}]_2 (OH)_2$ 和 $Ca_2 Fe_5 [Si_4 O_{11}]_2 (OH)_2$ 两种组分的类质同象系列。如果该系列中发生了 Al→(Mg，Fe)Si 的取代现象时，则逐步向普通角闪石过渡。一般说来，

在透闪石、阳起石中，Al 的含量不应过高，其取代分子式中 Si 的原子数不应超过 0.5，这是透闪石、阳起石与其他斜闪石，尤其是与普通角闪石的重要区别之一。透闪石和阳起石中含 Na、K 极少，有时可含有少量的 Mn，附加阴离子以（OH）⁻为主，但也有 F⁻、Cl⁻的存在。

[晶体参数和结构]　属单斜晶系，对称型 L^2PC，$a_o\approx0.985$ nm、$b_o\approx1.81$ nm、$c_o\approx0.53$ nm、$\beta\approx104°50'$，晶体结构见角闪石族描述。

[形态]　单晶体呈长柱状、针状，有时呈毛发状，平行 c 轴延伸。通常呈放射状或纤维状集合体。其纤维状体类如石棉者，叫作透闪石石棉或阳起石石棉。如果形成坚硬致密的块体，并具刺状断口时，称作软玉。依（100）而成的简单接触双晶或聚片双晶较常见。

[物理性质]　透闪石呈白色或灰色，具荧光。阳起石为绿色、浅灰绿色或墨绿色，视 Fe 的含量不同而不同。本族矿物硬度为 5～6。{110}解理中等，解理交角 56°。有时可见（100）裂理。相对密度随 Fe 的含量之增高而增加，为 3.02～3.44。不溶于酸。

[成因和产状]　透闪石是不纯灰岩或白云岩遭受接触变质的产物。原岩中的白云石或含镁方解石与硅质相互作用而形成透闪石。变质程度增高时，透闪石不再稳定，向透辉石转化。如果原岩中缺 SiO_2 时，则可形成橄榄石。所以镁质碳酸盐岩层经受接触变质时，可以出现明显的分带现象，即透闪石与橄榄石或透辉石有随距接触带远近互为消长的情况。在区域变质作用中，也有透闪石或阳起石的形成，主要由不纯灰岩、基性或超基性岩及硬砂岩等变质而成，属于典型的绿片岩相产物。

本族矿物世界著名的产地有瑞士的提契诺州、意大利的皮埃蒙特和美国东部的阿巴拉契亚山脉等。

[鉴定特征]　透闪石及阳起石均具有角闪石式的解理，呈长柱状至纤维状，透闪石色浅，阳起石经常呈绿色。透闪石与硅灰石肉眼较难识别，但后者遇浓 HCl 能分解而区别于透闪石。

[主要用途]　透闪石石棉和阳起石石棉是工业石棉的矿物原料之一。

透闪石也可作为名贵玉的品种。一般来说子料的质量多好于山料和山流水料，如果子料有很漂亮的红皮，将对其价值有重要贡献，如可证明其是纯正的新疆子料，则价值倍增，如羊脂白玉因色似羊脂而得名。羊脂玉质地细腻，特别温润，油性特佳，给人一种刚中见柔的感觉，是白玉中的优质品，比较稀少贵重。以子料为例，市场上块度超过 1000 g 的羊脂白玉子料价值约 10 万元，十几千克已属罕见，价值更高；超过 100 g 的羊脂白玉子料价格约 20000 元～50000 元，几十克一块的羊脂白玉子料的价格约 3000 元～5000 元。评价透闪石玉（软玉）最关键的是其白度和细腻温润具油性，绺裂、瑕疵的影响要视所处的位置、大小、分布情况而定，如果可以剔除，则影响不大，如果直接影响到设计方案并无法剔除，则严重影响其价值。

6. 硅灰石族

硅灰石　wollastonite　$Ca_3[Si_3O_9]$

[化学组成]　CaO 占 48.25%、SiO_2 占 51.75%，组分中的 Ca 可被少量的 Fe、Mn 及 Mg 所置换。

[**晶体参数和结构**]   属三斜晶系，对称型为 C，$a_0 = 0.794$ nm、$b_0 = 0.732$ nm、$c_0 = 0.707$ nm、$\alpha = 90°03'$、$\beta = 95°17'$、$\gamma = 102°28'$。$Ca_3[Si_3O_9]$ 有三种同质多象变体，其中两种为低温变体，即三斜晶系的硅灰石和单斜晶系的副硅灰石，后者较少见；另一种高温变体结晶成假正交晶系，实际上为三斜晶系，在自然界极少见。硅灰石的晶体结构是一种单链结构（见图 14 - 77），每一硅氧四面体均以两个角顶与相邻四面体连接，但与辉石的单链不同，其一维连续的单链平行于 b 轴延伸，排列方式为每隔三个四面体重复一次，且其中仅有一个四面体的棱平行于链的方向。Ca^{2+} 作六次配位，形成配位八面体，八面体以棱相连，彼此偏斜。

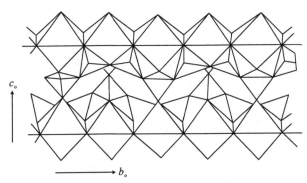

图 14 - 77   硅灰石晶体结构

[**形态**]   单晶体沿 {001} 或 {100} 延展成板状或片状，但极为罕见。多呈片状、放射状、纤维状或块状集合体，尤以纤维状最常见。双晶常见，以轴为双晶轴，(100) 为接合面，形成接触双晶。

[**物理性质**]   色白至灰白，偶尔呈黄、绿、棕色。具玻璃光泽，但在解理面上可呈珍珠光泽。硬度为 $4.5\sim5$。解理平行 {100} 完全，{001} 及 {102} 解理中等。相对密度为 $2.87\sim3.09$。遇浓 HCl 可以分解，并形成絮状物，这是与透闪石不同的地方。

硅灰石还具有独特的工艺性能，如使用硅灰石原料后，可以有效地减少坯体收缩率，而且能够降低坯体的吸湿膨胀，防止陶瓷坯体的后期干裂等。含硅灰石的坯体还具有较高的机械强度和较低的介电损失。引入硅灰石的坯体，在烧结过程中成熟速度加快，可以在十几分钟至几十分钟内使坯体成熟，大大降低了单位制品的热损耗，其烧成周期也从过去的 90 h，下降为仅仅 50 min。硅灰石最先被引入釉面砖坯料配方中，使釉面砖的烧成热能损耗由 15 kJ/g 制品，下降为 7.74 kJ/g 制品。除釉面砖外，硅灰石原料已扩大了其应用范围，其节能降耗的效果，陶瓷业界人士已有目共睹。

[**成因和产状**]   硅灰石常见于不纯灰岩的接触变质带内，由 SiO_2 与 $CaCO_3$ 反应而成：$CaCO_3 + SiO_2 \longrightarrow Ca_3[Si_3O_9] + CO_2$。

根据实验可知，降低 CO_2 的分压时，形成温度当适可下降，因此在近地表处或断裂附近，CO_2 可迅速逸去，又可促使 CO_2 的分压下降，有利于硅灰石在较低的温度下形成。温度增高时，硅灰石不稳定，将转变成灰硅钙石和斜硅钙石。副硅灰石很少产出，可与硅灰石一同出现于接触变质带中。硅灰石也可以由含钙质的岩层经区域变质作用形成，但不及接触变质作用重要。

[鉴定特征] 硅灰石以片状或纤维状形态、浅色、解理交角、多产于接触变质带为鉴定特征。

[主要用途] 造纸级硅灰石粉经过特殊加工工艺后仍能保持其独特的针状结构，使添加了硅灰石粉的白板纸的白度、不透明度（面层遮盖度）、平整度、平滑度、适应性有所提高，减少了定量横差和纸板湿变形，提高了印刷适应性，并且可大幅度降低其他各种原材料的使用量，从总体上降低纸制品成本。

在陶瓷原料中加入适量的硅灰石粉，可以大幅度降低烧成温度，缩短烧成时间，实现低温快速一次烧成；可以大量节约燃料，明显降低产品成本；可以提高产品的机械性能，减少产品的裂缝和翘曲，增加釉面光泽度，提高胚体强度，进而提高产品的合格率。

硅灰石可制刹车片、陶瓷釉面等，广泛应用于汽车、冶金、陶瓷、塑料等工业生产中。目前世界上硅灰石消费前景最被看好的领域是工程塑料行业，硅灰石作为塑料橡胶工业的填料和补强剂，在工业制成品中越来越多地替代金属部件，市场对其需求增长迅速。

由于加工方法的改进，硅灰石超细粒物质的获得使得其潜在的新用途正陆续被发现。据专家预测，未来硅灰石应用领域所占比例如下：陶瓷工业及有关部门 6%；涂料、塑料和装饰材料 22%；石棉替代品 5%；日常生活绝缘物品用绝缘陶瓷泡沫 12%；建筑用绝缘陶瓷泡沫 6%；耐火绝缘层陶瓷泡沫 2%；铸造生产用陶瓷泡沫 4%；矿渣混凝土砌块面层涂料 3%；造纸生产 40%。

硅灰石涂料。硅灰石具有良好的补强性，既可以提高涂料的韧性和耐用性，又可以保持涂料表面平整及良好的光泽度，提高了涂料抗洗刷和抗风化性能，还可减少涂料与油墨的吸油量并保持碱性，使涂料具有抗腐蚀能力；可以得到高质量、颜色明亮的涂料，并使涂料具有良好的均涂性和抗老化性能；使涂料得到更好的机械强度，增加其耐久性、黏附力。

硅灰石塑料橡胶。硅灰石具有独特的针状纤维，具有良好的绝缘性、耐磨性，以及较高的折光率，是塑料、橡胶制品较好的填充材料。特点与性能：硅灰石粉可以提高塑料橡胶的冲击强度，增强其流动性及改善其抗拉强度、线性拉伸及模收缩率。

硅灰石建材。硅灰石的无毒、无味、无放射性等优点使其逐渐取代了对人体健康有害的石棉，成为新世纪环保建材的新原料。硅灰石经过特殊加工工艺后仍能保持其独特的针状结构，使添加了硅灰石针状粉的硅钙板、防火板等材料的抗冲击性、抗弯折强度、耐磨强度均大大提高。在建筑材料领域，硅灰石将被更加广泛地应用。

硅灰石陶瓷。在陶瓷原料中加入适量的硅灰石粉，可提高产品的合格率。

14.5.7.2.4 层状结构硅酸盐

层状结构硅酸盐中的络阴离子，可以看成是由链状络阴离子进一步相互连接而成的。两个单链相互平行连接时，可形成双链；如无限数量的单链在同一平面内平行地连接起来，可构成层状结构的络阴离子。常见的单链和双链有辉石型和角闪石型，但是单链结构还有硅灰石型和蔷薇辉石型等，它们也可相连，形成层状结构。一种稀见矿物水硅钙石 $Ca_3[Si_6O_{15}] \cdot 6H_2O$ 便是由硅灰石型的链相互连接而成的层状结构硅酸盐。这里阐述的结构关系是按照演化的方式来描述的，它可以表明结构间的联系。但是就本质而言，所谓层状结构，只是硅氧四面体分布在一个平面内，而且是彼此相连的，只要符合这一点，便属于层状结构硅酸盐之列。但在层状结构硅酸盐中，还有一些特殊类型，如葡萄石便是一例。葡萄石的晶体结构属于层状与架状之间，可以称之为过渡类型的层架状结构。层状结构里的每个硅氧四面体的三个角顶上的氧都是与相邻的硅氧四面体共用的，它们的电荷已经达到平衡(如有 Al 代替 Si 时例外)，只有剩下的一个未被共用的 O^{2-}(有时被$(OH)^-$所取代)才有自由负电荷存在，能与其他阳离子相结合。由于$[SiO_4]$相互连接成层，因而阳离子的配位多面体也连接成层状分布。基于$[SiO_4]$所组成的层状结构有一定的排列形态，具有自由电荷的 O^{2-} 的空间位置不能任意变动，所以与之配位的阳离子的大小及电荷，就有了局限性。在常见的层状结构中，能与硅氧四面体层直接相接的阳离子，只能是 Mg^{2+}、Al^{3+} – Li^+、Fe^{2+}、Fe^{3+} 等少数几种，因为只有这几种阳离子，才能形成大小适合的八面体层，继而与硅氧四面体相接。

在层状结构硅酸盐中，其层状络阴离子可有不同的形式，但最常见的基本上只有一种，如图 14 – 78 所示。其硅氧四面体连接成具六方环状网孔的层，具自由电荷的活性氧均位于层的同一侧。此外，也有呈四方和复四方形网孔的硅氧四面体层，但罕见，仅在鱼眼石、水硅钙石等个别矿物中存在。至于配位多面体连成的结构层，由于 Mg^{2+}、Fe^{2+} 均为二价，Al^{3+}、Fe^{3+} 均为三价，而在相当于每个硅氧六方环网孔的范围内，最多只能容纳三个配位八面体，因此当三个八面体位置均被二价阳离子占据时，便称为三八面体型结构；若全由三价阳离子充填时，必有一个位置是空缺的，故称为二面体型结构。如二价和三价阳离子共同存在时，则属于上述二者之间的过渡类型。

上述的硅氧四面体层及铝氧八面体层或镁氧八面体层等是层状结构硅酸盐的晶体结构中的基本结构层，基本结构层与基本结构层彼此相接，则形成结构单元层。这种结构单元层由指向相反的两层硅氧四面体层中夹一层配位八面体层所组成，其有两种型式：一为高岭石型，是双层型的 1∶1(或 T – O)型结构单元层，如图 14 – 78(a)所示。结构层里硅氧四面体的尖端全都指向一方，故有极性；另一种是云母型，作夹心式，是三层型的 2∶1(或 T – O – T)型结构单元层，如图 14 – 78(b)所示。

结构单元层与结构单元层之间存在有间隙。如果结构单元层内部正负电荷已经达到平衡，则层间无需阳离子配位；如果尚未达到平衡，则需一定数量的阳离子以补偿其电荷的不足。高岭石、滑石、叶蜡石等属于前一类型，而云母、脆云母等则属于后一类型。

结构单元层之间的空隙，对于层状结构硅酸盐来说意义极为重要。所谓层间水，便是指吸附于这一空间内的水分子层，一般高岭石吸附极少，但多水高岭石和蒙脱石中却能大量吸附。此类硅酸盐不仅吸附水分子，而且还能吸附其他阳离子或有机质等。例如蒙脱石，如吸附 Ca^{2+} 时，可以含有双层水分子；而吸附 Na^+ 时，通常仅含有单层水分子。对有机质的吸附，与吸附水的情况大体相似，例如对乙二醇的吸附而言，高岭石和云母等的吸附能力最弱，蒙脱石和蛭石的吸附能力特强，可以在层间吸附双层乙二醇分子，这种不同的吸附性能，导致不同种类黏土矿物的工业价值也不同。

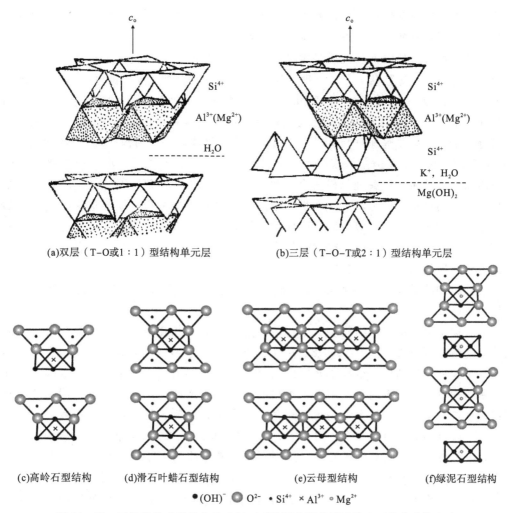

(a)双层（T-O或1:1）型结构单元层　　　(b)三层（T-O-T或2:1）型结构单元层

(c)高岭石型结构　　(d)滑石叶蜡石型结构　　(e)云母型结构　　(f)绿泥石型结构

● (OH)⁻　 ○ O²⁻　 • Si⁴⁺　 × Al³⁺　 ◦ Mg²⁺

图 14-78　层状结构硅酸盐中的硅氧四面体层和阳离子配位八面体的连接方式

　　由于层间水的含量不同，因而影响到此类硅酸盐的晶胞参数。例如1M型云母由三个基本结构层组成，c_o约为 1 nm。而钙蒙脱石，同样是由三个基本结构层组成，当它完全脱水时，c_o约为 0.96 nm，接近于云母，但当其层间含有双层的水分子时，其c_o在 1.5 nm 左右，如果是吸附双层乙二醇时则增高到 1.7 nm。就蛭石而言，也由三个基本结构层组成，充分水化时，c_o约为 2.84 nm，随着水分子的脱失，c_o值渐次变为 2.76 nm、2.32 nm，至完全脱水时，c_o则为 1.85 nm。这种特性，不仅使这类矿物具有广泛的应用价值，并且也是其鉴定工作中的依据之一。

　　有些层状结构硅酸盐矿物常呈极细的颗粒产出，用一般显微镜也难以辨认。可靠的鉴定途径不外下列几种。一是电子显微镜的研究，主要是研究微粒的形态与大小，如高岭石呈假六方片状，而多水高岭石则呈管状。二是利用低角度的粉晶数据测定其c_o值，如高岭石或水云母，c_o分别为 0.74 nm 及 1 nm 左右，但蒙脱石则可高达1.2 nm以上，且随湿度情况之不同而有所不同。三是利用热分析数据进行分析，由于这类矿物既含吸附水，又含结晶水和化合水，所以进行热重试验和差热分析时，会有不同的反应。还有一种是利用离子交换性能与吸附有机物的性能，在实验室里测定，取得不同的数据。所有这些方法都与其结构的层状性有关。

层状结构硅酸盐的许多性质是由其特殊的层状结构所决定的。就形态而言，它们多呈假六方片状、短柱状等。在物理性质上，表现为硬度低（含水者更低），相对密度一般均不高（含水者更低）。其有完全的{001}底面解理，仅有脆云母族矿物解理差，因为层间出现了 Ca^{2+} 等二价阳离子，使结构单元层之间联系得比较牢固，不易破裂。由于解理完全，所以在解理面上呈现珍珠光泽。像云母族矿物，结构单元层是借助 K（或 Na）联系的，键力不及脆云母族矿物，但又胜过高岭石、蒙脱石、滑石或叶蜡石族矿物，因而硬度稍大，但解理仍极完全。此外，当受到外力而弯曲时，结构单元层与结构单元层之间可稍有位移，从而产生了内应力。当外力释去后，则结构单元层之间的 K 离子又能使之复原，亦即内应力起作用，导致其具有很好的弹性。至于黏土矿物的可塑性，也是因为加水后，其层状微粒借水分子之作用而相互连接，或者是层间水使其结构单元层相互连接而引起的。

层状结构硅酸盐的另一特征是多型现象广泛发育，尤以云母族矿物表现得最为突出。

为了简明地表示基本结构层、结构单元层及其间的相互叠置型式，并反映出组成成分的含量比例，通常以图 14 - 78(c)～(d)的形式绘制层状矿物的结构。图 14 - 78(c)表示的是高岭石型结构，结构单元层由两个基本结构层组成，三角形层表示硅氧四面体基本结构层，长方形层表示阳离子组成的八面体基本结构层，可以分别用氢氧镁石层或氢氧铝石层表示，每个结构单元层与结构单元层之间，无其他离子存在，也很少有水分子或其他有机分子存在。图 13 - 78(d)表示的是由三个基本结构层组成的结构单元层，滑石族和叶蜡石族矿物属之；伊利石族、蛭石族和蒙脱石族也属之，但结构单元层之间有层间水存在。图 14 - 78(e)是云母族矿物的结构，它们也属三层型结构单元层，但层间出现了 K^+。图 14 - 78(f)是绿泥石族矿物的结构，在三层型结构单元层之间，又出现了新的氢氧镁石层填充其间，所以其是三层型结构单元层与单层型结构单元层的复合物，也可以看成是四层型(T－O－T－O)结构单元层。

层状硅酸盐的主要结构类型有上述四种，即高岭石型、滑石-叶蜡石型、云母型和绿泥石型。但是不同的层状结构硅酸盐相互间还可形成一些混层结构，例如蒙脱石层混入绿泥石结构中（或是相反），从结构上看是完全可能的，这种现象在黏土矿物中已经发现不少。混层结构往往极难区分，所以增加了黏土矿物研究中的困难。

层状结构硅酸盐除个别罕见矿物外，都含有化合水，或者同时还有层间水存在，这就说明了它们不可能在无水条件下形成。尽管各种地质作用中，都会有层状结构硅酸盐的形成，但以表生条件最为有利，因为表生条件最富水。各种不同结构类型的硅酸盐矿物，甚至非硅酸盐矿物，蚀变风化的最终产物往往是层状结构硅酸盐。例如架状结构硅酸盐的长石，经常蚀变成黏土矿物；辉石、角闪石经常蚀变成绿泥石；又如石榴子石等岛状结构硅酸盐，也会蚀变或风化成绿泥石。因此可以认为在表生作用下，层状结构硅酸盐较之类似组分的其他硅酸盐矿物具有较大的稳定性。

层状结构硅酸盐易于根据其形态、颜色、硬度低等特点加以识别，但是同族矿物之间的区别，或者颗粒极细时，是难以利用外表特征鉴定的。有效的鉴别方法除利用热分析资料、X 射线粉晶数据和阳离子交换性能等以外，还可配合进行折射率的测定（样品应预制）及利用染色等方法。有条件时可进行红外线和电子显微镜下的研究。只有综合运用这些实验数据，配合化学分析资料，才能取得确切可信的结果。

1. 滑石族

滑石　talc　$Mg_3[Si_4O_{10}](OH)_2$

[化学组成]　MgO 占 31.72%、SiO_2 占 63.52%、H_2O 占 4.76%。实际资料证明，天然产的滑石，成分组成接近理论值。混入物有 Fe、Al、Mn、Ca、Ni，除 Fe 外，其余元素含量甚微。一种富铁的亚种铁滑石，FeO 含量可达 33.7%，可能代表了 $Mg_3[Si_4O_{10}](OH)_2 - Fe_3[Si_4O_{10}](OH)_2$ 类质同象系列的端员组分。

[晶体参数和结构]　属单斜晶系，对称型 L^2PC 或 P，$a_0=0.528$ nm、$b_0=0.915$ nm、$c_0=1.89$ nm、$\beta=100°15'$。滑石的晶体结构是由三个基本结构层组成的结构单元层堆砌而成的（见图 14-78(b)）。每个结构单元层中，上下两层均系硅氧四面体层，尖端彼此相对，中间夹氢氧镁石层。结构单元层相互重叠时不规则，因而究竟属哪种空间群，尚未彻底解决，多型现象也有待进一步研究。滑石一般不含层间水。

[形态]　偶见假六方或菱形的片状单晶体。通常呈致密块状、叶片状、放射状、纤维状集合体产出。

[物理性质]　呈无色透明或白色，但因含少量杂质而可呈现浅绿、浅黄、浅棕甚至浅红色。解理面上呈珍珠光泽，硬度为 1，{001} 解理完全，手触之有滑腻感。薄片能挠曲，但不具弹性。相对密度为 2.58~2.83，导热导电性差，能耐火。不溶于酸，灼热后仍不溶解。滑石经高热后，硬度增高很多（约为 6）。

[成因和产状]　滑石是一种层状含水镁硅酸盐矿物，这种矿物或矿物集合体，由于质软光滑，具很强的滑腻感，故称之为滑石，其在历史上很早就被人们开采利用，是一种历史悠久的重要非金属矿物原料。滑石的命名起源至今没有确切的考证，其在我国历史上曾有泠石、石、画石、液石、脱石、冷石、番石等名称。滑石在地壳岩石中分布较广，主要分布在变质岩中，在沉积岩中几乎没有分布，近年来发现其在我国南方二叠系下统中分布较普遍。滑石作为商业名词，通常包含的矿物范围要广泛得多，它包含由不同比例的滑石矿物和其他矿物组成的矿石，有的甚至根本不含滑石矿物，如在外观上与滑石具相同特点，并常被当作滑石矿开采利用的有绿泥石矿石。绿泥石也是一种层状含水铝镁硅酸盐矿物，其在地壳岩石中的分布比滑石广泛，既是变质作用的产物，也有沉积成因的。当绿泥石含量相对富集而作为岩石的主要矿物时，则称此岩石为绿泥石岩。已经开采 30 余年的我国本溪连山关滑石矿，经地质工作证实，实为以斜绿泥石为主，与滑石共生的斜绿泥石岩，原称为"灰绿色滑石"矿石的，实际为斜绿泥石岩矿石。滑石质软滑腻、光泽柔和、易雕琢，早被我国劳动人民用来雕刻工艺美术品，制作瓶罐、器皿。《旧唐书·地理志》记载："容州北流（广西陆川地区），其土少铁，以萤石（即滑石）烧为器，以烹鱼鲊。"李时珍在《本草纲目》中，对滑石作了详细的描述："滑石性软利窍，其质滑腻，故以名之。表画家用刷纸代粉，最白腻无硬质为良，入药主治身热泄辟，女子乳难癃闭，利小便，荡胃中积聚寒热，益精气，久服轻身耐饥长年"，以及"滑石利窍，不独小便也。上能利毛腠之窍，下能利精溺之窍。盖甘淡之味，先入于胃，渗走经络，游溢津气，上输于肺，下通膀胱，肺主皮毛，为水之上源，膀胱司津液，气化则能出，故滑石上能发表，下利水道，为荡热燥湿之

剂。"《本草纲目》中还指出滑石产于诸阳（今属河南南阳）、卷县（今属河南蒙阳）、按县（今山东按县），南、湘州（今广西、湖南）等地，并将滑石分为白滑石、乌滑石、绿滑石、黄滑石等。中华人民共和国成立以前，我国虽有几处滑石矿山，但开采量小，生产方式落后。现在我国主要滑石矿近二十处，大都集中于辽宁、山东、广西三省区，其中以辽宁博城、本溪、营口，山东莱州、平度、海阳，广西桂林和四川冕宁的滑石矿最为著名。随着工业的发展，各工业部门对滑石的需求量将越来越大。

滑石的主要成因有热液蚀变和接触变质两种，超基性岩的皂化属于前一种。所谓皂化是指形成富含滑石的一种围岩蚀变。皂化经常与蛇纹石化作用相伴，所以滑石与蛇纹石经常共生。此外，已经形成的蛇纹岩也可蚀变成滑石。

[鉴定特征]　以其低硬度、有滑感、较浅的颜色及片状形态为鉴定特征。与叶蜡石的区别可利用简单的研磨 pH 值法加以区分，叶蜡石的 pH 值为 6，滑石的 pH 值为 9。

[主要用途]　滑石的应用主要取决于其物理、化学性质和技术加工程度。据不完全统计，滑石用于三十多个工业部门，具多种用途，其在工业上的应用常以两种状态出现，一为粉状，二为块状，目前已在工艺美术、医药、日用化工、涂料、造纸、无线电陶瓷、日用陶瓷、橡胶、电缆、塑料、纺织、油毡、农药、建材白水泥等行业中广泛利用。近年来，我国滑石年产量近一千万吨，其中有 60% 左右用于造纸工业，15% 左右用于油毡工业，另外，每年有近十五万吨的优质滑石用于出口，占滑石产量的 15% 以上。块状滑石可制造滑石陶瓷，方法是在滑石碎料中加入黏合剂和配料，采用可塑成型法、注浆法、压制法等做成各种构型的陶坯零件，经过窑内 1300 ℃ 高温烧结即可成瓷。这种滑石陶瓷具良好的介电性能和机械强度，是一种高频和超高频电瓷绝缘材料，可用于无线电接收机、发射机、电视、雷达、无线电测向、遥控和高频电炉工程等。此外，由于其耐高温，还可用于飞机、汽车、火花塞、煤气灯喷嘴等。块状滑石还用作滑石粉笔，将致密块状滑石锯成长条薄片即成，其规格可以不同，一般长、宽、厚为 10、1.3、0.5(cm)，主要用于在钢板铸件上标注记符号，经加工或冷却后，标记仍清晰可见。块状滑石可雕刻工艺美术品、日用滑石制品等。对一些不纯的块状滑石，可根据需要锯成不同形状的砖块，用作燃烧室或炉的衬里，或做绝缘电盘。我国块状滑石年产量在 600 万吨上下，主要用于无线电陶瓷、日用陶瓷方面，其次用在工艺美术制品上。滑石粉是滑石块经过破碎、细磨，再经过空气分离或浮选加工制得的，用途比块状滑石更为广泛。在我国，滑石粉年产量约占滑石矿石年产量的五分之三，主要用于下列七个方面：①造纸；②油田；③日用化学；④橡胶电缆；⑤陶瓷；⑥油漆；⑦纺织。

近年来国外滑石的用途进一步扩大，如塑料工业中用滑石做填料；在合成橡胶中加入 40% 的滑石，制成的新橡胶制品，具有耐拉、耐折、耐磨、耐高温等特点；在建筑业中滑石已应用于制造轻质材料，如制成板材、屋面砖等；在涂料工业中滑石粉作为填充料的比例正逐渐增加；在刷墙粉中应用低级滑石粉等。

2. 叶蜡石族

叶蜡石　pyrophyllite　$Al_2[Si_4O_{10}](OH)_2$

[化学组成]　Al_2O_3 占 28.3%、SiO_2 占 66.7%、H_2O 占 5.0%。天然产出的叶蜡石接近于这种理想组分，不过可以有少量的 Al 取代 Si，少量的 Mg、Fe 取代其中的 Al。当少量的 Al 取代 Si 以后，引起正电荷之不足，因而就可能出现少量的 Na、K 或

Ca 填塞在层间，用以补偿正电荷之不足，这样就使叶蜡石向白云母过渡。

[**晶体参数和结构**]　属单斜晶系，对称型 L^2PC，$a_0=0.516$ nm、$b_0=0.890$ nm、$c_0=1.864$ nm、$\beta=99°55'$。叶蜡石的晶体结构(见图 14-78(d))与滑石相似，所不同的只是滑石属三八面体型，而叶蜡石属二八面体型，它们与云母结构的不同之处在于层间无其他阳离子，因此滑石及叶蜡石中结构单元层之间的键力弱得多，故而硬度低，薄片也不具弹性。叶蜡石中结构单元层相互堆积时，可以有不同的方式，故具多型性，所见情况与白云母相似，可参阅白云母部分，最常见的多型为 2M1 型。根据结构单元层相互间联结力很弱这一特点，可以想象层与层之间堆积时当会有杂乱情况发生，所以叶蜡石也可以出现结构层具无序性排列的多型。

[**形态**]　单晶体极为罕见。通常呈片状、放射状或致密块状集合体。隐晶质致密块状体俗称寿山石、冻石等。

[**物理性质**]　纯者白色，或呈黄色、浅蓝或灰色。解理面上具珍珠光泽，致密块体有的呈油脂光泽。硬度为 1～2，{001}解理完全，具滑腻感。薄片能弯曲，但无弹性。相对密度为 2.65～2.90。

叶蜡石绝缘性好。加水后不能水化，故无膨胀性。对有机分子不能吸附，所以难以染色。

[**成因和产状**]　叶蜡石又有青田石、寿山石、冻石、蜡石之称。叶蜡石英文名为 pyrophyllite，是由希腊文 pyro-phyll-ite 三部分构成的，pyro 的意思是"火"，ite 的意思是"石"，因为叶蜡石最早的用途是做耐火石或炉石，phyll 是希腊文 phyllade(叶片)的词根，因为叶蜡石在吹管分析时有裂成薄片的性能，并能产生美丽的白色放射状结晶集块。叶蜡石的另一个英文名 agalmatolite 汉译为寿山石或冻石，是由希腊文的 agalma(肖像)一词演化而来的。在我国，叶蜡石的别名寿山石、青田石都是以产地命名的，冻石则是一种形象的称呼。叶蜡石主要是酸性火山岩经热液蚀变而成的，在某些富含铝的变质岩中亦有产出。

[**鉴定特征**]　以硬度低、颜色浅为鉴定特征。

[**主要用途**]　我国应用叶蜡石已有近两千年的历史。据专家考证，浙江绍兴出土的瓷器是公元一世纪东汉时期烧制的，原料为高岭石和叶蜡石。到了宋朝，叶蜡石已广泛用作耐火材料。现代工农业生产中，叶蜡石的用途进一步扩大，除主要用作耐火材料、陶瓷材料及雕刻工艺品外，在填料、载体、涂料方面也得到广泛应用。在耐火材料方面，用叶蜡石和耐火黏土混合制成的材料，熔点高，具有在高温下不收缩及在温度剧变之下不碎裂的性能。在陶瓷材料方面，叶蜡石制成的瓷砖，釉面光滑且制品不易破碎，特别是氧化铝含量高的叶蜡石，是瓷釉的重要原料。用叶蜡石做填料和载体的，有硬橡胶的膨胀制品、化妆用品及肥皂的填料，杀虫剂、漂白粉的传递体。叶蜡石的最新用途是在涂料和壁板方面，可作为高级颜料的填充料，因为其片状结晶特性使其具有良好的遮盖力。细磨过的叶蜡石，具有使灰泥更易流动的功能，是良好的壁板原料。叶蜡石还可以用来制造白水泥。具有绚丽颜色花纹的蜡状-珍珠光泽而又半透明至透明的叶蜡石，是雕刻工艺的珍贵原料，著名的鸡血石即为叶蜡石质的。

3. 蛇纹石族

蛇纹石族矿物包括三个主要的同质多象变体。分别称为纤蛇纹石、鳞蛇纹石和叶蛇纹石。所谓的胶蛇纹石是指凝胶状的蛇纹石，成分中富含水，外观呈蛋白状或肉冻状，是胶体成因的纤蛇纹石或鳞蛇纹石，或是两者的混合物，所以胶蛇纹石实际不是一个矿物种名称。

蛇纹石　serpentine　$Mg_6[Si_4O_{10}](OH)_8$

蛇纹石，因其外表分化呈灰白、石红色网纹，似蛇皮而得名。

[**化学组成**]　MgO 占 43.0%，SiO_2 占 44.1%，H_2O 占 12.9%。实际分析资料证明蛇纹石的化学组成接近于这种理想数值。但可以有少量的 Al 取代 Si，也可有稍多的 Al、Fe 取代 Mg。Ni 在蛇纹石中的作用与 Mg 相同。在自然界里有人造的镍蛇纹石 $Ni_6[Si_4O_{10}](OH)_8$ 存在，其代表性的矿物是硅镁镍矿，与此相当的是铁蛇纹石 $Fe_6[Si_4O_{10}](OH)_8$，其可以看成是蛇纹石中含铁的端员组分。

[**晶体参数和结构**]　属单斜晶系，对称型 P 或 L^2PC，$a_o \approx 1.53$ nm、$b_o \approx 0.92$ nm、$c_o \approx 0.73$ nm、$\beta \approx 90°93'$。蛇纹石属于双层型结构单元层类型，与高岭石的晶体结构相似，但后者属二八面体型，而蛇纹石则属三八面体型。蛇纹石的晶体结构如图14-78(c)所示，如果将每个基本结构层分别以平面图表示之，则如图 14-79 所示：图(a)表示由四面体组成的 $[Si_2O_5]$ 的网格，其中虚线方格表示晶胞的大小，图(b)是该平面沿 b

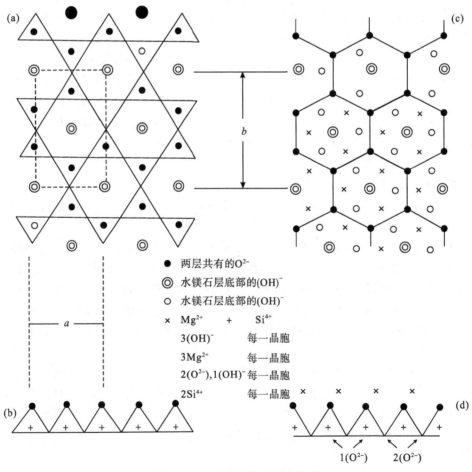

图 14-79　蛇纹石的基本结构层

轴方向观察时的侧视图，图(c)表示由八面体形成的平面网格，图(d)是其沿 c 轴方向观察时的侧视图。仔细分析时可以看到，八面体层和四面体层的大小并不一样，四面体基本结构层上晶胞的 a_0 值与 b_0 值分别为 0.50 nm 和 0.87 nm，而八面体基本结构层则为 0.54 nm 和 0.93 nm，两者结合时将会有一点不相适应。这种不相适应是蛇纹石族矿物之所以在结构上或形态上异乎寻常的根源所在。除此以外，结构单元层与结构单元层相互叠置时，也会产生层状矿物中时常发生的各种有序和无序的堆积，使蛇纹石具有多型性。为了补偿基本结构层与基本结构层结合时不相适应的差异，可以采用的方式有三种：一是用大阳离子取代四面体层中的 Si^{4+}，并(或)以较小的阳离子取代八面体层中的 Mg^{2+}；二是使八面体层或四面体层变形，这样可形成一个变形了的结构，通过增强层间键力使之稳定；三是结构单元层弯曲，使八面体层居外，四面体层居内。这三种方式，也可以混合出现。

　　基于这三种方式，蛇纹石可区分成三种变体。一是纤蛇纹石，其是采用第三种方式以弥补结合时的差异的，这就导致结构层发生卷曲(见图 14 - 80)，卷曲以后可以形成套管式(图(a))或螺旋式(图(b))或卷轴式的形态(图(c))，这便是纤蛇纹石呈纤维状的原因，在电子显微镜下观察时，可以看出这种纤维系空心管状，更能证实这种解释的合理性。由于 a 轴方向不相适应的程度略小于 b 轴方向，因此纤维的长轴通常平行于 a 轴，少数平行于 b 轴，纤维的长轴平行于 b 轴者，称为副纤蛇纹石。二是鳞蛇纹石(或称利蛇纹石)，在电子显微镜下呈细小板状，表面平整，既不弯曲成管状，也没有褶曲。为了补偿两基本结构层之间的不相适应性，采用较小阳离子如 Fe^{2+} 取代 Mg^{2+}，使配位八面体歪曲，从而降低其间差值，使之彼此适应，因而有的鳞蛇纹石中 Fe_2O_3 的含量远高于 FeO 的含量。此外，也可采用 Mg^{2+} 的短缺办法来达到上述目的，所以有的鳞蛇纹石中八面体配位的二价阳离子出现不足。三是叶蛇纹石，在电子显微镜下呈细小片状，但叶片呈波状褶皱。这种基本结构层之不相适应，是通过形变而使二者结合的，形变的结果，可以使反向的结构单位层相互连接在一起，这样就导致叶蛇纹石的化学组成有一定的变异，八面体层中的 Mg^{2+} 和四面体层中的 Si^{4+} 不再保持 3：2 = 1.5 的比值，而是有所降低，这就表明六次配位的阳离子相对减少了，而四次配位的 Si^{4+} 相对增多了。典型的叶蛇纹石的结构式，现在认为是 $Mg_{2.813}[Si_2O_5](OH)_{3.673}$。

(a)套管式　　　　　(b)螺旋式　　　　　(c)卷轴式

图 14 - 80　蛇纹石的卷曲结构

　　由于蛇纹石的结构有前述的一些特征，加之多型现象很多，所以其晶胞参数和单位晶胞中理想分子的个数，甚至所属空间群及晶系也会有所不同。许多内容及数据，尚有待进一步研究。

　　[形态]　蛇纹石的单晶体极为罕见，一般呈细鳞片状、显微鳞片状、致密块状集合体，或呈具胶凝体特征的肉冻状块体。若常被揉搓，则显示出带有滑动的剪切面，有时其中还夹有极薄的石棉细脉。呈鳞片状者，多为叶蛇纹石。呈显微鳞片状者可为叶蛇纹石或鳞纹石。蛇纹石之呈纤维状者，称作蛇纹石石棉或温石棉。

　　[物理性质]　一般呈绿色，有时深有时浅，也有呈白色、浅黄色、灰色、蓝绿色或褐黑色者。常见的块体具油脂光泽或蜡状光泽，纤维状者具丝绢光泽。硬度为2.5～3.5。除纤维状者外，{001}解理完全。相对密度为2.55左右。温石棉的抗张强度较角闪石石棉高，但遇酸可被腐蚀，所以耐酸能力不及角闪石石棉。实验证明，纤蛇纹石的耐酸能力最弱，叶蛇纹石最强，而鳞蛇纹石居中。蛇纹石和高岭石一样，在结构单元层间一般不吸附水，但由于其粒径极细，或呈纤维状，因而在纤维之间或细片之间可以吸附少量的水，需要经过较长时间的烘干，才能使其脱失。在空气中加热时，大约在600℃即转变成橄榄石。

　　[成因和产状]　蛇纹石主要是由超基性岩如橄榄岩或辉石岩等经过热液蚀变而形成的，此种作用称作蛇纹石化。橄榄石和顽辉石最易被蛇纹石所交代，透辉石和普通角闪石稍次之。大规模蛇纹石化的产物便是蛇纹岩，所以普遍地认为蛇纹岩是一种次生的交代岩石，但是也有人认为蛇纹岩是超基性岩通过岩浆后期的自交代作用而成的。

　　许多辉石族矿物，特别是正辉石亚族里的顽辉石或紫苏辉石，经常发生绢石化。这种绢石过去都只从形态上着眼，认为是叶蛇纹石，经过近年来的研究，认为是纤蛇纹石和鳞蛇纹石的混合物。

　　镁质大理岩或白云岩受接触变质作用时，也会形成蛇纹石，或者先形成橄榄石与顽辉石，再经过蛇纹石化而形成蛇纹石。

　　就纤蛇纹石、鳞蛇纹石及叶蛇纹石三个同质多象变体而言，其中以叶蛇纹石最常见。纤蛇纹石的形成需要在应力条件下产生裂隙，使之得以有有利的空间。在低级变质作用下，纤蛇纹石可被改造成叶蛇纹石。剪切错动带里也常见到叶蛇纹石，说明纤蛇纹石向叶蛇纹石过渡时，可以在不高的温度压力条件下进行，也可以借剪切作用而转化，至于是否需要有利的化学环境，目前还不能肯定，但是这一因素肯定是有影响的。

　　硅镁镍矿通常呈绿色土状块体或胶状体，往往混有蛋白石和多量的水分，常见于热带、亚热带地区超基性岩的风化壳中。

　　蛇纹石玉种类很多，多以产地命名，如蓝田玉，以产在西安蓝田而得名；岫岩玉，以产在我国辽宁岫岩县而得名；雷科石因产于墨西哥的雷科而得名。也有以颜色命名的，如墨绿玉，以玉之墨绿色命名。此外还有南方玉、酒泉玉和鲍温玉等。美国加利福尼亚州曾产出一种蛇纹石猫眼石，具平行分布的纤维构造，琢磨成弧面型宝石后，可出现猫眼效应。

　　[鉴定特征]　根据其颜色、蜡状光泽、较小的硬度、致密块状加以鉴别。纤蛇纹石则可从特有的纤维状形态加以判别，其与角闪石石棉可以用研磨法区分之，角闪石

石棉压研以后呈碎粉状，而温石棉经研磨后，并不碎裂成细粉，而是黏结成小片，很难使之成粉末状。

硅镁镍矿可以利用其产状、土状形态及苹绿色等加以识别。

[**主要用途**] 蛇纹石可以用作建筑材料，色泽鲜艳的致密块体，叫作岫岩玉，用作工艺美术材料。含 SiO_2 低的蛇纹岩可用作耐火材料。温石棉用途广，可以制成各种石棉制品，广泛地应用于建筑、化工、医药、冶金等工业部门。

硅镁镍矿是提炼镍的矿物原料。

蛇纹石类矿物由于具有耐热、抗腐蚀、耐磨、隔热、隔音、较好的工艺特性及伴生有益组分，因而应用前景广阔，主要用于以下几个方面。

(1)制造化肥。蛇纹石与磷灰石或磷块岩一起煅烧，可制成钙镁磷肥，如单独施用蛇纹岩细粉，亦有一定肥效。特别是用于玉米、薯类、豆类及块根、块茎类作物，效果较好。

(2)耐火材料。如唐山钢铁厂用蛇纹石制成蛇纹石焦炉砖，重庆、太原等钢厂用蛇纹石制成镁橄石砖，作为碱性耐火材料，效果很好。

(3)医药工业。蛇纹石可作为制造泻利盐的原料。

(4)提炼金属镁。含镁较高的，可提炼金属镁；含钴、镍较高的蛇纹岩中，还可提炼钴和镍。

(5)提取纤维状非晶硅。从蛇纹岩中提取的非晶硅与碳在高温下反应，可制成硅的晶须、晶粉和晶体。

(6)雕刻材料。鲜艳透明、半透明、质地致密坚硬的蛇纹岩可作为玉石工艺品原料。中国蛇纹岩玉已有十余种，例如陕西的蓝田玉、辽宁的岫岩玉等。

(7)生产铸石或岩棉的辅助原料。铸石或岩棉配料中，若 MgO 不足时，可采用蛇纹岩作为辅助原料，以提高 MgO 含量，相对地降低 Al_2O_3、CaO 含量。

4. 高岭石族

本族矿物除高岭石外，还包括珍珠陶土、地开石和富硅高岭石在内，前两种矿物一直都被认为是高岭石的同质多象变体，但实质上只是不同的多型而已。

高岭石 kaolinite $Al_4[Si_4O_{10}](OH)_8$

"高岭石"一词源自中国，是由江西景德镇东北部的高岭村出产的一种可以制瓷的白色黏土而得名。许多学者对高岭土的概念和定义进行过讨论，所得定义繁简不一各有侧重，大多说明高岭土是由高岭石族矿物为主组成的白色黏土，或强调其用途或强调其土状外貌。国际地质对比计划高岭土成因组为了统一其名称，于 1972 年的布拉格会议中通过了高岭土定义，即"高岭土是一种岩石，其特征是所含的高岭矿物达到有用的含量"。目前，该定义已为世界上多数国家所接受，其囊括了所有可以利用的、各种颜色的、松散土状和坚硬岩石状的高岭土，因此，高岭土也就是一种矿石名称。

[**化学组成**] Al_2O_3 占 39.50%、SiO_2 占 46.54%、H_2O 占 13.96%。分析资料证明，天然产出的高岭石，其化学组成的变化很小，一般均接近于此理论值。但是由于高岭石的粒径很细，可以成胶体微粒，所以能吸附其他杂质，而且又难以分离，因此组分中的类质同象替换关系尚有待研究。

　　[晶体参数和结构]　属三斜晶系或单斜晶系，对称型 L^1 或 P，$a_\circ=0.515$ nm、$b_\circ=0.895$ nm、$c_\circ=0.739$ nm、$\alpha=91°48'$、$\beta=104°48'$、$\gamma=90°$，或 $a_\circ=0.514$ nm、$b_\circ=0.890$ nm、$c_\circ=1.451$ nm、$\beta=100°12'$。高岭石的晶体结构（见图 14-81）属双层型结构单元层，即由硅氧四面体组成的 $[Si_4O_{10}]$ 层连接着一个由铝氧八面体组成的 $(OH)_6$-Al_4-$(OH)_2O_4$ 层。当结构单元层成层堆积时，便形成高岭石的结构，但结构单元层堆积时可有多种方式，一种是毫无位移的平行叠置，另一种是沿 a 轴及 b 轴有一定位移的叠置，这样便产生了多型现象。高岭石中的堆积方式如图 14-81 所示，图(a)、(b)、(c)分别表示沿 c 轴、b 轴和 a 轴方向的投影。实验结果证明，当叠置第二个结构单元层时，沿 a 轴方向位移了 $1/3a_\circ$，其结果将使相邻结构单元层顶、底部的 O^{2-} 及 $(OH)^-$ 紧密相接，二者由氢键结合。

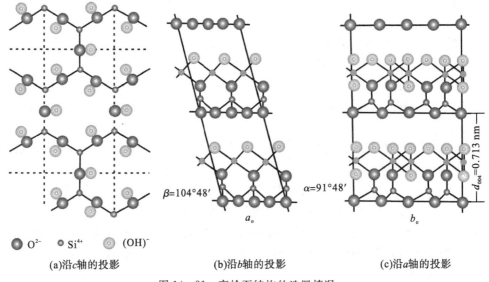

O²⁻　Si⁴⁺　(OH)⁻

(a)沿c轴的投影　　　　(b)沿b轴的投影　　　　(c)沿a轴的投影

图 14-81　高岭石结构的迭置情况

　　地开石和珍珠陶土的化学成分与高岭石完全相同，所不同的只是叠置的方式不同。在地开石中，两相邻层间的移距是 $1/6a_\circ$ 及 $1/2b_\circ$，而珍珠陶土则无位移，所以地开石的单位晶胞中结构单元层是双层的，珍珠陶土则是六层的，而高岭石则是单层的，这样就导致了晶胞参数的某些差异。它们的晶胞数值如下：

	$a_\circ$/nm	$b_\circ$/nm	$c_\circ$/nm	α	β	γ	晶系
高岭石	0.515	0.895	0.739	91°48′	104°48′	90°	三斜
地开石	0.515	0.895	1.442	90°	96°50′	90°	单斜
珍珠陶土	0.515	0.896	4.30	90°	91°43′	90°	单斜

　　富硅高岭石，据推测是高岭石结构中混入了双层型硅氧四面体结构单元层所致，这种结构单元层的大小和高岭石中结构单元层的大小相当，X 射线分析也难以辨识，当混入高岭石结构中时，就增加了其 SiO_2 含量。也有人推测说此晶体是由高岭石样品中含有非晶质的 SiO_2 引起的。

　　所谓的水铝英石，其组成成分也相当于高岭石或富硅高岭石，但是经 X 射线研究，证明其属于非晶体。

在自然界还常见一种所谓蠕虫状(见图 14-82)结构的高岭石,其是由一系列面角不整齐的晶片堆叠而成的,这种高岭石在江西大州、高州等地区都有分布。

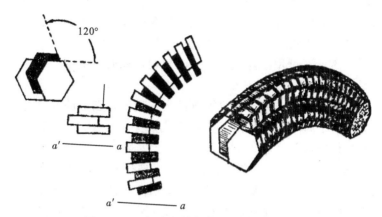

图 14-82　蠕虫状结构高岭石形成示意图

[形态]　单晶体呈片状者罕见,且个体极小。在电子显微镜下,可以看到片状晶体,呈六方形、三角形或切角的三角形。集合体呈疏松鳞片状、土状或致密块状,偶见钟乳状。

[物理性质]　纯者色白,因含杂质而染成浅黄、浅灰、浅红、浅绿、浅褐色等色。致密块体无光泽或具蜡状光泽,但细薄鳞片可以具珍珠光泽。硬度为 1~3,{001}解理完全,相对密度为 2.61~2.68。

高岭石阳离子的交换能力,在黏土矿物中是比较低的,这是因为结构单元层内部已经达到完全的电性中和状态,能够吸附阳离子的地方,仅限于颗粒的周边或裂隙中,因此吸附量小,交换能力差,通常每 100 g 干样品仅能交换 10 mg 当量而已,粒径细者交换能力稍高。虽然阳离子交换能力差,但阴离子交换能力则较高,这是因为结构单元层的外表有 $(OH)^-$ 的存在,土壤中的高岭石就是利用这一性质来获取 $[PO_4]^{3-}$,以增强肥效的。高岭石也能吸附有机分子,但多限在颗粒界面上,而不是在层间,由于具有这种性质,所以高岭石也能被染色。

高岭石在加热过程中,低温下首先失去吸附水;至大约 550~650 ℃时,失去 $(OH)^-$ 而成为变高岭石;至 900 ℃以后,变高岭石即行分解而转变成尖晶石相。在高岭石受热而失水时,还会伴随有重量的变化,因此利用差热曲线和失重曲线,可对其进行详细的鉴定。

[成因和产状]　高岭石是黏土矿物中最常见的一种,是黏土质沉积物的主要矿物成分。许多硅酸盐矿物如长石、霞石等,都能风化成高岭石,有的在原地堆积,有的则经过搬运,再沉积。高岭石也可由热液蚀变而成,这种蚀变往往与其他蚀变相互过渡,形成蚀变分带,通常高岭石化带(或称黏土化带)居于绢云母化带与绿泥石化带之间。同种岩石在不同的条件下,可以形成不同的黏土矿物,对高岭石而言,酸性介质有利其形成,反之,富 Ca 富 Na 的碱性介质,则利于形成蒙脱石。

中国高岭石的著名产地有江西景德镇、江苏苏州、河北唐山等。世界其他著名产地有英国的康沃尔和德文、法国的伊里埃、美国的佐治亚等。

[鉴定特征]   根据其呈土状、硬度低、具可塑性等易于鉴别，但与其他黏土矿物一般难以用肉眼区分，必须经过多种鉴定手段才能最终确定。常用方法：一是 X 射线物相分析，高岭石的 d_{001} 约为 0.7 nm；二是用电子显微镜研究其形态与大小；三是热分析，如差热分析。此外，可进行光性研究、染色反应、离子交换试验等，或者还可用红外吸收光谱等进行研究。

[主要用途]   高岭石可用于陶瓷、电器、建材、橡胶、造纸等许多工业部门，是主要的工业原料之一。

自古以来，高岭土就是一种有用的优质矿产。我国陶瓷业的发展与高岭土的开发和利用密不可分。由于高岭土中含有石英颗粒且本身含铝量高，含钾、钠少，因而熔点高，这样，在古代技术条件下，只能烧制陶器。安阳出土的三千多年前的印纹白陶就是由高岭土烧制而成的。古代早期的瓷器，主要是利用绢云母-石英质瓷土以一元配方做坯料烧成的，但变形率大。到了元代，景德镇地区开始在坯料中掺入一定量的高岭土，用高岭土、瓷石的二元配方烧制瓷器。后来高岭土的掺配量愈来愈大，因而提高了烧成温度和瓷器强度，减少了瓷器的变形，使瓷器质量有很大改善，创造出了"白如玉、明如镜、薄如纸、声如磬"的精美瓷器。

在陶瓷工业中，高岭土既可做坯料，又可做釉料，可制作日用陶瓷如食具、酒具、茶具、咖啡具；可制作建筑陶瓷如釉面砖、卫生器具、地砖、锦砖（马赛克）；可制作工艺陶瓷如挂盘、壁画、花瓶、各种造型的工艺美术制品及精陶工艺品；可制作电器陶瓷如瓷瓶、瓷串、开关、绝缘子及电容、电阻等各种电子元件；可制作工业陶瓷如耐酸容器、陶瓷管、火花塞、切削刀具和熔炼坩埚等。在陶瓷制品的坯体中，高岭土的用量一般为 $20\%\sim80\%$。

造纸工业中，高岭土大量用作纸张的填料，高质量的可以做纸张表面的涂料。其作用是提高纸张的密度、白度、平滑度、不透明度及吸收油墨的性质。一般画报纸含有 30% 的高岭土。

大量的中、低级高岭土消耗于冶金工业中，主要做耐火材料用，如做炼钢设备的各种炉衬和出铁口泥塞等。

橡胶和塑料工业中，高岭土用作橡胶和聚氯乙烯、聚酯、尼龙等塑料制品的填充剂，以提高它们的机械强度、表面质量、耐酸性能、绝缘性能，并可降低生产成本。

建筑材料工业中，高岭土被用作白水泥的黏结剂、增白剂和充填剂。还可用于制作屋面涂料和防水剂等。

日用化学工业中，高岭土可做瓷的涂料、玻璃纤维的配料，以及油漆、油墨颜料、化妆品、肥皂、去污剂的填料和填充剂，还可用高岭土生产分子筛来合成洗涤剂。

石油工业中，高岭土可做石油钻井泥浆，还可以合成分子筛做提炼石油的催化剂。

高岭石具有白度和亮度高、质软、强吸水性、易于分散悬浮于水中、良好的可塑性和高的黏结性、抗酸碱性、优良的电绝缘性、强的离子吸附性和弱的阳离子交换性及良好的烧结性和较高的耐火度等性能。我国有极其丰富的高岭石矿物，仅广东就有 6 个大型高岭土矿床。目前我国使用的涂料大多是传统的有机化学溶剂型涂料，存在毒性，危害人体健康，且耐洗刷性差。纳米高岭石可用于涂料、造纸、环保、纺织、高档化妆品、高温耐火材料的制造。利用纳米技术研制的纳米高岭石涂料颗粒细、白度

高、分散性好、化学稳定性好、耐洗刷性可提高 1000 倍、无毒无害，具有自洁性、抗
沾污性、抗老化性、透气性、流变性、涂刷性、杀菌和防霉能力强、弹性较好(可防止
裂纹产生)、质感细腻等性能。另外，还可以将其制成不同用途的特种纳米涂料，如抗
紫外线涂料、隐身涂料等。现陕西科技大学纳米技术研究所已完成高岭石纳米化的实
验室研究工作，生产工艺成熟，中试已完成。

5. 埃洛石族

埃洛石(叙永石或多水高岭石)　halloysite　$Al_4[Si_4O_{10}](OH)_8 \cdot 4H_2O$

[**化学组成**]　Al_2O_3 占 34.7%、SiO_2 占 40.8%、H_2O 占 24.5%，后者半数为结
晶水，半数为化合水 $(OH)^-$。

[**晶体参数和结构**]　属单斜晶系，对称型 P，$a_0 = 0.515$ nm、$b_0 = 0.89$ nm、$c_0 =$
1.01 nm、$\beta = 100°12'$。晶体结构与高岭石相似，但埃洛石的堆积方式不同于高岭石，
高岭石的堆积方式是沿 a 轴或 b 轴作一定间距的位移，故属有序结构；而埃洛石的堆积
则无规则，故属无序结构(见图 14-83)。有序堆积使结构单元层相互间能以较强的氢
键相连，所以层间不含水。无序堆积时层间靠微弱的分子键相连，联结力微弱，因而
水分子可以进入，形成层间水。据研究，在埃洛石的结构中，水分子是单层的。水分
子是极性分子，其可以在特定的位置上，与上下层的 $(OH)^-$ 或 O^{2-} 以氢键相结合，所
以层间水分子，也作六方网状排列。埃洛石在水饱和的情况下，每一式量含 4 个水分
子。但是在常温常压下，当湿度不饱和时，便能失去其中一部分水，形成变埃洛石。
变埃洛石每一式量中，约含 0.5～1.5 个水分子，相当每四层水中丢失三层，留下一
层。埃洛石结构中存在层间水，故而 c_0 值比高岭石的大，当其失水而成变埃洛石时，

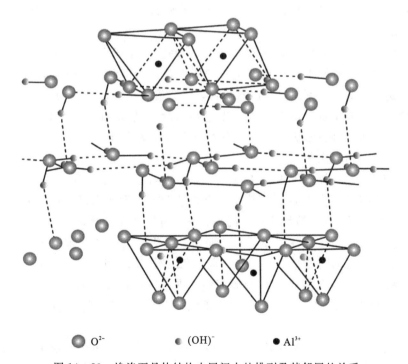

$\bullet$ O^{2-}　　　$\bullet$ $(OH)^-$　　　$\bullet$ Al^{3+}

图 14-83　埃洛石晶体结构中层间水的排列及其邻层的关系

c_0值也相应地缩小，一般为 0.736～0.79 nm。常温常压下，埃洛石中的层间水，不能全部脱失，只有温度增高到 400 ℃左右或以上时，才能成为不含水的变埃洛石，其 d_{001} 与高岭石的 d_{001} 相当，为 0.72 nm，尽管水分子层逸失了，但是结构单元层之间的堆积方式，仍然是无序的。

[形态]　常呈胶凝体状的块体，干燥后压碎，可呈尖棱状碎块；表面平坦或呈贝壳状断口；电子显微镜下呈管状，与高岭石的片状形态，远不相同。埃洛石之所以具有这种形态，可以从其结构特征上加以解释。组成高岭石或埃洛石的结构单元层，是由硅氧四面体层与氢氧铝石八面体层两层基本结构层组成的。八面体层上的 OH－OH 间距为 0.294 nm，而四面体层上 O－O 的间距为 0.255 nm，二者并不相同。单从八面体层考虑时，其 b_0 值约为 0.862 nm，a_0 值约为 0.506 nm；单从四面体层考虑时，则 b_0 值应为 0.893 nm，a_0 值约为 0.514 nm。因此二者相互叠置时，就不能彼此适应，这样就要求在外层的四面体层做适当的卷曲，以适应八面体层的大小，结果，必然弯成管状圆筒形，尽管高岭石也具有蠕虫状的外貌，但是这样的管状形态在高岭石中却很少见到。这是因为高岭石里结构单元层与结构单元层之间无层间水的存在，又是有序结构，彼此之间能以稍强的氢键直接相连，这样的键力，足以胜过使之卷曲的力量。埃洛石中由于缺乏这样的条件，故而只能弯曲。变埃洛石的情景，介乎其间，所以在电子显微镜的图像中，则是呈破裂的管状。

[物理性质]　色白，因含杂质而染成浅黄、浅红、浅绿、浅蓝、浅棕等色。外壳往往因吸附了铁的氧化物，而呈铁锈色。硬度为 1～2，有滑感。虽然从理论上讲，可以具有完全的{001}解理，但是由于结构上的特点，实际上看不到。疏松土状者，光泽暗淡，但是瓷状块体可显蜡状光泽。相对密度为 2.1，完全脱水后，可增高至 2.6。遇 H_2SO_4 较易溶解。

埃洛石的阳离子交换能力远大于高岭石，一般每 100 g 干样品，可以有 40 mg 当量的交换能力。埃洛石的层间水可以被有机分子所代替，所以对有机物具有很强的吸附能力及容许其透过的能力。不过完全脱水后，其吸附能力和容许透过的能力将大大下降，看来层间的水分子起了媒介作用。基于以上这些原因，埃洛石也能被染色。

埃洛石受热后，将逐渐失去水分，先变成含层间水较少的埃洛石，然后水再全部脱失，脱水以后，不再水化。

[成因和产状]　一般产于古风化壳，见于硬质黏土岩（燧石黏土）中，有时含量可达 50％左右。埃洛石常与高岭石相伴生。有些情况下先形成埃洛石，然后再被高岭石所替代。当含 $[SO_4]^{2-}$ 的水溶液作用于高岭石时，可使其变成胶凝体，然后再晶化而形成埃洛石。埃洛石也能独自与水铝英石、明矾石共生，这种情况常见于火山岩的次生石英岩中。石灰岩区的喀斯特盆地，以及富于有机酸的酸性土壤中亦可产生埃洛石。

[鉴定特征]　埃洛石与高岭石外形相似，难以区分，需要利用 X 射线粉晶数据、差热分析等手段加以鉴别。如果发现是致密块体，且干燥后裂开呈带棱角的碎块时，则多系变埃洛石。

[主要用途]　埃洛石由于焙烧脱水温度较高岭石低，因而在工业上，利用焙烧脱水的高岭石产品时，均可用埃洛石代替，可以降低成本。例如人工合成某些类型的分子筛时，即能利用此种原料。

6. 蒙脱石族

蒙脱石，是对达穆尔(Damour)和萨尔韦塔特(Salvetat)于 1874 年在法国蒙特利尔所收集的标本的称呼，1933 年霍夫曼(Hofmamm)等人确立了其结构模型。蒙脱石族矿物的结构类型与叶蜡石、滑石的相似，其结构单元层由三个基本结构层组成，所不同的是结构单元层内的电荷并没有达到中和状态，因此结构单元层的层间，必然地要有一定数量的阳离子加入，同时还有多量的水分子存在，这就使蒙脱石族矿物在组成成分上、结构上及物理性质等方面不同于其他黏土矿物。三层型结构单元层的蒙脱石，既可以当作叶蜡石型，也可以当作滑石型，前者属于二八面体式，后者则属三八面体式。蒙脱石族矿物包括蒙脱石、贝得石、囊脱石、皂石等，其中以蒙脱石最为重要，分布最广，实际利用也最多。

蒙脱石(胶岭石或微晶高岭石) Montmorillonite

$$(\frac{1}{2}Ca, Na)_{0.66}(Al, Mg, Fe)_4[(Si, Al)_8O_{20}](OH)_4 \cdot nH_2O$$

[化学组成] 由于蒙脱石的结构基本上与叶蜡石、滑石相同，所以其化学组成也与这两种矿物相似，所不同的地方有如下几点。一是四面体层中的 Si^{4+} 可以被 Al^{3+} 甚至磷离子或微量的钛离子所置换，置换的结果是引起电荷的改变，还有人认为可以有 4 $(OH)^-$ 取代 $[SiO_4]$ 四面体的可能。二是在八面体层，除了 Mg^{2+}、Fe^{2+} 可以取代 Al^{3+} 以外，还可以有 Fe、Zn、Ni、Li 等的离子取代其中的 Al^{3+}，取代的结果，不仅使二八面体式转化成为三八面体式，而且也会引起电荷的改变，这种电荷的改变，有一部分被紧邻的硅氧四面体层中的 $Al^{3+} \rightarrow Si^{4+}$ 所补偿了，还有一部分可借 $(OH)^- \rightarrow O^{2-}$ 的途径来补偿，但是尚有一部分未能得到补偿，这就需要在层间充填部分其他阳离子，用以补偿正电荷之不足。大量的分析资料证明，单位晶胞中剩余的负电荷为 0.66，所以层间的一价阳离子数也是 0.66，这些阳离子称之为可交换的阳离子，在蒙脱石中多为 Ca^{2+}，也可以是 Na^+。蒙脱石组成成分上不同于叶蜡石或滑石的第三个特点是富含大量的层间水，且层间水的量是可变的，湿度大时，含水多，湿度小时含水少，其层间不但可以吸附水分子，而且可以吸附有机质。所有的这些特点，不仅能够说明蒙脱石族矿物的一系列特点，而且使蒙脱石有很大的使用价值。

[晶体参数和结构] 属单斜晶系，对称型 L^2PC，$a_0 = 0.523$ nm、$b_0 = 0.906$ nm、c_0 的数值可变，β 角也随堆积情况不同而不同，其中一组数据为 $c_0 = 0.995$ nm、$\beta = 99°54' \pm 30'$，通常吸附有水分子的钙蒙脱石，其 c_0 值在 1.5 nm 左右。蒙脱石的晶体结构前面已经叙述过，这里需要补充一些细节。现在多数人都是采用叶蜡石或滑石型的结构来描述蒙脱石的结构，因为这种结构模式与蒙脱石的 X 射线数据比较吻合。但是也有人采用图 14-84 的模式，即认为硅氧四面体的尖端有一半或不足半数作相反指向，利用这种模式解释阳离子交换现象虽然更为有利，但前一种模式却比较合理，因为其与结构分析的数据比较接近。

层间水和层间可交换阳离子存在的多寡和种别，对蒙脱石 c_0 值的影响很大。已知完全脱水的蒙脱石的 c_0 大约为 0.96 nm，层间阳离子较大时，c_0 值也稍大；较小时则稍小。但是当层间充满了水分子或其他有机分子时，c_0 值将显著加大。通常层间阳离子

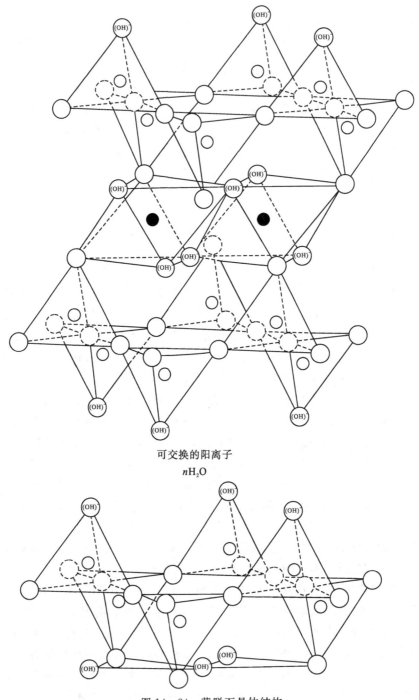

可交换的阳离子

$n\mathrm{H_2O}$

图 14-84 蒙脱石晶体结构

为 Ca^{2+} 时，可以存在有两层水分子层，故 c_0 大约为 1.55 nm，若为 Na^+ 时，一般说来，仅有一层水分子层（也可以有二层、三层），故 c_0 值在 1.25 nm 左右。这些水分子可因外界的温度、湿度的变化而变化，脱失以后，如果湿度条件许可，又可复得，但是如果脱水彻底，也难以复得。不过要彻底脱水，得经过 600 ℃ 以上的高温处理才有可能。

应当指出，层间水或层间有机分子是成层分布的，水分子层在层间既可以仅有一层，也可以有二层、三层，因此一个具体样品中就可能有规则的分布与不规则的分布两种情况出现。所谓规则分布，是指各层间的水分子层是同样的数目，或全部为单层，或全部为双层，所谓不规则分布是指单层与双层相互混杂，显然这与矿物本身所含可交换的阳离子种类的不同及所在环境的不同有关。

蒙脱石区别于叶蜡石或滑石的地方是四面体层里的 Si^{4+} 和八面体层里的 Al^{3+} 均能同时被其他离子所置换。分析资料证明，在蒙脱石四面体层中，Si^{4+} 能被置换的量，不超过 15%。而八面体层的置换，则有两种情况：一是 Mg^{2+} 或 Fe^{2+} 对 Al^{3+} 的置换是一对一的，这样置换的结果是，还保持原有的二八面体式；但是如果是 $3Mg^{2+} \rightarrow 2Al^{3+}$ 时，那就由叶蜡石型转变为滑石型、二八面体式转化成三八面体式。三八面体式的蒙脱石族矿物以皂石为代表，如果八面体层中有 Li^+ 取代 Mg^{2+} 时，便成为锂皂石；有 Zn^{2+} 存在时便是锌皂石。此外还可有含 Cr^{3+} 的亚种、含 Cu^{2+} 的亚种，前者叫铬蒙脱石、后者叫铜皂石。实际资料证明二八面体式和三八面体式二者之间并不能任意混溶，只是少量混存而已，所以在二八面体式里，主要的取代方式是 Fe^{2+} 对 Al^{3+} 的取代，囊脱石与贝得石之间便是如此，故而蒙脱石、贝得石、囊脱石三者，可以看成是类质同象的关系。

由于蒙脱石的结晶程度很差，在电子显微镜下，也呈绒毛状，所以无法对其进行单晶体的研究，且其结构单元层与结构单元层的叠置情况尚不清楚。

〔形态〕　单晶体尚未发现，颗粒极细，属胶体微粒，在电子显微镜下呈绒毛状或毛毡状。通常呈土状、块状集合体。

〔物理性质〕　呈白色或灰白色，因含杂质而染有黄、浅玫瑰红、蓝或绿等色。土状者光泽暗淡，硬度为 1～2，相对密度为 2～3。

蒙脱石的阳离子交换能力很强，这是因为层间阳离子结合得不强，并没有固定的晶格位置所致。常见的蒙脱石含 Ca^{2+} 或含 Na^+，但经过处理，可以成为含 K、Cs、Sr、H、Mg 等的离子的蒙脱石。蒙脱石的阳离子交换能力，约在 80 mg 当量/100 g 至 150 mg 当量/100 g 间，也就是说每 100 g 的蒙脱石，可以交换 80～150 mg 当量的其他阳离子。通常电价高的阳离子具有较高的交换能力，显然与其吸附力强有关。

蒙脱石的膨胀性和吸附性也极具特征且与其结构有关。一个饱和了水的样品，体积可以数倍于不含水的样品。因为样品中含水多寡不一，所以其相对密度、光性等有关物理性质也相应地有所改变。蒙脱石的层间往往可以吸附一些极性有机分子如甘油、乙二醇、胺、间氯苯等，这些分子也呈层状排列，与层间水一样，也可有一层、二层等。吸附了有机分子后，c_0 值更大，可以高达 4.8 nm。蒙脱石的这一特性，使之具有过滤、漂白、净化的能力，这是蒙脱石最主要的用途所在。

蒙脱石受热后，层间水易于脱失，大约在 100～250 ℃ 区间，绝大部分已被脱去。$(OH)^-$ 的释出，大约在 300 ℃ 时开始，至 500 ℃ 左右最强烈，至 750 ℃ 左右时全部失去，800～900 ℃ 以后蒙脱石即行分解。蒙脱石的差热曲线见图 14-85。

蒙脱石具有良好的膨胀性、悬浮性、阳离子交换性、热稳定性、可塑性、湿强度、湿压强度、干收缩、干强度、干压强度、热强度。

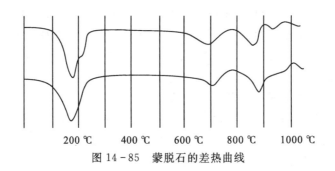

图 14-85　蒙脱石的差热曲线

[成因和产状]　蒙脱石为膨润土的主要成分。膨润土在我国的产地很多，如在辽宁、黑龙江、吉林、河北、河南、浙江等地都有产出。膨润土的成因多数与火山活动有关，火山玻璃(火山灰、凝灰岩或其他酸性、中酸性、中偏碱性的火山岩)经脱玻作用和相伴随的化学变化可形成膨润土。少数风化成因的膨润土和内生成因的膨润土是火成岩、变质岩、泥岩、泥质碳酸岩经风化作用或热液蚀变而成的。膨润土于 1898 年为美国地质学者所发现，取名于美国怀俄明州落基山河附近的钠质膨润土产地" Fort Benton"，指的是该地所产的绿黄色的很黏柔、吸水后高度膨胀的一种黏土。后来，有些人把凡是具有膨润土部分物理性质的黏土统称膨润土，天然漂白土中的氢质蒙脱石黏土也被叫作膨润土。岩石学工作者则把从火山物质变化而成的，主要含有蒙脱石或贝得石(也叫拜来石)或两者都有的岩土全归入膨润土(岩)类。

蒙脱石是斑脱岩、膨润土中最主要的组成矿物，是由基性火山岩特别是基性的火山凝灰岩或火山灰风化而成的。所谓的漂白土也是一种以蒙脱石为主的黏土，其吸附性强，故名。由于蒙脱石的化学组成有 Mg 无 K，由此可以推断，形成时需要这样两个条件：一是碱性环境，有利于 Mg 的存在，但贫 K，基性岩作为原始岩石，符合这一条件；二是雨量偏少的干旱或半干旱的地区，在这样的地理环境下，能够使 Mg 不至于全部淋失。所以说基性岩风化后多形成蒙脱石。还应指出，蒙脱石并不是表生条件下最稳定的矿物，当其受地表水的长期淋滤后，也会向高岭石转化。

蒙脱石也可以由热液蚀变作用或热泉作用形成。

[鉴定特征]　一般利用其加水膨胀性进行定性鉴定，但精确鉴定需有其他依据，如 X 射线分析数据、差热分析曲线、阳离子交换性能、电子显微镜下的形态特征及染色效应等。

[主要用途]　膨润土系以蒙脱石为主要成分的黏土(岩)——蒙脱石黏土。膨润土有吸水后高度膨胀(钠质膨润土，也叫碱型土)和吸水后膨胀倍数不大(钠钙质膨润土、钙镁质膨润土、钙质膨润土等，又叫碱土型土)的两种。膨润土与高岭土一样作为制陶原料已有千百年的悠久历史，但人类自觉地有计划地开发利用膨润土却只有近百年历史。随着科学技术的发展，人类研究方法的完善，对膨润土成分、性质和性能了解得深入及社会发展对矿物原料需求的增加，使得膨润土的应用范围越来越广泛。20 世纪20 年代，膨润土开始用作机器制造业的型砂黏结剂。到 50 年代，其已成为冶金工业铁球团的黏合剂、化学工业的吸附剂、脱色净化剂和环保消毒防护剂，并随之出现了形形色色的膨润土有机复合物，大大地扩大了膨润土的应用领域。至今，使用膨润土的

行业越来越多，与膨润土有关的产品多达 400～500 种，其被人们誉为万能矿物原料。美国是开发利用膨润土矿最早的国家之一，怀俄明州的膨润土世界闻名。迄今，美国膨润土矿山遍布全美十余个州，产量占世界总产量的一半以上，相关产品品种多，畅销世界 70～80 个国家和地区。此外，希腊、意大利等国开发利用膨润土矿也较早，生产的产品在国际膨润土矿产品市场上占有一定位置。我国在 20 世纪 50 年代，为适应机械和化学工业的发展和满足钻探泥浆原料的需要，开始建立膨润土矿工业。初期，膨润土矿产品主要是型砂黏结黏土、活性土和钻井泥浆原料。70 年代开始，膨润土的应用进入了一个新的发展阶段：试制有机膨润土、润滑脂稠化剂，1978 年杭州钢铁厂将膨润土用作铁球团黏合剂，80 年代研制成功了膨润土防毒药剂。此外，膨润土已推广应用到建筑工程中的地下连续墙、石油催化蒸馏、粗苯净化、放射性物质的吸附和固化、环境保护、造纸纺织、陶瓷、水泥混合材料、电绝缘材料、电池材料、新型功能材料和饲料添加剂等方面。

利用蒙脱石阳离子交换性能制成的蒙脱石有机复合体，广泛用于高温润脂、橡胶、塑料、油漆；利用其吸附性，可将其用于粮油精制脱色除毒、净化石油、核废料处理、污水处理；利用其黏结性，可将其用作铸造型砂的黏结剂等；利用其分散悬浮性，可将其用于钻井泥浆。由于钠蒙脱石的许多性能优于钙蒙脱石，因而常利用蒙脱石的阳离子交换性能进行改型处理，将钙蒙脱石改造成钠蒙脱石。蒙脱石在医药中应用广泛，可以做医药载体，起控释剂的功效，医药领域成熟的产品"蒙脱石散"，几乎成为了蒙脱石的代名词，可起到止泻功效。蒙脱石在畜类（猪、兔）养殖中也有很好的应用，尤其是对乳猪的黄白痢、小兔的拉稀能起到预防作用。鉴于蒙脱石的特性，其还能作为最优秀的饲料脱霉剂的首选材料。蒙脱石作为饲料辅助添加剂，凭借其自然性状和复合功能，在国外已广泛应用于家畜家禽的饲养中。在美国，用蒙脱石做动物饲料占其总消耗量的 2.14%，其不仅可补偿动物养分，提高畜禽的生产性能，而且可以调节动物体内的 CP 流动，对预防动物消化道疾病有一定作用。

7. 云母族

云母族矿物的结构与叶蜡石、滑石的结构相似，结构单元层均由三个基本结构层组成，四面体层与八面体层的比例为 2∶1。所不同的是云母族矿物四面体层的 Si^{4+} 约有 1/4 被 Al^{3+} 所置换，使 $Si^{4+}∶Al^{3+}=3∶1$，但是其又不像蒙脱石那样，能够采用八面体层的取代形式加以补偿，因此结构单元层里多余的负电荷就得用层间存在的阳离子 K^+ 或 Na^+ 来加以补偿。这样的方式似乎又类同于蒙脱石，但是却有几点显著的区别。首先是结构单元层里多余的负电荷的产生原因有所不同，在云母中，无疑是由硅氧四面体层导致的，但在蒙脱石中，则主要是由八面体层引起的，四面体层通常处于从属地位，只是在部分贝得石、囊脱石或皂石中可以处于主导地位。其次是蒙脱石中用作补偿多余负电荷的阳离子只存在于层间，并无固定晶格位置，周围被水分子围绕着，而且通常以 Ca^{2+} 为主，Na^+ 次之，其作用是补偿八面体层中多余的负电荷，中间隔了一层四面体层，所以是远程中和，键力显然不强，形成可交换的阳离子；云母中情况迥异，剩余电荷来自硅氧四面体层，用以中和的阳离子常为大阳离子 K^+（有时是 Na^+），K^+ 半径大、电价低，能够适应结构单元层与结构单元层叠置时所形成的较大空隙，而且位于固定的晶格点上，使相邻结构单元层直接借其离子键维系起来，其联结力远较氢键强，但相对于结构单元层内部的键力面，其联结力又弱得多。这些特点使云母族矿物具有一些特有的性质：首先是其依然具有极为完全的解理，但由于结构单元层之间有离子键力，所以能够借此种维系力使晶体横向发育成较粗大的片状，而在纵向上层层叠加时，又能形成柱形，鉴于面网为六方网格，所以常呈假六方形态。因此云母族矿物的结晶程度在层状结构硅酸盐中是极高的；其次是单晶体可以很大，其面积有时可以达到数平方米，由于层间联结力较强，所以当薄片受力弯曲时，将变形而产生内应力，当外力释放后，内应力即起作用而使之复位，从而显示出弹性，薄片之所以能变形而不断裂，其原因也是 K^+ 在层间分布，其配位多面体可以稍稍变形，而不破裂，由于层间充填了 K^+，使结构单元层连接较紧，所以水分子不能进入，因此导致了云母不能吸附水分子，更难吸附其他有机分子，所以云母族矿物不含层间水，难以染色，阳离子交换量也极其微小。云母的晶格相对说来比较稳定，若加热欲使其 $(OH)^-$ 脱失，则需要较高的温度。如图 14-78(b) 所示，硅氧四面体层是作六方网格状分布的，其平面简化图将如图 14-86(a) 所示：图中粗线是底层的四面体层，细线为上层的四面体层，八面体层夹在中间，其中的阳离子是 Al^{3+}、Mg^{2+} 或 Fe^{2+}，在图中以中心带叉的圆圈表示，它们上下均与硅氧四面体层中的二个 O^{2-}，以及位于六边形中心的一个 $(OH)^-$ 相配位，形成氢氧铝石 $[AlO_4(OH)_2]$ 或氢氧镁石 $[MgO_4(OH)_2]$ 夹层；图中以小圈表示 $(OH)^-$ 的位置，图中大圈代表 K^+ 或 Na^+、Ca^{2+}，它们的位置在四面体层之下方或上方；共平面位置与 $(OH)^-$ 重叠在一起，图面上标有"A"，由于两个相反指向的硅氧四面体层由八面体层连接起来，所以结合的方式就受到 Al^{3+}、Mg^{2+} 等位置的制约，上下两层四面体在图面上投影的位置并不重合，而必须沿 pp' 方向，即 a 轴方向，位移为 $a_0/3$，显然 pp' 方向即对称面所在。图 14-86(b) 是图 (a) 中平行 pp' 方向的侧视剖面，图中绘出了单位晶胞的大小，横向为 a_0，纵向 c_0，属单斜晶系。从图 (a) 上可以看出 $b_0 \approx \sqrt{3} a_0$，所以 a_0 与 b_0 分别为 0.53 nm 及 0.92 nm。从图 (a) 中也明显地可以看出，位于 A 处的 K^+ 正巧处于六方网格的中轴线上，上下都有六个等距离的氧离子与之配位，形成六方柱状的配位多面体。这种配位多面体相互紧密镶嵌，毫无空隙，因而不能容纳任何其他离子或水分子填塞其间，这便是云母中不含层间水或可交换离子或有机分子的原因。但是应当指出，在该六方柱状配位多面体的上下结构单元层里，仍然有构造空隙存在，其是由硅氧四面体作六方网格状排列所引起的，而且这种空隙是密闭的。这样的结构，就决定了云母族矿物的 c_0 值为 1 nm 或其整倍数，既不同于高岭石族（c_0 为 0.72 nm 左右），又不同于叶蜡石或滑石（c_0 为 0.93~0.95 nm 的 2 倍），也不同于蒙脱石（可变，c_0 通常为 1.5 nm 左右）和蛭石（c_0 为 2.84 nm），但是却与伊利石相似，因为伊利石的晶体结构与云母族的晶体结构是极为相似的。结构单元层与结构单元层的不同堆积方式是云母族矿物多型性的由来。由于结构单元层六方网格的基本外貌不变，加上结构单元层中上下两层指向相反的四面体层需要有 $a_0/3$ 的位移，这样结合起来，就会产生为数众多的堆积方式，亦即出现多型现象。不同的堆积方式使相邻结构单元层中的相应离子改变了位置，这样就会引起重复周期和对称程度发生变化，从而导致晶胞参数不同，空间群甚至晶系也发生变化。在图 14-86(b) 中，设结构单元层继续沿用相同的方式堆积，并不发生旋转，而且沿 a 轴的位移始终沿同一方向进行，如此增厚时，可以看出单位晶胞始终是一致的，其仅包含一个结构单元层，亦即是范层

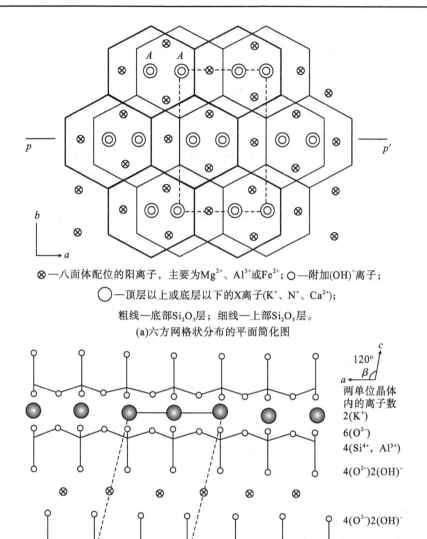

⊗—八面体配位的阳离子，主要为Mg^{2+}、Al^{3+}或Fe^{2+}；○—附加$(OH)^-$离子；

◎—顶层以上或底层以下的X离子$(K^+$、N^+、$Ca^{2+})$；

粗线—底部Si_2O_5层；细线—上部Si_2O_5层。

(a)六方网格状分布的平面简化图

两单位晶体
内的离子数
$2(K^+)$
$6(O^{2-})$
$4(Si^{4+}$，$Al^{3+})$
$4(O^{2-})2(OH)^-$

$4(O^{2-})2(OH)^-$
$4(Si^{4+}$，$Al^{3+})$
$6(O^{2-})$
$2(K^+)$
$6(O^{2-})$
$4(Si^{4+}$，$Al^{3+})$

(b)图(a)中平行pp'方向的侧视剖面图

图 14 - 86　云母的晶体结构

重复，在 c 轴方向的重复周期是 1 nm，属单斜晶系，特记为 1 M 形，M 表示单斜晶系，1 表示单位晶胞内仅含有一个结构单元层，也表示单层重复，c_0 值当然为 1 nm。如果相邻两结构单元层堆积时，上下两结构单元层内部的位移方向恰巧相反时，在图 13 - 86(b)中，原来斜向左方的单位晶胞将会选置在一个斜向相反方向的晶胞之上，状如"之"字形的折线，结构的这种变化，将使重复周期加倍，故 c_0 值不再是原来的 1 nm，而成为 2 nm。晶胞的形状也不再是单斜晶系的斜平行六面体，而改变成正交晶系的矩形平行六面体，所以记为 2O，O 代表正交晶系，2 表示单位晶胞中包含两个结构单元层，亦即为双层重复。如果相邻的结构单元层以左旋形式扭转 120°，第三层扭回，第四层再左旋 120°，如此反复地重叠时，仍然会形成两层重复的结构，即单位晶胞中含有两个结构单元层，但属单斜晶系，c 轴方向的重复周期将为 2 nm，特记为 2M$_1$ 型。如果采用相似的重叠步骤，但系右旋 60°，则形成仍属单斜晶系，但为单位晶胞参数不同的另一种单斜晶胞，特记为 2 M$_2$，记号右下角的 1、2 并无特殊意义，只是表示区别而已。如果重叠方式逐层采用左旋 120°的方式进行，最终形成三层重复的结构，属三方晶系，记作 3T。如果每次均左旋或右旋 60°重叠时，将形成六层重复的六方晶胞，记为 6H。这是云母中常见的六种，也是最简单的六种多型。此外还可有许多复杂的重叠方式，导致 18 层或 12 层重复，分别记为 18M 或 12M。也可作 8 层重复，形成三斜晶胞，记作 8Tc。

虽然每种云母都有多种多型，但对每一种云母而言，不同多型的出现概率并不相同。白云母主要呈 2M$_1$ 型；金云母、黑云母和铁锂云母则多呈 1M 型，次为 2M$_1$ 型和 3T 型；而鳞云母主要呈 1M 和 2M$_2$ 型，也有呈 3T 型的。

云母族矿物的化学式可以用通式

$$XY_{2\sim3}[Z_4O_{10}](OH, F)_2$$

表示。

式中：X 主要为 K$^+$，次为 Na$^+$ 或 Ca^{2+}，也可有 Ba^{2+}、Rb$^+$、Cs$^+$ 等。

　　　Y 主要为 Mg^{2+}、Al^{3+} 和 Fe^{2+}，但也可有 Mn^{2+}、Li$^+$、Cr^{3+}、Ti^{4+} 等。

　　　Z 主要为 Si^{4+} 及 Al^{3+}，可能有极少量的 Fe^{3+} 或 Ti^{4+}。

Y 如为三价阳离子时，则形成二八面体式的云母，如为二价阳离子时，则形成三八面体式的云母，前者有白云母、钠云母，后者有黑云母、金云母等。应当指出，两种类型的过渡成员很少，说明二者类质同象混晶的范围很窄小。

白云母　muscovite　KAl$_2$[AlSi$_3$O$_{10}$](OH，F)$_2$

[**化学组成**]　K$_2$O 占 11.8%、Al$_2$O$_3$ 占 38.5%、SiO$_2$ 占 45.2%、H$_2$O 占 4.5%。白云母中的 K$^+$，可被 Na$^+$、Rb$^+$、Cs$^+$、Ba^{2+}、Ca^{2+} 等离子所置换，通常置换量很小。如以 Na$^+$ 为主而以 K$^+$ 为次者，则称为钠云母；如 K$^+$ 被较多的 Ba^{2+} 所替换时则称为钡白云母，但含 Ba^{2+} 之黑云母，也被称作钡白云母，实质上应称钡黑云母。白云母遭受冰化作用后可以淋滤出部分 K$^+$，而由（H$_3$O）$^+$ 离子取代之，此种水化白云母又名水白云母。不同学者对于水云母（包括水黑云母等在内）有不同的认识。有人将水云母看成是独立的矿物族，有人将它们等同于伊利石族，也有人视之为云母族矿物的亚种，意见很不一致。考虑到水云母是云母族矿物水化的结果，因此其成分可变，而且随着水化作用之进一步增强，不但 K$^+$ 淋失量增多，而且会伴随着结构中其他组分的变化，如结构中八面体层里的 Al^{3+} 也可被 Mg^{2+} 所取代。这些成分上的变化会影响到晶体的物理性质和形态特征，因此建议将水化不强烈，仍保有云母特色的水云母视为云母族的亚种；而将强烈水化，组分、物性及形态均变化很强烈的水云母归之于伊利石族。白云母如呈极细的鳞片状（包括钠云母在内）时，名叫绢云母。绢云母在化学组成上与白云母无差异，但是鉴于其粒径特细，极易水化，所以通常较白云母中的 SiO$_2$、MgO、H$_2$O 含量略高，K$_2$O 含量略低。除了其自身的水化可引起成分改变外，颗粒细、表面吸附能力强、混有难以分离的杂质也较多，也是引起成分变化的原因之一。

白云母八面体层和四面体层中的 Al^{3+} 也可被其他离子所取代。如果八面体层中的 Al^{3+} 被 Fe^{3+} 置换一部分时可称为含铁白云母；如果被 Cr^{3+} 及 V^{5+} 置换较多时，则称为铬云母和钒云母；如被 Li^+、Mn^{2+} 部分置换时，则名叫含锂或含锰白云母；如果在 Li^+、Cr^{3+}、Mn^{2+} 置换八面体中的 Al^{3+} 的同时，又有 Si^{4+} 置换四面体中的 Al^{3+} 时，则分别称为鳞云母、铬硅云母及淡云母；如果八面体层的部分 Al^{3+} 被 Mg^{2+}、Fe^{3+} 所置换，并伴有 Si^{4+} 置换四面体层中的 Al^{3+} 时，则总的 Si^{4+}：Al^{3+} 比值则有所增高，此种亚种称为多硅白云母。

[晶体参数和结构] 属单斜晶系，对称型 L^2PC，$a_。=0.719$ nm、$b_。=0.904$ nm、$c_。=2.008$ nm、$\beta=95°30'$。上述系最常见的 $2M_1$ 型的参数，其他多型仅 $a_。$ 和 $b_。$ 值相同，其余数据并不相同，甚至空间群和晶系也会不同。

[形态] 单晶体呈假六方柱状、板状或片状。横切面呈六方形或菱形。柱状晶体往往向一端收缩成锥形，锥面不平坦，有明显的横纹。集合体呈鳞片状或叶片状。绢云母则呈隐晶质或微细的晶质块体。双晶常见，双晶轴为[310]，接合面为(001)。

[物理性质] 薄片无色透明，含杂质者则微带浅黄、浅绿、浅红或浅灰等色。解理面上显珍珠光泽，绢云母显丝绢光泽。硬度为 2.5～3，具{001}极完全解理，相对密度为 2.77～2.88，薄片具弹性，绝缘隔热性特强。

[成因和产状] 白云母是一种广泛分布的造岩矿物，在三大岩类中均有分布。

在区域变质作用中，白云母可以从低级变质作用到高级变质作用中普遍存在。原先为泥质的沉积物经受轻微的变质作用，便有绢云母和绿泥石的形成。在进向变质过程中，由于应力作用和温度的增强，云母会定向排列，成层分布，与此同时会引起颗粒加粗，致使板岩向千枚岩过渡再转化成片岩，后者片状构造的出现，绝大多数是由绿泥石和云母这类层状矿物引起的。

在中酸性火成岩遭受区域变质时，初期阶段也会发生绢云母化，形成钠长石-绢云母-绿泥石片岩。变质加深时，则粒径加粗，同时也会分解成钾长石，所以在一个相当宽广的范围内，白云母与钾长石共存。

接触变质作用过程很少有白云母的形成，仅在泥质岩石与酸性深成岩接触，且发生中等程度以上的变质作用时，而且还要在有大量矿化剂存在的条件下，才有白云母的形成。

在火成岩中，白云母远不及黑云母那样分布广泛。在酸性花岗岩类岩石中，白云母常交代长石而形成，表明此类花岗岩中的白云母应为岩浆晚期甚或期后的产物。在长英岩脉或伟晶岩脉中，白云母则屡见不鲜，这些现象表明花岗岩中的白云母，可能属晚期残余岩浆的自交代产物。如果花岗岩是花岗岩化的结果时，白云母的形成则表明其是晚期钾交代的证据。

伟晶作用能够形成个体极为粗大的白云母，这是天然白云母矿的唯一来源。据研究，在伟晶作用中所形成的白云母都是 $2M_1$ 型。但其他地质作用所形成者都会有其他多型存在。

在气成-热液作用过程中，也有白云母的大量形成，所谓的云英岩化作用及绢云母化作用中都有白云母的形成。

白云母抵抗风化能力强，原岩风化后，白云母鳞片可以被水流搬运得很远，再行沉积后可作为碎屑岩的碎屑矿物之一。强烈的化学风化作用可以使白云母水化成水白云母、伊利石，再转化成蒙脱石、高岭石。

[鉴定特征]　白云母易于从形态特征、极完全的{001}解理、薄片具弹性等方面识别之，其与浅色金云母的区别，应利用光性数据鉴别。

[主要用途]　①电机工业中用以制造电动机、发电机及大功率和高压电气机的元件。②电气工业中用以制造无线电真空管、测位器、电容器、电视机、放电器等电气器材的绝缘体。③尖端科学研究方面用以制造电子计算机、电子显微镜、电子示波器等的元件。④国防及航空工业方面用以制造飞机发动机火花塞、垫圈、雷达线路中的无线电零件、无线电收发报机。⑤宇宙空间技术方面用优质的白云母和金云母制作导弹、人造地球卫星上用的大容量电容器和电子管，质量稍次的白云母、金云母用作炼钢炉和其他冶金炉的炉窗和家庭用的熨斗、电炉的绝缘体。随着电气工业、无线电工业和航空工业的日益发展，在大片优质云母的需要量不断增长的情况下，碎云母的综合利用已成为重要课题。近年来，在国外，碎云母和云母废料主要用于建筑业、塑料、染料和橡胶等工业部门，同时利用碎云母制造云母纸，这种云母纸可以代替薄片云母制造电子管零件，碎云母还可以用作硅油和珍珠颜料等。我国生产的电动机，除部分出口的外，余者都已用云母纸来代替薄片云母。目前我国的云母产品有厚片、薄片、电容器薄片、电容器芯片、电容护片、电子管片、电子管零件片、活门、避雷器、水位计、垫片、垫圈、屏圈、电烙铁、灯泡、换向器、云母粉、云母纸、云母电容器等190多个型号、上千种规格，其中501、505、506等型号的云母纸还出口到日本、法国和德国。

[我国白云母开发利用的现状]　我国云母矿已开采利用的矿区有30余个，主要有：新疆阿尔泰白云母矿、四川丹巴白云母矿、内蒙古土贵乌拉白云母矿、陕西丹凤白云母矿、吉林集安金云母矿、河南镇平金云母矿及河北曲阳白云母矿等。

白云母的特性是绝缘、耐高温、有光泽、物理化学性能稳定，具有良好的隔热性、弹性和韧性，经加工成云母粉还有较好的滑动性和较强的附着力。由于云母和云母粉本身的性能，其主要有如下用途：日用化工原料、云母陶瓷原料、油漆添料、塑料和橡胶添料、建筑材料、焊条药皮的保护层、钻井泥浆添加剂等。

在工业上用得最多的是白云母，其次为金云母，广泛地应用于建材、消防、灭火剂、电焊条、塑料、电绝缘、造纸、沥青纸、橡胶、珠光颜料等方面。超细云母粉用作塑料、涂料、油漆、橡胶等功能性填料，可提高材料的机械强度，增强其韧性、附着力、抗老化及耐腐蚀性等。白云母除具有极高的电绝缘性、抗酸碱腐蚀性、弹性、韧性和滑动性，耐热隔音、热膨胀系数小等性能外，又有片体二表面光滑、径厚比大、形态规则、附着力强等特点，工业上主要利用其绝缘性和耐热性，以及抗酸、抗碱性、抗压和剥分性，将其用作电气设备和电工器材的绝缘材料；其次用于制造蒸汽锅炉、冶炼炉的炉窗和机械上的零件。

云母碎和云母粉可以加工成云母纸，也可代替云母片制造各种成本低廉、厚度均匀的绝缘材料。大多企业在生产云母工业原料的同时也生产碎云母及其制品。某些冶金企业也从选矿尾矿中回收碎细云母以供应市场。

新疆非金属矿公司、四川丹巴云母矿、雅安云母厂及内蒙古土贵乌拉云母矿等，都生产云母粉和云母制品。生产云母纸的有四川雅安云母公司，其产品供全国 27 个省市 350 多家企业使用，并远销国外。新疆云母一厂生产耐高温云母板。生产云母粉的厂家有雅安云母厂、河北灵寿等，产品除满足国内需求外，尚可出口。

［我国白云母利用中存在的问题］

(1)综合利用率低。白云母的综合利用，国外已做到工厂无废料，原料近百分之百利用。我国白云母综合利用率约 40%，还有待扩大其应用领域。

(2)应用领域较窄：相关研究表明国外白云母综合利用领域在不断扩大，在建材、防震、润滑、有机和无机复合材料、密封材料等领域取得了较好的应用。而我国应用领域相对较窄。

当前，我国应加强技术研究，提高白云母综合利用率及不断扩大其应用领域，拓宽其市场。

［白云母发展趋势］　从总的趋势看，由于人工合成白云母大晶体的成功，世界上对天然大片白云母的需求量将逐渐减少，因而天然大片白云母的开采量将逐年降低，然而对碎片白云母的需求则将持续增加。据估计，全世界对大片云母的需求量将以每年 4.6% 的速度持续下降，而对碎云母的需求量将以平均每年 1.5% 的速度持续增长。

白云母综合利用产品——云母纸和湿磨云母粉及云母深加工产品，都是国际市场上比较畅销的产品。

8. 蛭石族

蛭石　vermiculite　$(Mg，Ca)_{0.7}(Mg，Fe^{3+}，Al)_6[(Si，Al)_8O_{20}](OH)_4 \cdot 8H_2O$

［化学组成］　蛭石(像水蛭一样弯曲的矿物)结构类似蒙脱石，也是三八面体式，不同的是结构单元层里的多余负电荷主要是由四面体层中 Al^{3+} 取代 Si^{4+} 引起的。这种多余负电荷，有一部分被八面体层中的三价阳离子取代 Mg^{2+} 所中和，尚不足者，则由层间阳离子补偿之，所以蛭石中，总是有层间阳离子存在，且以 Mg^{2+} 为主。因此，这样的电荷平衡属于近程中和，不像蒙脱石那样，属于远程中和。层间阳离子的数量如用结构式中的原子数表达时，通常为 0.7，其在结构中的地位与蒙脱石中的 Ca^{2+}、Na^+ 一样，也可以被其他阳离子，如 K^+、Rb^+、Cs^+、Ba^{2+}、Li^+ 或 H_3O^+ 等所置换。八面体层里的阳离子主要是 Mg^{2+} 及 Fe^{2+}，但也含有 Fe^{3+} 及 Al^{3+}，还可有微量的 Ti、Li、Cr、Ni 等的阳离子。蛭石层间有含量不定的水分子，其最高含量约相当于两层水分子层所需的水量。

［晶体参数和结构］　属单斜晶系，对称型 P，$a_0=1.53$ nm、$b_0=0.92$ nm、$c_0=2.84$ nm、$\beta=97°$。蛭石的晶体结构基本上类似于蒙脱石族中的皂石，整个结构单元层是带有负电荷的，剩余的负电荷由层间阳离子所中和，这些阳离子是可交换的阳离子，阳离子交换量在 100~260 mg 当量/100 g 范围内。通常由黑云母转变成的蛭石，其阳离子交换量在 150~260 mg 当量/100 g 范围内，而由其他矿物转变成的蛭石，阳离子交换能力较弱，在 100~150 mg 当量/100 g 范围内。天然产的蛭石其层间阳离子多数是 Mg^{2+}，也有少量的 Ca^{2+}，不同于以 Ca^{2+} 为主的蒙脱石。

蛭石的鳞片重叠，在 2~3 cm 厚度内可叠至一百万片。蛭石的层间，除有可交换的阳离子外，还存在有大量的层间水，而且水分子是成层分布的。据研究认为不同的层间阳离子将含有不同数量的层间水。层间水和层间阳离子的分布有一定的空间位置。

层间水分子有两种形式。一种是作为层间阳离子的水化外壳，形成水合络离子 $[Mg(H_2O)_6]^{2+}$，呈稍稍变形的八面体形，Mg^{2+} 居中，上下有两层水分子层，水分子层中的水分子彼此间借微弱的氢键相连，这种水受到 Mg^{2+} 的束缚，可称为被束缚水分子，这种带有水壳的 Mg^{2+}，在层间有固定的位置，但并没有布满整个层间。此外，还有一种不受 Mg^{2+} 束缚的水分子，称自由水分子，其含量约占整个层间水的 8/14，加热到 110 ℃，即全部脱失。被束缚水分子的全部脱失，需要较高的温度。双层水分子的厚度约为 0.498 nm，单层水分子厚度约 0.254 nm。如果再加上结构层本身的厚度时，即相当于晶胞中的 $c_0/2$ 值，水化完全时，此值约为 1.42 nm。自由水分子的逸失，并不影响其数值，但随着蛭石受热而逐步脱失其被束缚的水分子层时，$c_0/2$ 值将渐次变成 1.38 nm，1.18 nm，再变成 0.93 nm，愈接近云母的数值。推敲其变化，实际上是水分子层变化的结果。水化完全（自由水存在与否可不予考虑）时，水分子有两层，故其值为 1.42 nm；然后 Mg^{2+} 移位到贴近的结构单元层上去，破坏了水合络离子，结构单元层与结构单元层接近了一些，故变成 1.38 nm；接着双层水分子变成单层水分子，因而间距更近，成为 0.8 nm；最后水分子全部逸去，成为云母型结构，所以变成 0.93 nm，此值与滑石或云母中的数值极为相近。

由于阳离子不同，水合络离子的构型可以不同，因此也存在不同的 c_0 值。这些特点不仅具有理论上的意义，而且在鉴定工作中也有很大的帮助。利用粉晶数据区分未经过处理的蛭石与绿泥石比较困难，因为二者衍射线的 d 值相似。但将蛭石加热脱水以后，水分子层脱去了，1.42 nm 的间距转变成 0.93 nm 的间距，便能使二者相互区别，这种系统变化见图 14-87。

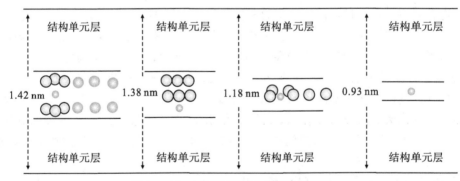

图 14-87　蛭石中层间水的结构示意图

[形态]　蛭石有粗细两种，所谓粗者多由黑云母等转化而来，留有云母本身的片状或鳞片状形态特征；细者呈土状与其他黏土矿物混在一起，极难区分。

[物理性质]　呈褐黄色至褐色，有时带有绿色色调。光泽较黑云母弱，常呈油脂状。不透明，硬度为 1～1.5，{001} 解理完全，薄片无弹性或具微弱弹性。相对密度 ≈ 2.3，因含水量不同而有变化。蛭石最具特征的性质是加热后的膨胀性，体积可膨胀 2～20 倍。急速加热时，由于层间水分子的气化所形成的蒸气压，可以使蛭石沿 c 轴方向发生层裂，形成蛭虫状，具银灰或古铜色的膨胀体，相对密度迅速下降到 0.6～0.9，可以漂浮于水面上。此种经焙烧过的蛭石具有极高的绝热性能，远胜于石棉，隔音性

能也很高。

综上，蛭石具有体轻、隔热、耐冻、抗菌、防火、吸水、吸音、耐酸等特性。

[成因和产状]　首先由云母经低温热液蚀变或风化作用所形成，通常形成粗大的蛭石片，具云母的假象，这样形成的蛭石也可因机械破碎作用使粒度减小，而转入黏土中。其次由基性岩受酸性岩浆的变质作用所形成，在这种情况下，蛭石将与刚玉、磷灰石、蛇纹石、绿泥石、滑石等矿物伴生。海洋沉积物由于富钾，难使云母转变成蛭石，因此海洋沉积物中的蛭石推测系由绿泥石等变化而成。

[鉴定特征]　结晶粗大的蛭石，形如云母，但无弹性，焙烧时，能爆裂成蛭虫状，非常独特。但细小如黏土者，还须利用 X 射线粉晶、阳离子交换性能等方法进行测试，然后才能确定。

[主要用途]　由于蛭石具有体轻、保温、绝热、隔音、抗震、耐火、抗菌、耐冻的特性，因此，其在建筑、电力、石油、化工、冶金、纺织等行业中被广泛应用，可以用其制作各种型式的高温、高压锅炉及各种气液体管道、冷藏库，以及各种电热设备的重要材料。新近发现，蛭石对于某些放射性元素有吸附性能，据此，蛭石毡在国防上有很重要的应用价值，由此性能还可将其用于处理含有放射性元素的废水中。以蛭石及其制品作为保温材料来代替部分价格昂贵的石棉也是行之有效的。蛭石与其他有机的轻体绝缘材料不同，其不会腐烂或生霉，不会受寄生虫侵蚀，且不论其片度大小，各有不同的实用价值。生蛭石片经过高温焙烧后，其体积能迅速膨胀数倍至数十倍，体积膨胀后的蛭石就叫作膨胀蛭石，其是层状结构，层间含有结晶水，容重为 $50\sim200$ kg/m³，热导率小，是良好的隔热材料。质量良好的膨胀蛭石，最高使用温度可达 1100 ℃。此外，膨胀蛭石具有良好的电绝缘性，广泛用于绝热材料、防火材料、摩擦材料、密封材料、电绝缘材料、耐火材料、硬水软化剂及冶炼、建筑、造船等行业中。

膨胀后蛭石的用途十分广泛，但其主要用途仍是做建筑材料。1986，美国用作灰浆和水泥预混合料及轻质混凝土骨料的膨胀蛭石占其蛭石总消耗量的 52%；英国用作混凝土、涂墙泥、水泥混凝剂的膨胀蛭石占其蛭石总消耗量的 40%。

以下是蛭石在各行业中的具体用途。

建筑：轻质材料、轻质混凝土骨料(轻质墙粉料、轻质砂浆)、耐热材料、壁面材料、防火板、防火砂浆、耐火砖。

保温、隔热：吸声材料、地下管道、温室管道、保温材料、室内和隧道内装、公共场所的墙壁和天花板。

冶金：钢架包覆材、制铁、高层建筑钢架的包覆材料、蛭石散料。

农林：种子保存剂、土壤调节剂、湿润剂、植物生长剂。

海洋捕鱼业：钓铒。

其他方面：吸附剂、助滤剂、化学制品和化肥的活性载体、污水处理、海水油污吸附、香烟过滤嘴、炸药密度调节剂。

片径大小不同的蛭石有不同的用途。

+20 目(大于 830 μm)：房屋绝缘器材、家用冷藏器、汽车减音器、隔音灰泥、保险箱和地窖衬里管道、锅炉的护热衣、炼铁厂的长柄勺、耐火砖绝缘水泥。

20～40 目(830～380 μm)：汽车绝缘器材、飞机绝缘器材、冷藏库绝缘器材、客车绝缘器材、墙板水冷却塔、钢材退火、灭火器、过滤器、冷藏库。

40～120 目(380～120 μm)：油地毡、屋顶板、檐板、介电闸板。

120～270 目(120～53 μm)：糊墙纸印刷、油漆、照相软木板的防火卡片纸。

－270 目(小于 53 μm)：金黄色和古铜色油墨、油漆的外补充剂。

9. 伊利石族

伊利石是格里姆等人(Grim、Brany 和 Brindley)于 1937 年研究美国伊利诺伊页岩中的云母类黏土矿物时提出的，之后，伊兹等人(Eades、Grudette)研究了以往的结果，确认了混合层的存在。伊利石族矿物由于粒径细，经常混有其他黏土矿物，所以长期以来，一直是一个有争议的矿物族。现在一般都采用 1964 年国际黏土矿物命名委员会的意见，将伊利石等同于水云母，当作一个独立的矿物族。鉴于水云母这一名称由来已久，而云母水化以后，如果作用不强烈，仍保有云母的特色时，此种水云母应视为云母族矿物的亚种；但水化作用强烈者，则宜同意上述意见，归之于伊利石族，视之为同义词。二者的界限问题则有待商榷。

伊利石　illite　$K_{1\sim1.5}Al_4[Si_{6.5\sim7}Al_{1\sim1.5}O_{20}](OH)_4$

[化学组成]　伊利石的组成成分与白云母相似，主要区别：伊利石四面体层中的 Si^{4+}：Al^{3+} 比大于 3：1，需要中和的负电荷就有所减少，因而 X 位置上的 K^+ 也有所减少，这种情况与水云母有所不同；水云母中主要由于水化时引起 K^+ 的流失，并通过 H_3O^+ 离子的取代加以补偿，所以四面体层中 Si^{4+}：Al^{3+} 比大体上还能保持在 3：1 左右。二者的主要差异是水含量的多少及 Si^{4+}：Al^{3+} 的比值。如果四面体层中 Si^{4+}：Al^{3+} 在 $3\sim4\frac{1}{3}$ 时，应属于水云母或云母之列，超过 $4\frac{1}{3}$ 时，则归入伊利石族。当四面体层中的 Al^{3+} 全部或接近全部被 Si^{4+} 所取代时，则转化成为蒙脱石，因此，伊利石可近似看成是云母与蒙脱石之间过渡的产物。

伊利石族矿物中的 X 主要为 K^+，但也可以是 Na^+，还可含少量的 Ca^{2+}、Mg^{2+}、H^+，以 Na^+ 为主者称为钠伊利石。Y 以 Al^{3+} 为主，也可被 Mg^{2+}、Fe^{2+} 等置换一部分，形成二八面体及三八面体的过渡类型。

伊利石不含层间水，主要是表层吸附水。

[晶体参数和结构]　属单斜晶系，晶胞参数因多型之不同而异，以较多的 1M 型为例：$a_0=0.520$ nm、$b_0=0.900$ nm、$c_0=1.00$ nm，β 不确定。伊利石的晶体结构与云母基本上相同，由于四面体层中的 Si^{4+} 部分被 Al^{3+} 取代，所以层间的 K^+ 数量下降。在云母中单位晶胞里有 2 个 K^+，但在伊利石中，一般约为 1.3 个。K^+ 数量的减少使层间联结力下降，因此结构单元层堆积时常为无序型，在横向方向上也难以连成大片，因此伊利石从未被发现有肉眼能观察得到的单晶体，粒径通常都在 $1\sim2$ μm 以下。伊利石不含或仅含极少量的层间水，因此其和云母一样，d_{001} 间距在 1 nm 左右，X 射线粉晶图像与云母属同一类型，只是由于晶体极为细小，加上无序排列，衍射线比较弥散而已。由于层间以阳离子为主，层间的联结力虽然不及云母中强，但又胜过蒙脱石，所以阳离子交换能力很弱，通常是 $10\sim40$ mg 当量/100 g，虽大于高岭石，但远小于蒙

脱石、蛭石、埃洛石等。不存在层间水，也同样表明层间难以存在有机分子，所以伊利石对有机物的吸附能力也不强，其之所以还能吸收，主要由于表层电荷未达到平衡所致。由于层间的 K^+ 可以被淋失或被生物所吸收，所以土壤中的伊利石能吸收钾肥中的钾，使之储藏于层间。

[**形态**] 伊利石呈显微或超显微鳞片状。电子显微镜下，常现不规则的集合体，类似蒙脱石。个别鳞片呈六方形，大小在 $1\sim3$ μm 范围内。

[**物理性质**] 纯者洁白，因杂质而染成黄、绿、褐色。块状体可呈油脂光泽，硬度为 $1\sim2$，{001}完全解理，相对密度为 $2.6\sim2.9$。由于粒径过细，又经常有其他杂质及含量不定的吸附水，所以有些物理数据难以准确测定。

[**成因和产状**] 伊利石常见于黏土及黏土质岩石中，其主要由长石、云母等硅酸盐矿物风化而成及由钾长石分解而成，也可以在成岩阶段由其他黏土矿物转变而成。低温热液蚀变过程中也能形成伊利石。在潮湿的环境里，伊利石很不稳定，可进一步向蒙脱石转化。

[**鉴定特征**] 伊利石的鉴定，单凭肉眼观察，不可能与其他黏土矿物相区别，需借助于差热分析、X 射线分析等手段。伊利石的差热曲线(见图 14-88)可因其产地之不同而有所差异，但基本类型是相似的。

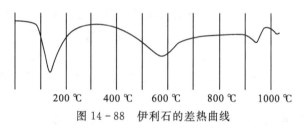

图 14-88 伊利石的差热曲线

[**主要用途**] 伊利石黏土(岩)的用途很广，在陶瓷工业中将其用作生产高压电瓷、日用瓷的原料；在化工工业中将其用作造纸、橡胶、油漆的填料；在农业中用作制取钾肥的原料。

伊利石黏土可以用作新型陶瓷原料，做耐高温汽缸的助熔剂和在核废料处理中吸附铯以防辐射，并可以用作化妆品或塑料的填料。白色伊利石也可以代替高岭石作为造纸涂层，还能用来生产汽车外壳的喷镀材料及电焊条。

14.5.7.2.5 黏土矿物概述

1. 黏土的概念

黏土是一种重要的矿物原料，由于其种类多、成分复杂多变、性质独特，目前各个研究领域对黏土的理解各有所侧重，所给出的定义也不完全相同。在地质学中，大家比较统一的认识是把黏土比作岩石，岩石是矿物的集合体，因此，黏土就是黏土矿物的集合体。黏土是粒径很小的质点性矿物，肉眼看不到其形态大小。这种"微细颗粒"的粒度界限一直以来有不同的划分方法，目前国际上都趋向于以 2 μm 为界限，也就是说粒径小于 2 μm 的颗粒为黏土，大于 2 μm 的颗粒为粉砂、砂等。因为在自然界中，粒径小于 2 μm 颗粒的组成经常是以一种被称为"黏土矿物"的含水层状硅酸盐矿物为主，而所含其他矿物(如石英、长石等混入物)的量很少，所以从岩石学角度作这样的规定是比较适宜的。

对上述黏土的定义，应该说明的是，粒度不是本质，其本质是黏土矿物。

2. 黏土矿物

所谓黏土矿物，应该是细分散的含水的层状硅酸盐矿物及含水的非晶质硅酸盐矿物的总称。这种矿物常见的粒径小于 $2~\mu m$，多具有离子吸附性、交换性、可塑性、烧结性等性质。

这种黏土矿物可以划分为两部分。

（1）晶质含水层状硅酸盐矿物，如高岭石、蒙脱石、云母、绿泥石等。这里所说的层状硅酸盐包括过去所说的链状的坡缕石、海泡石等纤维状矿物，这些矿物都属于层状（或称为层链状）硅酸盐矿物。

（2）非晶质含水硅酸盐矿物，如水铝英石、胶硅铁石等。

3. 黏土矿物的分类

不同时期，随着人们对黏土矿物的发现和认识的不同，对黏土便有不同的分类。这里介绍 1980 年公布的国际黏土分类方案和 1981 年我国"全国第一届黏土学术会议"所讨论的黏土矿物分类。

表 14-2 是国际黏土研究协会（AIPEA）1980 年公布的国际黏土分类方案，其同以前分类的不同：①根据 1975 年墨西哥城会议的决议，正式采用蒙皂石代替蒙脱石-皂石作为 2∶1 型中单位化学式电荷数为 0.2～0.6 的矿物族的统称；②取消 2∶1∶1 型，把绿泥石看作层间含有氢氧化物片的 2∶1 型矿物，这是为了强调绿泥石与其他含有层间物质的黏土矿物的相似性，但用高岭石和七埃绿泥石作为族名的建议在协会中始终未能通过。

1981 年 11 月我国"全国第一届黏土学术会议"组成专题组讨论了我国黏土矿物的分类命名与译名问题。会议起草了黏土矿物分类，这个分类基本与国际分类方案相同，只是增加了一个半晶质和非晶质矿物，并保留了 2∶1∶1 结构层的地位，但对混层黏土矿物没有给予考虑。

4. 黏土矿物的基本结构

自然界的矿物主要有两大类，一种是非晶质的，另一种是晶质的。所谓非晶质矿物就是那些原子在结构排列上完全没有秩序和规律的物质。这种非晶质矿物的物理性质在各个方向上完全相同，在受热过程中逐渐由一种物态转变为另一种物态时其熔融曲线是均匀的，如火山玻璃、水铝英石、硅铁石等都属于非晶质矿物。但是非晶质矿物在自然界是非常不稳定的，或者说是一种暂时状态（以地质年代而论）。而晶质是自然界矿物的主要状态，组成该矿物的元素的原子是有规律、有结构地排列着的。

黏土矿物大体上分为晶质黏土矿物和非晶质黏土矿物，前者属于层状硅酸盐矿物。所谓层状硅酸盐矿物就是由[SiO]四面体层和[Al（Mg）O（或 OH）]八面体层按照不同规律组合起来的一系列矿物。这里所说的四面体是指硅离子在中心，氧离子在四周紧密结合在一起，于是便构成一个立体几何图形，这个立体图形正好有四个面，所以就简称为四面体。四面体在排列的过程中产生了八面体层，八面体层中八面体阳离子位置全部被阳离子所占据者称三八面体（缩写为 tri）；而出现一部分（以 3∶1 的概率）空位的称二八面体（缩写为 di）。

表 14 - 2 1980 年公布的国际黏土分类方案简表

	单元类型	层间物	层间电荷	族	亚族	种类
晶质	1：1 $Si_4O_{10}(OH)_8$	无或有水分子	$X=0$	高岭石-蛇纹石	di	高岭石、地开石、珍珠石、变埃洛石（7 Å）、埃洛石（10 Å）
					di - tri	镁绿泥石、正鲕绿泥石、绿锥石、凯利石
					tri	纤蛇纹石、斜纤蛇纹石 叶蛇纹石、斜叶蛇纹石、镍蛇纹石
	2：1	无	$X=0$	叶腊石-滑石	di	叶腊石
					tri	滑石
	2：1 $Si_4O_{10}(OH)_2$	有阳离子或水化阳离子	$0.2<X<0.6$	蒙皂石	di	蒙脱石、贝得石、绿脱石、铬绿脱石
					di - tri	斯温福石
					tri	皂石、锌皂石、锂皂石、斯蒂文石
			$0.6<X<0.9$	蛭石	di	二八面体蛭石
					tri	三八面体蛭石
			$0.6<X<1$	水云母	di	伊利石、钠伊利石、水白云母、水钠云母
					tri	水金云母、水黑云母
			$X=1$	云母	di	白云母、钠云母、钒云母、多硅白云母、铬云母
					di - tri	鳞云母、铁锂云母、锂铍云母
					tri	金云母、黑云母、镁黑云母、铁云母
			$X=2$	脆云母	di	珍珠云母
					tri	绿脆云母、黄绿脆云母
	2：1：1 $Si_4O_{10}(OH)_8$	有氢氧化物层	X 不定	绿泥石	di	顿绿泥石、硼锂绿泥石
					di - tri	须藤绿泥石、锂绿泥石
					tri	叶绿泥石、斜绿泥石、鲕绿泥石
	2：1 层链状	有水化阳离子	$X=0.1$	纤维棒石	di - tri	坡缕石、约佛帖石、锰坡缕石
					tri	海泡石、镍海泡石、蛸螺石
非晶质						水铝英石、硅铁石、伊毛缟石、硅锰矿

注：X 为层间电荷值。

5. 黏土矿物的性质

黏土矿物由于其微粒性，其所具有的一般矿物的硬度、相对密度、条痕等常见的性质退居于第二位，较突出的是黏土矿物所特有的性质。

（1）可塑性。所谓可塑性就是指用黏土和水揉和的黏土泥团，给其加以外力就产生变形，去掉外力这种变形不再改变，也不破裂。

如果把这个泥团继续加水，泥团就变成黏糊状而且能缓慢流动，把达到这个界限的水重量与风干黏土的重量百分比称为液性界限（W_L）。另一方面，黏土中水量逐渐减少就变脆而破裂或者破碎，不发生变形，把达到这个界限前所失去的水量与干样品的重量比叫作塑性界限（W_p）。$W_L - W_p = I_p$ 称为塑性指数，这个指数表明了塑性的含水量范围。

（2）膨胀性。所谓膨胀性，是指黏土因吸水而体积增大的现象。膨胀性可根据产生膨胀的原因分为内膨胀性与外膨胀性。

①内膨胀性，就是水分子进入晶层间而发生膨胀的性质。如蒙脱石 $d_0 = 15.4$ Å，如果加水成为胶状则增大到 20 Å 左右。研究人员用 Na 型蒙脱石浸在不同的盐类溶液中，逐渐降低溶液浓度，观察其底面的间距，到 20 Å 为止呈阶梯性的增大，到 100～120 Å 左右则与盐类浓度的平方根之倒数成比例地增大。有人推断比 20 Å 更大的值可能不单是底面间距的增大所引起的，而是由各种不同值的混合层引起的。

②外膨胀性是水存于颗粒之间而产生的膨胀性。因为黏土矿物都是层状硅酸盐矿物，所以其表面积主要是底表面积。也就是说，水主要存在于小薄片与小薄片之间，而使其发生膨胀，这种膨胀性称为外部膨胀性。

（3）稠性。表示原来既不是固体（在外力作用下不容易发生形状和体积变化的物体），也不是液体（在常温下虽不具有固定形状，却具有一定体积的流体）的中间型物体的硬度-柔度的术语叫作稠度。换言之，稠度就是"将要变形时显现出的抵抗性质"（这里包括液体和固体两端的状态）。

（4）分散性。黏土悬浮在液体中难于沉淀，这种性质叫作分散性，或称反絮凝性，这种液体称为悬浮液或溶胶。这种性质的产生不仅是由于黏土粒度细小，而更主要的原因是黏土矿物表面带有的很多负电荷吸附了阳离子，即黏土质点之间同号离子相互排斥，颗粒不能顺利地按照重力关系沉降，而在水中长期浮游。

（5）凝聚现象。如果在分散性中所说的悬浮液中加入盐类溶液，这时小的黏土质点就会凝聚成较大的颗粒，即黏土的凝聚现象。这种现象是由离子浓度过高而引起的。其实引起凝聚的因素很多，例如加热、蒸发、干涸、冷冻及振荡等，这些因素对减少电偶层厚度或者对促进颗粒与颗粒的接触方面都有促进作用。

凝聚而成的黏土矿物的聚合状态并非全是紊乱状态，而是具有各种各样的结构，用骤冷干燥或者用特殊树脂将其加以固结，用金刚石刀切制超微薄片，在透射及扫描电子显微镜下观察，其中一种为卡片房架状结构。这种结构在 pH 值小的时候容易形成，成因是颗粒的多半表面是由层间域剥落下来的氧原子面，并带有一些负电荷，与此同时，在 a、b 轴端点的破裂面，则有 Al^{3+} 和 $(OH)^-$ 暴露出来，这个黏土颗粒端点带正电荷，底面带负电荷，因此，端点与底面相吸引，于是形成了一系列如同卡片搭起的小房子的样子。

当外界的 pH 值大的时候，颗粒表面 $(OH)^-$ 浓度高，则丧失了对端点正电荷的吸引力。当 pH 值小时，颗粒的端点易与底面吸引而结合。这样看来，颗粒的端点在 pH 值小时带正电荷，在 pH 值大时带负电荷。

(6)黏性。大家一般都对其有感性认识，严格物理概念应该是：在流动着的物质内部设想一平面，在与速度(移动速度、变形速度、速度梯度)v 同一方向上，外力(移位的应力)F 以该面为界，相对地表现在两侧流体部分的性质。这种黏性可以用 v 与 F 的关系来表示。

不管是牛顿流体还是宾厄姆流体，其 v、F 的比例系数 η 都可用于黏度对比，所以叫作黏性系数或黏度。

(7)触变性。黏土凝胶经搅拌后变成溶液，再放置些时候又变成凝胶，这种性质称为触变性。

在英国某海岸地区及我国的黄河湿地等区域，初看好像是一片很硬的沙地，但是踏上去就立刻变成溶胶状态而成为危险的地方，这是由于砂中存在的黏土造成的触变性所致。古代沉积沼泽相里，由于具触变性黏土的存在，成岩后形成表面膜，观察研究这种表面膜对相分析有一定的作用。

(8)离子交换性。所谓离子交换性是指含有离子 A^+ 的物质 AR 与含有离子 B^+ 的溶液 BS 相接触时，一部分 B^+ 进入 AR 中，A^+ 的一部分进到 BS 中。这时，进入 AR 中的 B^+ 和进入 BS 中的 A^+ 的当量数相等。

黏土矿物中发生离子交换的情形可分成两大类。

①在层间包含着交换性阳离子、如蒙脱石、蛭石等，其交换类型为 2∶1 型，层间电荷数量为 0.2～0.9。

②出露在晶体破碎面上的一部分氧离子，可以看作是出露在破碎面上的一部分氧离子在未平衡的情况下进入溶液中。与未饱和氧离子相结合的交换性阳离子和位于层间的交换性阳离子相比较，其数量虽然较少，但在所有黏土矿物中都能见到。如果溶液中有氢离子存在时，这种破碎面的氧离子就形成未解离的 $(OH)^-$，在破碎面上生成氧离子而吸附溶液中的离子，这时被吸附的离子承担着交换性离子的任务。

在离子交换反应中，被交换的程度因离子的种类而不同，称之为离子交换选择性。

经离子交换反应，离子进入黏土矿物并结合于黏土矿物中，这种现象称为黏土矿物对阳离子的固定。

根据资料显示，不同黏土矿物的离子交换容量为：

蛭 石	100～150mg/100g(每 100 克的毫克当量)
蒙脱石	80～150mg/100g
高岭石	3～15mg/100g
云母黏土矿物(Al^{3+}，di)	10～40mg/100g
埃洛石(10 Å)	40～50mg/100g
准埃洛石(7 Å)	5～10mg/100g
海泡石，坡缕石	20～30mg/100g
绿泥石	10～40mg/100g

关于阴离子也有人进行过研究，主要研究了磷酸根离子，发现 pH 值越小，样品中含有可交换性铝离子或者水铝英石的情况下，磷酸根离子越容易被固定。另外，在磷酸与黏土矿物反应中，黏土矿物的结构被破坏，磷酸根与这些分解物相结合，而生成各种磷酸化合物。

6. 黏土矿物研究法

由于黏土矿物粒度细小，所以对黏土矿物的研究要比对一般矿物的研究复杂得多。

(1)黏土矿物的分离。首先要进行系统粒度分析，按不同粒级进行分离，分别研究各粒级黏土矿物的成分，因为不同黏土矿物经常分布在不同粒级中。高岭石常常出现在粗粒级，而蒙脱石在细粒级中比较富集。常用的方法是用沉速法分离小于 0.002 mm 的颗粒。还要进行单矿物的分离，难度非常大，方法虽很多，但有效的不多，目前有人在探索用电泳法进行分离，效果如何，尚无定论。

(2)热分析。热分析通常包括差热分析、热重分析、比热分析、热膨胀与收缩分析等，是黏土矿物热学性质研究不可缺少的手段。差热分析法简便、易行，由于石英、长石等非黏土矿物是热惰性矿物，在热谱中反映很不明显，因此差热分析可以对黏土矿物进行总体定性鉴定，大体确定高岭石、埃洛石、地开石和珍珠陶石。

(3)X 光衍射分析。该方法为黏土矿物的主要研究方法，其不仅是主要的鉴定方法及结构分析的手段，也是黏土矿物定量、半定量的分析手段。

(4)红外吸收光潜分析。为黏土矿物鉴定的一个重要手段，同时也是矿物结构分析的一个重要的辅助手段，特别是对矿物有序-无序的识别是一个简易快速的方法，如定量分析中有微量绿泥石(7 Å)存在时，利用红外吸收谱(波数为 3700 cm^{-1})很容易鉴别。

(5)电子光学方法。该方法包括电子显微镜下的矿物形态观察与电子衍射的结构分析，以及像的直接观察测定与分析，是现代黏土矿物研究中很有用的研究法。

(6)核磁共振吸收。所谓核磁共振，是指原子核置于外部静电磁场中，发生原子的核磁从外部磁场吸收能量或发散能量的现象。而吸收时产生的吸收谱，目前主要应用于对黏土矿物中 H_2O 及$(OH)^-$的原子核磁共振谱的研究，如在高岭石、埃洛石、蒙脱石中能看出吸附水和结构水之间能量级的差异，但在沸石或水铝英石中难以看出二者能量级的差异。

(7)穆斯堡尔效应。该效应是穆斯保尔(Mössbauer)1958 年发现的一种原子核 γ 射线照射固体时发生的无反冲散射及共振吸收现象。这种方法对铁族元素的研究有重要意义，如研究绿泥石、蒙脱石、铁皂石、水黑云母、铁海泡石等含铁黏土矿物八面体中铁、钛的占位情况，可根据吸收带的面积求出结构中 Fe^{3+}/Fe^{2+} 的比值。

(8)紫外吸收光谱。该方法一般是用来研究有机黏土的，在石油部门应用较多。

(9)各种无机和有机试剂处理及热处理的研究法。各种处理法都要与 X 光衍射相配合，测定矿物(001)面的衍射数据。

黏土矿物鉴定的方法非常复杂，要建立一个完善的黏土矿物鉴定程序是非常困难的，应用时，一方面根据黏土矿物的特征、特点，抓住彼此间的主要区别，另一方面，多实践、多实验，增加鉴定黏土矿物的经验和水平，只有这样，才能对黏土矿物做到有效鉴定和研究。

7. 黏土矿物与人类的未来

2012 年 12 月 4 日，已在火星奔波近多年的"机遇"号火星车仍不时有新发现——美国航天局科学家宣布，"机遇"号发现了火星上存在黏土矿物的迹象，蕴藏着有关火星气候的重要线索。

科学家当天在旧金山举行的美国天体物理学联合会年会上表示，黏土矿物迹象发现于火星"奋进"坑西部边缘的裸露岩层。此前，火星轨道探测器曾发现过黏土矿物的迹象，但火星车有类似发现尚属首次。

黏土矿物是一类含水硅酸盐矿物，其形成离不开水。科学家认为，假如火星上过去曾有生命存在，这些矿物就有可能含有构成生命的某些化学成分，研究黏土矿物有助于确定火星过去的表面环境是否适合生命生存。

14.5.7.2.6　架状结构硅酸盐

架状硅酸盐矿物的结构特征是，每一硅氧四面体的所有四个角顶均与相邻硅氧四面体的角顶相连，在完全没有其他离子替代硅氧四面体中的 Si^{4+} 时，Si 和 O 的原子数之比为 1∶2，所以整个结构是电性中和的。这种情况只见于石英中，在氧化物中的情况已经叙述过，这里不做介绍。但是有一点是应该明确的，那就是从晶体结构的观点看来，石英族矿物具有典型的 Si-O 架状结构，但从化学组成而言，它们是氧化物而并非硅酸盐。真正的架状结构硅酸，除极个别外，无不都是铝硅酸盐矿物。

当结构中有 Al^{3+} 取代 Si^{4+} 时，会出现多余的负电荷，负电荷的出现，必须要有阳离子进行中和，最常见的阳离子是 K^+、Na^+、Ca^{2+}、Ba^{2+} 等，偶尔还有 Cs^+、Rb^+、NH_4^+ 等。在岛状、链状、层状结构硅酸盐中，常见的阳离子为具有六次配位的 Mg^{2+}、Fe^{2+}、Mn^{2+}、Al^{3+}、Fe^{3+} 等，在架状结构硅酸盐中这种情况只在个别矿物中尚能存在，这是因为架状结构硅酸盐中能被 Al^{3+} 所置换的 Si^{4+} 数量有限，一般仅 1/3 或 1/4，不超过 1/2，因而需要配位数高而电价低的阳离子，其次是由于硅氧四面体骨架能够形成巨大的空隙，非大阳离子不足以适应其空间的需要。例外情况见于日光榴石中，这是因为替代硅氧四面体中 Si^{4+} 的离子不是 Al^{3+} 而是 Be^{2+}，电荷相差大，必须要有电价较高，而且体积又要稍大的离子，才能满足其结构要求，于是 Mn^{2+}、Fe^{2+}、Zn^{2+} 成为这一族矿物中的主要阳离子，这种情况应视为特殊情况。此外在沸石族矿物中，也有一些含有 Mg、Fe 等元素，但是这些元素不占主导地位。

架状结构硅酸盐由于可以有各种连接方式，随着连接方式的不同，在结构上可以形成形状、大小不同的空隙或通道，有的纯粹是空洞，有的则可以填塞一些离子或分子，因此架状结构硅酸盐可以具有一些在其他类型的硅酸盐中很少见到的 Cl^-、S^{2-}、$[SO_4]^{2-}$、$[CO_3]^{2-}$ 等离子，以及 He、H_2O 等分子或其他元素或络离子。至于沸石族中的水，尤为突出，其与层状结构硅酸盐中所含的层间水全然不同，其不是分布于层间，而只是占有结构小的空腔或通道位置。由于水分子是极性分子，将与结构中的离子作一定的配位，所以其位置有相对的稳定性，这一点颇似结晶水，但是由于联结力很微弱，因而随外界湿度的变化而变化，轻微加热后，即全部逸失，但不改变晶体的结构，因而又类似吸附水，这种水称为沸石水。

由于架状结构硅酸盐特有的结构，遂使其类质同象置换现象复杂化。前述的各种结构硅酸盐中，其离子替换往往都采用一对一的形式。但是在架状结构硅酸盐中，往往可以有 $2Na^+ \Leftrightarrow Ca^{2+}$ 的现象发生，这种大离子和大离子之间的不等量交换，如果没有较多的巨大空隙，是不可能发生的，所以一般仅见于架状结构硅酸盐中，沸石族矿物中尤其突出。

由于架状结构硅酸盐的上述种种特点，使其结构产生多种类型，表现于矿物形态上，有呈三向等长的粒状者，如方钠石、日光榴石等；有呈柱状甚至毛发状者，如方柱石、丝光沸石、钠沸石等；也有呈片状者，如片沸石等。

总的来说，架状结构的晶体结合力均较强，所以架状结构硅酸盐的硬度普遍偏高。但结构的空隙中甚少有重元素存在，而且紧实程度较低，所以相对密度偏低，颜色一般呈浅色。

1. 长石族

长石是一种硅氧离子呈架状结构连接的硅酸盐矿物，是由钾、钠、钙有时是钡的铝硅酸盐组成的一族矿物。长石族矿物是地壳中分布最广的矿物，约占地壳总重量的50%，是一种普遍存在的造岩矿物。长石的60%赋存在岩浆岩中，30%分布在变质岩中，10%存在于沉积岩主要是碎屑岩中，但只有在相当富集时长石才能成为工业矿物。在自然界中，这些长石组分很少单独存在，通常是彼此之间呈各种类质同象的混合物而存在。据此，长石按化学组成分为三个亚族，即正长石亚族、斜长石亚族和钡长石亚族，其中钡长石亚族很少见，一般不具工业意义。

组成长石的主要组分有四种：

钾长石	$K[AlSi_3O_8]$	Or
钠长石	$Na[AlSi_3O_8]$	Ab
钙长石	$Ca[Al_2Si_2O_8]$	An
钡长石	$Ba[Al_2Si_2O_8]$	Cn

在高温条件下，Or 和 Ab 可以形成完全类质同象系列，但在低温条件下则只形成有限的类质同象。钾长石与钠长石合称碱性长石。碱性长石里一般含 An 不超过 5%～10%，Ab 中所含的 An 数略大于 Or 中所能含的 An 数。Ab 与 An 一般来说能形成完全类质同象，构成斜长石系列。斜长石系列中，也含有一定数量的 Or 分子，含量通常低于 5%～10%。碱性长石或斜长石中含 Cn 分子极少，如果 BaO 含量超过 2%时，则可称为某一长石的含 Ba 亚种。长石中如果 Cn 分子的含量超过 90%时，便称作钡长石。所谓的钡冰长石则是碱性长石中富含 Cn 分子的亚种，实际材料证明，其中的 Cn 往往低于 30%。鉴于钡长石本身及含钡长石分子的各种长石比较罕见，在从事岩石中的长石工作时，往往很难遇见。值得注意的是，钡长石和钡冰长石绝大多数仅出现在与锰矿床有关的地质条件下，从产状来看，这种矿物的局限性也是很大的。

Or - Ab - An 的三元相图表明了三者在不同温度下的相互混溶情况，当某一岩浆由于冷却而结晶时，其原始组分，一般说来应落在相图的不混熔区，但在结晶过程中，因互不混溶会分裂为二：一属碱性长石系列，二属斜长石系列，二者成对出现。如果没有外来组分的加入，或系统中有的组分被带出的话，那么二组分之和，应和原始组分中的总成分一致。所以，根据这一原理可以利用共生的两种长石中的 Ab 含量(用化学方法或物理方法测定之)，判断该熔融体形成长石时的温度，这便是"二长检温计"的原理。

自然界里，由于成岩成矿条件多种多样，随着形成作用的不同，不仅可引起组分上的差异，也可引起结构上的差异。根据研究，碱性长石和斜长石均有不同的结构状态，由于结构状态不同，因而会影响到它们的形态或物理性质，以及类质同象置换能力等各个方面。钾长石如果形成于高温条件下，将结晶成单斜晶系的透长石，其中形成于最高温条件下者为高温透长石。温度较低则形成单斜晶系的正长石。而所谓的微斜长石，结晶温度更低，属于三斜晶系。对钠长石而言，也有高温钠长石、低温钠长石之别，其间还有过渡类型存在。高温钾长石（即透长石）与高温钠长石，能够形成完全类质同象，当 Ab 组分在 63%～100% 时，结晶成三斜晶系，但当 Ab 组分小于 63% 时，则结晶成单斜晶系，后者仍叫透长石，但前者特称歪长石。当形成温度略低，这时可以出现高温钠长石和透长石的混溶，但是这种混溶是有限的，因此在 Ab 与 Or 含量接近相等的中间区，不能混溶，其结晶产物将是两种相的混合物，不过个体极细，利用显微镜也不能分辨出来。长石如果是由两种相组成者，称条纹长石。条纹长石中一般是钾长石含量大于斜长石含量，斜长石以各种形态散布在钾长石中。如果斜长石的含量大于钾长石含量时，则称反纹长石。反纹长石一般不及条纹长石常见。条纹长石中的两个结晶相有的能以肉眼识别，有的要借助显微镜才能辨认，有的甚至连显微镜也无法辨认，必须借 X 射线或透射电子显微镜等仪器才能识别。因此条纹长石又可进一步划分出微纹长石和隐纹长石等。微纹长石指在显微镜下可分辨的，而隐纹长石则是超微大小的，显微镜下也不能识别。近来由于电子显微镜的不断发展，放大倍数及分辨率日益提高，过去不能看到的隐纹长石，现在已经可以利用这种新式的透射电子显微镜或其他手段如相衬显微镜、干涉显微镜等加以分辨。前述的高温钠长石与透长石的混晶，也会因组分含量的不同，结晶成单斜晶系或三斜晶系，其分界点在 Ab_{63} 点上。成三斜晶系结晶者依然叫歪长石。低温钠长石与正长石或微斜长石的混晶，其混溶范围更狭，因此经常以条纹长石或微纹长石形式存在，视其中主要矿物的不同，而用双重命名法去命名，如正长石隐纹长石，微斜长石条纹长石等，前者表明主体矿物是正长石，后者则为微斜长石。

对于斜长石而言，也有不同的结构状态及高温低温之别，其间也存在着过渡类型，详细情况将留待斜长石中加以叙述。

长石的结构可以单斜晶系的透长石为例说明。结构中的硅氧四面体相互连接，构成如图 14-89(b) 所示的曲轴状链，这种链是由四个四面体围成的四方环组成的，链与链之间仍然彼此相连，如图 14-89(a) 所示。图 14-89(b) 是一个平行于 a 轴的链，该链由四方环构成，作曲轴状排列，结合得很紧；链与链之间，由于键的密度降低了，因此结合力就弱得多，这样就形成了平行于链方向的解理；链中相邻的两个水平环在结构中彼此扭曲了一定角度。图 14-89(a) 是一个理想化的结构图，图中明显地存在有较大的空隙，是 K^+、Na^+ 和 Ca^{2+} 等大阳离子所占据的位置。由于 K^+ 的离子半径远大于 Na^+ 和 Ca^{2+} 的，所以当 K^+ 被 Na^+ 或 Ca^{2+} 所置换到一定数量时，结构将有变化，原属单斜晶系的透长石或正长石，将变成三斜晶系。严格地说，在透长石的结构中，K^+ 是位于对称面上的，其配位数是 9，但在钠长石中，Na^+ 取代了 K^+，对称程度下降了，原有的对称面消失了，所以 Na^+ 的位置并不是原来 K^+ 的所在，而是有所偏离，其配位数也为 6。

长石中的 Al^{3+} 和 Si^{4+}，均与氧组成配位四面体，$[AlO_4]$ 和 $[SiO_4]$ 的大小相近，可以相互置换，这种置换关系随结晶时温度的不同而有所不同。精确测量结果表明，$[AlO_4]$ 四面体中 Al-O 间距为 0.1761 nm，而 $[SiO_4]$ 四面体中，Si-O 间距则为 0.1603 nm，所以实际上 $[AlO_4]$ 要大于 $[SiO_4]$。当 $[SiO_4]$ 被 $[AlO_4]$ 所取代时，显然会引起结构上的变化。在高温透长石中，每个 Si^{4+} 被 Al^{3+} 置换的概率是相等的，亦即为

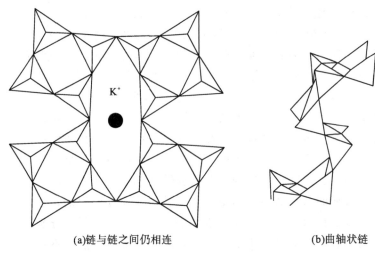

(a)链与链之间仍相连　　　　　　　(b)曲轴状链

图 14 - 89　理想化的长石晶体

无序结构。但是当结晶温度下降时，其会逐步有序化，所以低温透长石就有了少许有序性，温度再低，结晶成正长石，其有序度亦随之增高。温度更低，结晶成三斜晶系的微斜长石为有序程度更加增高所致。由于有序度的增高，原来的对称性也被破坏，对钾长石而言是由单斜晶系向三斜晶系转变；对斜长石而言，都属三斜晶系，随着结晶温度的降低而引起的有序度的增高，将表现为晶体参数上的变化。有序程度的变化，可以用有序度 S 表示。以钾长石为例，高温透长石的有序度最低，S 值在 0 附近，正长石不超过 0.33，微斜长石为 0.33～1，完全有序(即 $S=1$)的微斜长石叫作最大微斜长石。

　　对于钾长石而言，随着 Al - Si 的无序向有序的转变过程，其会从单斜晶系转为三斜晶系，这样就会引起轴角的变化，有序度增高，偏离单斜对称的程度就越大。

　　长石的形态虽多种多样，但是由于结构上是类同的，因而不同的长石中可以出现相似的形态，即使是外形很不相同的晶体，也可以出现相同的单形。长石晶体通常呈平行{010}面的板状或板柱状，有时呈平行于 a 轴的短柱状。最常见而且发育得最好的单形是{010}和{001}两种板面，均平行于结构中链的方向，与完善程度最好的解理方向一致。

　　另外有一种特殊形态的钾长石，{110}特别发育，名叫冰长石，仅见于低温热液矿脉中，或在沉积岩中作为自生矿物产出。冰长石的外貌像正交晶系的晶体，但是一般属似单斜晶系或三斜晶系，不过 α 角及 β 角近于 90°，通常仅几分之差。往往{110}单形愈发育，{010}等单形愈不发育者，三斜度愈大。根据光性及 X 射线的研究，确证其不是一个单一的晶体，在一个个体内部往往随着部位的不同，光性和结构均有所不同，可分别表现出透长石和最大微斜长石的性质，现在倾向于认为其是一个在低温条件下快速结晶的产物。由于结晶快，来不及有序化，而且不同的部位有序化程度也可以很不相同，总的说来像正长石，但实质上是一个不均匀体，因此说冰长石是一个具有特殊形态、特殊产状的钾长石，与正常的钾长石不能混同。

　　肖钠长石是钠长石的低温产物，类如钾长石中的冰长石，其形态特征是沿 b 轴延长的。

　　歪长石的晶形与冰长石的相似点是 {110} 很发育，呈菱方柱形，不同点是 {001} 和 {101} 不发育。其有酷似正交晶系的外貌。

　　所有的长石都具有 {001} 及 {010} 的完全解理，相对密度均不大，为 2.5～2.8，仅钡长石为例外，可以高达 3.39。色浅，具玻璃光泽，在解理面上有时可现珍珠光泽。有的微斜长石或隐纹长石在某种特定面上，表现出特殊的晕彩，呈浅蓝至乳白色，特称月长石，这是因为其晶体内部由两种相组成，当光线透射到晶体的两相界面上时，由于二者光学性质上的差异，可以引起反射，不同界面之间的反射光可以相互干涉，因而引起晕彩。在斜长石里，大约在 $An_{1～5}$ 到 $An_{21～25}$ 区间，低温时并不是类质同象混晶，而是由超微大小的两种相组成的，一种相富 Na，属于钠长石范围，一种相较富 Ca，属于更长石范围。当光线射进时，也可见到像月长石那样的晕彩，呈蓝色，在 {010} 面上特别显著，特称晕长石。

　　在 An 为 50%～70% 区间内的斜长石，在特定方向上观察时，可以看到带有紫、蓝等鲜艳色彩的变彩，特称为拉长石晕彩。所谓的星彩长石或日长石，与拉长石晕彩相同，但范围不限于拉长石中，在钠质很高的钠长石或更长石中也能出现。其产生原因，有的学者认为是长石中含有定向排列的微细赤铁矿薄片，透射光自其界面上反射，从而引起干涉所致。现已查明除赤铁矿外，还可由超微大小的金属铜的反射而成。有的学者用类似晕长石的方式作解释。还有另一些学者用混有少量的 Or 细片来解释，指出在拉长石中此种细片厚约 100～200 nm，在中长石中更薄。

2. 正长石亚族

　　这一亚族均属碱性长石之列，其中有属于钾长石的透长石、正长石和微斜长石，以及以 Ab 为主的歪长石。碱性长石中的钠长石，习惯上均归之于斜长石亚族。除透长石、正长石结晶成单斜晶系以外，余者均属三斜晶系。

透长石　sanidine　$K[AlSi_3O_8]$

[化学组成]　在透长石中经常混有一定数量的 Ab 分子，偶含 Cn 分子。

[晶体参数和结构]　属单斜晶系，对称型 L^2PC，$a_0=0.8562$ nm、$b_0=1.3030$ nm、$c_0=0.7175$ nm、$\beta=115°59'$。透长石的晶体结构特征是其中的 Al-Si 作高度无序性排列，有序度一般小于 0.1 或略高，在 500 ℃ 以上状态稳定。

[形态]　透长石常平行于 {010} 发育而呈板状，有的沿 a 轴方向延长。最发育的单形是 {010} 和 {001}。双晶以卡斯巴律最常见，巴韦诺律和曼尼巴律较少见。

[物理性质]　典型的透长石无色透明，也可呈白色、灰白色，因含杂质而呈现其他色调，如肉红、浅黄、棕色等。具玻璃光泽，硬度为 6。{001} 和 {010} 解理完全，{110} 解理不完全，有时可见到 {100} 的裂理。相对密度为 2.54～2.57。

[成因和产状]　透长石在工艺界被称为"玻璃长石"或"玻璃石"。透长石和钠长石可相互代换，形成各种中间矿物，如歪长石。透长石是中酸性火山岩中的常见矿物，尤以在粗面岩中最为常见，为斑晶或石基产出。

　　透长石易于风化成高岭石、绢云母等。主要产于粗面岩、响岩、石英二长安岩、钾质流纹岩、中酸性凝灰岩中，多呈斑晶产出，产地国主要为斯里兰卡、缅甸、印度、澳大利亚、坦桑尼亚、美国和巴西。

[鉴定特征]　与正长石可以利用产状特点进行区别，但是可靠的鉴定应利用光性分析进行。由于含有包裹体，透长石通常可产生月光效应、猫眼效应、日光效应、晕彩效应等，是宝石中可贵的一员。

正长石　orthoclase　　　$K[AlSi_3O_8]$

[化学组成]　K_2O 占 16.9%、Al_2O_3 占 18.4%、SiO_2 占 64.7%，经常含有 Ab 分子，高温条件下含量高，低温条件下含量则低。当由高温转为低温条件时，分别可离溶形成条纹长石、微纹长石或隐纹长石，视具体条件不同而定。例如冷却缓慢时，离溶作用进行得缓慢，条件可以变宽，以至形成肉眼可见的条纹长石，故而在深成岩中一般多呈条纹长石或微纹长石，而喷出岩中则多呈隐纹长石。在伟晶岩中由于介质富含矿化剂，结晶时间也颇充分，所以经常见到条纹长石。正长石中，也含有少量的 An 和 Cn 分子。正长石可以含有少量的 Ba^{2+} 以取代其中的 K^+，也可有少量的 Fe^{2+} 取代其中的 Al^{3+}，至于微量的 Mg^{2+}、Fe^{2+}、Sr^{2+} 及 Mn^{2+} 等，则多半取代其中所含 An 分子中的 Ca^{2+}。

[晶体参数和结构]　属单斜晶系，对称型 L^2PC，$a_0 = 0.8562$ nm、$b_0 = 1.2996$ nm、$c_0 = 1.7193$ nm、$\beta = 116°$。正长石的晶体结构与透长石相同，但序度偏高，在 0.33 以上。其有序度的增高，说明形成温度逐渐降低，因此有向三斜晶系过渡的趋势。

[形态]　单晶体常呈柱状，或沿 c 轴伸长，或沿 a 轴伸长，这也反映了结晶时的温度变化。温度最高的是透长石，其可形成平行(010)的板状；温度稍低，则向平行 c 轴延伸的柱状过渡；温度更低时，则沿 a 轴延伸呈柱状晶体。常见单形如透长石中所见者，双晶律亦与透长石相同。

[物理性质]　通常呈肉红色，微现灰白色或浅黄色。光泽、硬度、解理、相对密度等同透长石。

[亚种]　冰长石是钾长石的亚种之一，以特有的形态和低温产出条件为特征，应属三斜晶系或单斜晶系。其个体内部极不均匀，各种结构状态同时并存，这是由于其在低温下结晶迅速，不能同时达到一致的有序度所致。

[成因和产状]　包括正长石在内的各种碱性长石，均为碱性、酸性火成岩中的主要造岩矿物，尤以花岗岩、正长岩、二长岩、花岗闪长岩等最为主要。正长石在相应的火山岩中是主要的造岩矿物，其在伟晶岩、长英岩及其他中酸性岩脉中也很重要。从交代成因观点出发，所谓的混合岩化作用或花岗岩化作用都是将原来非花岗岩类的岩石改造成花岗岩类岩石的过程。这种改造过程，必然要形成大量的包括正长石在内的碱性长石。这样形成的长石，不同于岩浆熔融体的结晶作用，其是由碱交代方式形成的，由于形成时的温度相对来说较低，更多的情况是形成微斜长石及有关的条纹长石或微纹长石。

在变质岩中，包括正长石在内的钾长石，在高级的区域变质带内都比较普遍，且它们主要是由含 K 量较高的云母转变而成的。有资料证明，在深变质带中以正长石为主，但在中变质带内则可兼有正长石与微斜长石。也有资料表明，在接触变质带中，原有较低温条件下形成的钾长石甚至可以转变成透长石。这些都表明由于温度的不同，会引起有序度的变化。温度的降低，则使钾长石自高温相的透长石转变为低温相的微斜长石及相应的各种条纹长石。

沉积岩中的钾长石可以分为两类。一类属于碎屑，如长石砂岩中所见，这是在特殊的沉积环境下生成的。另一类是自生作用所形成的长石，既可以有正长石，也可以有微斜长石或钠长石等存在，是在成岩过程中或成岩以后因交代而形成的，物质来源为沉积物自身。自生作用形成的正长石自形程度高，可以原长石碎屑为核心，围绕其结晶增大，透明度很高，较纯净，Na_2O 含量很低，外形类似冰长石，因此可以用冰长石的一些特征加以说明。

正长石易风化成高岭土，也易受热液蚀变成绢云母等。

美国华盛顿史密斯博物馆藏有：斯里兰卡产猫眼正长石，灰绿色，104.5 克拉；星光正长石，白色，22.7 克拉。马达加斯加产有 249 克拉的透明黄色正长石。格陵兰产有 6 cm 以上的浅褐色透明正长石晶体。挪威产有呈深橙红色的正长石日光石。

[鉴定特征]　在手标本上通常以完好的解理，常呈肉红色加以识别。其与斜长石可以利用聚片双晶纹之有无加以鉴别，利用染色法鉴别效果更好：将岩石薄片或手标本的磨光面用 HF 酸蒸熏约 15～30 s，再浸入 5％的 $BaCl_2$ 溶液内，并迅速取出以水洗之，然后浸入亚硝酸钠饱和溶液(60 g 试剂溶于 100 mL 水中)中约 15～20 s，最后取出以水洗净，所有的钾长石均染成黄色，而斜长石则不被染色，此法也能使反纹长石中的钾质条纹染色。

[主要用途]　用作陶瓷、搪瓷、玻璃最基本的工业原料。

3. 斜长石亚族

斜长石亚族是由钠长石和钙长石两个端员组分组成的类质同象系列，但常温下在某些区间内只形成超显微的两相混合物，并不能相互混溶，在结构、物理性质等方面均有突变，但通常仍习惯于将其看作是完全类质同象系列。本亚族人为地划分成六个矿物种：

钠长石	Albite	$Ab_{100\%\sim90\%}$ $An_{0\%\sim10\%}$
(更)奥长石	Oligoclase	$Ab_{90\%\sim70\%}$ $An_{10\%\sim30\%}$
中长石	Andesine	$Ab_{70\%\sim50\%}$ $An_{30\%\sim50\%}$
拉长石	Labradorite	$Ab_{50\%\sim30\%}$ $An_{50\%\sim70\%}$
培长石	Bytownite	$Ab_{30\%\sim10\%}$ $An_{70\%\sim90\%}$
钙长石	Anorthite	$Ab_{10\%\sim0\%}$ $An_{90\%\sim100\%}$

由于它们的化学组成、结构特征、物理性质等方面均规律地变化，故合并叙述之。

[化学组成]　斜长石的组成中经常有 Or 存在，如果 Or 中的 K^+ 被 Ba^{2+} 所置换时，则又可有 Cn 分子存在。一般说来含 An 愈多的斜长石，含 Or 分子愈少，常不超过 5％，但含 An 少者则含 Or 稍多些。经分析，还发现斜长石中含有少量的 Ti、Fe、Mn、Mg、Sr 等的离子。Ti 离子及 Fe^{3+} 应取代结构中的 Al^{3+}，而其他离子，如果不是混入物的话，则应取代结构中的 Ca^{2+}。

[晶体参数和结构]　属三斜晶系，其晶体参数与钾长石中的微斜长石很接近。由于低温斜长石有不同的结构类型，同时随着结晶温度的不同，又有高温相、低温相及

过渡相的不同。

斜长石的结构是个相当复杂的问题，目前尚未彻底清楚。

钠长石有高温相和低温相之别，转变点大约在 450 ℃，应看成是同质多象转变点，低温钠长石的结构与微斜长石相似。高温钠长石在 450 ℃ 以上不能稳定。低温钠长石有序度高，高温者则低，有序度随着温度的变化而改变，当接近共熔点时，可能转变成单斜晶系。

钙长石组分包含有几种同质多象变体，但是只有属于三斜晶系的钙长石才是稳定的。此外，钙长石还有高温相、低温相之别，这表现于有序无序的变化上。但是经过细致的研究证明，这种有序无序的转变是由 Ca^{2+} 表现出来的。即使是在很高的温度下，Al－Si 的有序性都很高，只有接近共熔点(1554 ℃)时，才完全无序。Ca^{2+} 的有序-无序转变是由于结构中离子的位置有两组所致，如果全部 Ca^{2+} 仅占有一组位置，便是完全有序的；如果在两种位置上任意排列时，便是完全无序的；某一组位置多，另一组位置少，则是过渡型的。有序转变成无序，也随着温度的改变而改变，故而有序度也是温度的函数。高温钙长石是体心格子，低温钙长石为原始格子，前者以钙长石(B)表示，后者以钙长石(P)表示。由高温向低温过渡时，B 型向 P 型的过渡不是在某一温度上发生突变，而是晶体结构中某些块段由 B 型变成 P 型，形成二者的混合体，这便是过渡型结构。温度继续下降，已经转变了的块段加多加大，变成整体的 P 型结构。

高温时所有的斜长石除 An＞90％者外，均具高温钠长石结构，所以是一个完整的类质同象系列。但当温度降低后，将转变成过渡型至低温型。低温型斜长石，就结构类型而言，可以划分出六个不同的结构区。

具高温钠长石结构的高温斜长石，除含 An 极多者外，当温度逐步下降时，均会经过过渡型斜长石阶段，再向低温斜长石转变。

[形态]　单晶体平行于{010}延展，呈板状，有时沿 a 轴延伸，很少沿 c 轴延伸。有一种呈叶片状产出的钠长石，特称叶钠长石，其叶片也平行于{010}，见于高温矿床中。钠长石如沿 b 轴延伸，则成为肖钠长石，形成于低温条件下。

斜长石的双晶多种多样，最常见的是依钠长石律或肖钠长石律的聚片双晶(斜长石不现钠长石律双晶者是极罕见的)，这种聚片双晶，一般要靠偏光显微镜来识别。双晶中卡斯巴律也颇普遍，偶然间也有曼尼巴律双晶，巴韦诺律双晶出现的概率较小。复合双晶也颇常见，其中以钠长石-卡斯巴律最为常见。

[物理性质]　呈白色或灰白色，如出现其他色调时，往往是由杂质引起的。具玻璃光泽，相对密度为 2.61～2.76，硬度为 6～6.5。{001}及{010}解理完全，{110}解理不完全。斜长石的许多物理性质如相对密度、折光率等都是随着成分的规律变化而变化的，如钠长石纯者相对密度小，含 An 分子愈多，则相对密度愈大，折光率也是如此，还有其他许多光学性质也随着组分的不同而不同。除 HF 酸外，其一般均难在溶液中溶解，但自拉长石起，随着 An 的增多，可以缓慢地溶解，而钙长石则较易溶，而且溶解时还有胶状体的形成。

[成因和产状]　斜长石是分布很广的造岩矿物。高温斜长石产于某些火山岩及浅成岩中，低温斜长石产于深成的火成岩及区域变质岩中。

斜长石易于蚀变，最常见的蚀变现象有绢云母化和泥化。

[**鉴定特征**]　斜长石种别的鉴定需要借助偏光显微镜观察。在手标本上，一般可根据岩石类型的所属大体区分为酸性、中性或基性三类。

[**主要用途**]　作为工业原料长石有巨大的应用价值。

①陶瓷坯体配料，在烧成前能起瘠性原料的作用，减少坯体的干燥收缩和变形，缩短干燥时间；在烧成时作为熔剂可降低烧成温度，促使石英和高土熔融，并在液相中互相扩散渗透而加速莫来石的形成；熔融中生成的长石玻璃体充填于坯体的莫来石晶粒之间，使坯体致密而减少空隙，从而提高其机械强度和介电性能；另外，长石玻璃体的生成还能提高坯体的透光性；长石在陶瓷坯体中的掺入量，因厂家及其他原料的不同而略有差异，一般用量为 15%～25%。②陶瓷釉料，陶瓷釉料主要由长石、石英和黏土原料配成，其中长石含量可达 10%～35%，在陶瓷工业中不管是坯料还是釉料主要用的都是钾长石。③玻璃熔剂，长石是玻璃混合料的成分之一。长石中 Al_2O_3 含量高，铁质含量低，且比氧化铝易熔，不但熔融温度低而且熔融范围宽，所以其主要用来提高玻璃配料中的氧化铝含量，降低玻璃生产中的熔融温度和增加碱含量，以减少市场上较紧缺的碱的用量；另外，长石熔融后变成玻璃的过程比较缓慢，结晶能力小，可以防止在玻璃形成过程中析出晶体而破坏制品；长石还可以用来调节玻璃液的黏性，供作各种玻璃混合料时一般用钾长石和钠长石来调节玻璃液的黏性。④搪瓷原料，主要用长石和其他矿物原料掺配以制珐琅，长石的掺配量通常为 20%～30%。⑤磨料，在制作磨轮时常用长石作陶质胶结物的组分，其量可为 28%～45%。另外，含钾量高的长石可作为提取钾肥的原料，但成本高，尚未普遍推广。绿色的微斜长石-天河石富集时可作为提取 Rb、Cs 的原料及工艺石料。可以作为彩石和宝石的长石还有月光石，其中的彩色是一种由微细钾长石和钠长石晶体平行成层排列时引起的光学效应，使其具柔和淡蓝色乳光的为酸性微斜长石或钾长石，另一种是日光石，又称砂金石，系一种具有鳞片状镜铁矿微细包裹体而具美丽耀眼的金色闪光的酸性斜长石或钾钠长石。

4. 沸石族

沸石是一族含水的碱或碱土金属铝硅酸盐矿物，是当今世界各国十分重视的新兴矿产资源。沸石的研究历史早在二百年前就已开始，最早是在 1756 年由瑞典矿物学家克尤斯泰特（Cronstedt）在冰岛玄武岩杏仁体内发现的，他加热这种白色透明晶体时发现有泡沸现象，因此取名为 zeolite，意思为沸腾的石头，简称沸石。长期以来，人们一直认为沸石的典型产状是玄武岩和火山岩裂隙及空洞的充填物，那是因为晶体自形容易引起矿物学家的注意，实际上玄武岩中产出的沸石量很少，只具有矿物学意义。早在 1829 年和 1891 年，在温泉沉淀物中和深海红黏土中就曾有钙十字沸石的产出报道，但由于产在沉积岩中的沸石晶体细小不易识别，因此人们对沸石的认识经历了漫长的过程。到 20 世纪初期，X 射线衍射仪问世，沸石鉴定获得突破，20 世纪 50 年代后期，自日本、美国先后找到大规模沉积沸石床以后，世界 40 多个国家相继报道产在火山成因的沉积岩中的沸石矿床达 1000 多处，这才引起世界各国对天然沸石的重视，加速了人们对沸石特性和用途的研究。沸石凝灰岩用于石料、水泥中的历史很悠久，早在两千年前，人们就将蚀变凝灰岩用作轻质石料。沸石具有独特的结构和晶体化学性质，具有优良的吸附、离子交换、催化、耐酸、耐热和相对密度小等性能，因此在工业、农业、轻工业、环保及国防等方面具有十分广泛的用途。

沸石有天然的与合成的两种，到目前为止，已有 100 多种天然沸石被发现和超过 350 种人工合成沸石，它们分别应用在不同的领域之中。

沸石的一般化学式可表示为

$$M_{x/n}[Al_x Si_y O_{2(x+y)}] \cdot w H_2 O$$

其中，M 主要代表 Na^+、Ca^{2+}、K^+，次有 Mg^{2+}、Sr^{2+}、Ba^{2+} 等阳离子，有时会因阳离子交换现象的发生，而出现稀土元素之类的高电价离子，n 为其电价；$y : x$ 在 1～5 范围内变化；w 的数值可大可小，视各个种别之不同而有不同，但同一种矿物也会因水化状态之不同而异。

架状结构铝硅酸盐可以分为三类，一为长石，二为似长石，三为沸石。前面所述的架状矿物中，长石自成一类，余六族中除方钠石、日光榴石因其结构类似于方沸石，有人认为可属沸石一类外，余者均属似长石。这三类矿物的结构，虽均属架状，但结构之松紧程度大不相同，其中以长石最紧密，似长石次之，沸石最松。这可从相对密度上体现出来：长石的相对密度约为 2.6～2.7，似长石则为 2.3～2.5，沸石最低约为 1.9～2.3，这是因为沸石结构存在着许多大小不同的空腔所致。

沸石是天然的分子筛，有吸附性，在工农业的许多方面都有应用，并且用量很大，天然产的沸石已经远远不能满足需求，所以发展了人造沸石这一新工艺。现在已知的人造沸石已逾 200 种以上。

沸石的晶体结构据近年来的研究已知有多种类型，其分类基本上是按照结构情况进行的，早先分成链状、层状和架状三类。新的分类方法则依据所谓的次生结构单位的类型，将沸石分成七个亚族。所谓次生结构单位（secondary building units，SBU），是由原始的结构单位［SiO_4］和［AlO_4］演变而来的，如果将结构中相互连接的四面体忽略不顾，仅将其中的 Si^{4+} 或 Al^{3+} 分别连成直线时，便可构成 SBU。据研究，沸石中已知的次生结构单位计有 8 种，分别被命名为

①简单四元环，　　　　　S 4R

②简单六元环，　　　　　S 6R

③简单八元环，　　　　　S 8R

④双层四元环，　　　　　D 4R

⑤双层六元环，　　　　　D 6R

⑥复杂的五四面体构型，称做复杂 4 - 1，　　　$T_5 O_{10}$

⑦复杂的 5 - 1，　　　　　$T_8 O_{16}$

⑧复杂的 4 - 4 - 1，　　　　$T_{10} O_{20}$

次生结构单位在结构中组成了一些多面体，这种多面体称作笼。

沸石结构中的笼，可以彼此相通，形成各式不同的通道。

通道类型：

①一维体系：彼此不能沟通（见图 14 - 90）。

②二维体系：由两种大小不同的通道彼此连通。

③三维体系：对于彼此相交的三维通道体系而言，又分两种类型：一是不管属何方向的通道，彼此大小相等；二是随方向之不同，通道的大小相异。

　　研究沸石中的通道体系，对于理解沸石族矿物的一些物理性质和化学性质，特别是所谓的沸石水、吸附性、阳离子交换性能极有意义。由于沸石主要用作分子筛，使大小不等的流体混合物借分子筛的过滤而进行分选，因此通道的孔径大小，是否沟通，是否曲折，能否被其他离子或结构上的断折所堵塞等都应予以注意。综上，研究通道体系至为重要。

　　通道孔径是通道中最狭窄处的最大直径，其由相连四面体上的 O^{2-} 围成，四面体连成环形，环的大小决定了孔径大小，环的形态愈是规则，

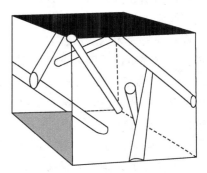

图 14 - 90　方沸石的一维通道

则孔径愈大，若有变形，则孔径将相应减小。孔径的大小是将 O^{2-} 视为球形刚体进行计算的，O^{2-} 半径取值 0.135 nm。O^{2-} 的半径会随配位情况、配位的阳离子、热力学条件等的变化而变化，此外当外界原子或分子在通道中扩散时，动能不同，所有这些因素都会影响孔径的大小，所以孔径不是固定值，常温常压下将会有 0.01～0.02 nm 左右的变动，温度增高时变动幅度更大。还有一种因素能够影响孔径的大小，也应予以注意，这便是吸附现象。

　　沸石中所含的水是一种特殊形式的水，介于结晶水与吸附水之间，特名沸石水。受热时沸石水可以连续脱失，而不是分阶段脱水，因此基本上是吸附性质的水。脱水或半脱水后的沸石，原有的晶格并无变化，所以置放在含水分的大气中或水中，又能重新得水。脱水后的沸石除了能再吸附水分外，还可以吸附其他的液体或气体，如氨水、酒精、NO_2、H_2S 等。沸石水均占有结构中的空隙位置，一般位于笼中。近年来，有人用核磁共振法研究了菱沸石中的水分子，证明了水分子在晶格中几个位置上不时地交换着，交换所需的时间极短，而停留在晶格上的时间则较长。如果晶格中的空隙较大，那么水分子就不能占有晶格位置，只能当成是孤立存在于空隙中的水分子。在空隙小的沸石里，水分子往往团聚在阳离子的周围，例如，方沸石中 Na^+ 周围有两个水分子；而锶沸石中，Sr^{2+} 的周围有五个水分子；菱沸石中 Ca^{2+} 周围有五个最接近的水分子；在交沸石、钠沸石和钙交沸石中，水分子与阳离子相连。水分子与阳离子的结合可以很好地解释沸石的导电性，对于处于狭窄空腔中的水分子而言，水分子似有一定的晶格位置，并与其中的阳离子配位，只要空间许可，阳离子周围的水分子在充分水化的条件下要尽可能多一些，而阳离子的位置又不能离开铝硅酸盐格架过远，因为格架提供了与之相适应的负电荷。

　　脱水后的沸石，由于空腔和通道中的水分均已脱失，但晶格并未被破坏，变成了一个疏松多孔的海绵状体，因而具有吸附性。当气体或液体通过时，小于有效孔径的一些原子或分子，可以穿过，大于有效孔径的分子，则不能穿过，这样就可以使多种分子的混合物得到分离，因此此类沸石被命名为分子筛。这种脱水后的沸石，其中所含的阳离子，由于与之配位的水分子脱失了，有的位置还会移动，这些阳离子具有高度的化学活性，因此是很好的催化剂。许多化学反应在利用沸石作触媒时，将加快许多倍，因此分子筛现在在这一方面的使用最广。近年来，分子筛的应用取得了广泛的

发展，目前的趋势偏重人工合成，以解决天然沸石之不足或缺陷，并合成新型分子筛，以适应技术上的特殊要求。

沸石纯者为无色或白色，含杂质时可被染成其他颜色，如红色的菱沸石系氧化铁之染色。有些染色是因为有过渡型离子或其他离子以阳离子交换形式取代其中的 Ca^{2+}、Na^+、K^+ 等离子所致，而且呈色情况与其水化状态有关。如果沸石中因阳离子交换现象而出现有少量的 Mn、Pb、Ag、Cu 等的离子时，还可以使有些沸石在受紫外光或阴极射线照射后具磷光，例如，脱水的含 Mn^{2+} 菱沸石、片沸石、钠沸石、束沸石在阴极射线照射下具磷光；含 Cu^{2+} 者在紫外光照射下也具磷光，可是水化以后，发光性消失。

沸石由于其结构松，又无重元素存在，所以都属于轻矿物之列，相对密度为 1.9～2.3，个别较高，硬度一般为 4～5。

沸石受热时，因水分急速气化排出而会引起沸腾、膨胀，沸石即由此得名。对过热液体继续加热，会骤然而剧烈地发生沸腾现象，这种现象称为"暴沸"，或叫作"崩沸"。过热是亚稳状态。由于过热液体内部的涨落现象，某些地方具有足够高的能量的分子可以彼此推开而形成极小的气泡。当过热液体的温度远高于沸点时，小气泡内的饱和蒸气压就比外界的压强高，于是气泡迅速增长而膨胀，以至由于破裂引起工业容器的爆炸。液体发生过热的原因是液体里缺乏形成气泡的核心，为了清除在蒸馏过程中的过热现象和保证沸腾的平稳状态，常加沸石，或加一端封口的毛细管，因为它们都能防止加热时的暴沸现象，故将它们称作止暴剂或助沸剂，值得注意的是，不能在液体沸腾时加入止暴剂，不能用已使用过的止暴剂。沸石止暴的原理简单说就是加热时液体会向上冲，从而形成了一个个冒出来的"喷泉"，剧烈时甚至会溅出伤人，而沸石能够有效地阻止液体向上冲，使加热时液体能够保持平稳。

沸石的成因和产状也多种多样，产于玄武岩或其他火山岩气孔中的沸石，往往系火山热液成因的。另外岩浆期后的热液作用也能形成沸石，因此见于一些低温热液脉中。不同沸石的组成中 Si^{4+}/Al^{3+} 的比值不同，因此原始环境中可用游离 SiO_2 的多寡作为对比产出环境的依据。

不同种类沸石的分布，悬殊极大，有的分布极广，如钙交沸石、浊沸石、方沸石、斜发沸石等，有的则极为罕见，如锂沸石、锶沸石、环晶沸石、钡沸石、八面沸石、锌磷沸石等，其中锌磷沸石、锂沸石和锶沸石等目前仅发现于一个地点。

沸石的鉴定，除非是个体较大，形态发育完好者，能用肉眼进行观察鉴定外，绝大多数难以用肉眼准确鉴定出，比较可靠的方法是利用 X 射线粉晶数据分析识别，也可配合一些其他手段如显微镜下的光学性质、脱水曲线、差热曲线、离子交换性能、吸附性等进行鉴定。

关于利用阳离子交换能力进行鉴定的方法，目前在国内已经普遍应用，这是因为沸石的阳离子交换性能与其组成成分有一定关系。一般说来 SiO_2/Al_2O_3 的比值愈低，则阳离子交换能力愈强。但是由于阳离子交换性能受到水化状态、杂质及本身组成成分的影响，结构状态也与之有关系，如果结构中错位多，使通道堵塞，也能影响阳离子的交换能力，因此并不能精确地取得一个标准值并以此标准值作为鉴定标准，必须配合其他手段，方能得到准确可靠的结果。

用途：主要用作吸附剂和干燥剂、催化剂、洗涤剂，其他用途：用于污水处理，用作土壤改良剂、饲料添加剂等。

天然沸石是一种新兴材料，被广泛用于工业、农业、国防等部门，并且其用途还在不断地扩大。在石油、化学工业中，用于石油炼制的催化裂化、氢化裂化和石油的化学异构化，重整，烷基化，歧化，气、液净化，分离和储存，硬水软化，海水淡化，用作特殊干燥剂(干燥空气、氮、烃类等)。在轻工业中，用于造纸、合成橡胶、塑料、树脂、涂料充填等。在国防、空间技术、超真空技术、开发能源、电子工业等方面，用作吸附分离剂和干燥剂。在建材工业中，用于水泥水硬性活性掺和料，烧制人工轻骨料，制作轻质高强度板材和砖。在农业上用作土壤改良剂，能起保肥、保水、防止病虫害的作用。在禽畜业中，用作饲料(猪、鸡)的添加剂和除臭剂等，可促进动物成长，提高其成活率。在环境保护方面，用于处理废气、废水，从废水废液中脱除或回收金属离子，脱除废水中的放射性污染物。在医学上，沸石用于血液、尿中氮量的测定。在生产中沸石常用于砂糖的精制。

沸石还可用作制备新型墙材(加气混凝土砌块)的原料，随着实心黏土砖逐步退出舞台，新型墙体材料应用比例当前已达到80%，墙体材料生产企业以煤矸石、粉煤灰、陶粒、炉渣、轻质工业废渣、重质建筑垃圾、沸石等为主料，积极开发新型墙体材料。

14.5.8 硼酸盐矿物类

14.5.8.1 概述

硼是一种稀有元素，是典型的非金属，原子量为 10.82，相对密度为 2.5，原子半径为 0.92 Å，硬度为 9.5，熔点为 2177 ℃，沸点为 3658 ℃。硼有两种同位素：B^{10}(18.83%)和 B^{11}(81.17%)，并具有很强的吸收热中子的能力，其有效俘获面比各种造岩元素中子的有效俘获面积大几千倍以上。通常条件下硼是很稳定的元素，只有在高温下(高于 700 ℃)硼与空气和水才能相互作用。硼在自然界只呈化合物形式存在，但在地壳中分散状态的硼却有广泛的分布，而且是地表水、地下水、岩浆喷气、矿泉水和所有岩层的气液包裹体中所具有的元素，其克拉克值为 3×10^{-4}%。硼及其化合物广泛用于玻璃及玻璃纤维、冶金、陶瓷、制革、颜料、油漆、肥料、医药及现代科学技术中。在玻璃中加入适量的硼砂，能降低玻璃的膨胀系数，增加其屈折率、机械强度、抗腐蚀及抗热性能，可用以制造化学玻璃及玻璃钢等。在冶金工业方面，硼砂是锻接、焊接及金属试验，熔解铜和精炼金、铜等的良好熔剂。合金中加入适量的硼可部分或全部代替铜、锰、铬、镍等，增加钢的机械强度，使其具抗腐蚀和耐高温的性能，是制造喷气发动机等部件的优质钢材。稀土永磁合金——钕铁硼永磁合金，磁性强，是发展电子工业、微型电机、信息产业不可缺少的磁性功能材料。在高温高压下可形成立方体变态的氮化硼，其硬度接近金刚石，可以作为高级研磨材料和高硬度切削工具。铜铝合金加微量硼，可以提高导电性。在化学工业方面，硼酸锰用于制造干性油、油布及印刷用干燥剂；硼酸铵可用于镇流器、蓄电池中。硼砂是一种优良的洗涤剂，可用于制造肥皂、洗衣粉、化妆品等。在医药方面，硼可做消毒剂、防腐剂、漱口剂、防臭剂、药膏等。微量硼肥可以提高亚麻、棉花、水稻、玉米、烟草等农作物的产量。最新制造的硼纤维张力可达 520 kg/mm²，所以硼是生产玻璃纤维的重要原料。随着航空和宇宙空间技术的发展，玻璃纤维的消耗迅速增长，广泛地用于电力、钢铁、航空以及空间技术等方面。在现代工业和科学技术方面，硼烷（硼氢化合物）是火箭的主要燃料之一。硼的锆、钛化合物在陶瓷工业上用于生产喷气发动机的喷嘴。硼的同位素（B^{10}）具很强的吸收中子的能力，所以在原子反应堆中用作制造控制调节器和防护屏的材料。由于在轻工、冶金、化工、医药、建筑及现代科学技术方面的重要用途及其应用领域的不断扩大，致使国内外市场对硼的需求量将继续增长。开发和勘探简史表明我国是世界上最早开采硼砂的国家，早在公元 1563 年，西藏盐湖中开采的硼砂就作为商品运往欧洲。我国 1958 年在青海大柴旦建成第一个硼砂厂，先后利用大柴旦湖和小柴旦湖的钠硼解石富矿生产硼砂，一直到现在，年产优质硼砂 2000～3000 t。20 世纪50 年代以来在辽宁东部和吉林南部开采的原生硼矿至今是我国最重要的硼原料基地。我国硼矿地质工作始于 20 世纪 50 年代，并在辽宁东部、吉林南部做了大量的硼砂普查勘探工作，并对矿床的成因、分布、资源远景预测等方面进行了较深入的研究。

目前，世界上已知的硼矿物约 145 种，其中硼酸盐矿物 107 种，硼硅酸盐矿物 38种，它们形成于第四纪现代盐湖，第三纪构造盆地，元古界变质地层中和镁、钙砂卡岩的接触带上。此外，在现代盐湖的晶间海水、地下卤水、油田水及一些火山喷气孔、温泉水中均含大量的硼。

自然界有工业价值的硼矿物为数不多，其中硼酸盐矿物仅有十余种，如硼镁石、遂安石、硬镁铁矿、硼砂、钠硼解石、柱硼镁石等，硼镁铁矿、库水硼镁石和锰方硼石均可能成为工业硼矿物。硼的硅酸盐矿物中只有硅硼钙石有工业价值。电气石、斧石、赛黄晶等硼矿物的出现只有指导找矿的意义，而硼镁石、遂安石、硼镁铁矿、硼砂、钠硼解石、柱硼镁石均可形成中、大型硼矿床，具有巨大的现实意义和潜在的经济价值，成为我国硼原料的重要来源。

硼酸盐矿物是金属阳离子与硼酸根相化合而成的盐类，其中有许多是提炼硼的矿物原料。硼酸盐中的硼酸根不仅仅是以孤立的 $[BO_3]$ 三角形和 $[BO_4]$ 四面体的形式出现，而且与硅酸盐的硅酸根相似，这些 $[BO_3]$ 三角形和 $[BO_4]$ 四面体以各种不同的方式相互连接，组成一系列不同的络阴离子，其情况远比硅酸盐中的络阴离子更为复杂。另一部分硼酸盐矿物的络阴离子中含有以不同形式结合的 $[SiO_4]$ 四面体，这就组成了通常所称的硅硼酸盐矿物，这些矿物代表着硼酸盐类矿物与硅酸盐类矿物之间的过渡矿物。

1. 化学成分

与硼酸根相化合形成硼酸盐矿物的金属元素阳离子有二十余种，但最主要的只有镁、钙、钠等的阳离子，其次有铁、锰、铝、铍、锡、锶、钾、锂、钛等的阳离子。大多数硼酸盐矿物含有水分子，含量为 $1\% \sim 20\%$ 不等，并常含附加阴离子 F^-、Cl^-、$(OH)^-$、O^{2-} 及 $[SiO_4]^{4-}$，偶含有 $[CO_3]^{2-}$、$[SO_4]^{2-}$、$[PO_4]^{3-}$、$[AsO_4]^{3-}$ 等。

2. 晶体化学特征

硼酸盐矿物晶体结构中的基本构造单位是 $[BO_3]$ 三角形和 $[BO_4]$ 四面体。三角形中的 B-O 平均间距为 0.137 nm，在四面体中的则为 0.147 nm。方硼石中 $[BO_4]$ 畸变为三角锥形，锥顶 O^{2-} 与 B^{3+} 的间距增大到 0.178 nm。此外，$[BO_3]^{3-}$ 和 $[BO_4]^{5-}$ 中的 O^{2-} 可以常被 $(OH)^-$ 所替换。

根据 $[BO_3]$ 三角形和 $[BO_4]$ 四面体在结构中是否连接及不同的连接方式（见图 4-91），

硼酸盐矿物结构中的络阴离子可以分为下列五种类型（至于人工产品中的各种络阴离子，在此不做介绍）。

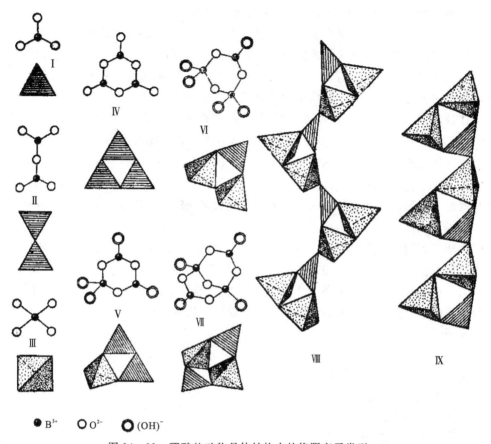

B^{3+} O^{2-} $(OH)^-$

图 14-91 硼酸盐矿物晶体结构中的络阴离子类型

(1)岛状络阴离子：这类络阴离子包括孤立的$[BO_3]$三角形、$[BO_4]$四面体、$[B_2O_5]$双三角形和$[B_2O_7]$双四面体。

(2)环状络阴离子：这类络阴离子是由三个、四个或五个$[BO_3]^{3-}$和$[BO_4]^{5-}$彼此以角顶共用而连接成的孤立的封闭状单环或双环，包括$[B_3O_6]^{3-}$、$[B_3O_7]^{5-}$和$[B_3O_8]^{7-}$三联单环；$[B_4O_9]^{6-}$四联双环；$[B_5O_{10}]^{5-}$、$[B_5O_{11}]^{7-}$和$[B_5O_{13}]^{11-}$五联双环。

(3)链状络阴离子：这类络阴离子是由一系列$[BO_3]^{3-}$或$[BO_4]^{5-}$相互以角顶共用连接而成的一维无限连续链，包括$[BO_2]_n^{n-}$、$[B_3O_6]_n^{3n-}$、$[B_3O_7]_n^{5n-}$、$[B_4O_8]_n^{4n-}$、$[B_5O_{10}]_n^{5n-}$和$[B_5O_{11}]_n^{7n-}$连续链。

(4)层状络阴离子：这类络阴离子是由一系列$[BO_3]^{3-}$或$[BO_4]^{5-}$相互以角顶共用连接而成的二维无限延续层，包括$[B_3O_6]_n^{3n-}$、$[B_5O_{10}]_n^{5n-}$和$[B_6O_{11}]_n^{4n-}$延续层。

(5)架状络阴离子：这类络阴离子是由一系列$[BO_3]^{3-}$或$[BO_4]^{5-}$相互以角顶共用连接而成的三维连续骨架。自然界矿物中，目前只在方硼石族中发现了一种$[B_7O_{12}]_n^{3n-}$连续骨架。

3. 物理性质

在硼酸盐矿物的物理性质中，最突出的是相对密度，除一种硼钽铌矿（Ta、Nb）$[BO_4]$的相对密度为 7.86 外，其余所有硼酸盐矿物的相对密度均在 4.28 以下，其中约有半数在 2.5 以下。这主要是因为组成硼酸盐矿物的阳离子大多数属于轻金属元素，而属于其他元素的则其硬度变化的范围较大，史硼钠石 $Na[B_5O_6(OH)_4] \cdot 3H_2O$ 的硬度为1.713，是硼酸盐中的最低者，方硼石的硬度为 7.5，是硼酸盐中硬度较高者之一，凡含水愈多者硬度愈低，属于环状结构者硬度一般也偏低。

在颜色方面，大部分硼酸盐矿物为无色或白色，只有含色素离子 Fe^{2+}、Fe^{3+}、Mn^{2+}、Cu^{2+}、Ti^{4+}、Ta^{5+}、Nb^{5+} 的矿物，才具有各种鲜明的颜色。

值得注意的是，当为数不多的碱金属氧化物同 B_2O_3 一起熔融时，可使结构由原来的 $[BO_3]^{3-}$ 转变为 $[BO_4]^{5-}$，导致结构中 $[BO_4]^{5-}$ 的数量多于 $[BO_3]^{3-}$ 的数量，致使玻璃从两度空间的层状结构部分转变为三度空间的架状结构，这就是硼反常的现象。

4. 成因

硼酸盐矿物内生成因和外生成因者均有。内生成因者主要形成于接触交代作用过程中，如硼镁石、硼镁铁矿等，它们有时可富集成有工业价值的硼矿床。但硼酸盐矿物的大规模聚积则是在外生条件下形成的，主要形成于湖盆或盐湖中，时代较新，且含硼物质的来源往往与火山活动有关，可形成巨大的硼矿床。

5. 分类

岛状结构硼酸盐：

　　硼镁铁矿族：硼镁铁矿

　　硼镁石族：硼镁石

环状结构硼酸盐：

　　硼砂族：硼砂

链状结构硼酸盐：

　　钠硼解石族：钠硼解石

层状结构硼酸盐：

　　图硼锶石族：图硼锶石

架状结构硼酸盐：

　　硼石族：方硼石

14.5.8.2　分述

现就（环状结构）硼砂族中的硼砂族及（架状结构）硼石族中的方硼石族分述如下。

1. 硼砂族

硼砂　borax　$Na_2[B_4O_5(OH)_4] \cdot 8H_2O$

[化学组成]　Na_2O 占 16.26%、B_2O_3 占 36.51%、H_2O 占 47.23%。

[晶体参数和结构]　属单斜晶系，对称型 L^2PC，$a_0 = 1.184$ nm、$b_0 = 1.063$ nm、$c_0 = 1.232$ nm、$\beta = 106°35'$。晶体结构（见图 14-92）中有六个 H_2O 分子围绕 Na^+ 构成的配位八面体所成的链和 $[B_4O_5(OH)_4]^{2-}$ 四联双环络阴离子联结，平行于 c 轴方向构成平行于 {100} 的结构层，而这些层与层之间则借微弱的分子键相维系。此种晶体结构

正好说明了硼砂晶体常呈{100}完全解理的原因。

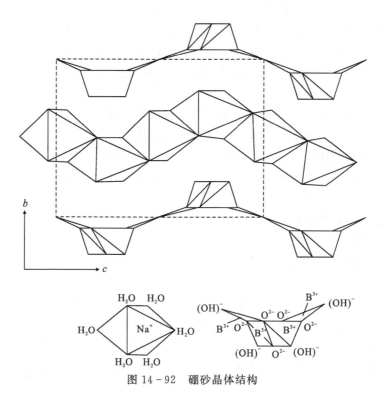

图 14-92　硼砂晶体结构

[**形态**]　单晶体常呈{100}板状或沿 *c* 轴延伸的短柱状。双晶依(100)而成，但不常见。集合体常呈粒状或土块状。

[**物理性质**]　呈白色或微带绿色、蓝色，条痕白色，具玻璃光泽，土状者暗淡。解理平行{100}完全，平行{110}中等，平行{010}不完全。硬度为 2～2.5，性极脆。易溶于水，微带甜味。烧时膨胀，易熔成透明的玻璃状体。具抗磁性。

[**成因和产状**]　硼砂是最常见的硼酸盐矿物之一，主要产于含硼盐湖的干涸沉积物中。我国西藏拉萨附近的盐湖沉积矿床是世界上著名的硼砂产区之一。

[**鉴定特征**]　以其白色、易溶于水、具甜味、烧时膨胀熔成玻璃状体为鉴定特征。

[**主要用途**]　是提炼硼的最重要矿物原料。硼砂常常作为助熔剂广泛用于陶瓷、搪瓷行业中，是生产耐热玻璃、玻璃纤维和其他特殊玻璃必不可少的原料，能促进玻璃的熔化，提高其光泽度、强度、耐用性。

综合来看，硼砂主要用于玻璃和搪瓷行业。在玻璃中，可增强紫外线的透射率，提高玻璃的透明度及耐热性能，在搪瓷制品中，可使瓷釉不易脱落而使其具有光泽。在特种光学玻璃、硼砂玻璃纤维、有色金属的焊接剂、珠宝的黏结剂、印染、洗涤（丝和毛织品等）、金的精制、化妆品、农药、肥料、硼砂皂、防腐剂、防冻剂和医学用消毒剂等方面硼砂也有广泛的应用。

硼砂是制取含硼化合物的基本原料，几乎所有的含硼化合物都可经硼砂来制得，其在冶金、钢铁、机械、军工、刀具、造纸、电子管、化工及纺织等部门中都有着重要而广泛的用途。

　　在医学上，硼砂用于皮肤黏膜的消毒防腐，以及氟骨症、足癣、牙髓炎、霉菌性阴道炎、宫颈糜烂、褥疮、痤疮、外耳道湿疹、疱疹病毒性皮肤病等的治疗。在动物医学上，硼砂用于鸡喉气管炎、山羊传染性脓疱病、猪支原体肺炎、牛慢性黏液性子宫内膜炎的治疗。作为饲料添加剂其也备受人们的关注。在农业上，硼砂除草剂，可用于非耕作区灭生性除草。除单独使用外，硼砂同氯酸钠混用，可降低氯酸钠的易燃性。

　　在工业上，硼砂为最重要的工业硼矿物。硼在国外常被列为稀有元素，然而我国却有着丰富的硼砂矿，因此，硼在我国不是稀有元素，而是丰产元素。在工业上，硼砂也作为固体润滑剂用于金属拉丝等方面，并在冰箱、冰柜、空调等制冷设备的焊接维修中常作为(非活性)助焊剂用以净化金属表面，清除金属表面上的氧化物。在硼砂中加入一定比例的氯化钠、氟化钠、氯化钾等化合物即可作为活性助焊剂用于制冷设备中铜管和钢管、钢管与钢管之间的焊接。

2. 方硼石族

　　本族矿物主要包括铁、镁、锰的含有附加阴离子的无水硼酸盐，相应的矿物及其实际化学分析数据如下：

　　　方硼石 $Mg_3[B_7O_{12}]OCl$　　　MgO 占 30.70%、　　B_2O_3 占 61.20%、　　Cl 占 8.1%
　　　铁方硼石 $Fe_3[B_7O_{12}]OCl$　　FeO 占 35.26%、　　B_2O_3 占 50.56%、　　Cl 占 8.1%
　　　锰方硼石 $Mn_3[B_7O_{12}]OCl$　　MnO 占 42.06%、　　B_2O_3 占 49.09%、　　Cl 占 7.0%

　　三种矿物之间存在类质同象置换，它们均有正交晶系和等轴晶系两个同质多象变体。

方硼石　　boracite　　$Mg_3[B_7O_{12}]OCl$

[化学组成]　　见方硼石族描述。

[晶体参数和结构]　　α 方硼石属正交晶系(假四方晶系)，对称型 $L^2 2P$，$a_o = 0.854$ nm、$b_o = 0.854$ nm、$c_o = 1.207$ nm；β 方硼石属等轴晶系，对称型 $3L^4 4L^3 6P$，$a_o = 1.210$ nm。方硼石晶体结构(见图 14-93)：每个 $[BO_3]$ 三角形的每个角顶都和一个 $[BO_4]$ 四面体的角顶相连，同时每个 $[BO_4]$ 四面体的每个角顶也都和一个 $[BO_3]$ 三角形的角顶相连，从而构成了具有大孔穴的三向空间架状结构，Mg^{2+} 和 Cl^- 则位于大的孔穴之中；Mg^{2+} 被 $4O^{2-}$ 和 $2Cl^-$ 围绕成八面体配位，而 Cl^- 则被 $6Mg^{2+}$ 也围绕成八面体配位。高温等轴晶系变体中 Cl^- 呈旋转态，并与六个 Mg^{2+} 等距离；而低温正交晶系变体中 Cl^- 则呈固定态，但与其中三个 Mg^{2+} 的距离和与另三个 Mg^{2+} 的距离不等。

[形态]　　单晶体常呈四面体、立方体和菱形十二面体的聚形。双晶依(111)面呈二个四面体的贯穿双晶，但少见。集合体常呈粒状。

[物理性质]　　呈无色或白色，有时微带黄绿色。具玻璃光泽或金刚光泽，半透明。硬度为 7~7.5，无解理，贝状断口至参差状断口。相对密度为 2.91~2.97，含 Fe 量高者可增高至 3.10。晶体具强压电性和焦电性。

[成因和产状]　　方硼石是外生沉积作用的产物，常见于石膏、硬石膏、石盐等层状沉积矿床中。我国北方的锰方硼石矿体呈透镜状、似层状矿体，出现于黑色白云岩及黑色页岩中，与菱锰矿、黄铁矿、铁白云石、锰方解石等共生。

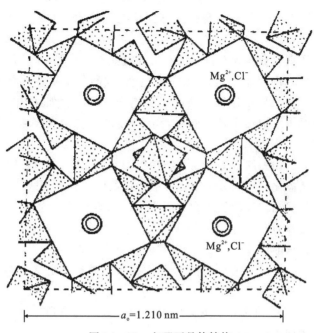

图 14-93 方硼石晶体结构

[鉴定特征] 以其四面体、立方体和菱形十二面体的形态，硬度高和无解理为鉴定特征。进一步的鉴定工作需进行化学分析。

[主要用途] 是提炼硼的重要矿物原料。

思考题

14-1 为什么 Au、Pt 在自然界以自然元素状态存在最为稳定，而 Cu 等却不是如此？

14-2 金刚石和石墨在形态和物理性质上差异较大，其原因是什么？

14-3 说明单硫化物、对硫化物和硫盐矿物的划分依据，以及它们在成分和物理性质方面的异同点。

14-4 方铅矿和黄铁矿结构类似(NaCl 型)，而它们的对称型却不同，为什么？

14-5 试分析白铁矿晶体中 Fe 离子和单个 S 原子的配位数分别是多少。

14-6 钾和钠两元素在地壳中的克拉克值近似，而它们的氯化物又都是典型的化学沉积成因的矿物，但在自然界钾石盐的分布远较石盐为少，为什么？

14-7 说明萤石和石盐分别具有{111}和{100}完全解理的原因。

14-8 氧化物矿物常形成砂矿，而硫化物矿物在砂矿中难以见到，为什么？

14-9 以金红石、尖晶石、水镁石为例，说明它们各自的结构与形态、物理性质之间的关系。

14-10 同属于刚玉型结构的赤铁矿和钛铁矿，为何二者在物理性质上存在着显著差异？

14-11 三水铝石与刚玉的晶体结构间有何异同？

14-12　如何区别金红石和锡石，钛铁矿、铬铁矿和磁铁矿？

14-13　列举硫在自然界可出现哪些不同价态的矿物，它们的形成条件存在哪些差异？

14-14　如何区别石膏和硬石膏、硬石膏和重晶石、白钨矿和石英？

14-15　硫酸盐、钨酸盐、钼酸盐、磷酸盐、砷酸盐等矿物晶体结构中的四面体络阴离子总是孤立存在而从不连成复杂的络阴离子，其原因何在？本章阐述的硅酸盐矿物，其[SiO_4]四面体络阴离子相互间是否有可能进一步相互连接成复杂的络阴离子形式？为什么？

14-16　硅酸盐矿物一般划分为几种结构类型？其划分的依据是什么？

14-17　试从晶体化学特征分析铝在硅酸盐矿物中的存在形式。

14-18　说明岛状结构硅酸盐矿物的形态除三向等状外，为何还可能出现柱状（如红柱石）或板状（如蓝晶石）？

14-19　橄榄石只能形成于 SiO_2 不饱和的岩石中，为什么？

14-20　石榴子石族各主要矿物间的产状有何差异？决定这些差异的主要因素是什么？

14-21　$AlSiO_5$ 三种同质多象变体的形成温度和压力有所不同，这与它们结构中铝配位数的不同有着何种联系？

14-22　如何区别锆石和锡石、锆石和金红石、橄榄石和绿帘石、绿帘石和符山石？

14-23　环状结构硅酸盐矿物的形态特征与其结构之间有着何种联系？

14-24　电气石族矿物的类质同象系列及电气石颜色的变化与其成因产状之间有何种联系？

14-25　如何区别绿柱石和磷灰石、黑电气石和硼镁铁矿？

14-26　说明辉石族和闪石族矿物在成分、结构、物理性质和成因上的主要异同点，分析其原因。

14-27　如何区别蔷薇辉石和菱锰矿、透闪石和硅灰石？

14-28　说明层状结构硅酸盐矿物的形态及主要物理性质特征，并分析其原因。

14-29　试以高岭石 $Al_4[Si_4O_{10}](OH)_8$ 和叶蜡石 $Al_2[Si_4O_{10}](OH)_2$ 为例，说明它们结构层中结构片的连接方式，它们分别应属何种类型的结构层？对比高岭石和滑石 $Mg_3[Si_4O_{10}](OH)_2$，判断它们的结构层属二八面体型还是三八面体型？

14-30　蒙脱石具阳离子交换性和遇水后的膨胀性，原因何在？

14-31　如何区别滑石和叶蜡石、硅孔雀石和孔雀石、蒙脱石和高岭石？

14-32　在黏土矿物中，除水铝英石为非晶质的含水的铝的硅酸盐外，其余矿物均为层状结构硅酸盐。但其中坡缕石和海泡石结构中同一四面体片内的活性氧并不全指向同一侧，而是沿 b 轴交替地指向（001）面四面体片的相反两侧，从而形成一种链层状结构。其余黏土矿物则均具有典型的滑石型硅氧四面体片。试归纳一下主要的黏土矿物有哪些？

14-33　有的学者从结构的角度出发，把石英及 SiO_2 的其他同质多象变体均归入架状结构硅酸盐，其依据何在？

14-34　架状结构硅酸盐除个别为铍、硼硅酸盐外，其余均为铝硅酸盐，为什么？能否由四价或高于四价的阳离子部分置换硅氧四面体中的硅以构成架状结构硅酸盐？为什么？

14-35　在岛状结构硅酸盐矿物中不出现铝硅酸盐而只有铝的硅酸盐，其原因何在？

14-36　根据晶体结构的基本特征，阐明架状结构硅酸盐矿物在化学组成和某些物理性质(如颜色、相对密度、硬度等)方面的共同特征。

14-37　说明长石族矿物中的类质同象系列，不同系列中的混溶度存在差异，主要原因是什么？

14-38　在斜长石的哪个解理面上可见钠长石律聚片双晶的双晶条纹？该双晶条纹的方向平行于哪一晶棱？

14-39　说明似长石和碱性长石在成分上的异同点。似长石矿物在成因产状上有何特点？它们只能形成于 SiO_2 不饱和的岩石中，原因何在？

14-40　沸石族矿物在化学组成和晶体结构上有哪些不同于长石族矿物之最主要的特点？

第 15 章　有机矿物及可燃有机岩

有机矿物和可燃有机岩是天然有机物在外生作用和埋藏变质作用过程中形成的。已知的有机矿物有 20 多种，按有机矿物的化学组成，可为分以下两类：

(1)有机酸盐类，如草酸钙石、蜜蜡石等；

(2)碳氢化合物和氧化的碳氢化合物，如琥珀等。

至于可燃有机岩，这里主要指的是煤，对于煤的工业种类不拟全部一一列举，本部分主要按上述划分简述如下。

15.1　有机矿物

15.1.1　有机酸盐类

有机酸盐指由天然有机酸与无机阳离子包括 NH_4^+ 构成的盐，主要有草酸盐、醋酸盐和柠檬酸盐等，在这些盐中较常见的矿物如下。

草酸钙石　weddellite　$Ca[C_2O_4] \cdot H_2O$

[化学组成]　CaO 占 38.38%、C_2O_3 占 49.28%、H_2O 占 12.34%。

[晶系和形态]　属单斜晶系，对称型 $L^2PC - 2/m$，晶体沿 X 轴延长呈柱状(见图 15-1)，柱面具条纹，常构成"心状"双晶(见图 15-2)，在这种双晶上可以出现凹角也可以不出现。集合体通常呈粒状或致密块状。

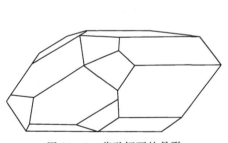

图 15-1　草酸钙石的晶形

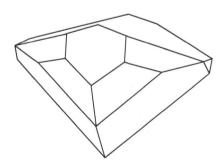

图 15-2　草酸钙石的双晶

[物理性质]　无色或呈淡黄、淡褐色，条痕白色，具玻璃光泽，解理面具珍珠光

泽，透明，解理平行{$\bar{1}01$}完全、平行{010}不完全，具贝状断口，性脆，硬度为 2.5～3，相对密度为 2.23，易溶于盐酸并起泡沸腾。

[成因和产状]　主要产于煤层底板岩石中，系真菌和软体、棘皮、脊椎动物腐化后的矿化产物，此外，在一些浅成热液脉中也偶有产出。常与褐色方解石和石英等共生。

[鉴定特征]　以其产状和在闭管中加热时常碎裂成粉末并放出一氧化碳为鉴定特征。

[主要用途]　量多时，可作为制取草酸的原料。

草酸铵石　oxammite　$(NH_4)_2[C_2O_4] \cdot H_2O$
[化学组成]　NH_4 占 21.95%、C_2O_3 占 53.3%、H_2O 占 24.75%。
[晶系和形态]　属正交晶系，对称型 $3L^2-222$。晶体呈楔状，但较少见，通常多呈不规则粒状或叶片状集合体。
[物理性质]　常呈淡黄白色，条痕白色，具丝绢光泽，透明，解理平行{001}中等，硬度为 2.5，相对密度为 1.5，加热时释放氨臭气。
[成因和产状]　常产于鸟粪层中，量多时，可作为制取草酸和氨的原料。系有机成因矿物，常与化石一起出现。其颜色有白、黄、红、棕等不同色调，黑、蓝、粉、淡红、淡黄次之。在潮湿气候条件下，易风化脱水，所形成的颜料在初唐壁画中被大量应用。

蜜蜡石　mellite　$Al_2[C_{12}O_{12}] \cdot 18H_2O$
[化学组成]　Al_2O_3 占 14.3%、C_4O_3(苯六甲酸)占 40.3%、H_2O 占 45.4%。
[晶体参数和形态]　属四方晶系，对称型 L^44L^2-422。晶体沿 Z 轴延长呈柱状或双锥状。常以{100}、{110}和{101}构成聚形。集合体为致密块状、结核状或被膜状。
[物理性质]　颜色多为蜜黄、淡红和淡褐色。条痕白色，具树脂光泽或玻璃光泽，透明至半透明，解理平行{011}不完全，贝壳状断口，硬度为 2～2.5，具热电性。在紫外光照射下发出蓝色萤光，在烛焰中灼烧时呈白色，但不形成火焰。不溶于酒精，但可溶于 HNO_3。密蜡即蜜蜡，琥珀的一个品种，呈不透明状或半不透明状的琥珀被称作蜜蜡，是树木脂液化石，为非晶质体，无固定的内部原子结构和外部形状，断口常呈贝层状，折射率介乎 1.54～1.55，双折射不适用。物理学验定，蜜蜡的相对密度在 1.05 至 1.10 之间，比水稍大，为珍贵的装饰品。
[成因和产状]　系由植物分解而成，常产于泥炭和褐煤的裂隙中。在中国，自古及今称呼蜜蜡亦有过好几个不同的名称，例如有虎魄、琥珀、珀、蜜蜡、遗玉、江珠、顿牟、育沛和红松香等数十种之多，其中亦有地方和时代之分。只有半透明至不透明的琥珀叫作蜜蜡。蜜蜡的颜色以蛋清色、米色、浅黄色、鸡油黄、橘黄色等黄色系为主。枣红色蜜蜡是黄色系蜜蜡外皮氧化产生包浆而颜色变深导致的，也因为如此，市面上产生了很多人为加工氧化的枣红色或者颜色更深的蜜蜡。
[鉴定特征]　以其蜜黄色、在紫外光下发蓝光、具热电性和不形成火焰为鉴定特征。

[主要用途]　蜜蜡为有机类矿物之一，质地脂润、色彩缤纷、用途广泛、价值超卓，与其他自然宝石一样，享有"地球之星"的美誉。蜜蜡蕴含无数的色彩，有的透明晶亮，有的半透明，有的不透明但色纹斑斓。透明的蜜蜡若再加上光线照射，往往有多种色彩显现。自古以来，蜜蜡便为世人所喜爱，历久不衰。在中国古代，蜜蜡就被皇亲们视为吉祥如意之物，认为新生儿佩戴蜜蜡可避难消灾，一生平安。有些少数民族的婚礼仪式上新娘戴蜜蜡寓意着永葆青春，夫妻感情和睦。

15.1.2　碳氢化合物和氧化的碳氢化合物

这一类化合物为自然界存在的一类特殊"矿物"。它们不仅以"可燃性"与有机成因为特征，而且在物理性质和化学性质方面也与一般矿物明显不同。它们都是以碳、氢为主的各种有机化合物的混合物，在成因和产状方面与石油的关系极为密切。

地蜡　ceresin　$C_nH_{2n+2}(n>16)$

[化学组成]　地蜡系石蜡族的高分子碳氢化合物的混合物，常含泥土杂质，有时还存在有石油的残余物，主要组成元素的大致含量为 C 占 84%～88%、H 占 13%～16%、(S+O+N)含量<15%～20%。成分较纯的白色或淡黄白色地蜡称为石蜡。含氧化物少，柔软并具弹性的地蜡称为地沥青。

[物理性质]　地蜡通常是一种呈膏状的黏稠度很高的半固态物质，常呈淡黄、淡绿、淡褐乃至褐色或黄色，硬度为 1，相对密度为 0.9～0.94，溶点一般为 65～85 ℃，燃点较低，不溶于酸，但可溶于汽油、苯、松节油和二硫化碳中。

结晶地蜡晶体呈针状，但极少见。

[成因和产状]　地蜡系富含石蜡烃的石油沿地层裂隙向地表运移时，因温度和压力的急剧降低，或因深部构造裂隙的形成引起油、气在绝热条件下发生膨胀而使原溶于其中的石蜡烃凝结析出而形成，多呈脉状和层状产于断层裂隙及含油、气岩层的露头处。

[主要用途]　经精制提纯后，可做蜡烛、蜡纸、氢氟酸瓶、润滑油脂及凡士林的原料，主要用作冷霜类化妆品的基质原料，也用作发蜡、唇膏等化妆品的固化剂，还用于绝热、绝缘、隔水、工业涂料及医疗及化妆品的生产等。

沥青　pitch

[化学组成]　所谓沥青系高分子碳氢化合物及其非金属衍生物的复杂混合黏液。

[物理性质]　沥青是由不同分子量的碳氢化合物及其非金属衍生物组成的黑褐色复杂混合物，是高黏度有机液体的一种，表面呈黑色，可溶于二硫化碳，在反射光下呈与白钛石类似的白黄色或呈与赤铁矿相似的血红色或呈像褐铁矿一样的淡黄赭色。沥青属于憎水性材料，不透水，也几乎不溶于水、丙酮、乙醚、稀乙醇，能全部或部分地溶于二硫化碳、三氯甲烷、氢氧化钠、酒精和苯中，其溶液在紫外光照射下发出淡蓝色、黄色、褐色及棕色荧光，易燃易熔，具强烈的沥青臭味。

[成因和产状]　是石油在自然蒸馏过程中挥发组分从其中逸散后未经氧化或氧化聚合而形成的一种产物。经这种作用形成的沥青有地沥青和石沥青，它们都可呈层状、

脉状和其他形式的堆积体产出,其中地沥青多出现在沥青湖表面(向下变为软沥青)。此外,其也常以碎屑岩的胶结物、油页岩和臭灰岩的组成成分产出。世界卫生组织国际癌症研究机构 2017 年 10 月 27 日公布的致癌物清单中,沥青、职业暴露于氧化沥青及其在盖屋顶过程中的排放物在 2A 类致癌物清单中,铺路时职业暴露于直馏沥青及其排放物、做沥青砂胶工作时职业暴露于硬沥青及其排放物在 2B 类致癌物清单中。沥青及其烟气对皮肤黏膜具有刺激性,且有光毒作用和致癌作用。

[主要用途]　在土木工程中,沥青是应用广泛的防水材料和防腐材料,主要应用于屋面、地面、地下结构的防水,木材、钢材的防腐。沥青还是道路工程中应用广泛的路面结构胶结材料,其与不同组成的矿质材料按比例混合后可以用于不同结构的沥青路面。其还可用于储油池衬里和制造油毛毡及木材防腐等方面,在电气工业上用以制造电器零件和电池箱及绝缘材料等,化学工业上用作橡胶、涂料、油漆、印刷油墨和提炼其他化学产品的原料。

我国的经济一直保持着高速的增长,公路交通建设突飞猛进,道路沥青生产企业也得到了迅猛发展,尤其是重浇沥青和改性沥青实现了由无到有、由小到大、由少到多的质的飞跃,为我国道路建设做出了巨大贡献。

其中,用沥青来养护路面通常分为三种类型:预防性养护、矫正性养护、应急性养护。预防性养护是在路面出现破损前就进行养护;矫正性养护指修补路面的局部损害或对某些特定的病害进行处理;应急性养护是在紧急情况下所采取的措施,例如,路面爆裂和严重坑槽需要立刻修补才能通车的情况。这三种养护形式可以根据路面的使用情况来进行选择,每一种养护形式又需要选择不同的养护方法和养护设备。三种养护措施的差异主要体现在路面状况和通车时间的长短上。当然,三者之间没有明显的界限。

现如今我国沥青行业已进入规模化、集中化的快速发展阶段,人们对沥青也越来越熟悉,因为沥青的用量不仅大,而且还非常的广泛,不管是乡村里的小街道,城市里的大道,还是高速公路都离不了沥青的使用,所以沥青回收则成了近年来较热门的话题。

然而同沥青的发展规模相比较,中国沥青市场仍然处于供不应求的状态,尤其是那些高端的改性沥青市场。我国普通的道路沥青生产厂家众多,但是专业的沥青生产厂家比较少,我们应该逐步增加专业沥青的厂家数量,来弥补不断增长的专业沥青的市场需求。

琥珀　amber　$C_{10}H_{16}O$

[化学组成]　琥珀是一种遭受过局部氧化的碳氢化合物,其化学组成不十分固定,通常是由琥珀松脂酸的龙脑醚、游离琥珀松脂酸和非晶质琥珀等构成,其碳、氢、氧的平均含量:C 占 78.96%、H 占 10.51%、O 占 10.53%。

[形态]　非晶质体,常呈各种粒径的圆粒状、滴状和致密团块产出,颗粒表面光滑。

[物理性质]　琥珀是史前松树脂的化石,其主要成分是碳、氢、氧及少量的硫,颜色为黄色、棕色、橙黄色等,在阴极射线和紫外光照射下发出玫瑰色、浅橙色或浅

绿色荧光，条痕白色，具树脂光泽或油脂光泽，微透明至透明，性脆，贝壳状断口，硬度为 2～2.5，相对密度为 1.05～1.09。将琥珀加热至 150 ℃时开始变软，250～400 ℃时熔融，燃烧时有香味，在呢绒上摩擦时可带静电，能溶于 H_2SO_4 和热 HNO_3 中，在酒精、乙醚和松节油中，亦能部分溶解。

[成因和产状]　琥珀是透明的生物化石，是松柏科、云实科、南洋杉科等植物的树脂化石。树脂滴落，掩埋在地下千万年，在压力和热力的作用下石化形成，有的内部包有蜜蜂等小昆虫(见图 15-3)，奇丽异常。琥珀大多数由松科植物的树脂石化而成，故又被称为"松脂化石"。常产于白垩纪和第三纪的砂砾岩、煤层的沉积物及一些河、湖和陆缘的沉积物中。我国抚顺煤田中的琥珀化石相当丰富。2016 年 3 月 6 日，中国科学家发

图 15-3　琥珀中的昆虫化石

现了迄今为止世界上最为古老的琥珀矿石，其年龄在 9900 万年左右。

[主要用途]　琥珀自古以来便是欧洲贵族佩戴的传统饰品，代表着高贵、古典和含蓄。琥珀可制作各种名贵的装饰品和音簧管接咀，亦可用来提取琥珀酸制作香料，燃烧后的灰烬是黑色的。

15.2　煤

煤是富含碳的生物遗骸的一种堆积体，其形成过程：当生物遗体和无机物碎屑一起被沉积于水盆地或海洋中形成巨厚堆积并为尔后的其他沉积物掩盖，生物遗体便在细菌生命活动的过程中，在无氧或少氧的条件下逐渐分解，富集碳素前使大部分有机质失去原始结构而成为其最稳定部分——残骸的粥状物质，于上覆岩层的压力下固结硬化，最后即形成一种可燃物质——煤。

根据形成煤的原始材料，煤可分为陆殖煤和腐泥煤两大类，前者系由陆地高等植物的残骸形成，后者由低等水生植物和浮游动物的遗体形成。

陆殖煤类包括腐殖煤和残殖煤，以腐殖煤最为重要。属于腐殖煤的有泥炭、木炭、褐煤、烟煤和无烟煤，它们都是由陆地高等植物的水质素、纤维素及部分角质和树脂形成的。

腐泥煤类包括腐泥煤和胶泥煤，前者部分保留藻类及浮游生物的有机结构，而后者则无。

于此，仅就煤中具有经济价值的，简介如下。

泥炭　peat

泥炭是一种比较松散的有机质堆积体，其中常保留有植物残骸——小块的茎和叶。泥炭是一种经过几千年所形成的天然沼泽地产物(又称为草炭或泥煤)，是煤化程度最低的煤，同时也是煤最原始的状态，无菌、无毒、无污染、通气性能好、质轻、持水、

保肥、有利于微生物活动、可增强生物性能、营养丰富，既是栽培基质，又是良好的土壤调节剂，并含有很多的有机质、腐殖酸及营养成分，但是泥炭属于不可再生资源，开采行为对环境破坏很大。

[化学组成]　除泥、砂外，其组成元素的大致含量：C 占 59%、H 占 6%、O＋N＝35%。泥炭中的有机质主要是纤维素、半纤维素、木质素、腐殖酸、沥青物质等。泥炭中腐殖酸含量常为 10%～30%，高者可达 70% 以上。泥炭中的无机物主要是黏土、石英和其他矿物杂质。

[物理性质]　颜色常为褐色和棕色，条痕浅褐色，无光泽。保存的植物茎透明，具不平坦断口。硬度为 1 或小于 1。相对密度视压实程度而定，一般多为 0.113～1.3。可用火柴点燃，热值为 18.83 kJ/g。

[成因和产状]　泥炭是沼泽植物和苔藓类死亡之后，于缺氧或氧很少的环境中，在微生物参与下腐烂和分解的产物。多产于第四纪以来的古沼泽和现代沼泽中。

[主要用途]　泥炭用途广泛，可用于农业中，如作为有机肥料和育苗及花卉培植的土基；还可用于工业中，如作为燃料用于发电，以及用于化工（提取多种原料）、酿酒、医药及制陶等领域中。

燃料。由于泥炭质地松软，容易燃烧，在许多当地盛产泥炭的地方，通常被用来作为日常生活中的燃料使用。在苏格兰地区，泥炭被大量用来作为制造苏格兰威士忌的过程中烘烤已发芽大麦所需的燃料来源。使用泥炭烘干的大麦具有独特的烟熏味，已经变成苏格兰威士忌的风味特色，称为泥炭度，这也是"泥炭"这个名词最常被提及的场合。

有机肥料及花卉用土。泥炭的土地生产力和泥炭的肥力在提高农业产品数量和质量方面获得越来越高的重视，以泥炭制作的腐殖酸类复合肥料或者直接将其作为有机肥料在农业生产的效益和发展前景中被充分肯定。泥炭是一种相当优良的盆栽花卉用土，可单独用于盆栽，也可以和珍珠岩、蛭石、河沙、椰糠等配合使用，因为其含有大量的有机质、疏松、透气透水性能好、保水保肥能力强、质地轻、无病害孢子和虫卵。国外园艺事业发达国家在花卉栽培中，尤其是在育苗和盆栽花卉中多以泥炭作为主要盆栽基质，而主要使用腐叶土、腐殖土等早已成为过去。部分泥炭在形成过程中，经过长期的淋溶，以及本身分解程度差，所以自身所含的养分会比较少，在以此类泥炭配制培养土时可根据需要加入足够的氮、磷、钾和其他微量元素，或在栽花过程中及时给予追肥补充。

化工。泥炭作为化学工业原料及生产各种类型新产品这两方面的作用正在日益扩大，因为泥炭资源中富含多种有机化合物，可从中提取蛋白饲料、生物生长剂和植物刺激素，还可制作不同类型的吸附剂、医药制剂等。

其他行业：有些泥炭适于制成建筑材料、钻井稳定剂和稀释剂、陶瓷工业原料调整剂、水煤浆分散剂、污水处理剂、离子交换剂等。

现在科研中最有应用前景的是泥炭活性炭、泥炭金属碳纤维和泥炭吸附剂，以及泥炭气化和干馏等综合利用所获得的硫产品。

综上所述，泥炭中磷含量常见值为 0.04%～0.17%，钾含量为 0.5%～1.3%，此外，氮的含量为 1.5%～2.0%。有的泥炭中还含有锗、镓、钒等稀散元素。有些泥炭的含油率很高，可达 5%～14%。中国东北及西南高原的高寒地区有很多高位泥炭的分布，而在华中、华北、东北、西南的低洼地带则有大量低位泥炭的分布。

褐煤 lignite

褐煤又名柴煤，是煤化程度最低的矿产煤，是一种介于泥炭与沥青煤之间的棕黑色、无光泽的低级煤。

[化学组成] C 占 69%、O 占 24%、H 占 5.5%、N 占 1.5%，其中 S＋灰分约 8%，其中(N＋O)∶H＝5。

[物理性质] 常呈淡褐和暗褐色，条痕为红到褐色，薄片呈淡红色，透明。于 KOH 和 10% 的 HNO₃ 中煮沸时，溶液呈褐色。无光泽或具树脂光泽，性脆，断口不平坦。硬度为 1～2，相对密度随灰分而变化，一般多为 1.2～1.45，能在蜡烛火焰上点燃。恒湿无灰基高位热值约为 23.0～27.2 MJ/kg。褐煤水分含量高(15%～60%)，挥发成分高(>40%)，含游离腐植酸，空气中易风化碎裂，燃点低(270 ℃左右)，储存超过两个月就易发生自燃，堆放高度不应超过 2 m。以上性质特点决定了褐煤不适宜运输，因此褐煤的市场也受到局限。

[成因和产状] 褐煤是泥炭在上覆岩层的静压力不断增大的情况下，逐渐失去其中的挥发分后形成的。

[主要用途] 主要用作民用和发电厂用燃料，若焦油产出率大于 8% 时，可用以制取煤气和煤焦油。此外，某些褐煤可用来生产合成氨。

褐煤热解后，所得产物为半焦、煤焦油及煤气，三者用途分别如下。

半焦：是褐煤热解提质的主要产品，半焦热值高于原褐煤(一般高出 50%～80%)。其主要用途如下。

(1)半焦制活性炭。热解半焦挥发分低、杂质原子少、微观结构致密，可用作生产低灰高强度活性炭的原料。以褐煤为原料采用多段回转炉生产半焦制活性炭，表明褐煤半焦能通过活化制取性能较好的活性炭。

(2)半焦做铁合金还原剂。硅铁、锰铁、铬铁等合金的冶炼需要用到还原焦。以冶炼硅铁为例，炼制每吨硅铁需 0.8～1 t 还原焦。质量高的还原焦要求有害杂质少、固定碳含量高、反应活性高、比电阻大。灰分中的 SiO₂ 和 Fe₂O₃ 是冶炼的有用成分，Al₂O₃ 和 P(磷)是有害杂质，Al₂O₃ 会影响铁合金的质量、增加电耗。由于褐煤半焦比电阻高，反应活性高，故在铁合金生产上可以降低电耗，提高产品质量，实际生产数据表明使用半焦做还原剂，生产 1 t 硅铁可降低电耗 500 kW·h，硅铁产量可提高 1.5%。

(3)半焦做高炉喷吹燃料。高炉喷吹煤粉可代替部分冶金焦，并有利于炼铁操作的控制，提高生产效率。目前使用的喷吹料以无烟煤为主，曾有人对半焦作为喷吹料进行研究并指出：低变质程度的煤经热解加工后获得的半焦在化学反应、机械破碎、燃烧性能等方面均优于无烟煤。无烟煤的挥发分大多为 5%～10%，与半焦挥发分(750 ℃热解)相近，而半焦的着火点(300～400 ℃)一般低于无烟煤(470～560 ℃)，且燃烧性能更好。以往的研究表明，半焦可磨性系数均大于 60，比一般无烟煤(30～50)更易磨碎。半焦在较低温度下很少有挥发物产出，无爆炸性，适宜制粉(200 目

(0.074 mm)占 30％～40％)、储存和运输。

(4)半焦做电石用焦。电石生产也是高耗能行业，它要求焦炭反应性好，比电阻高。生产实践表明，半焦比冶金焦碎块更适合做电石用焦，不仅能提高电石产品的质量，同时还能降低电耗和降低电极糊的消耗量。

(5)做气化原料。半焦的反应性大，呈块状时热稳定性好，制粉时可磨性好，可用作固定床或流化床、气流床的气化原料。

(6)做吸油剂。半焦的吸油速度快，吸油量大，可用于处理海洋浮油污染物。

(7)做脱硝剂载体。半焦孔隙发达，做脱硝剂载体时具有较大的反应比表面积，脱硝效果好，并且脱硝后易于进行燃烧处理。

(8)做无烟燃料。半焦挥发分低，燃烧性能好，可直接供锅炉、水泥窑、陶瓷窑等用，也可用作民用和成型燃料。

(9)做炼焦瘦化剂。半焦含碳量高，微观结构强度大，炼焦时呈惰性，做瘦化剂能扩大炼焦煤资源、降低焦炭灰分、提高焦炭的块度和强度。

煤焦油及煤气。作为炼焦过程中的一个重要化产回收产品，煤焦油是一个组分上万种的复杂混合物，目前已从中分离并认定的单种化合物约 500 余种，其中包括苯、二甲苯、萘等 174 种中性组分；酚、甲酚等 63 种酸性组分和 113 种碱性组分。煤焦油中的很多化合物是塑料、合成纤维、合成橡胶、农药、医药、耐高温材料及国防工业的贵重原料，也有一部分多环芳烃化合物是石油化工所不能生产和替代的。煤焦油主要用来加工生产轻油、酚油、萘油及改质沥青等，再经深加工后制取苯、酚、萘、蒽等多种化工原料，产品数量众多、用途十分广泛。而固体热载体法快速热解煤气为中热值煤气，可用作城市用煤气及工业燃料，也可以用作化工原料。

烟煤　bituminous coal

[**化学组成**]　与褐煤相较，烟煤中碳素增多，氧、氢略有减少，它们的含量：C 占 82％、H 占 4.3％、(O+N)=13.7％，或为含碳量 80％～90％、含氢量 4％～6％、含氧量 10％～15％。

[**物理性质**]　呈黑色，染手，致密而脆。条痕呈黑色，燃烧时火焰长而多冒浓烟，故称为烟煤。块体颜色为灰黑到墨黑色，粉末为褐至黑色。玻璃光泽与无光泽之条带呈相间分布，当富含沥青质时为油脂光泽。断口呈贝壳状或不平坦状，硬度为 2～2.5，相对密度为 1.15～1.5。在 KOH 和 10％的 HNO_3 中煮沸时，溶液不呈褐色。燃烧比褐煤困难，烧时起火焰，热值为 35.16 kJ/g。煤化程度高于褐煤而低于无烟煤。

[**成因和产状**]　常呈层状或凸镜状，产于从寒武纪以后到第三纪的陆相到海相沉积建造中，系褐煤进一步变质炭化而成。烟煤的分布较广，其是自然界中分布最广和最多的煤种，主要集中在美国、俄罗斯、中国、澳大利亚和南非等国。中国的烟煤主要分布在北方各省(自治区)，其中华北地区的烟煤储量占全国烟煤储量的 60％以上。

[**主要用途**]　烟煤的品种很多，各品种在灰分、硫、磷含量，变质程度和焦油产出率方面差异很大，可用于炼焦、燃料电池、催化剂或载体、土壤改良、建筑、废水处理等领域中。烟煤燃烧时多烟而易造成空气污染。

烟煤易于着火和燃烧，而且灰分和水分含量较少，发热量较高；对于部分高灰分和高水分的烟煤，发热量则很低，通常将基低位热值≤15490 kJ/kg 的烟煤称为劣质烟煤，其燃烧较困难。

按挥发分含量的不同，烟煤有长焰煤、气煤、肥煤、焦煤和瘦煤等许多品种，不同煤种作用不同。长焰煤和气煤挥发分含量高，容易燃烧并适于制造煤气。肥煤挥发分含量次之，黏结性强，主要用于炼焦。焦煤挥发分含量低于肥煤，结焦性良好，适于生产优质焦炭。瘦煤挥发分含量较低，黏结性弱，多用于炼焦。

无烟煤 anthracite

无烟煤俗称白煤或红煤，是煤化程度最大的煤，为一种坚硬、致密且高光泽的煤矿品种。在所有的煤品种中，尽管无烟煤的发热量较低，但碳含量最多，杂质含量最少。

［化学组成］　无烟煤是含 C 量最多而 H、O、N 含量最少的煤，其含量：C 占 95％、H 占 2.2％、O 占 2％、N 占 0.8％。

［物理性质］　颜色多呈灰黑至墨黑色，条痕黑色。具玻璃光泽至半金属光泽，有时为油脂光泽。断口呈贝壳状或参差状，硬度为 2.5～3，不污手。燃烧时无火焰，无臭味。无烟煤固定碳含量高，挥发分产率低、密度大、硬度大、燃点高，燃烧时不冒烟，不结焦。一般含碳量在 90％以上，挥发物在 10％以下，热值约 25.1～27.2 kJ/g。

［成因和产状］　常呈层状或凸镜状产于自寒武纪到第三纪的海相和陆相沉积构造中。中国无烟煤预测储量为 4740 亿吨（其中山西省占 32％、河南省占 18％、贵州省占 11％），占全国煤炭总资源量的 10％。中国有六大无烟煤基地：北京（北京京煤集团）、山西晋城（晋城煤业集团）、河南焦作（焦作煤业集团）、河南商丘永城（永城煤矿区）、宁夏（神华宁煤集团）、山西阳泉市（阳泉煤业集团）。其中宁夏碱沟山的无烟煤，灰分小于 7％，硫含量为 0.6％～2.9％，是不可多得的优质无烟煤。

［主要用途］　根据热值的不同，无烟煤块煤主要应用于化肥（氮肥、合成氨）、陶瓷、制造锻造等行业；无烟粉煤主要在冶金行业中用于高炉喷吹（高炉喷吹煤主要包括无烟煤、贫煤、瘦煤和气煤），还可用于生活给水及工业给水的过滤净化处理，或用来发电、制造煤气、冶炼白口铁等。

思考题

15-1　常见的有机矿物有哪些？它们的特点如何？举例说明有机矿物的应用。

15-2　有机矿物与无机矿物的区别及联系有哪些？

15-3　琥珀是一种典型的有机矿物，其在宝石学上的用途有哪些？

15-4　煤是能源资源，其是如何形成的？在其他方面有何用途？

15-5　有机矿物的结构特征有哪些？其结构与其性质、用途之间有何联系？

第16章 鉴定和研究矿物的主要方法

矿物的鉴定和研究方法是多种多样的，不同的方法常常从不同的角度直接或间接地揭示矿物的特征。为了比较全面准确地进行矿物的鉴定和研究，常常需要采用多种方法综合研究，才能获得对矿物的全面认识，得出准确的结论。但是对大多数前人已详细研究过的矿物，鉴定时，鉴定方法应慎重选择，针对工作目的和要求，能用简单设备解决的，就不必动用复杂的精密设备；能用一种或两种方法的分析数据说明或确定的问题，就不要用更多的方法、设备或花费较多的费用来说明同一性质的问题。只有这样，才能节约开支，提高工作效率。

下面扼要地介绍几种鉴定、研究矿物的方法。

16.1 鉴定和研究矿物的化学方法

这类方法包括简易化学分析和化学全分析。

16.1.1 简易化学分析

所谓简易化学分析，就是以少数几种药品，通过简便的试验操作，迅速定性地检验出样品(待定矿物)所含的主要化学成分，达到鉴定矿物的目的，常用的有斑点法、显微化学分析法及珠球反应等。

斑点法。这一方法是将少量待定矿物的粉末溶于溶剂(水或酸)中，使矿物中的元素呈离子状态，然后加微量试剂于溶液中，根据反应的颜色来确定元素的种类。这一试验可在白瓷板、玻璃板或滤纸上进行。此法对金属硫化物及氧化物的鉴定效果较好。现以黄铁矿中是否含 Ni 为例，说明斑点法的具体操作方法。

将少许矿粉置于玻璃板上，加一滴 HNO_3 并加热蒸干，如此反复几次，以便溶解进行完全，稍冷后加一滴氨水使溶液呈碱性，并用滤纸吸取，再在滤纸上加一滴 2% 的二甲基乙二醛肟酒精溶液(镍试剂)，若出现粉红色斑点(二甲基乙二醛镍)，表明矿物中确有 Ni 的存在，因此该矿物应为含镍黄铁矿。

显微化学分析法。该法也是先将矿物制成溶液，从中吸取一滴置于载玻片上，然后加适当的试剂，在显微镜下观察反应沉淀物的晶形和颜色等特征，即可鉴定出矿物所含的元素。

该方法用来区别相似矿物是很有效的，例如呈致密块状的白钨矿 $Ca[WO_4]$ 与重晶石 $Ba[SO_4]$ 相似，此时只要在前者的溶液中滴一滴 1∶3 的 H_2SO_4，如果出现石膏结晶(无色透明，常有燕尾双晶)，表明鉴定的矿物为白钨矿而不是重晶石。

珠球反应。这是测定变价金属元素的一种灵敏而简易的方法。测定时将固定在玻璃棒上的铂丝前端弯成一直径约为 1 mm 的小圆圈，然后放入氧化焰中加热。清污后趁热粘上硼砂(或磷盐)，再放入氧化焰中煅烧，如此反复几次，直到硼砂熔成无色透明的小球为止。此时即可将灼热的珠球粘上疑为含某种变价元素的矿物粉末(注意! 一定要少)，然后将珠球先后分别送入氧化焰及还原焰中煅烧，使所含元素发生氧化、还原反应，借反应后得到的高价态和低价态离子的颜色来判定为何种元素。例如在氧化焰中珠球为红紫色，放入还原焰中煅烧一段时间后变为无色，表明所测样品应为含锰矿物，具体矿物的名称可根据其他特征确定。

16.1.2　化学全分析

化学全分析包括定性和定量的系统化学分析，进行这一分析时需要较为繁多的设备和标准试剂，并需要用到较纯(98%以上)和较多的样品，且需要较高的技术和较长的时间。因此，这一方法是很不经济的，除非在研究矿物新种和亚种的详细成分、组成可变矿物成分变化规律及矿床的工业评价时才采用。通常在使用这一方法之前，必须进行光谱分析，得出分析结果以备参考。

16.2　鉴定和研究矿物的物理方法

鉴定和研究矿物的物理方法是以物理学的原理为基础，借助各种仪器，以鉴定和研究矿物的各种性质。

16.2.1　矿物手标本的外观鉴定法

矿物手标本的外观鉴定法即通常所称的肉眼鉴定法，它是根据矿物的形态及诸如颜色、光泽、硬度、解理等直观的物理性质特征，参考矿物的成因产状，或再辅以简单的化学测试，从而对矿物做出鉴别的一种方法，其只需小刀、无釉瓷板等极简单的工具即可进行，便于在野外使用。此方法虽然原始，但对常见矿物的鉴定很有效，而且尽管其在有的情况下难以做出唯一的确切定名，但至少可以圈定范围，获得必要的信息，为选择进一步的鉴定和研究方法提供依据。所以，在任何情况下，首先对矿物手标本进行外观上的鉴定都是必要而且有益的，应充分重视其重要性。

矿物手标本的外观鉴定，有的可以凭经验直接做出判断，而在其他情况下则可利用矿物鉴定表系统地按步骤进行鉴定。

16.2.2　偏光显微镜和反光显微镜鉴定法

偏光显微镜和反光显微镜鉴定法是根据晶体的均一性和异向性，利用晶体的光学性质制定的一种鉴定、研究矿物的方法，也是岩石学、矿床学经常使用的一种晶体光学方法。应用这种方法时，须将矿物、岩石或矿石磨制成薄片或光片，在透射光或反射光下借显微镜以观察和测定矿物的晶形、解理和各项光学性质(颜色、多色性、反射率、折射率、双折射率、轴性、消光角及光性符号等)。

透射偏光显微镜用以观察和测定透明矿物(非金属矿物)。在装有费氏台的偏光镜下，还可用来研究类质同象系列矿物的成分变化规律及矿物在空间的排列方位与构造变动之间的关系，借此可以绘制出岩组图，用以解决地质构造问题。反光显微镜(也称矿相显微镜)主要用来观察和测定不透明矿物(金属矿物)，并研究矿物相的相互关系及其他特征，借以确定矿物成分、结构及矿床成因方面的问题。

16.2.3　电子显微镜研究法

电子显微镜研究法是一种适宜于研究 1 μm 以下的微粒矿物的方法，尤以研究粒度小于 5 μm 的具有高分散度的黏土矿物最为有效。可基本分为扫描电子显微镜(scanning electron microscope，SEM)和透射电子显微镜(transmission electron microscope，TEM)两种方法。

黏土类矿物由于颗粒极细(一般 2 μm 左右)，常呈分散状态，研究用的样品需用悬浮法进行制备，待干燥后，置于具有超高放大倍数的电子显微镜下，在真空中使通过聚焦系统的电子光束照射样品，可在荧光屏上显出放大数十万倍甚至百万倍的矿物图像，据此以研究各种细分散矿物的晶形轮廓、晶面特征、连晶形态等，以此来区别矿物和研究矿物的成因。

此外，超高压电子显微镜发出的强力电子束能透过矿物晶体，这就使得人们长期以来梦寐以求的直接观察晶体结构和晶体缺陷的愿望得以实现。

16.2.4　X 射线衍射法

X 射线衍射(X-ray diffractogram，XRD)法基于 X 射线的波长与结晶矿物内部质点间的距离相近，属于同一个数量级(Å)，故当 X 射线进入矿物晶体后其可以产生衍射现象。由于每一种矿物都有自己独特的化学组成和晶体结构，其衍射图样也各有其独有的特征，对这种图样进行分析计算，就可以鉴定结晶矿物的相(每个矿物种就是一个相)，并确定其内部原子(或离子)间的距离和排列方式。因此，X 射线衍射法已成为研究晶体结构和进行物相分析最有效的方法。

X 射线在晶体中的衍射，从形式上可以看成是面网对 X 射线的"反射"，并遵循布拉格方程。图 16-1 中各点代表晶体结构中的原子(或离子)，1、2、3 是一组平行的面网，面网间距为 d，设原始 X 射线 S_0(波长为 λ)沿着与面网成 θ 角(衍射角)的方向射入，并在 S_1 方向产生反射线(实质上是衍射线)。根据光波的干涉原理可知，只有光程差($\triangle$)等于波长的整数倍时，光波才能相互叠加而增强；而在其余的情况下则减弱，直至抵消殆尽。由图 16-1 可以得出，相邻面网在 S_1 方向上衍射的 X 射线的光程差为 $DB+BF=2d\sin\theta$，既然在 S_1 方向产生衍射，则光程差必然等于波长的整数倍，即 $n\lambda=2d\sin\theta$，这一方程称为布拉格方程，式中 $n=1$，2，3 等整数，称为反射的级次。

设有符号为 hkl 的一组面网，其面网间距为 d_{hkl}，由于面网间距为 d 的面网的 n 级反射等于面网为 d/n 的一级反射，即 $d_{hkl}=d/n$，则上述布拉格方程可改写为

$$d_{hkl}=\frac{\lambda}{2\sin\theta}$$

(16-1)

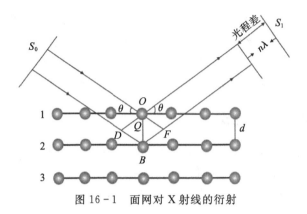

图 16-1　面网对 X 射线的衍射

若 X 射线波长 λ 为已知，衍射角 θ 可以用试验方法确定，则面网间距 d_{hkl} 可由式(16-1)求出。

应用 X 射线鉴定和研究矿物的方法有两种。一种是单晶法，即利用 X 射线的衍射效应来测定晶体的晶胞参数、空间群及各个原子(或离子)在晶胞内具体位置的一种方法，通常称为 X 射线结构分析，这种方法因需严格挑选单晶，在应用时受到一定限制。另一种是多晶体法，即通称的粉末法，粉末法是由德拜与谢勒在 1916 年提出的，故也叫德拜-谢勒法，此法所得图像称为粉末图或德拜图(见图 16-2)。该法的特点是样品用量少，且不损坏样品，由于这种方法不需要选择单晶，只要有少量(1 mm³)结晶粉末即可，因此在矿物学研究特别是在矿物鉴定中应用最为广泛。

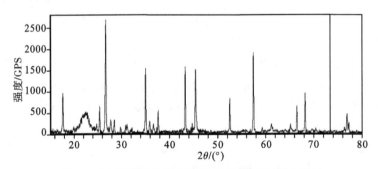

图 16-2　陕西某地黏土的 X 射线衍射图(粉末图)

目前，由于技术的进步，X 射线衍射仪可按程序自动进行面网间距 d 值计算，得出衍射强度，对于物相的定性与定量分析来说，X 射线衍射法是一种既能大大提高工作效率又能确保鉴定质量的好方法。

16.2.5　光谱分析法

光谱分析的理论基础是，各种化学元素在受到高温光源(电弧或电火花)激发时，都能发射出它们各自的特征谱线，经棱镜或光栅分光测定后，既可根据样品所出现的特征谱线进行定性分析，也可按谱线的强度进行定量分析。这一方法是目前测定矿物化学成分时普遍采用的一种分析手段。其主要优点是样品用量少(数毫克)，能迅速准确地测定矿物中的金属阳离子，特别是对于稀有元素也能获得良好的结果，缺点是仪器复杂昂贵，并需较好的工作条件。

16.2.6　电子探针显微分析法

电子探针显微分析(electron probe micro analysis，EPMA)法是最适用于测定微小矿物和包体成分的定性、定量，以及稀有元素、贵金属元素赋存状态的方法。其测定元素的范围由从原子序数为 5 的硼直到 92 的铀，仪器主要由探针、自动记录系统及真空泵等组成，探针部分相当于一个 X 射线管，即由阴极发出来的高达 35～50 kV 的高速电子流经电磁透镜聚焦成极细小(最小可达 0.3 μm)的电子束——探针，直接打到作为阳极的样品上，此时，由样品内所含元素发生的初级 X 射线(包括连续谱和特征谱)，经衍射晶体分光后，由多道计数管同时测定若干元素的特征 X 射线的强度，并用内标法或外标法算出元素含量。

16.2.7　红外吸收光谱法

红外吸收光谱简称红外光谱，是在红外线的照射下引起分子中振动能级(电偶极矩)跃迁而产生的一种吸收光谱。由于被吸收的特征频率取决于组成物质的原子量、键力及分子中原子分布的几何特点，即取决于物质的化学组成及内部结构，因此每一种矿物都有自己的特征吸收谱，包括谱带位置、谱带数目、带宽及吸收强度等。

红外吸收光谱法分析结果通常是以波数为横坐标，以透射百分率或吸收百分率为纵坐标作图，波数是频率的单位，以 cm^{-1} 表示，其数值等于波长的倒数。

红外吸收光谱法分析时一般需要 1.5 mg 样品，最常使用的制样方法是压片法，即把试样与 KBr 一起研细，压成小圆片，然后放在仪器内测试。

目前红外吸收光谱法在矿物学研究中已成为一种重要的分析手段。根据光谱中吸收峰的位置和形状可以推断未知矿物的结构，依照特征峰的吸收强度来测定混入物中各组分的含量，是 X 射线衍射分析的重要辅助方法。此外，红外光谱分析对考察矿物中水的存在形式、络阴离子团、类质同象混入物的细微变化和矿物相变等方面都是一种有效的手段。

16.3　鉴定和研究矿物的物理-化学方法

当前用于矿物鉴定、研究方面最主要的物理-化学方法有热分析、极谱分析及电渗析等。其中，热分析是一种较为普遍的方法，几乎适用于各类矿物，特别是对黏土矿物、碳酸盐、硫酸盐及氢氧化物矿物的鉴定最为有效。

热分析法是根据矿物在不同温度下所发生的脱水、分解、氧化、同质多象转变等热效应特征来鉴定和研究矿物的一种方法，包括热重分析法和差热分析法。

16.3.1　热重分析法

热重分析(differential thermo analysis，DTA)法是通过测定矿物在加热过程中的重量变化来研究矿物的一种方法，由于大多数矿物在加热时因脱水而失去一部分重量，故又称失重分析或脱水试验。用热天平来测定矿物在不同温度下所失去的重量可获得热重曲线，曲线的形式取决于水在矿物中的赋存形式和在晶体结构中的存在位置，不同的含水矿物具有不同的脱水曲线。这一方法只限于鉴定、研究含水矿物。

16.3.2　差热分析法

矿物在连续加热过程中，伴随物理-化学变化而产生吸热或放热效应，不同的矿物出现热效应时的温度和热效应的强度是互不相同的，而对同种矿物来说，只要实验条件相同，则总是基本固定的，因此，只要准确地测定了热效应出现时的温度和热效应的强度，并和已知资料进行对比，就能对矿物作出定性和定量的分析，该方法称为差热分析(differential theronal analysis，DTA)法。

差热分析的具体工作过程：将试样粉末与中性体(在加热过程中不产生热效应的物质，通常为煅烧过的 Al_2O_3 粉末分别装入样品容器，然后同时送入一高温炉中加热。

由于中性体是不产生任何热效应的物质，所以在加热过程中，当试样发生吸热或放热效应时，其温度将低于或高于中性体。此时，插在它们中间的一对反接的热电偶(铂-铑-铂热电偶)将把二者之间的温度差转换成温差电动势，并借光电反射检流计或电子电位差计记录成差热曲线(见图 16-3)。

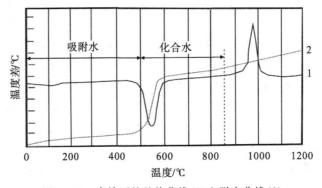

图 16-3　高岭石的差热曲线(1)和脱水曲线(2)

图 16-3 中的实线曲线为高岭石的差热曲线(1)，其横坐标表示加热温度(℃)，纵坐标表示发生热效应时样品与中性体的温度差(℃)。高岭石差热曲线的特点：在 580 ℃时，由于结构水(OH)⁻的失去和晶格的破坏而出现一个大的吸热谷，980 ℃时，因新结晶成 γ-Al_2O_3，显出一个尖锐的放热峰。

差热分析的优点是样品用量少(100~200 mg)，分析用时间短(90 min 以下)，而且设备简单，可以自行装置。缺点是许多矿物的热效应数据近似，尤其当混合样品不能分离时，就会互相干扰，从而使鉴定工作复杂化。为了排除这种干扰，应与其他方法(特别是 X 射线衍射分析法)配合使用。

一般地，对非专业鉴定人员而言，主要是根据工作的目的、要求和具体条件，正确地选择适当而有效的测试方法(见表 16-1)。

表 16 - 1　测试目的与分析方法之间的联系

测试目的	采用的方法	说明
外表特征简易分析	肉眼鉴定法	分析结果较粗略
物相与结构分析	1. 相对密度的测定——相对密度瓶法、重液悬浮法、有机液体介质称量法、显微相对密度法、X 射线衍射法等 2. 透明矿物的光性测定——偏光显微镜法 3. 不透明矿物的光性测定——反光显微镜法 4. 电子显微镜法——SEM 法和 TEM 法 5. X 射线衍射(XRD)法 6. 热分析法——热重分析法和差热分析法	根据需要有选择地测定
化学成分测定	1. 粉末研磨法　2. 斑点试验法　3. 显微化学分析法　4. 染色法　5. 合理分析法(化学物相分析法)　6. 极谱分析法　7. 光谱化学分析法　8. 激光显微光谱分析法　9. 原子吸收光谱分析法　10. X 射线荧光光谱分析法　11. 电子探针 X 衍射显微分析法　12. 中子活化分析法	有定性、半定量、定量三种类型
成分和结构分析	波谱分析法——红外吸收光谱法、核磁共振法、电子自旋共振法、穆斯堡尔效应法	用于化学成分及结构的测定
包裹体的测定	1. 均一法　2. 爆裂法　3. 冷冻法	测定包裹体形成温度、成分、pH 值等物化性质
稳定同位素的测定	1. 质谱分析法 2. 离子探针质谱显微分析法	研究 H、C、O、S、Sr 等的同位素

以上介绍的是目前最常使用的测试方法，其他方法还很多，如顺磁共振法等，需要时可查阅相关资料。

思考题

16 - 1　矿物鉴定和研究的主要方法有哪些？各自有何特点？对样品有什么要求？能达到何种目的？

16 - 2　根据手标本的外观特征能够鉴定矿物，其根本原因何在？

16 - 3　某矿物化学成分定量分析的结果为 $CaCO_3$，能否鉴定其即为方解石？为什么？

16 - 4　差热分析中经常出现基线漂移，原因何在？

16 - 5　矿物的系统鉴定包括哪些步骤？各步骤有何特点？

16 - 6　黏土类矿物的分析鉴定方法有哪些？

16-7   红宝石和蓝宝石分别为含有痕量类质同象替代杂质 Cr 和 Ti 的刚玉亚种。用粉晶 X 射线物相分析法能否区分二者？如根据手标本的外观特征是否易于区分？从这一实例中你能得到什么启示？

16-8   根据物相鉴定的结果，能否：①了解样品的主要化学成分？②查明样品具体、确切的化学组成？为什么？

参考文献

[1] 赵明. 矿物学导论[M]. 北京：地质出版社. 2014.

[2] 漆家福. 构造地质学[M]. 北京：石油工业出版社. 2016.

[3] 舒良树. 普通地质学[M]. 北京：地质出版社. 2010.

[4] 刘显凡，孙传敏. 矿物学简明教程[M]. 2版. 北京：地质出版社. 2010.

[5] 李胜荣. 结晶学与矿物学[M]. 北京：地质出版社. 2009.

[6] 田明中，程捷. 第四纪地质学与地貌学[M]. 北京：地质出版社. 2009.

[7] 朱筱敏. 沉积岩石学[M]. 4版. 北京：石油工业出版社. 2008.

[8] 曾佐勋. 构造地质学[M]. 3版. 武汉：中国地质大学出版社. 2008.

[9] 陈世悦. 矿物岩石[M]. 青岛：石油大学出版社. 2002.

[10] 谭天恩. 化工原理[M]. 北京：化学工业出版社. 2006.

[11] 冯增昭. 沉积岩石学[M]. 北京：石油工业出版社. 2009.

[12] 贺同兴，李树勋. 变质岩石学[M]. 北京：地质出版社. 2010.

[13] 任启江，胡志红，叶俊等. 矿床学概论[M]. 南京：南京大学出版社. 2008.

[14] 赵澄林. 沉积岩石学[M]. 北京：石油工业出版社. 2006.

[15] 袁见齐，朱上庆. 矿床学[M]. 北京：地质出版社. 2006.

[16] 潘兆橹. 结晶学及矿物学[M]. 北京：地质出版社，1993.

[17] 王濮，潘兆橹，翁玲宝. 系统矿物学[M]. 北京：地质出版社，1982.

[18] 罗谷风. 基础结晶学与矿物学[M]. 南京：南京大学出版社，1993.

[19] 王永华，刘文荣. 矿物学[M]. 北京：地质出版社，1985.

[20] 罗谷风. 结晶学导论[M]. 北京：地质出版社，1985.

[21] 陈敬中. 现代晶体化学：理论和方法[M]. 北京：高等教育出版社，2001.

[22] 廖立兵. 晶体化学及晶体物理学[M]. 北京：地质出版社，2000.

[23] 钱逸泰. 结晶化学导论[M]. 2版. 合肥：中国科学技术大学出版社，1999.

[24] 肖序刚. 晶体结构几何理论[M]. 2版. 北京：高等教育出版社，1993.

[25] 俞文海. 晶体结构的对称性[M]. 合肥：中国科学技术大学出版社，1991.

[26] 张克从. 近代晶体学基础：下册[M]. 北京：科学出版社，1987.

[27] 陈武，季寿元. 矿物学导论[M]. 北京：地质出版社，1985.

[28] 佐尔泰，斯托特. 矿物学原理[M]. 施倪承，马喆生，等译. 北京：地质出版社，1992.

[29] 地质部地质辞典办公室. 地质辞典（二）：矿物岩石地球化学分册[M]. 北京：地质出版社，1981.

[30] 佩伦特. 岩石与矿物[M]. 谷祖纲，李桂兰，译. 北京：中国友谊出版公司，2000.

[31] 秦善. 晶体学基础[M]. 北京：北京大学出版社. 2004.

[32] 秦善，王长秋. 矿物学基础[M]. 北京：北京大学出版社. 2006.

[33] 赵珊茸，赵珊茸，边秋娟，等. 结晶学及矿物学[M]. 北京：高等教育出版社. 2004.

[34] 孟祥振. 宝石学与宝石鉴定[M]. 上海：上海大学出版社. 2004.

[35] 徐宝馄. 结晶学[M]. 长春：吉林大学出版社. 1996.

[36] 陈平. 结晶矿物学[M]. 北京：化学工业出版社. 2006.

[37] 唐洪明. 矿物岩石学[M]. 北京：石油工业出版社. 2007.

[38] 赵建刚，王娟鹃，孙舒东. 结晶学与矿物学基础[M]. 武汉：中国地质大学出版社. 2009.

[39] 叶松，李居佳，曹姝旻，等. 结晶学与宝石学[M]. 武汉：中国地质大学出版社. 2015.

[40] 夏家淇. 土壤环境质量标准详解[M]. 北京：中国环境科学出版社，1996.

[41] 景才瑞. 第四纪地质学概论 [M]. 北京：地质出版社，1990.

[42] 张文佑. 断块构造导论[M]. 北京：石油工业出版社，1984.

[43] 里贝. 长石矿物学[M]. 曾荣树，译. 北京：地质出版社，1989.

[44] 戴道生，钱昆明. 铁磁学[M]. 北京：科学出版社，1987.

[45] 关振铎，张中太，焦金生. 无机材料物理性能[M]. 北京：清华大学出版社，1992.

[46] 庄汉平，卢家烂，傅家谟，等. 黔西南卡林型金矿床中固体有机物质的有机岩石学研究［J］. 地质科学. 2000，（1）. DOI：10. 3321/j. issn：0563 – 5020，2000，01，010.

[47] 许靖华，孙枢，李继亮. 是华南造山带而不是华南地台[J]. 中国科学 B 辑（化学、生物学、农学、医学、地学）. 1987，（10）. 1107 – 1115.

[48] 吴大清，刁桂仪，彭金莲. 混合矿物体系表面吸附反应动力学研究[J]. 中国科学 D 辑. 2000，（1）. DOI：10. 3969/j. issn. 1674 – 7240. 2000. 01. 004.

[49] KBA B, MC A, DONG H. Silane-treated BaTiO3 ceramic powders for multilayer ceramic capacitor with enhanced dielectric properties[J]. Chemosphere, 2021, 286：131734.

[50] ZHANG S. High temperature ceramic materials [J]. Materials, 2021, 14 (8)：2031.

[51] SIMAO FV, CHAMBART H, VANDEMEVLEBROEKE L, et al. Incorporation of sulphidic mining waste material in ceramic roof tiles and blocks[J]. Journal of Geochemical Exploration，2021，225：106741.

[52] BHARATHI V, ANILCHANDRA A R, SANGAM S S, et al. A review on the challenges in machining of ceramics[J]. Materials Today：Proceedings，2021，46 (5)：1451 – 1458.